普通高等教育"十二五"规划教材

机电控制基础

尚雅层　　侯志敏　编
卢京潮　主　审

机械工业出版社

本书以经典控制理论为基本内容，主要讨论机电控制系统的分析和综合方法。内容主要包括：机电控制系统的结构及基本组成、控制系统数学模型的概念及类型、机电系统的动态建模、系统的时域分析、系统的根轨迹分析、系统的频域分析、系统的综合与校正以及线性离散控制系统的概念、分析与校正。

本书的特点是以机电控制系统中的控制问题为主导，力求在讲清基本概念及基本分析方法的前提下，更多地结合实际，多举实例，突出了用控制理论处理实际问题的思想和方法。本书既重视控制理论的基础知识介绍，又加强了根据实际机电控制系统的工作原理建立数学模型的方法；在实际系统中验证理论，用所学的理论分析、设计所需要的控制系统；对基本理论和分析方法的阐述，淡化了繁冗的理论推导，内容精炼，重点突出。

本书可作为高等工科学校本科机械设计制造及其自动化、电气自动化和机电一体化等专业的“控制工程基础”课程教材，也可作为相关专业的教学参考书，同时还可供从事控制工程的教师与工程技术人员参考。

图书在版编目（CIP）数据

机电控制基础/尚雅层，侯志敏编. —北京：机械工业出版社，2013.6（2017.6重印）
普通高等教育“十二五”规划教材
ISBN 978-7-111-42395-9

Ⅰ.①机… Ⅱ.①尚… ②侯… Ⅲ.①机电一体化—控制系统—高等学校—教材 Ⅳ.①TH-39

中国版本图书馆CIP数据核字（2013）第092285号

机械工业出版社（北京市百万庄大街22号 邮政编码100037）
策划编辑：舒 恬 责任编辑：舒 恬 苑文环 卢若薇
版式设计：霍永明 责任校对：丁丽丽
封面设计：张 静 责任印制：李 飞
北京铭成印刷有限公司印刷
2017年6月第1版第2次印刷
184mm×260mm · 17印张 · 460千字
标准书号：ISBN 978-7-111-42395-9
定价：38.00元

凡购本书，如有缺页、倒页、脱页，由本社发行部调换

电话服务
服务咨询热线：010-88379833
读者购书热线：010-88379649

网络服务
机 工 官 网：www.cmpbook.com
机 工 官 博：weibo.com/cmp1952
教育服务网：www.cmpedu.com
金 书 网：www.golden-book.com

前　　言

随着科学技术的发展，机械制造越来越密切地依赖于电子技术、检测技术、自动控制技术及计算机技术等现代科学技术，形成了以产品或系统整体最优化为目标，以自动控制为核心的高性能、多功能的设计和生产模式，这是制造业的一场深刻变革。教育部于2007年1月颁布了《教育部财政部关于实施高等学校本科教学质量与教学改革工程的意见》，同年2月又颁布了《教育部关于进一步深化本科教学改革全面提高教学质量的若干意见》，其核心思想就在于培养学生的实践能力和创新精神，进一步转变人才培养模式，改革教学内容和方法。

教学改革和教材建设从来都是相辅相成的。“机电控制基础”是机械设计制造及其自动化专业的一门专业基础课。它主要用于培养学生利用控制理论的思想和方法分析、解决工程领域中出现的控制问题的能力：一方面要加强控制理论的基础知识，另一方面要与本专业的实际问题相结合，能够根据机电控制系统的工作原理建立其数学模型，对系统的性能进行分析和校正，同时能根据系统的性能指标要求设计出满意的控制系统。基于以上思想，本书从阐述经典控制理论的基本概念、基本原理入手，结合机电控制系统的工作原理，介绍了机械和电气控制系统常用典型环节的动态建模方法，深入浅出地介绍了控制系统的时域和频域分析方法以及常用的系统校正方法等内容。本书具有以下几个特点：

1）从机电控制系统的实例出发，通过介绍其工作原理，引出机电控制系统的基本控制问题。要解决控制问题，就需要理论指导，因此，接着介绍控制理论的基本内容，并在讲解理论的过程中不断引入实例。这样从实际到理论再到实际的过程，便于读者对抽象理论的理解，提高了学习效率。

2）对基本理论和分析方法的阐述，淡化了繁冗的理论推导，内容精炼、重点突出，强调理论的实际应用。

3）复杂的机电控制系统是由简单的环节组成的，因此，重点介绍了机械和电气控制系统常用典型环节的动态数学模型的建立。这样，根据基本的控制理论及系统的组成，就可以很容易得到整个系统的数学模型，提高读者对实际机电控制问题的处理能力。

4）为了便于读者自学和更好地掌握基本的理论知识，培养分析、综合和解决实际问题的能力，各章均有适当的例题和习题供读者学习使用。

本书第2章由侯志敏编写，其余各章节均由尚雅层编写，并负责全书的统稿。西北工业大学卢京潮教授仔细审阅了书稿并提出了不少宝贵的修改意见。西北工业大学贾秋玲副教授也审阅了书稿，并提出了修改意见。在此，谨向上述老师们一并表示衷心感谢！

由于编者的水平有限，对书中存在的错误与不妥之处，恳请广大读者和同行批评指正。

尚雅层

目　录

第一章　绪　　论

第一节　自动控制系统的基本概念

一、自动控制的定义与发展

“控制”一词，如今已相当广泛地应用在各行各业，如温度控制、微机控制、液压控制及人口控制等。所谓控制，就是为达到某种目的，对某一对象施加所需的操作。在工程上，控制是指使一个对象（或过程）按一定的规律运行或变化。

自动控制的定义就是在没有人直接参与的情况下，利用控制装置使被控对象的某些物理量（或工作状态）自动地按照预定的规律变化。例如，数控机床按照预定程序自动地切削工件；化学反应炉的温度或压力自动地维持恒定；无人驾驶飞机按照预定航线自动升降和飞行；人造卫星准确地进入预定轨道运行并回收等。这一切都是以高水平的自动控制技术为前提的。

所谓“自动控制系统”，就是为了实现各种复杂的控制任务，将被控对象和控制装置按照一定的方式连接起来，组成一个有机整体。其中的控制装置可以对被控对象施加控制作用，而被控对象的输出量，即被控量，是需要严格加以控制的物理量。可以要求被控对象的输出量保持为某一恒定值，如温度、压力及液位等，也可以要求被控对象按照某个给定规律运行，如飞行航线、加工工件等控制。

自动控制理论是研究自动控制共同规律的技术科学。它的发展初期是以反馈理论为基础的自动调节原理，主要用于工业控制。控制论的奠基人美国科学家维纳（Wiener N.）从1919年开始萌发了控制论的思想，1940年提出了数字电子计算机设计的5点建议。第二次世界大战期间，维纳参加了火炮自动控制的研究工作，他把火炮自动打飞机的动作与人狩猎的行为作了对比，并且提炼出了控制论中最基本和最重要的反馈概念。他提出，准确控制的方法可以把运动结果所决定的量作为信息再反馈回控制仪器中，这就是著名的负反馈概念。例如，驾驶车辆也是由人参与的负反馈调节，人们不是盲目地按照预定不变的模式来操纵车上的方向盘，而是发现行驶靠左了，就向右做一个修正；反之亦然。火炮自动控制的研制获得成功是控制论萌芽的重要实物标志。1948年，维纳所著的《控制论》的出版，标志着这门学科的正式诞生。

20世纪50年代以后，一方面在控制论的指导下，火炮及导弹控制技术得到了极大地发展，数控、电力及冶金自动化技术突飞猛进；另一方面，在自动控制装备的需求和发展的基础上，控制论也不断向纵深发展。1954年，我国科学家钱学森在美国运用控制论的思想和方法，出版了英文版的《工程控制论》，首先把控制论推广到了工程技术领域。接着的几十年里，在各国科学家的努力下，又相继出现了生物控制论、经济控制论等。控制论已经渗透到各个领域，并伴随着其他科学技术的发展，极大地改变了整个世界。

自动控制理论是工程控制论的一个分支，是自动控制学科的基础理论，分为经典控制理论和现代控制理论两大部分。

经典控制理论的内容是以传递函数为基础，以频率法和根轨迹法作为分析和综合系统的基本方法。主要研究单输入、单输出控制系统的分析和设计问题。

现代控制理论是在经典控制理论的基础上，于20世纪60年代以后发展起来的。它的主要内容是以状态空间法为基础，研究多输入、多输出、变参数及非线性等控制系统的分析和设计问题。最优控制、最优滤波、系统辨识及自适应控制等理论都是这一领域的重要分支。

二、自动控制系统的工作原理

实现自动控制的一种最基本的方法是采用反馈原理，下面举例说明如何将一个系统由人工控制系统变为自动控制系统。

图1-1所示为一台直流发电机1向负载供电。由于负载的变化和其他原因，发电机的端电压U时时都在波动。为了把电压波动限制到尽量小的范围内，由一名操作工人监视电压表3。当发现U偏离规定的数值（称为整定值）U_0时，就调节变阻器4，以改变通过励磁绕组2的电流I_f，从而改变发电机的电动势E，使端电压U恢复为整定值。这样就能实现物理量U以某种精度按照指定规律变化（在本例是保持其等于整定值U_0）了，也就实现了对发电机端电压的控制。

在本例中，发电机是被控对象，其端电压U是被控量。控制过程可以这样表述：检测被控量的值并与它的整定值相比较，根据二者之差（称为误差或偏差）而改变被控对象的某个物理量（本例是励磁电流I_f），通过它来影响被控量，使之不断接近整定值。

从被控对象获取被控量的信息，据此作出控制的决策，把调节作用施加到被控对象，这就是反馈控制。信息的传送途径是从被控对象经过控制器又回到被控对象，形成了一个自身闭合的环。反馈控制就是通过这个由被控对象和控制器组成的闭环实现的。它们二者互相作用，互相制约，构成一个整体，称为闭环控制系统。该系统有其自身的运动规律，比单一控制器或单一被控对象的运动规律更复杂。

既然反馈控制的目的是要消除（至少是要减小）被控量与其整定值之间的偏差，不言而喻，控制作用的方向就必须与偏差的方向相反。在本例中，当端电压高于整定值时，调节变阻器的方向必须是使发电机的电动势降低；反之，当端电压偏低时，则必须使电动势升高。这样的反馈称为负反馈。注意：这里的“负”字是指控制作用的方向与偏差的方向相反这一性质，而不是指某一物理量的极性为负。

在图1-1所示的控制系统中，控制作用是由人工实现的，它不是自动控制系统。要把它改为自动控制系统，应当做到以下几点。

首先，要把由人调节变阻器大小的任务改由机械完成。可以按照图1-2a那样采用一台小电动机5和适当的减速传动机构6与变阻器相连接。

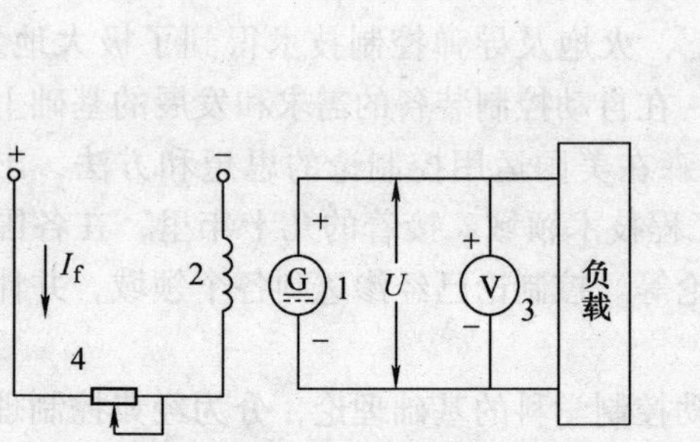

图1-1　直流发电机端电压的控制

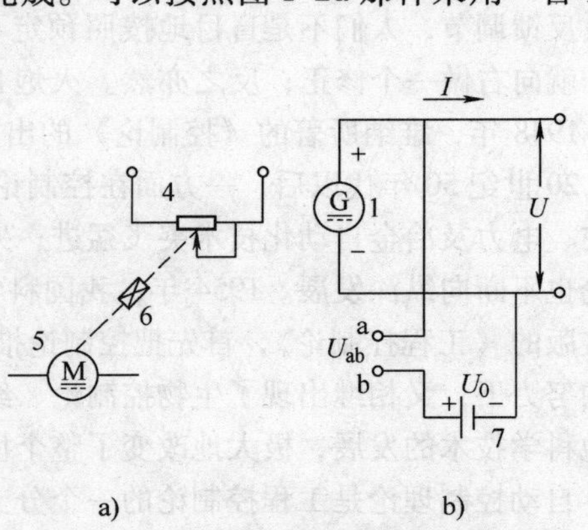

图1-2　用控制装置代替人工的操作

其次，把由操作工人观察电压表并判断电压偏差的工作改由图1-2b的电路完成。图中使用了稳压电源7，其电压等于端电压的整定值U_0，因此，图1-2b中的电压U_{ab}就等于偏差电压，即$U_{ab}=U-U_0$。当电压U比整定值U_0高时，电压U_{ab}为某一极性；而当U比U_0低时，电压U_{ab}的极性则与此相反。

从理论上来讲，可以把偏差电压U_{ab}与执行电动机5连接起来，用U_{ab}驱动执行电动机旋转。旋转的方法应当是：当端电压U高于整定值U_0时，U_{ab}的极性使执行电动机的旋转方向实现增大变阻器4的电阻值，从而减小励磁电流，使U降低；而当U低于U_0时则相反。这样就代替了图1-1中的人工操作。

但是，偏差电压U_{ab}的值可能很小，不足以驱动执行电动机。因此需要在U_{ab}与执行电动机之间连接放大器，这样就构成了图1-3所示的系统。图中的8就是放大器，它的输出电压极性应随输入电压U_{ab}的极性而变，并且其幅度和功率应足以驱动执行电动机5，这样就可以实现自动控制了。

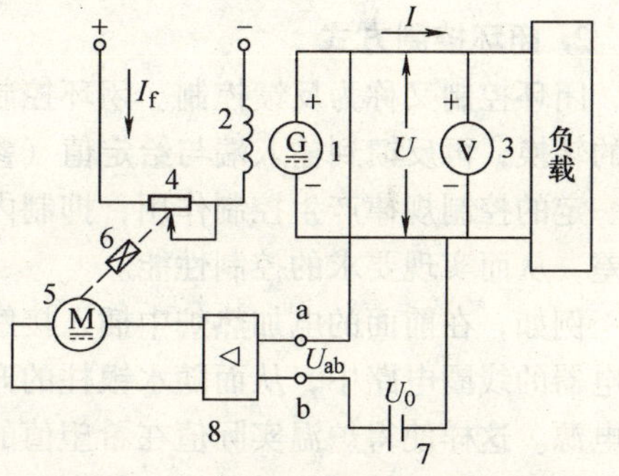

图1-3 直流发电机端电压的简单自动控制系统

图1-3就是一个完整的自动控制系统。如果设计得当，它可以不需要人的直接参与而以一定的精度把端电压U近似维持为U_0。当发电机的负载变化或由于其他原因而使U偏离U_0时，执行电动机5就会自动调节变阻器4，使U返回U_0。

利用反馈控制原理组成的系统称为反馈控制系统。实现自动控制的装置可能各不相同，但反馈控制的原理都是相同的。因此，可以说，反馈控制是实现自动控制的最基本方法。

三、自动控制系统的基本控制方式

反馈控制是自动控制系统最基本的控制方式，也是应用最广泛的一种控制方式。除此之外，还有开环控制和复合控制方式，它们都有各自的特点和适用场合。随着电子计算机的发展，新的控制方式也有了很大发展，如最优控制、自适应控制及模糊控制等。

1. 开环控制方式

所谓开环控制，是指控制器与被控对象之间只有顺向作用而无反向联系的控制。这类控制系统的控制作用直接由系统的输入量产生，输出量并不影响其控制作用。图1-4所示的电加热炉系统就是一个开环控制系统，图中被控对象为电加热炉，被控量（输出量）是炉温θ，控制装置是开关S和电阻丝（开关S受时间继电器控制）。

由于开环控制的特点是控制装置只按照给定的输入信号对被控对象进行单向控制，而不对被控量进行测量并反向影响控制作用，这样，当炉温偏离希望值时，开关S的接通或断开时间t不会相应改变，因此，这种开环控制系统不具有修正由于扰动而出现的被控量与希望值之间偏差的能力。开环控制精度低，抗干扰能力差，但是结构简单，价格便宜，容易维修。开环炉温控制系统的结构图如图1-5所示。

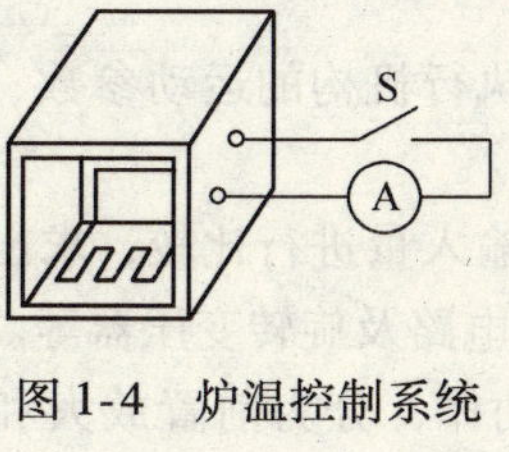

图1-4 炉温控制系统

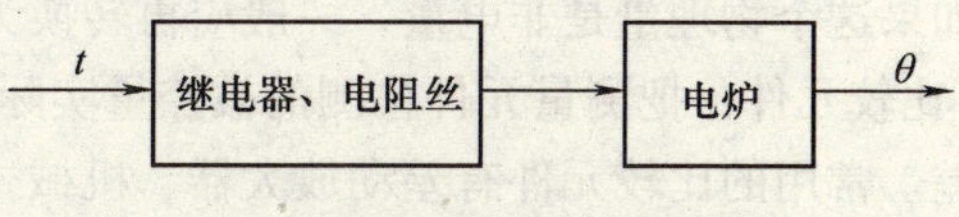

图1-5 开环炉温控制结构图

开环控制系统的典型结构图如图 1-6 所示。

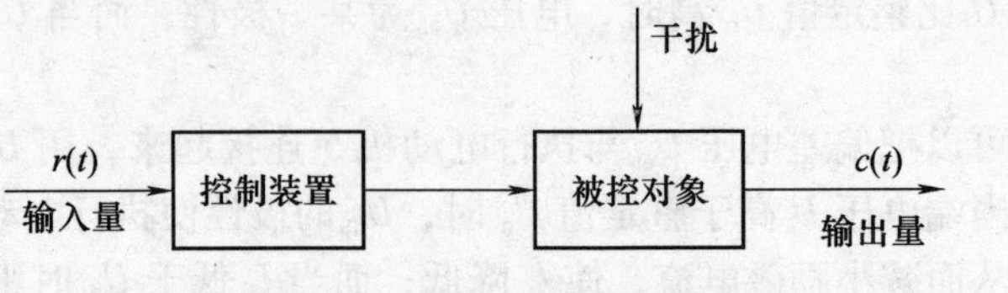

图 1-6　开环控制系统结构图

2. 闭环控制方式

闭环控制又称为反馈控制。闭环控制系统是在开环控制系统中把输出量检测出来，经过物理量的转换，再反馈到输入端与给定值（参考输入）进行比较（相减），并利用比较后的偏差信号以一定的控制规律产生控制作用，抑制内部或外部扰动对输出量的影响，逐步减小以至消除这一偏差，从而实现要求的控制性能。

例如，在前面的电加热炉中插入接触式水银温度计，水银温度计的两个触点 a 和 b 接在常闭继电器的线圈电路中，从而随水银柱的升降使继电器的触点接通或断开，以便接通或切断电阻丝的电源。这样使得炉温实际值在希望值的附近以一定的精度上下波动。这样就把炉温的开环控制变为闭环控制，其系统的结构图如图 1-7 所示。

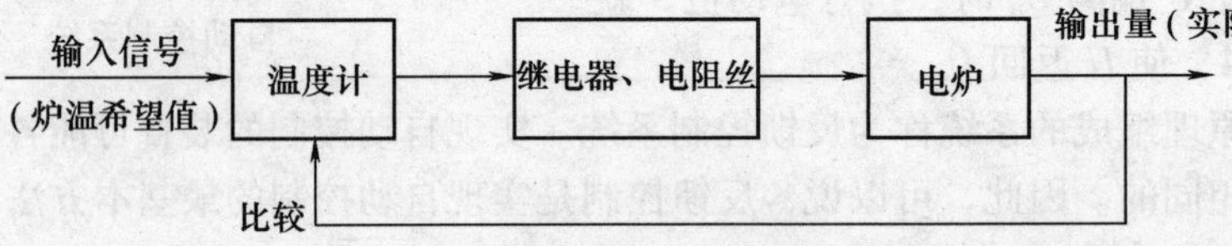

图 1-7　闭环炉温控制结构图

为了实现对被控对象的闭环控制，系统中必须配置一些用来对被控量进行连续测量和反馈的装置，这些装置分别称为测量装置、比较装置、放大装置和执行机构等。因此，一般来说，典型的闭环控制系统的结构图如图 1-8 所示。

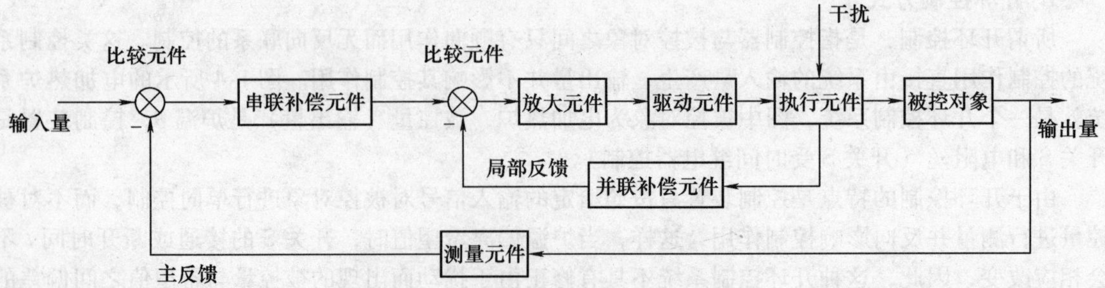

图 1-8　典型的闭环控制系统结构图

组成闭环控制系统的元件及各部分的功能如下：

1）测量元件：用于检测被控的物理量，产生主反馈信号，如执行机构的运动参数、加工状况等。如果这个物理量是非电量，一般应再转换为电量。

2）比较元件：把测量元件检测的被控量实际值与给定元件的输入量进行比较，求出它们之间的偏差。常用的比较元件有差动放大器、机械式差动装置、电桥电路及旋转变压器等。

3）放大元件：用于对偏差信号进行放大，以利于执行机构动作，分为前置放大和功率放大。前置放大是放大信号的幅值，功率放大是进行系统的信号能量放大。

4）驱动元件：给执行机构提供动力，完成能量的供给和转换，并控制执行机构起动、停止和换向。

5）执行元件：直接对控制对象进行操作，完成加工任务，如执行电动机、液压马达等。

6）补偿元件：也称为校正元件。它是结构或参数便于调整的元件，以改善系统的性能。最简单的校正元件是由电阻、电容组成的无源或有源网络，复杂的校正元件则由 STD 总线工业控制机、PC 及单片机组成。

7）控制对象：即控制系统所要操纵的对象，它的输出量即为系统的被控量，如机床、工作台等。

闭环控制系统具有很强的纠偏功能，对于干扰具有良好的适应性，因此，其控制精度高。但由于系统组成元件较多，结构复杂，如果配合不当，将会引起系统振荡，从而使系统不能稳定工作。精度和稳定性之间的矛盾始终是闭环控制系统存在的主要矛盾。

3. 复合控制方式

当对控制系统提出很高要求，单独采用开环或闭环控制实现起来有困难时，可以设计一种开环控制和闭环控制相结合的复合控制系统，其结构如图 1-9 所示。在这种系统中，带有负反馈的闭环控制起主要的调节作用，而带有前馈的开环控制在扰动量影响输出量之前进行补偿，起辅助补偿作用。这样就能使系统达到很高的控制精度，并且获得满意的综合系统性能。

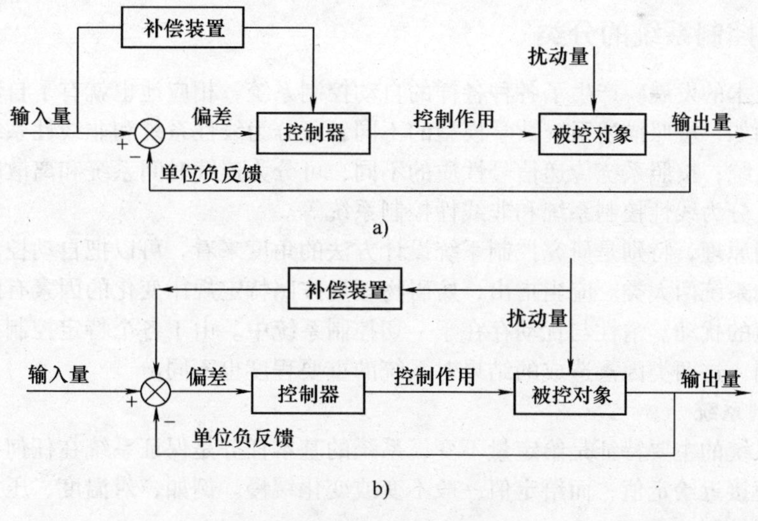

图 1-9 复合控制示意图

a）按输入作用补偿 b）按扰动作用补偿

仍以前述所举的发电机端电压控制为例。假设已知造成该发电机端电压波动的主要因素是负载电流 I 的变化，即 I 是该控制系统的主要扰动。如果先测出 I 每增大 1A 所引起的端电压 U 下降的量 ΔU，就可以设计一个装置，当 I 每增大 1A，该装置就自动将发电机的励磁电流增大若干，使发电机的电动势相应地升高 ΔE，正好补偿 I 增大所造成的端电压下降量。这样，当负载电流波动时，端电压就可以保持恒定。图 1-10a 就是按照以上思路设计的控制方案。图中的小电阻 r 是用来取得一个与 I 成正比的电压信号。图 1-10b 是改进的方案，利用发电机的串联励磁绕组 W_S 实现同一目的。

按扰动控制时，信息来自扰动，而作用于被控量，所以不构成闭环，而是开环；不是反馈，

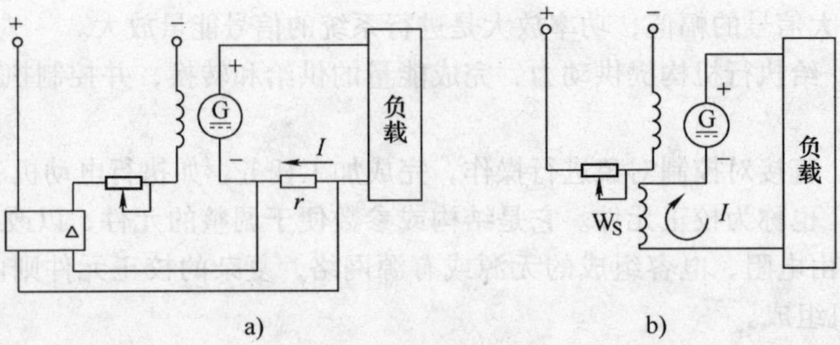

图 1-10　按扰动控制

而是顺馈控制，也可以说是按扰动进行补偿。

按扰动控制有时比按偏差控制简单易行，但只有在扰动是可测量的情形下才能使用。如果系统可能受到多种扰动的作用（这是常见的），就不得不为每一种扰动配备一个补偿装置，这将使系统既复杂又降低可靠性。不仅如此，各种补偿装置之间还可能有矛盾。

鉴于此，一种常用的做法是把按扰动控制与按偏差控制结合起来：既采用补偿装置抑制某一种主要扰动的影响，又采用闭环控制方式消除其他各种扰动造成的偏差。由于主要扰动已经被补偿或被近似补偿，剩余的扰动大大减轻，闭环控制的部分就比较容易设计，因而可以获得更好的效果。这种方法即为复合控制。

四、自动控制系统的分类

随着控制技术的发展，产生了各种各样的自动控制系统，相应地也就有了自动控制系统不同的分类方法。例如，按照描述系统数学模型的不同，可分为线性系统和非线性系统，或者分为定常系统和时变系统；按照系统传递信号性质的不同，可分为连续时间系统和离散时间系统，其中连续时间系统又分为线性控制系统和非线性控制系统等。

从研究控制原理，特别是研究控制系统设计方法的角度来看，可以把自动控制系统分为恒值控制系统与随动系统两大类。应当指出，妨碍物理量按照特定规律变化的因素有两类，即被控对象的惰性和环境的扰动。惰性与扰动存在于一切控制系统中。由于各个特定控制系统的运行方式和环境彼此不同，这两类因素造成的结果对系统的重要程度也不同。

1. 恒值控制系统

恒值控制系统的主要特征是给定量不变，系统的基本任务是保证系统在任何扰动作用下，输出量以一定精度接近给定值，而给定值一般不变或变化缓慢。例如，对温度、压力、流量、湿度及粘度等的恒值控制。

该类系统分析和设计的重点是研究各种干扰对被控对象的制约，从克服扰动影响的角度进行分析和设计。克服各种能使被控量偏离给定值的扰动是恒值控制系统面对的主要矛盾。在运行过程中，虽不可避免地会产生误差，但设计良好的恒值控制系统应使误差尽量小。

2. 随动系统

随动系统的主要特征是给定量是变化的，系统的基本任务是保证被控量以一定的精度跟随给定量变化。这类系统又可分为两类：一类的给定量的变化是任意的，如火炮瞄准控制、雷达跟踪系统等；另一类的给定量是按照一定的时间函数变化的，这类系统通常称为程序控制系统，如仿形机床、程序控制机床等。随动系统分析和设计的重点是保证系统跟随的快速性、准确性。由于被控对象的惰性，在跟随过程中不可避免地会产生误差，因此，克服被控对象的惰性是随动系统面对的主要矛盾。

随动系统和恒值控制系统都是闭环控制系统，由于这两类系统的主要任务不同，因此，在设计系统时应当区分哪一个是主要矛盾。主要矛盾不同，设计时的侧重点也不同。

五、对自动控制系统的基本要求

自动控制系统用于不同的控制目的，对系统的具体要求往往不一样。但无论是哪一类自动控制系统，都有一些共同的要求，一般可归结为稳定、快速和准确。

1. 稳定性

由于控制系统中一般含有储能元件或惯性元件，储能元件的能量不可能突变，因此，当系统受到扰动或有输入量时，控制过程不会立即完成，这就使得被控量恢复到期望值有一个时间过程。例如，在反馈控制系统中，由于被控对象的惯性，会使控制动作不能瞬时纠正被控量的偏差；控制装置的惯性则会使偏差信号不能及时转换为控制动作。这样，在控制过程中，当被控量已经回到期望值而使偏差为零时，执行机构本应立即停止工作，但由于控制装置的惯性，控制动作仍继续向原来的方向进行，致使被控量超过期望值又产生相反的偏差，导致执行机构向相反方向动作，以减小这个新的偏差；同时，当控制动作已经到位时，又由于被控对象的惯性，偏差并未减小为零，因而执行机构继续向原来方向运动，使被控量又产生符号相反的偏差；如此反复进行，致使被控量在期望值附近来回摆动，过渡过程呈现振荡形式。

稳定性就是指系统动态过程的振荡趋向和系统能够恢复到平衡状态的能力。对控制系统的要求是：输出量在受到扰动信号作用后偏离了平衡状态，但应该随着时间的推移振荡收敛，最后回到初始的平衡状态。这样的系统称为稳定的控制系统。稳定性是对控制系统的最基本要求，也是系统能够正常工作的基本前提。

2. 快速性

这是对控制系统动态性能的要求，是在控制系统处于稳定的前提下提出的。系统因受到扰动信号作用后，其输出量与输入量之间产生了偏差，快速性是指消除输出量与输入量之间偏差的快速程度。

3. 准确性

这是对系统稳态性能的要求。由于实际系统的结构、外作用形式及系统中的摩擦等非线性因素的影响，被控量的稳态值与期望值之间会有误差存在，称之为稳态误差。准确性是指系统在调节过程结束后，输出量与输入量之间的偏差，或称为稳态精度。这也是衡量控制系统性能的重要指标之一。

在同一控制系统中，稳、准、快有时是相互制约的。快速性好，可能会有强烈的振荡；改善平稳性，控制过程又可能过于迟缓，精度也可能降低。分析和解决这些矛盾是机电控制领域研究的重要内容。

六、自动控制系统的典型外作用

自动控制系统外作用的形式多种多样，既有确定性外作用，又有随机性外作用。对于不同形式的外作用，系统被控量的变化情况（即响应）各不相同，为了便于用统一的方法研究和比较控制系统的性能，通常选用几种确定性函数作为典型外作用。可选作典型外作用的函数应具备以下条件：

1）这种函数在现场或实验室中容易得到。

2）控制系统在这种函数作用下的性能应代表在实际条件下的性能。

3）这种函数的数学表达式简单，便于理论计算。

分析控制系统动态性能时，通常都是给系统输入一个典型外作用，研究其过渡过程的变化规律，并由此确定系统性能。目前，在工程设计中常用的典型外作用函数有阶跃函数、斜坡函数、加速度函数、脉冲函数及正弦函数。它们都是确定性函数。

1. 阶跃函数

阶跃函数的数学表达式为

$$r(t)=\begin{cases}0, & t<0\\ R, & t\geqslant 0\end{cases} \tag{1-1}$$

式（1-1）表示一个在 $t=0$ 时出现的幅值为 R 的阶跃变化函数，其图像如图 1-11 所示。在实际系统中，这意味着一个大小不变的作用在 $t=0$ 时突然加到系统上。当 $R=1$ 时称为单位阶跃函数，用 $r(t)=1(t)$ 表示，幅值为 R 的阶跃函数可表示为 $r(t)=R\cdot 1(t)$。

$r(t-t_0)$表示在 $t=t_0$ 时刻出现的阶跃函数，即

$$r(t-t_0)=\begin{cases}0, & t<t_0\\ R, & t\geqslant t_0\end{cases}$$

其图像如图 1-12 所示。

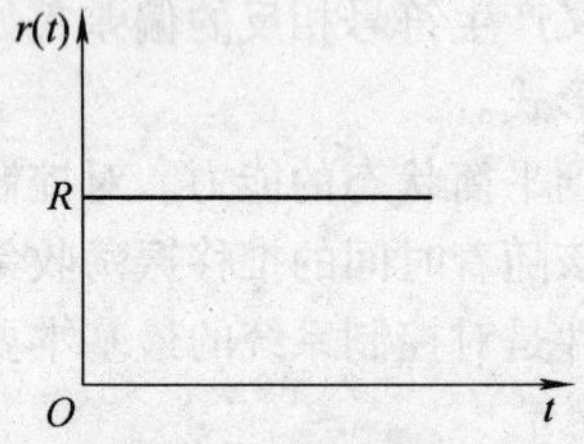

图 1-11　阶跃函数

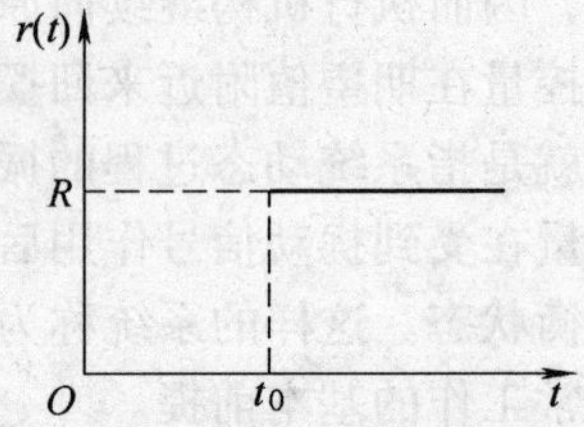

图 1-12　t_0 时刻出现的阶跃函数

2. 斜坡函数（速度函数）

斜坡函数的数学表达式为

$$r(t)=\begin{cases}0, & t<0\\ Rt, & t\geqslant 0\end{cases} \tag{1-2}$$

式（1-2）表示从 $t=0$ 时刻开始，随时间以恒定速率 R 变化的函数，其图像如图 1-13 所示。当 $R=1$ 时，称为单位斜坡函数。

3. 加速度函数（抛物线函数）

加速度函数的数学表达式为

$$r(t)=\begin{cases}0, & t<0\\ \dfrac{1}{2}Rt^2, & t\geqslant 0\end{cases} \tag{1-3}$$

其图像如图 1-14 所示。

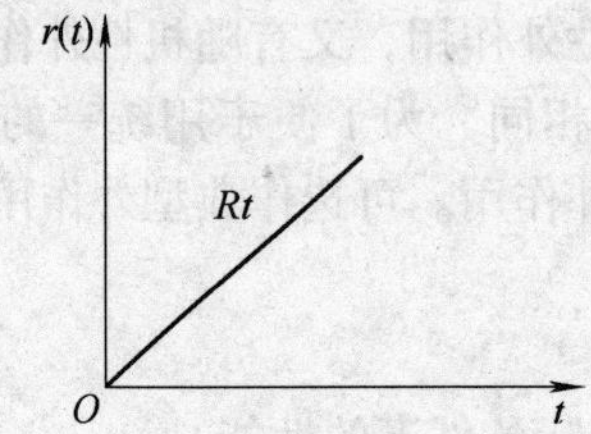

图 1-13　斜坡函数

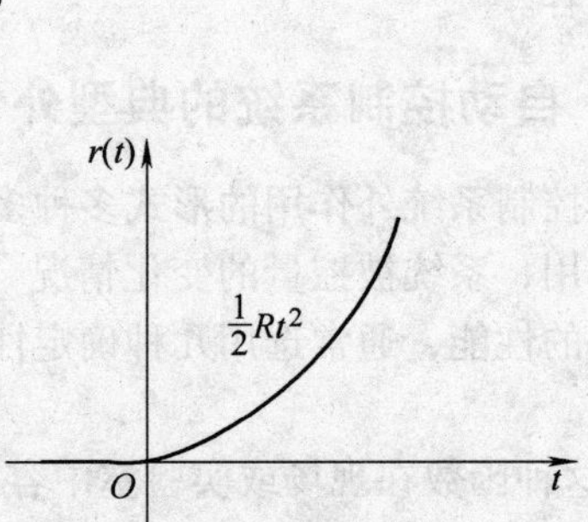

图 1-14　加速度函数

同样，当 $R=1$ 时，称为单位加速度函数。

4. 脉冲函数

脉冲函数定义为

$$r(t)=\lim_{t_0\to 0}\frac{A}{t_0}[1(t)-1(t-t_0)] \tag{1-4}$$

由式（1-4）可知，$(A/t_0)[1(t)-1(t-t_0)]=r_1(t)$是由 $t=0$ 时幅值为 A/t_0 的阶跃函数，与 $t=t_0$ 时幅值为 A/t_0 的负阶跃函数叠加而成的矩形脉动函数，如图 1-15a 所示。矩形脉动函数的面积 $S=(A/t_0)t_0=A$。因此，脉冲函数是当其宽度 t_0 趋于零时矩形脉动函数的极限，这是一个宽度为零、幅值为无穷大、面积为 A 的极限脉冲，如图 1-15b 所示。脉冲函数的强度通常用它的面积表示。

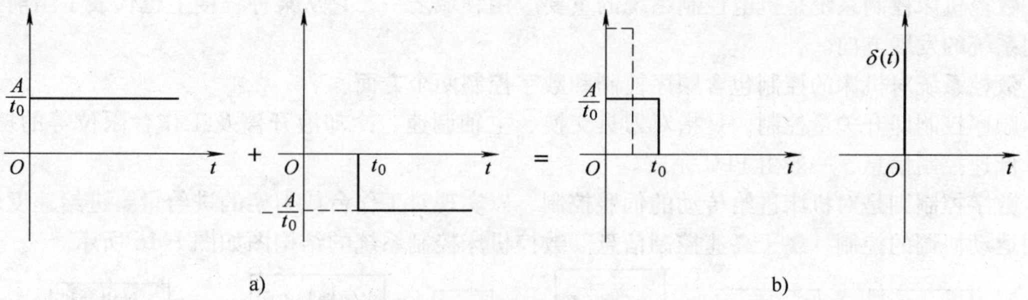

图 1-15 脉动函数和脉冲函数

a）脉动函数 b）脉冲函数

面积 $A=1$ 的脉冲函数称为单位脉冲函数或 δ 函数。于是，强度为 A 的脉冲函数 $r(t)$ 可表示为 $r(t)=A\delta(t)$。

$\delta(t-t_0)$ 表示在 $t=t_0$ 时刻出现的单位脉冲函数，即

$$\delta(t-t_0)=\begin{cases}0, & t\neq t_0\\ \infty, & t=t_0\end{cases}$$

$$\int_{-\infty}^{\infty}\delta(t-t_0)\,\mathrm{d}t=1$$

单位脉冲函数可看做单位阶跃函数的导数。由图 1-11 可见，单位阶跃函数 $1(t)$ 只在 $t=0$ 时有突变，因此，$1(t)$ 在 $t=0$ 时的导数为无穷大，而在其他各处均为零，即 $\delta(t)=\mathrm{d}1(t)/\mathrm{d}t$。

5. 正弦函数

正弦函数的表达式为

$$r(t)=\begin{cases}0, & t<0\\ A\sin(\omega t+\varphi), & t\geqslant 0\end{cases} \tag{1-5}$$

式中，A 为正弦函数的振幅；ω 为正弦函数的角频率，$\omega=2\pi f$；φ 为正弦函数的相角。

当 $A=1$ 时，称为单位正弦函数。余弦函数也属于这种典型的输入类型。

究竟选择以上哪种函数作为典型输入信号，应根据系统和工作条件而定。如果控制系统遇到突然变化的外作用，如突然通电、断电或电源电压突然跳动；负载突然增大或减小；飞机飞行中遇到的常值阵风扰动等，都可视为阶跃输入形式。如果系统的控制量是随时间变化的函数，如雷达、高射炮、防空系统及温控系统等，则选择斜坡函数较为合适。如果控制系统为冲击输入量，

如导弹发射、卫星发射等，则选择脉冲函数较为合适。如果控制系统的输入量是随时间变化的往返运动量，如机器振动，则选择正（余）弦函数较好。

值得注意的是：在控制系统的分析设计中，阶跃函数是应用最多的一种评价系统动态性能的典型外作用。正（余）弦函数作为典型输入信号，其响应即频率响应，也是研究控制系统性能的重要依据。

第二节　自动控制系统示例

一、数控机床控制系统

数控机床控制系统是机电控制系统的重要应用领域之一，它从某种程度上也代表了当前机电控制系统的发展方向。

数控系统对机床的控制包含顺序控制和数字控制两个方面。

顺序控制即开关量控制，是指对刀具交换、主轴调速、冷却液开停及工作台限位等的控制，属于低速控制信息，一般由 PLC 完成。

数字控制则是对机床进给传动的伺服控制，以实现对工作台或刀架的进给量、进给速度及各轴间运动协调的控制，属于高速控制信息。数控机床控制系统的结构图如图 1-16 所示。

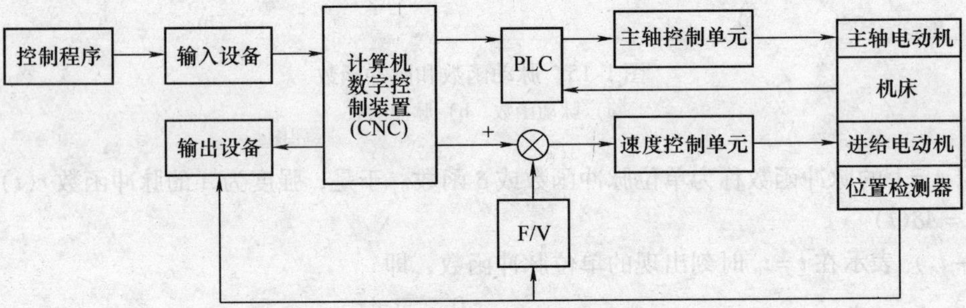

图 1-16　数控机床控制系统结构图

CNC 装置根据输入的零件加工程序，通过插补运算计算出理想的运动轨迹，然后输出到进给伺服控制系统，加工出所需要的零件。另外，CNC 装置还完成进给坐标控制、主轴控制、刀具控制及辅助控制等功能。其中，进给伺服控制系统是 CNC 和机床机械传动部件间的联系环节，是一个典型的闭环反馈控制系统。其控制原理如图 1-17 所示。

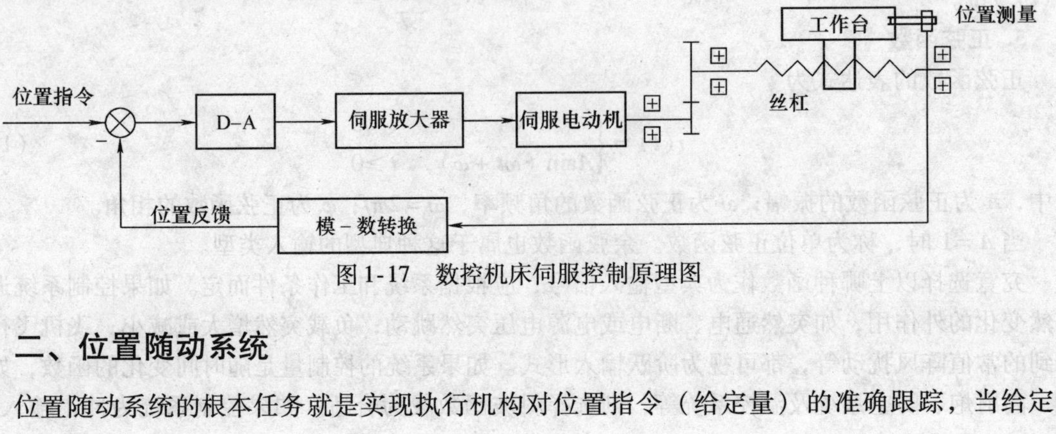

图 1-17　数控机床伺服控制原理图

二、位置随动系统

位置随动系统的根本任务就是实现执行机构对位置指令（给定量）的准确跟踪，当给定量随机变化时，系统能使被控量准确无误地跟随并复现给定量。因此，输出响应的快速性、灵活性及准确性成了位置随动系统的主要特征。

位置随动系统中的位置指令（给定量）和被控量一样，也是位移（或代表位移的电量），当然可以是角位移，也可以是直线位移，所以位置随动系统必定是一个位置反馈控制系统。下面通过一个简单的例子来说明位置随动系统的基本组成。图 1-18 所示为一个电位器式位置随动系统的原理图，该系统用来实现雷达天线的跟踪控制。

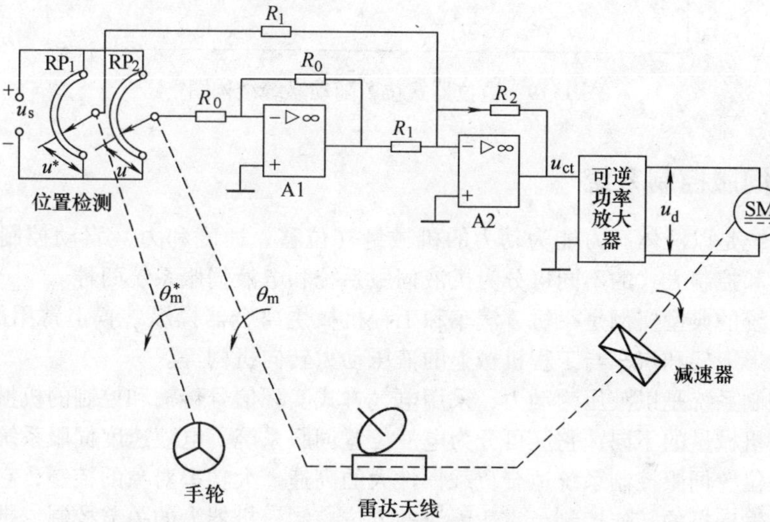

图 1-18　电位器式位置随动系统原理图

1. 位置随动系统的基本组成

（1）位置检测器　由电位器 RP_1 和 RP_2 组成位置（角度）检测器，其中，电位器 RP_1 的转轴与手轮相连，作为转角给定。电位器 RP_2 的转轴通过机械机构与负载部件相连接，作为转角反馈。两个电位器均由同一个直流电源 U_s 供电，这样可以将位置信号直接转换成电量输出。

（2）电压比较放大器　电压比较放大器由放大器 A1 和 A2 组成，其中放大器 A1 起倒相作用，A2 则起电压比较和放大作用，其输出信号作为下一级功率放大器的控制信号，并具备鉴别电压极性（正反电位）的能力。

（3）可逆功率放大器　为了推动随动系统的执行电动机，只有电压放大器是不够的，还必须有功率放大器，功率放大器由晶闸管或大功率晶体管组成整流电路，由它输出一个足以驱动电动机 SM 的电压。

（4）执行机构　永磁式直流伺服电动机 SM 作为带动负载运动的执行机构，雷达天线即为负载，电动机到负载之间还得通过减速器来匹配。

以上四部分是位置随动系统不可缺少的组成部分，不同的系统仅在所采用的具体元件或装置上有所不同。例如，可采用不同的位置检测器、不同的电压比较放大器、不同的电动机（直流或交流）等。

2. 电位器式位置随动系统的工作原理

当两个电位器 RP_1 和 RP_2 的转轴位置一样时，给定角 θ_m^* 与反馈角 θ_m 相等。角度差 $\Delta\theta_m = \theta_m^* - \theta_m = 0$，电位器输出电压 $u^* = u$，电压放大器 A2 的输入电压为 0，故其输出电压 $u_{ct} = 0$，因而功率放大器输出电压 $u_d = 0$，电动机转速 $n = 0$，系统处于静止状态。当转动手轮，使给定角

θ_m^* 增大，则 $\Delta\theta_m>0$，于是 $u^*>u$，放大器 A2 的输入电压不为 0，其输出电压 $u_{ct}>0$，功率放大器的输出电压 $u_d>0$，驱动电动机旋转，经减速器带动雷达天线转动，进而通过机械机构带动电位器 RP_2 转动，使 θ_m 也增大。只要 $\theta_m<\theta_m^*$，电动机就一直带动天线朝着缩小偏差的方向运动，直到 $\theta_m=\theta_m^*$ 才会停止。该系统的结构图如图 1-19 所示。

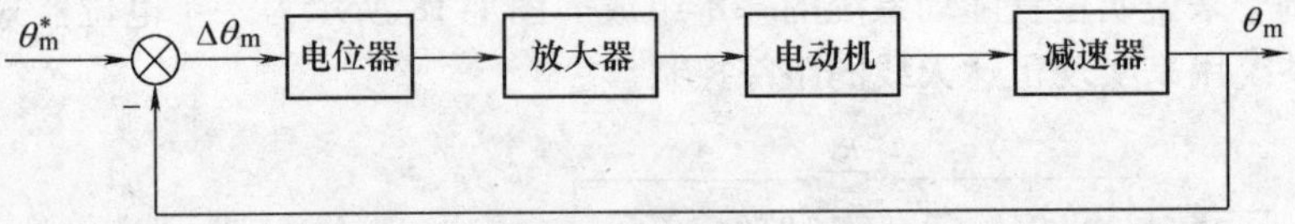

图 1-19　电位器式位置随动系统结构图

三、电液伺服控制系统

液压伺服系统是以液体压力能为动力的机械量（位移、速度和力）自动控制系统。按系统中实现信号传输和控制方式的不同可分为机液伺服系统和电液伺服系统两种。

机液伺服系统的典型实例是飞机、汽车和工程机械主离合器操纵装置上常用的液压助力器、机床上的液压仿形刀架和汽车与工程机械上的液压动力转向机构等。

电液伺服控制系统是以液压为动力，采用电气方式实现信号传输和控制的机械量自动控制系统。按系统被控机械量的不同，它又可分为电液位置伺服系统、电液速度伺服系统和电液力控制系统三种。电液位置伺服控制系统适合负载惯性大的高速、大功率对象的控制，它已在飞行器的姿态控制、飞机发动机的转速控制、雷达天线的方位控制、机器人的关节控制、带材跑偏、张力控制、材料试验机和加载装置中得到应用。电液速度伺服系统适合于对速度控制精度要求较高的场合，如原动机调速，机床的进给拖动以及转台，天线、雷达及炮塔的跟踪姿态控制等，这些都要求对速度进行反馈控制。电液力控制系统适用于需要对力进行控制的场合。由于电液力控制系统具有精度高、响应速度快、功率大、结构紧凑和使用方便等优点，因此得到了越来越广泛地应用，例如，材料试验机、平整机的液压下压控制、带材张力控制、车轮刹车装置等都采用了电液力控制系统。

按照系统中承担功率转换与放大作用元件的不同，电液伺服控制系统又可分为阀控（节流）式控制系统和容积式控制系统。阀控式控制系统采用电液伺服阀控制驱动执行元件的流量来实现功率转换及放大，具有结构简单、成本低且响应速度快等特点，故一般情况下均采用它。其不足之处是存在节流损失（如果采用定量泵加溢流阀供油还有溢流损失），效率低。容积式控制系统采用调节变量泵的排量以控制进入执行元件的流量，或采用调节变量马达的排量以控制驱动执行元件的转矩实现功率转换及放大，没有节流损失，效率高。但在实际的容积式控制中，常需要一个小规格的阀控式电液位置系统或电气位置系统来推动泵或马达的变量机构来改变排量，这使得容积系统较阀控系统复杂、成本高且响应慢，因而只有在功率较大、对系统效率有严格要求的场合才使用。

图 1-20 是一个典型的电液位置伺服系统。该系统用输入电位计控制液压缸活塞杆的运动，反馈电位计检测活塞杆的位置。采用电液伺服阀作为功率转换与放大元件，该阀的工作特性是：无电流时，阀芯处于中位，压力油与液压缸两腔都不通，活塞杆不动；当伺服阀的线圈通入一定电流时，阀芯偏离中位，油液进入液压缸，活塞杆以一定的速度运动，在这里，电流的极性决定了液流的方向，电流的绝对值大小则决定了阀芯偏离中位的距离和通过阀口的流量。

系统的工作原理如下：输入电位计和反馈电位计的两个固定端上加有固定电压 u，根据其活

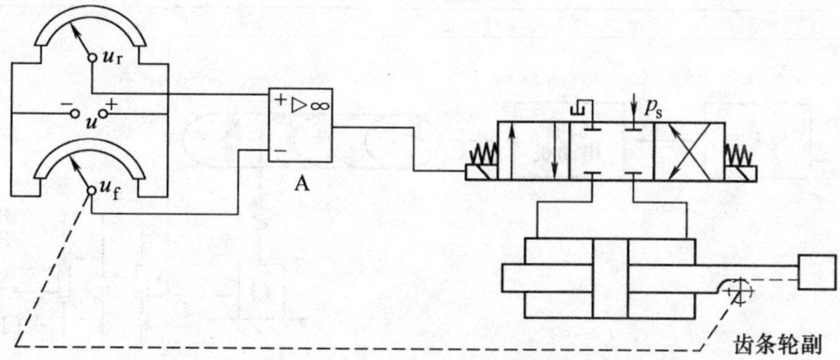

图 1-20　双电位计电液位置伺服控制系统

动臂位置分别截取电压 u_r 和 u_f，并将它们分别接至放大器的同相和反相输入端，即放大器的输入电压为 u_r-u_f。开始时，令两电位计处于同一角度上，放大器输出电流为零，则活塞杆停在某一位置上。如果外加的控制作用（输入）使电位计的活动臂旋转一定角度，即使 u_r 发生变化，则 u_r-u_f 不再是零。放大器将输出一定电流，使电液伺服阀偏离中位，造成一定流量的压力油进入液压缸，活塞杆便产生运动（输出）。活塞杆的运动通过齿条轮副又使反馈电位计的活动臂旋转，（注意：必须使反馈电位计的活动臂旋转方向与输入电位计的旋转方向相同，否则将形成正反馈），直到反馈电位计的截取电压 u_r 与 u_f 相同时，活塞杆才停止运动。因此，活塞杆将完全跟随输入电位计的旋转而产生相应的位移，达到电液位置伺服控制的目的。

习　题

1-1　图 1-21 表示一个电动机转速控制系统。U_0 是一个固定的电压，电动机带动负载以速度 ω 旋转。试分析该转速控制系统的工作原理，并画出结构图。

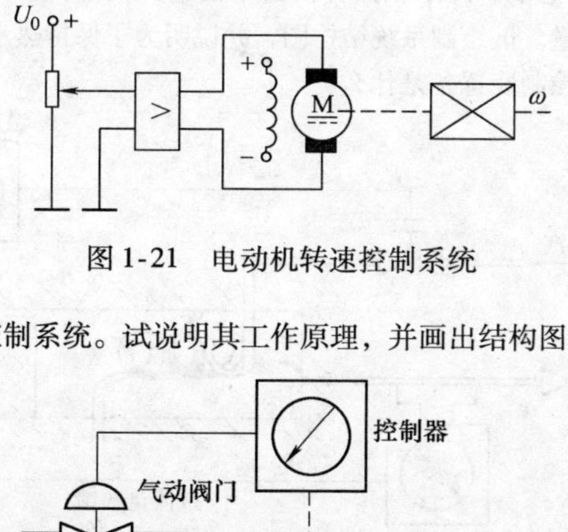

图 1-21　电动机转速控制系统

1-2　图 1-22 是一个自动液位控制系统。试说明其工作原理，并画出结构图。

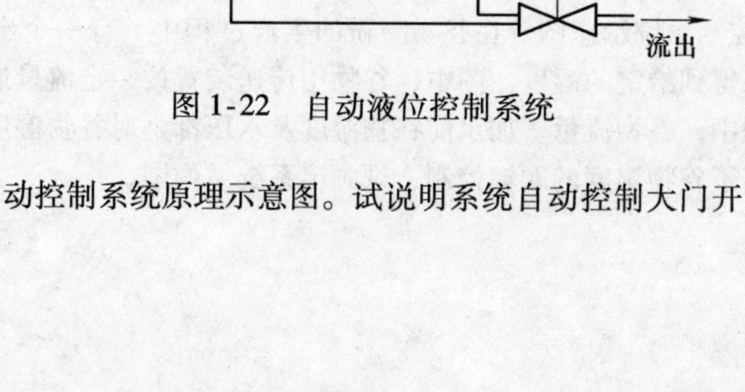

图 1-22　自动液位控制系统

1-3　图 1-23 是仓库大门自动控制系统原理示意图。试说明系统自动控制大门开、闭的工作原理，并画出系统结构图。

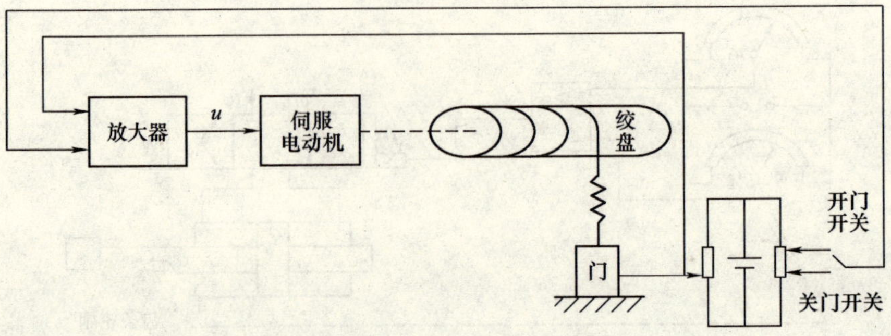

图 1-23　仓库大门自动开闭控制系统

1-4　图 1-24 是控制导弹发射架方位的电位器式随动系统原理图。图中，电位器 RP_1、RP_2 并联后跨接到同一电源 E_0 的两端，其滑动臂分别与输入轴和输出轴相连接，组成方位角的给定元件和测量反馈元件。输入轴由手轮操纵；输出轴则由直流电动机经减速后带动，电动机采用电枢控制的方式工作。试分析系统的工作原理，指出系统的被控对象、被控量和给定量，画出系统的结构图。

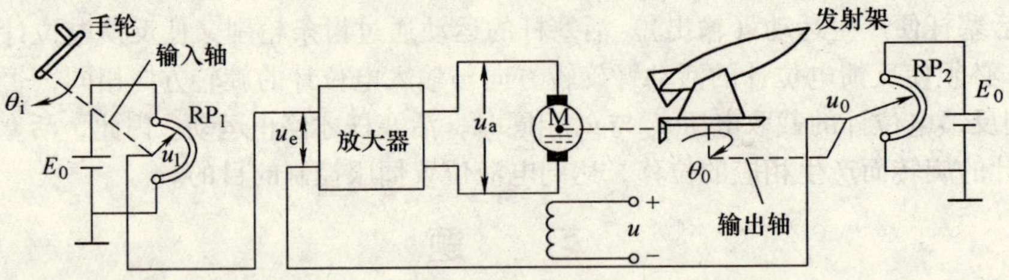

图 1-24　导弹发射架方位角控制系统原理图

1-5　图 1-25 为水温控制系统示意图。冷水在热交换器中由通入的蒸汽加热，从而得到一定温度的热水。冷水流量变化用流量计测量。试绘制系统结构图，并说明为了保持热水温度为期望值，系统是如何工作的？系统的被控对象和控制装置各是什么？

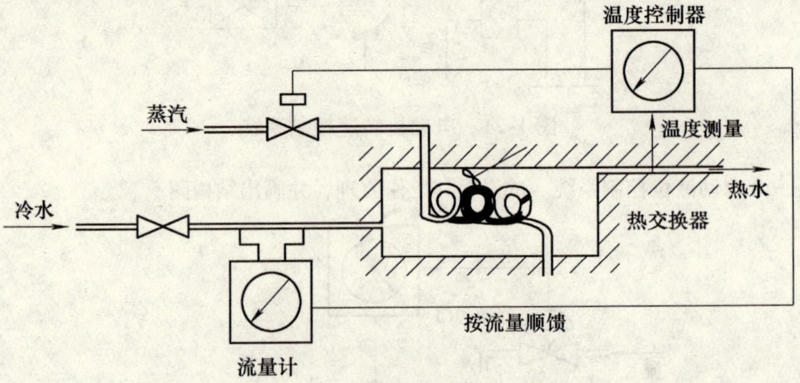

图 1-25　水温控制系统原理图

1-6　图 1-26 为谷物湿度控制系统示意图。在谷物磨粉的生产过程中，有一个出粉最多的湿度，因此磨粉之前要给谷物加水以得到给定的湿度。图中，谷物用传送装置按一定流量通过加水点，加水量由自动阀门控制。加水过程中，谷物流量、加水前谷物湿度及水压都是对谷物湿度控制的扰动。为了提高控制精度，系统中采用了谷物湿度的顺馈控制，试画出系统结构图。

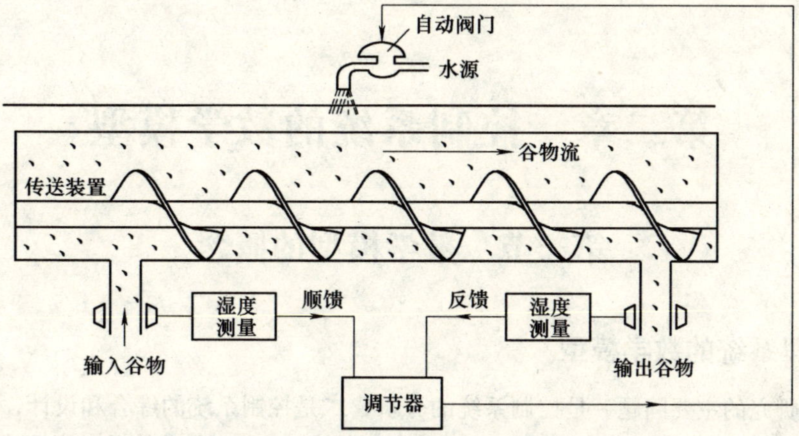

图 1-26　谷物湿度控制系统示意图

第二章　控制系统的数学模型

第一节　数学模型的概念

一、物理系统的数学模型

控制理论研究的主要问题一是控制系统的分析，二是控制系统的综合和设计，对这两个问题的研究都离不开对控制系统运动的分析。这里的“运动”一词，并非指物体位置的移动或旋转，而是泛指一切物理量随时间的变化，如温度的升高和降低、磁场的增强和减弱及电压的增大和减小等。要研究各种物理量的运动，必须知道它们的内在联系，把它们彼此间相互作用的关系和规律以数学形式表示出来。也就是说，要为运动对象建立数学模型。

数学模型是系统动态特性的数学描述。在自然界里，许多物理系统，不管是机械的、电气的、液压的、气动的、生物学的或经济学的等都可以通过微分方程来描述。系统的微分方程式可以通过反映具体系统内在运动规律的物理学定律来获得。例如，机械系统中的牛顿定律、能量守恒定律，电气系统中的欧姆定律、基尔霍夫定律，流体方面的有关流体力学定律等。通过对这些微分方程求解，就可以获得系统在外部控制作用下的动态响应。因此，微分方程是物理系统最基本的数学模型。不同的系统，其数学模型可能是完全相同的。数学模型表达了这些系统的共性，所以通过研究数学模型，也就能够完全了解具有相同数学模型的各种系统的特性。有了正确的数学模型，方能定量地研究系统的运动。

例如，在一个由电阻 R 和电感 L 串联并加上电压 u 的电路中，电流 i 的变化可以用如下的微分方程描述：

$$L\frac{\mathrm{d}i(t)}{\mathrm{d}t}+Ri(t)=u(t)$$

上式就是这个电路中电流运动的数学模型。研究这个方程的数学性质，就可以知道该电路中电流运动的特点。在做这样的研究时，人们暂时不再注意方程中的变量 i 和 u 的物理意义，只把它们看做抽象的变量。同样，人们也暂时不再注意 L 和 R 的物理意义，只把它们看做抽象的参数。直到方程的数学性质研究清楚或求出方程的解以后，人们才用所得的结果描述电流变化的规律，以及各参数对它的影响。可以说，在这一过程中，人们的思维经历了两次飞跃：在列写方程时，是从物理抽象到数学；而在数学问题解决后，又从数学回归到物理。

因此，通过对数学模型定量分析，可以找到系统的内部结构及参数与性能指标之间的关系。这样，在系统不能按照预先期望的规律运行时，便可通过适当地改变系统的结构和参数来使其满足性能的要求。另外，在设计一个系统时，根据控制任务，可以借助数学模型来检验设计思想，即进行预先的仿真研究。

二、建立数学模型的一般原则

一个合理的数学模型，应既要满足研究结果的精度要求，又要简化分析计算工作。因此，在建立系统的数学模型时，需要根据具体情况，对实际系统的某些次要因素进行适当地简化。实际的机电控制系统是比较复杂的，因为组成系统的各个环节有非线性和时变性的特点，因此，系统的数学模型往往是变系数的非线性偏微分方程，求解这些方程是非常困难的，有时甚至是不可能的。

为了便于问题的分析，需要对实际模型做简化处理，将非线性方程线性化等，简化后的方程通常是一个线性微分方程式。

分析系统时，结果的准确程度完全取决于数学模型与给定实际系统的近似程度。如果简化后的数学模型与实际系统出入很大，那么控制系统就失去了它应有的控制作用。但这决不意味着数学模型越复杂越好。一个合理数学模型的建立，应该在模型的准确性和简化性之间进行折中：既不能过分强调准确性而使系统过于复杂，也不能片面追求简化性而使分析结果与实际出入过大。由此可见，建立系统的数学模型是一门以专业知识和工程实践为基础的应用科学，它要求人们具备四个方面的能力：首先是对工程实际问题的理解；其次是会进行抽象分析，化繁为简，化难为易；再就是运用数学工具的能力；最后是通过实践加以检验的能力。只有这样，才能由表及里，去伪存真，抓住问题的实质。常用的简化方法如下：

1）用集中参数代替分布参数。一般总是把分布质量用一个集中质量来代替，把分布力（如重力）用集中力来代替，把管截面上不均匀的流速分布用平均流速代替等。

2）参变量简化为常量。控制系统中不少参量是变量，例如，速度阻尼系数是速度的函数，弹簧刚度系数是弹簧形变的函数，还有一些参量是时间的函数等。这些量在所研究的问题范围内，如果变化不大或随时间变化很缓慢，都可以用一个常量（平均值）来代替它。

3）元件的非线性特性用等效线性特性代替。控制系统中大都包括一些非线性因素，例如：齿轮传动的间隙、游隙，铁磁物质的饱和，继电器、伺服阀工作的死区，线绕电位器的非线性特性曲线等。在工程允许的精度范围内，将其按等效线性研究处理要简单得多。

建立系统的数学模型通常有解析法和实验法（又称辨识）。所谓解析法，就是根据控制系统或元件各变量之间所遵循的物理、化学等科学规律，抓住主要矛盾，列写各变量之间的数学关系式，经理论推导，得出系统数学模型的方法。显然，这种方法具有明确的物理概念，易于理解，但需要相应的物理知识，而且能够灵活应用。例如，在建立控制系统数学模型时，可能需要理论力学、流体力学、机械原理及电工学等方面的知识。所谓实验法，则是通过实验曲线回归，统计出系统传递函数的方法。

三、机电控制系统数学模型的种类

根据解决问题及分析方法的不同，线性定常系统可以采用不同的数学模型。系统的数学模型一般可分为时域模型、复数域模型和频域模型。

1. 时域模型

时域模型包括微分方程、差分方程和状态方程。其特点是在时间域中对控制系统进行描述，具有直观、准确的优点，并且可以提供系统时间响应的全部信息。不足之处是：当系统的结构改变或某个参数变化时，就要重新列写并求解微分方程，不便于对系统进行分析和设计。

2. 复数域模型

复数域模型包括系统的传递函数、结构图和信号流图。传递函数不仅可以表征系统的动态性能，而且可以用来研究系统结构或参数变化时对系统性能的影响。由于在求取系统的传递函数时，需要消去系统中所有的中间变量，剩下系统的输入（或扰动）和输出两个变量，这是一项较为繁琐的工作，而且无法反映系统中信息的传递过程，因此，若采用结构图表示控制系统，则不仅能简明地表示系统中各环节间的关系和信号的传递过程，而且不用消元就能较方便地求得系统的传递函数。结构图既适用于线性控制系统，也适用于非线性控制系统。对于复杂的控制系统，结构图的简化过程仍较为繁杂，且易于出错，此时选用信号流图，不仅具有结构图表示系统的特点，而且还能直接应用梅逊增益公式方便地写出系统的传递函数。

3. 频域模型

频域模型主要描述系统的频率特性。相比时域模型和复数域模型，频域模型中的频率特性有准确的物理意义。很多元部件的频率特性都可以用实验的方法来确定，这对于难以从分析其物理规律来列写动态方程的元部件和系统具有很大的实际意义。此外，应用频率特性，可以直接利用系统开环频率特性研究闭环系统的稳定性，而不必求解出系统的特征根，同时，基于频率特性的分析法可推广到非线性控制系统中，并有助于设计出抑制某些频带噪声的控制系统。

本章主要研究微分方程、传递函数、结构图和信号流图等数学模型的建立和应用，其他数学模型的研究将在以后各章中详述。

第二节　系统的微分方程

控制系统的运动规律一般是以时间为自变量，采用线性常系数微分方程来描述的。

线性定常系统的特征如下：

（1）线性可叠加性　一般来说，满足叠加原理的系统为线性系统。叠加原理有两重含义，即具有可叠加性和均匀性（或齐次性）。设系统输入为 $x_1(t)$ 时，输出为 $y_1(t)$，输入为 $x_2(t)$ 时，输出为 $y_2(t)$。若输入为

$$x(t)=ax_1(t)+bx_2(t)$$

输出保持线性，可记为

$$y(t)=ay_1(t)+by_2(t)$$

则该系统称为线性系统。反之，不满足叠加原理的系统为非线性系统。

（2）参数定常性　系统的参数，或者说元件的参数均为常数，则称为定常系统；否则，称为时变系统。

采用解析法求取系统的运动方程时，一般的方法是根据物理系统的运动定律来列写，下面具体说明如何求得描述系统运动的微分方程。

一、系统微分方程的一般形式

对于单输入 - 单输出线性定常系统，其微分方程的一般形式如下：

$$a_0\frac{\mathrm{d}^n c(t)}{\mathrm{d}t^n}+a_1\frac{\mathrm{d}^{n-1}c(t)}{\mathrm{d}t^{n-1}}+\cdots+a_{n-1}\frac{\mathrm{d}c(t)}{\mathrm{d}t}+a_n c(t)$$

$$=b_0\frac{\mathrm{d}^m r(t)}{\mathrm{d}t^m}+b_1\frac{\mathrm{d}^{m-1}r(t)}{\mathrm{d}t^{m-1}}+\cdots+b_{m-1}\frac{\mathrm{d}r(t)}{\mathrm{d}t}+b_m r(t)$$

式中，$c(t)$ 是系统输出量，$r(t)$ 是系统输入量；$a_i(i=0,1,\cdots,n)$ 和 $b_j(j=0,1,\cdots,m)$ 是与系统结构和参数有关的常数。

一般情况下，应将微分方程写成标准形式，即与输入量有关的项写在方程的右端，与输出量有关的项写在方程的左端，方程两端变量的导数项均按降幂排列。

列写系统各元件的微分方程时，一是应注意信号传递的单向性，即前一个元件的输出是后一个元件的输入，一级一级地单向传递；二是应注意前后连接的两个元件中，后级对前级的负载效应。例如，无源电网络输入阻抗对前级的影响，齿轮系统对电动机轴转动惯量的影响等。

二、列写系统微分方程的一般方法

用解析法建立系统数学模型的前提是对系统的作用原理和系统中各元件的物理属性有深入的了解。用这种方法建立数学模型的一般步骤是：

1）确定系统或元部件的输入量与输出量。

2）根据系统或元部件在工作中所遵循的物理或化学等定律，列写相应的微分方程。

3）联立方程，消去中间变量，得到只含有输入变量和输出变量的微分方程式。

4）将微分方程式标准化。

下面举例说明建立系统微分方程的步骤和方法。

1. 机械位移系统

机电控制系统的受控对象是机械系统。在机械系统中，有些构件具有较大的惯性和刚度，有些构件则惯性较小，柔度较大。在集中参数法中，将前一类构件的弹性忽略，视其为质量块；而把后一类构件的惯性忽略，视其为无质量的弹簧。这样，受控对象的机械系统可抽象为质量－弹簧－阻尼系统。在机械系统中，该系统是最常遇到的系统。机械系统可根据牛顿第二定律列写微分方程。

质量－弹簧－阻尼系统的力学模型如图2-1所示。

根据牛顿第二定律　$\sum F = ma$

可得　$f(t) - B\dot{y}(t) - ky(t) = m\ddot{y}(t)$

整理，得　$m\ddot{y}(t) + B\dot{y}(t) + ky(t) = f(t)$

此即为该系统的微分方程。

一般的机械受控对象都可抽象为质量－弹簧－阻尼系统或其组合，如典型的进给传动装置、组合机床动力滑台等。

2. 电路网络系统

电路网络是机电控制系统的重要组成部分。它可以是比较简单的电路，也可以是非常复杂的系统。电气系统的微分方程主要是根据欧姆定律、基尔霍夫定律和电磁感应定律来列写。对于图2-2所示电路网络，根据欧姆定律，有

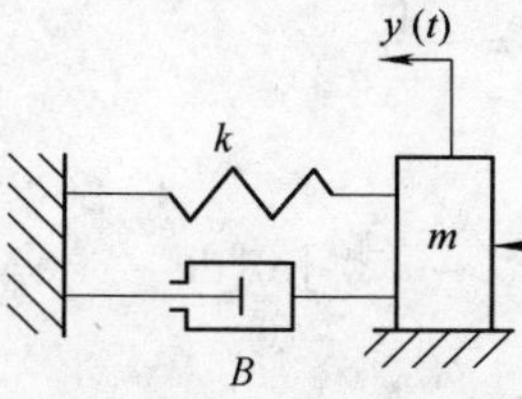

图2-1　质量－弹簧－阻尼系统

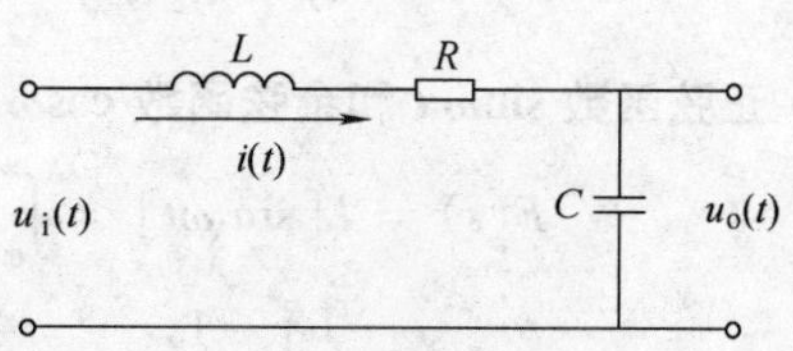

图2-2　电路网路

$$\begin{cases} u_i(t) = Ri(t) + L\dfrac{di(t)}{dt} + \dfrac{1}{C}\int i(t)\,dt \\ u_o(t) = \dfrac{1}{C}\int i(t)\,dt \end{cases}$$

消去中间变量 $i(t)$，得

$$u_i(t) = RC\dot{u}_o(t) + LC\ddot{u}_o(t) + u_o(t)$$

整理，得　$LC\ddot{u}_o(t) + RC\dot{u}_o(t) + u_o(t) = u_i(t)$

此即为系统的二阶线性微分方程。

第三节 拉普拉斯变换

不少工程系统的动态性能可以用常系数线性微分方程描述，因此，方便的求解线性微分方程的方法很重要。拉普拉斯变换（简称拉氏变换）是用来解常系数线性微分方程的一种运算方法。用拉氏变换解常系数线性微分方程的特点是：将时间函数转换为复变量 s 的函数，从而将微分方程转换为代数方程，并用代数法求解，使求解大为简化。用拉氏变换解常系数线性微分方程时，在运算中很方便的计入了起始条件。此外，拉氏变换的结果还将系统的时间响应和频率响应统一用一个方程来表征，在此基础上，进一步得到系统的传递函数。所以拉氏变换已成为分析机电控制系统的基本数学方法之一。

一、拉氏变换的定义

对于函数 $f(t)$，如果满足下列条件：

1）$t<0$ 时，$f(t)=0$；$t>0$ 时，$f(t)$ 在每个有限区间上是分段连续的。

2）$\int_0^\infty f(t)e^{-\sigma t}dt < \infty$，其中 σ 为正实数，即 $f(t)$ 为指数级的。

则可定义 $f(t)$ 的拉氏变换 $F(s)$ 为

$$F(s) = L[f(t)] = \int_0^\infty f(t)e^{-st}dt$$

式中，s 为复变量，且 $\mathrm{Re}(s) > \sigma$；$f(t)$ 为原函数；$F(s)$ 为象函数。

二、简单函数的拉氏变换

1. 单位阶跃函数 $1(t)$

$$F(s) = L[1(t)] = \int_0^\infty 1(t)e^{-st}dt = -\frac{1}{s}e^{-st}\Big|_0^\infty = \frac{1}{s}$$

2. 指数函数 e^{at}

$$F(s) = L[e^{at}] = \int_0^\infty e^{at}e^{-st}dt = \int_0^\infty e^{-(s-a)t}dt = \frac{1}{s-a}$$

3. 正弦函数 $\sin\omega t$ 和余弦函数 $\cos\omega t$

$$F(s) = L[\sin\omega t] = \int_0^\infty \sin\omega t\cdot e^{-st}dt = \frac{1}{2j}\int_0^\infty [e^{j\omega t} - e^{-j\omega t}]e^{-st}dt$$

$$= \frac{1}{2j}\left[\frac{1}{s-j\omega} - \frac{1}{s+j\omega}\right] = \frac{\omega}{s^2+\omega^2}$$

$$F(s) = L[\cos\omega t] = \int_0^\infty \cos\omega t\cdot e^{-st}dt = \frac{1}{2}\int_0^\infty [e^{j\omega t} + e^{-j\omega t}]e^{-st}dt$$

$$= \frac{1}{2}\left[\frac{1}{s-j\omega} + \frac{1}{s+j\omega}\right] = \frac{s}{s^2+\omega^2}$$

4. 单位速度函数 t

$$F(s) = L[t] = \int_0^\infty te^{-st}dt = \frac{1}{s^2}$$

同理可得
$$F(s) = L[t^n] = \frac{n!}{s^{n+1}} \quad (n=0, 1, 2, \cdots)$$

5. 单位脉冲函数 $\delta(t)$ 的拉氏变换

$$F(s) = L[\delta(t)] = \int_0^{\infty} \delta(t) e^{-st} dt = e^{-st}\big|_{t=0} = 1$$

三、拉氏变换的性质

1. 线性性质

若 $$L[f_1(t)] = F_1(s), \qquad L[f_2(t)] = F_2(s)$$

则 $$L[af_1(t) + bf_2(t)] = aF_1(s) + bF_2(s)$$

证：
$$\begin{aligned} L[af_1(t) + bf_2(t)] &= \int_0^{\infty} [af_1(t) + bf_2(t)] e^{-st} dt \\ &= \int_0^{\infty} af_1(t) e^{-st} dt + \int_0^{\infty} bf_2(t) e^{-st} dt \\ &= aF_1(s) + bF_2(s) \end{aligned}$$

2. 微分性质

若 $$F(s) = L[f(t)]$$

则 $$L[f'(t)] = sL[f(t)] - f(0) = sF(s) - f(0)$$

式中，$f(0)$ 是函数 $f(t)$ 在 $t=0$ 时的值。

证：
$$\begin{aligned} L[f'(t)] &= \int_0^{\infty} f'(t) e^{-st} dt = \int_0^{\infty} e^{-st} \, | \, df(t) = f(t) e^{-st}\big|_0^{\infty} - \int_0^{\infty} f(t) d(e^{-st}) \\ &= -f(0) + s\int_0^{\infty} f(t) e^{-st} dt = sF(s) - f(0) \end{aligned}$$

同理可得

(1) $L[f^{(n)}(t)] = s^n F(s) - s^{n-1} f(0) - s^{n-2} f'(0) - \cdots - sf^{(n-2)}(0) - f^{(n-1)}(0)$

(2) 若 $f(0) = f'(0) = \cdots = f^{(n-2)}(0) = f^{(n-1)}(0) = 0$，则 $L[f^{(n)}(t)] = s^n F(s)$

3. 积分性质

若 $$F(s) = L[f(t)]$$

则 $$L\left[\int_0^t f(\tau) d\tau\right] = \frac{1}{s} F(s)$$

证：令 $h(t) = \int_0^t f(\tau) d\tau$，则 $h(0) = 0, h'(t) = f(t)$

$$F(s) = L[f(t)] = L[h'(t)] = sL[h(t)] - h(0) = sL\left[\int_0^t f(\tau) d\tau\right] - 0$$

故 $$L\left[\int_0^t f(\tau) d\tau\right] = \frac{1}{s} F(s)$$

对于不定积分可按如下方法处理，即

令 $$\varphi(t) = \int f(t) dt = \int_0^t f(\tau) d\tau + C$$

则 $$\varphi(0) = C$$

故 $$L\left[\int f(t) dt\right] = \frac{1}{s} F(s) + \frac{C}{s}$$

同理可得

$$L\left[\int_0^t \int_0^t \cdots \int_0^t f(\tau) (d\tau)^n\right] = \frac{1}{s^n} F(s)$$

4. 实位移定理

若
$$F(s)=L[f(t)]$$
则
$$L[f(t-a)\cdot 1(t-a)]=\mathrm{e}^{-as}F(s)$$
式中，a 为任意实数。对于函数 $f(t-a)$，当 $t<a$ 时，有 $f(t-a)=0$。

证：
$$L[f(t-a)\cdot 1(t-a)]=\int_0^{\infty}f(t-a)\cdot 1(t-a)\mathrm{e}^{-st}\mathrm{d}t=\int_a^{\infty}f(t-a)\mathrm{e}^{-st}\mathrm{d}t$$
令
$$u=t-a$$
则
$$L[f(t-a)\cdot 1(t-a)]=\int_0^{\infty}f(u)\mathrm{e}^{-s(u+a)}\mathrm{d}u=\mathrm{e}^{-as}\int_0^{\infty}f(u)\mathrm{e}^{-su}\mathrm{d}u=\mathrm{e}^{-as}F(s)$$

5. 复位移定理

若
$$F(s)=L[f(t)]$$
则
$$L[\mathrm{e}^{at}f(t)]=F(s-a)$$
证：
$$L[\mathrm{e}^{at}f(t)]=\int_0^{\infty}\mathrm{e}^{at}f(t)\mathrm{e}^{-st}\mathrm{d}t$$
$$=\int_0^{\infty}f(t)\mathrm{e}^{-(s-a)t}\mathrm{d}t=F(s)\big|_{s=s-a}=F(s-a)$$

6. 初值定理

若 $F(s)=L[f(t)]$，且 $\lim\limits_{s\to\infty}sF(s)$ 存在，

则
$$\lim_{t\to 0}f(t)=f(0)=\lim_{s\to\infty}sF(s)$$
证：
$$L[f'(t)]=sF(s)-f(0)$$
两边同时取极限，则
$$\lim_{s\to\infty}L[f'(t)]=\lim_{s\to\infty}sF(s)-f(0)$$
$$左端=\lim_{s\to\infty}\int_0^{\infty}f'(t)\mathrm{e}^{-st}\mathrm{d}t=\int_0^{\infty}f'(t)\lim_{s\to\infty}\mathrm{e}^{-st}\mathrm{d}t=0$$
即
$$\lim_{s\to\infty}sF(s)-f(0)=0$$
故
$$f(t)\big|_{t=0}=\lim_{s\to\infty}sF(s)$$

7. 终值定理

若 $F(s)=L[f(t)]$，且 $\lim\limits_{t\to\infty}f(t)$ 存在，

则
$$\lim_{t\to\infty}f(t)=\lim_{s\to 0}sF(s)$$
证：
$$L[f'(t)]=sF(s)-f(0)$$
两边同时对 s 取极限，则
$$\lim_{s\to 0}L[f'(t)]=\lim_{s\to 0}sF(s)-f(0)$$
$$左端=\lim_{s\to 0}\int_0^{\infty}f'(t)\mathrm{e}^{-st}\mathrm{d}t=\int_0^{\infty}f'(t)\lim_{s\to 0}\mathrm{e}^{-st}\mathrm{d}t=\int_0^{\infty}f'(t)\mathrm{d}t=\lim_{t\to\infty}f(t)-f(0)$$
即
$$f(\infty)-f(0)=\lim_{s\to 0}sF(s)-f(0)$$
故
$$\lim_{t\to\infty}f(t)=\lim_{s\to 0}sF(s)$$

定理应用条件的说明：

1）从 t 定义域来看，当 $t\to\infty$ 时，$f(t)$ 有意义（有极限），定理可用。

2）从 s 定义域来看，若已知 $F(s)$ 时，当 $sF(s)$ 的分母多项式的根处在不包括虚轴（原点除外）的左半 s 平面时，定理可用。

8. 相似定理

若　$F(s)=L[f(t)]$，当 $a>0$ 时，

则
$$L\left[f\left(\frac{t}{a}\right)\right]=aF(as)\quad\left(\text{或} L[f(at)]=\frac{1}{a}F\left(\frac{s}{a}\right)\right)$$

证：令 $u=t/a$

$$L\left[f\left(\frac{t}{a}\right)\right]=\int_0^{\infty}f\left(\frac{t}{a}\right)e^{-st}dt=\int_0^{\infty}f(u)e^{-asu}d(au)=aF(as)$$

9. 卷积定理

若
$$L[f_1(t)]=F_1(s),\quad L[f_2(t)]=F_2(s)$$

则
$$L[f_1(t)*f_2(t)]=F_1(s)F_2(s)$$

其中 $f_1(t)*f_2(t)$ 的定义为

$$f_1(t)*f_2(t)=\int_0^{\infty}f_1(\tau)f_2(t-\tau)d\tau$$

证：
$$\begin{aligned}L[f_1(t)*f_2(t)]&=\int_0^{\infty}\int_0^{t}f_1(\tau)f_2(t-\tau)d\tau e^{-st}dt\\&=\int_0^{\infty}\int_0^{t}f_1(\tau)f_2(t-\tau)e^{-st}d\tau dt\\&=\int_0^{\infty}\int_{\tau}^{\infty}f_1(\tau)f_2(t-\tau)e^{-st}dtd\tau\\&=\int_0^{\infty}f_1(\tau)\int_{\tau}^{\infty}f_2(t-\tau)e^{-st}dtd\tau\\&=\int_0^{\infty}f_1(\tau)e^{-\tau s}F_2(s)d\tau=F_1(s)F_2(s)\end{aligned}$$

例 2-1　求 $f(t)=e^{-at}\sin\omega t$ 的拉氏变换。

解：因为
$$L[\sin\omega t]=\frac{\omega}{s^2+\omega^2}$$

故
$$L[e^{-at}\sin\omega t]=\left.\frac{\omega}{s^2+\omega^2}\right|_{s=s+a}=\frac{\omega}{(s+a)^2+\omega^2}$$

四、拉氏反变换

用拉氏变换解决具体控制问题时，常需要进行拉氏反变换，即从 $F(s)$ 求所对应的 $f(t)$，记为 $f(t)=L^{-1}[F(s)]$。根据积分变换理论可知，由象函数求原函数的公式为

$$f(t)=\frac{1}{2\pi j}\int_{\sigma-j\infty}^{\sigma+j\infty}F(s)e^{st}ds$$

直接通过积分求拉氏反变换通常相当繁琐，对于一般的问题，都可以避免这样的积分。对于典型的 $F(s)$，可以查表得到对应的原函数 $f(t)$。

例 2-2　求 $F(s)=\dfrac{s}{s^2+2s+5}$ 的拉氏反变换。

解：
$$\begin{aligned}F(s)&=\frac{s}{s^2+2s+5}=\frac{s}{(s+1)^2+2^2}=\frac{(s+1)-1}{(s+1)^2+2^2}\\&=\frac{s+1}{(s+1)^2+2^2}-\frac{1}{2}\frac{2}{(s+1)^2+2^2}\end{aligned}$$

根据复位移定理，查表得到

$$f(t)=\mathrm{e}^{-t}\cos 2t-\frac{1}{2}\mathrm{e}^{-t}\sin 2t$$

在一般的控制系统中，通常会遇到如下形式的有理分式：

$$F(s)=\frac{B(s)}{A(s)}=\frac{b_0s^m+b_1s^{m-1}+\cdots+b_{m-1}+b_m}{s^n+a_1s^{n-1}+\cdots+a_{n-1}s+a_n}\quad(n\geqslant m)$$

其中，使分母为零的 s 值称为极点，使分子为零的 s 值称为零点。根据实系数多项式因式分解定理，其分母 n 次多项式应有 n 个根，可分解成因式相乘，则

$$F(s)=\frac{b_0s^m+b_1s^{m-1}+\cdots+b_{m-1}s+b_m}{(s+p_1)^{r_1}(s+p_2)^{r_2}\cdots(s+p_l)^{r_l}(s^2+c_1s+d_1)^{k_1}\cdots(s^2+c_gs+d_g)^{k_g}}$$

其中，$r_1+r_2+\cdots+r_l+2\ (k_1+k_2+\cdots+k_g)\ =n$

对于这类分式，可通过部分分式展开法求其反变换。

1. 只含单极点的情况

$$F(s)=\frac{b_0s^m+b_1s^{m-1}+\cdots+b_{m-1}+b_m}{s^n+a_1s^{n-1}+\cdots+a_{n-1}s+a_n}$$

$$=\frac{b_0s^m+b_1s^{m-1}+\cdots+b_{m-1}+b_m}{(s+p_1)(s+p_2)\cdots(s+p_n)}$$

$$=\frac{k_1}{s+p_1}+\frac{k_2}{s+p_2}+\cdots+\frac{k_{n-1}}{s+p_{n-1}}+\frac{k_n}{s+p_n}$$

式中，k_i 为常值（$i=1，2，3\cdots，n$），即 $s=-p_i$ 极点处的留数，可由下式求得，即

$$k_i=[F(s)\cdot(s+p_i)]_{s=-p_i}$$

利用拉氏变换表可求得拉氏反变换

$$f(t)=(k_1\mathrm{e}^{-p_1t}+k_2\mathrm{e}^{-p_2t}+\cdots+k_n\mathrm{e}^{-p_nt})\cdot 1(t)$$

例 2-3　试求 $F(s)=\dfrac{s+3}{s^2+3s+2}$的拉氏反变换。

解：

$$F(s)=\frac{s+3}{s^2+3s+2}=\frac{s+3}{(s+1)(s+2)}=\frac{k_1}{s+1}+\frac{k_2}{s+2}$$

其中，

$$k_1=\left[\frac{s+3}{(s+1)(s+2)}(s+1)\right]_{s=-1}=2$$

$$k_2=\left[\frac{s+3}{(s+1)(s+2)}(s+2)\right]_{s=-2}=-1$$

$$F(s)=\frac{2}{s+1}+\frac{-1}{s+2}$$

$$f(t)=2\mathrm{e}^{-t}-\mathrm{e}^{-2t}$$

2. 含多重极点的情况

$$F(s)=\frac{b_0s^m+b_1s^{m-1}+\cdots+b_{m-1}+b_m}{s^n+a_1s^{n-1}+\cdots+a_{n-1}s+a_n}$$

$$=\frac{b_0s^m+b_1s^{m-1}+\cdots+b_{m-1}+b_m}{(s+p_1)^r(s+p_2)^{r-1}\cdots(s+p_l)}$$

$$=\frac{k_1}{(s+p_1)^r}+\frac{k_2}{(s+p_1)^{r-1}}+\cdots+\frac{k_r}{(s+p_1)}+\frac{\beta_2}{s+p_2}+\cdots+\frac{\beta_l}{s+p_l}$$

其中 k_i（$i=1，2，\cdots，r$）可由下列公式求得

$$k_1=[F(s)(s+p_1)^r]_{s=-p_1}$$

$$k_2=\left\{\frac{d}{ds}[F(s)(s+p_1)^r]\right\}_{s=-p_1}$$

$$\vdots$$

$$k_r=\frac{1}{(r-1)!}\left\{\frac{d^{r-1}}{ds^{r-1}}[F(s)(s+p_1)^r]\right\}_{s=-p_1}$$

根据拉氏变换表，有

$$L^{-1}\left[\frac{1}{(s+p_1)^r}\right]=\frac{1}{(r-1)!}t^{r-1}e^{-p_1t}$$

例 2-4　求 $F(s)=\dfrac{s^2+2s+3}{(s+1)^3}$ 的拉氏反变换。

解：

$$F(s)=\frac{s^2+2s+3}{(s+1)^3}=\frac{k_1}{(s+1)^3}+\frac{k_2}{(s+1)^2}+\frac{k_3}{s+1}$$

其中

$$k_1=[F(s)\cdot(s+1)^3]_{s=-1}=2$$

$$k_2=\left\{\frac{d}{ds}[F(s)\cdot(s+1)^3]\right\}_{s=-1}=\{2s+2\}_{s=-1}=0$$

$$k_3=\frac{1}{2!}\left\{\frac{d^2}{ds^2}[F(s)\cdot(s+1)^3]\right\}_{s=-1}=\frac{1}{2}\{2\}_{s=-1}=1$$

即

$$F(s)=\frac{2}{(s+1)^3}+\frac{1}{s+1}$$

故

$$f(t)=(t^2e^{-t}+e^{-t})\cdot 1(t)$$

例 2-5　求 $F(s)=\dfrac{1}{(s^2+3s+2)(s^2+1)}$ 的拉氏反变换。

解：(1) 用比较系数法求各待定系数

$$F(s)=\frac{1}{(s^2+3s+2)(s^2+1)}=\frac{k_1}{s+1}+\frac{k_2}{s+2}+\frac{k_3s+k_4}{s^2+1}$$

$$=\frac{k_1(s+2)(s^2+1)+k_2(s+1)(s^2+1)+(k_3s+k_4)(s+1)(s+2)}{(s+1)(s+2)(s^2+1)}$$

$$=\frac{(k_1+k_2+k_3)s^3+(2k_1+k_2+3k_3+k_4)s^2+(k_1+k_2+2k_3+3k_4)s+(2k_1+k_2+2k_4)}{(s+1)(s+2)(s^2+1)}$$

则

$$\begin{cases}k_1+k_2+k_3=0\\2k_1+k_2+3k_3+k_4=0\\k_1+k_2+2k_3+3k_4=0\\2k_1+k_2+2k_4=1\end{cases}$$

解得

$$k_1=\frac{1}{2},\ k_2=-\frac{1}{5},\ k_3=-\frac{3}{10},\ k_4=\frac{1}{10}$$

即

$$F(s)=\frac{1}{2}\times\frac{1}{s+1}-\frac{1}{5}\times\frac{1}{s+2}-\frac{3}{10}\times\frac{s}{s^2+1}+\frac{1}{10}\times\frac{1}{s^2+1}$$

故

$$f(t)=\frac{1}{2}e^{-t}-\frac{1}{5}e^{-2t}-\frac{3}{10}\cos t+\frac{1}{10}\sin t$$

(2) 直接求各待定系数

$$F(s)=\frac{k_1}{s+1}+\frac{k_2}{s+2}+\frac{k_3}{s-\mathrm{j}}+\frac{k_4}{s+\mathrm{j}}$$

则

$$k_1=[F(s)(s+1)]_{s=-1}=\frac{1}{2}$$

$$k_2=[F(s)(s+2)]_{s=-2}=-\frac{1}{5}$$

$$k_3=[F(s)(s-\mathrm{j})]_{s=\mathrm{j}}=\left.\frac{1}{(s+1)(s+2)(s+\mathrm{j})}\right|_{s=\mathrm{j}}=-\frac{3+\mathrm{j}}{20}$$

$$k_4=[F(s)(s+\mathrm{j})]_{s=-\mathrm{j}}=\left.\frac{1}{(s+1)(s+2)(s-\mathrm{j})}\right|_{s=-\mathrm{j}}=-\frac{3-\mathrm{j}}{20}$$

即

$$\begin{aligned}F(s)&=\frac{1}{2}\times\frac{1}{s+1}-\frac{1}{5}\times\frac{1}{s+2}-\frac{1}{20}\times\left(\frac{3+\mathrm{j}}{s-\mathrm{j}}+\frac{3-\mathrm{j}}{s+\mathrm{j}}\right)\\&=\frac{1}{2}\times\frac{1}{s+1}-\frac{1}{5}\times\frac{1}{s+2}-\frac{1}{10}\times\frac{3s-1}{s^2+1}\\&=\frac{1}{2}\times\frac{1}{s+1}-\frac{1}{5}\times\frac{1}{s+2}-\frac{3}{10}\times\frac{3s}{s^2+1}+\frac{1}{10}\times\frac{1}{s^2+1}\end{aligned}$$

故

$$f(t)=\frac{1}{2}\mathrm{e}^{-t}-\frac{1}{5}\mathrm{e}^{-2t}-\frac{3}{10}\cos t+\frac{1}{10}\sin t$$

例 2-6　求　$F(s)=\frac{s^2+5s+5}{s^2+4s+3}$的拉氏反变换。

解:

$$F(s)=1+\frac{s+2}{(s+1)(s+3)}=1+\frac{1}{2}\left(\frac{1}{s+1}+\frac{1}{s+3}\right)$$

故

$$f(t)=\delta(t)+\frac{1}{2}(\mathrm{e}^{-t}+\mathrm{e}^{-3t})$$

第四节　传递函数

通过对工程问题的分析，可以建立起它的线性化数学模型，对其进行求解，也就是给系统一个输入，通过解方程得到系统的输出。而系统的输出随着输入量的不同而不同，随初始条件的不同而不同，当然也随不同的系统而不同。换句话说，系统的输出量是输入量、初始条件和系统固有特性三个因素的函数，这不但给研究问题带来一定的困难，更重要的是不能由输出量揭示系统本身的固有特性，那么，怎样才能达到这一目的呢？要么令输入量、初始值为标准值不变化，要么设法消去它们对输出量的影响。在自然科学中，若某量 A 是由 a，b，c 的代数和所组成，则消除量 a 对 A 的影响可以令 $a=0$ 或者构成一个新量 $B=A-a$，而 B 的变化将与 a 的变化无关；若某量 A 是由量 a，b，c 的积所组成，则消除量 a 对 A 的影响可以令 $a=1$ 或者构成一个新量 $B=A/a$，从而 B 的变化将与 a 的变化无关。通过对大量工程问题的研究，发现对系统的数学模型进行拉氏变换后，有

输出量拉氏变换(正比于)∝(输入、输出初始条件
+输入量的拉氏变换)×(系统的固有特性)

这样，在零初始条件下，欲揭示系统的固有特性，就构造一个新量以消除输入量对输出量的影响，工程上形象地将这个新量称为传递函数。引入传递函数的概念，用来描述单输入、单输出系统，推广之，还可以用传递矩阵描述多输入、多输出系统，从而进一步深化了对系统的认识。

一、传递函数的定义

零初始条件下，线性定常系统（或元件）输出量的拉氏变换与输入量的拉氏变换之比，称为系统（或元件）的传递函数。

显然，传递函数的概念是建立在拉氏变换的基础上，用 s 域中简单的代数运算来研究 t 域（实数域）中较复杂的微分运算。

传递函数常用 $G(s)$ 表示，即 $G(s)=C(s)/R(s)$，其结构图如图2-3所示。

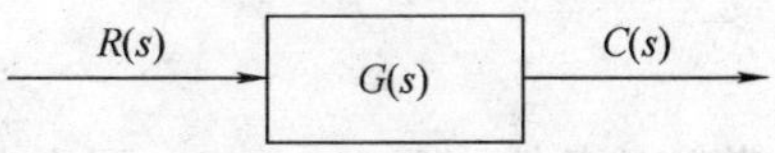

图2-3　传递函数结构图

在该结构图中，进入箭头表示输入量 $R(s)$，离开箭头表示输出量 $C(s)$，方块内注明传递函数 $G(s)$，表示的关系为 $C(s)=G(s)R(s)$。

传递函数是在零初始条件下定义的，这也是从工程实际中抽象的结果。该条件有两方面的含义：一方面，是指输入作用在 $t=0$ 以后才加入，因此输入量及其各阶导数在 $t=0$ 时均为零。这与输入函数本身及其各阶导数在 $t=0$ 时的值是否为零是两个不同的概念。例如，单位正弦函数 $r(t)=\sin t$，$r'(t)=\cos t$ 在 $t=0$ 时导数值不为零，这时可以认为零初始条件即是1（0_-）作用在其上的结果。另一方面，是指输入作用加入前系统是相对静止的，因此，系统的输出量及其各阶导数在 $t=0$ 时也全为零。

有了上述初始值为零的两个条件，对系统输入量和输出量进行拉氏变换时就很方便了。

例如，线性定常系统一般由下列微分方程来描述，即

$$a_0c^{(n)}(t)+a_1c^{(n-1)}(t)+\cdots+a_{n-1}c'(t)+a_nc(t)$$
$$=b_0r^{(m)}(t)+b_1r^{(m-1)}(t)+\cdots+b_{m-1}r'(t)+b_mr(t)$$

式中，$c(t)$ 为输出量，$r(t)$ 为输入量，a_0，a_1，…，a_{n-1}，a_n；b_0，b_1，…，b_{m-1}，b_m 为实常数。

这样，系统的传递函数便可写为

$$G(s)=\frac{C(s)}{R(s)}=\frac{b_0s^m+b_1s^{m-1}+\cdots+b_{m-1}s+b_m}{a_0s^n+a_1s^{n-1}+\cdots+a_{n-1}s+a_n}$$

二、传递函数的特性

1）对于线性定常系统，传递函数是复变量 s 的有理分式，且 $m\leqslant n$（通常 $m<n$）。这是由系统的物理性质所决定的，因为可实现控制的系统的能量不可能无穷大。但是，对于一个单独元件，却可能有 $m>n$，例如，微分元件的传递函数 $G(s)=Ts$，其中 T 为常数，但单纯一个微分环节是不能实现控制的。

2）传递函数是系统（或元件）动态规律的固有描述，仅与其结构、参数有关，不随输入量的变化而变化（线性化方程的输入量为增量，其变化范围受到限制）。另外，系统不同位置的输入对应不同的传递函数，但同一系统传递函数的分母多项式不变。传递函数的分母是系统的特征多项式，代表系统的固有特性，分子代表输入与系统的关系。

3）传递函数不说明被描述系统的物理结构。物理性质不同的系统、环节或元件，只要动态性能相似，可以用同一类型的传递函数来描述。

4）传递函数有一定的局限性，这表现在以下几方面：

① 传递函数是系统的端部描述，只表明输出变量与输入变量之间的关系，不说明系统内部各状态变量的情况。如图2-4所示的电路，若仅考虑输入电流 i 与输出端电压 u_0 的关系，则可得

传递函数 $G(s)=R$，而电路内电容 C 两端电压 u_C 的变化情况，在传递函数中是表示不出来的。

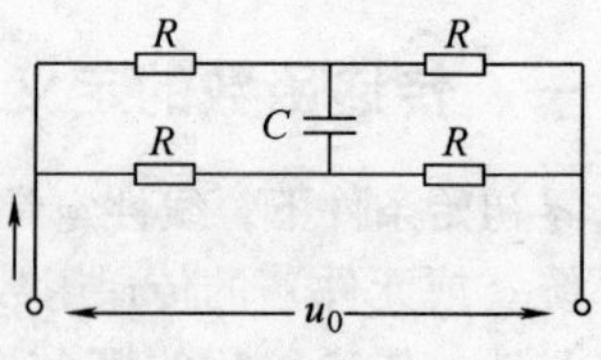

图 2-4　电路图

② 传递函数是在零初始条件下定义的，当系统或元件有非零初始条件时，传递函数就不能完全表征其动态特性。

例如，系统的微分方程为 $\frac{\mathrm{d}}{\mathrm{d}t}c(t)=r(t)$

则
$$G(s)=\frac{C(s)}{R(s)}=\frac{1}{s}$$

若初始条件 $c(0)=A\neq0$，那么有
$$sC(S)-A=R(s)$$

于是
$$C(s)=\frac{1}{s}R(s)+\frac{A}{s}=G(s)R(s)+\frac{A}{s}$$

可以看出，此时，仅由传递函数来表征系统的动态性能就不全面。

此外，零初始条件下还会出现"δ"效应问题。例如
$$c(t)=\frac{\mathrm{d}}{\mathrm{d}t}r(t)$$

则
$$G(s)=\frac{C(s)}{R(s)}=s$$

当 $r(t)=\cos t$ 时，非零初始条件下，有
$$C(s)=sR(s)-r(0)=s\frac{s}{s^2+1}-1=-\frac{1}{s^2+1}$$

即
$$c(t)=-\sin t$$

为微分方程的解。

而零初始条件下，有
$$C(s)=sR(s)=s\frac{s}{s^2+1}=1-\frac{1}{s^2+1}$$

即
$$c(t)=\delta(t)-\sin t$$

出现了 $\delta(t)$ 函数。

这是因人为令 $\cos t|_{t=0}=0\neq1$，使 $r(t)$ 在 $t=0$ 点不连续，经微分后，自然而然的会产生 $\delta(t)$ 效应。

5）传递函数也可表示成
$$G(s)=\frac{C(s)}{R(s)}=\frac{b_0(s-z_1)(s-z_2)\cdots(s-z_m)}{a_0(s-p_1)(s-p_2)\cdots(s-p_n)}$$

式中，z_1，z_2，…，z_m 称为传递函数的零点，在复平面上以"○"表示；p_1，p_2，…，p_n 称为传递函数的极点，在复平面上以"×"表示。

根据代数基本定理可知，z_1，z_2，…，z_m；p_1，p_2，…，p_n 或为实数或为共轭复数。因此，一定的传递函数有一定的零、极点分布图与之对应，如图 2-5 所示。也就是说，零、极点分布图在一定程度上表征了系统的动态性能。

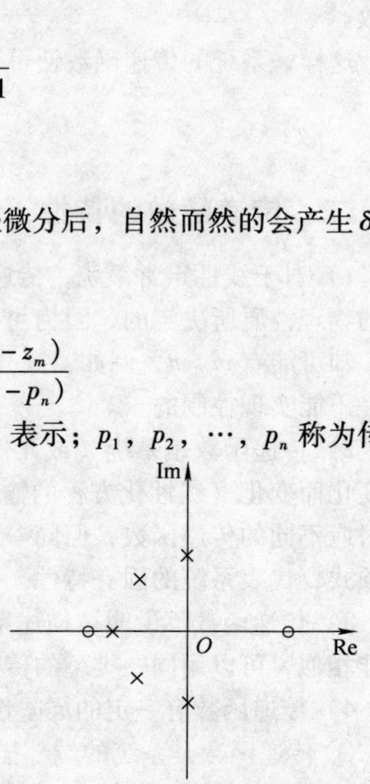

图 2-5　零、极点分布图

6）传递函数的拉氏反变换是系统的脉冲响应函数。这是因为
$$C(s)=G(s)R(s)$$

当 $r(t)=\delta(t)$ 时，$R(s)=1$，故 $C(s)=G(s)$。

$$c(t)=g(t)=L^{-1}[G(s)]$$

初学者应特别注意，由 $C(s)=G(s)R(s)$ 不能得出 $c(t)=g(t)r(t)$，而是 $c(t)=g(t)*r(t)$（卷积定理）。

7）传递函数可以是无量纲的，也可以是有量纲的。这要看输入量和输出量二者的量纲及其比值。

三、典型环节的传递函数

由各个元件组成的系统，可能是电气的、机械的、液压的及气动的等。尽管这些系统的物理本质差别很大，但是描述它们动态性能的传递函数却可能是相同的。如果从数学表达式出发，将一个复杂系统视为由有限的一些典型环节组成，并求出这些典型环节的传递函数，将给分析及研究复杂系统带来很大方便。对于性质不同、数量众多的自动控制元件，若按形式相同的微分方程或传递函数来分类，可以分为以下 8 种典型环节。通常接触到的自动控制系统都是由这些典型环节组合而成。

1. 比例环节

这种环节的特点是输出不失真、不延迟、成比例地复现输入信号的变化。它的运动学方程为

$$c(t)=Kr(t)$$

传递函数为

$$\frac{C(s)}{R(s)}=G(s)=K$$

式中，K 为比例环节的放大系数或增益；$c(t)$ 是比例环节的输出量；$r(t)$ 是比例环节的输入量。

例如，电位器的传递函数就是一个比例环节，因为电位器是一种把线性位移或角位移变换为电压量的装置。单个电位器的电刷角位移 $\theta(t)$ 与输出电压 $u(t)$ 的关系为

$$\theta(t)=Ku(t)$$

可见，这是一个比例环节。

2. 惯性环节

惯性环节的特点是其输出量延缓地反映输入量的变化规律，它的微分方程为

$$T\dot{c}(t)+c(t)=Kr(t)$$

对应的传递函数为

$$G(s)=\frac{C(s)}{R(s)}=\frac{K}{Ts+1}$$

式中，T 为惯性环节的时间常数。

惯性环节一般包含一个储能元件和一个耗能元件，对于突变形式的输入来说，输出不能立即复现，输出总落后于输入。

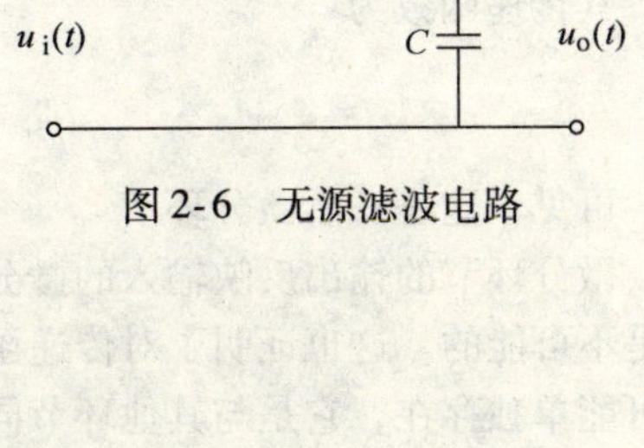

图 2-6　无源滤波电路

例 2-7　图 2-6 所示为无源滤波电路，$u_i(t)$ 为输入电压，$u_o(t)$ 为输出电压，i 为电流，R 为电阻，C 为电容，求其传递函数。

解：根据基尔霍夫定律有

$$\begin{cases} u_i(t) = iR + \dfrac{1}{C}\int i\mathrm{d}t \\ u_o(t) = \dfrac{1}{C}\int i\mathrm{d}t \end{cases}$$

消除中间变量 i，得 $$RC\frac{\mathrm{d}u_o(t)}{\mathrm{d}t} + u_o(t) = u_i(t)$$

经拉氏变换后，得 $$RCsU_o(s) + U_o(s) = U_i(s)$$

传递函数为 $$G(s) = \frac{U_o(s)}{U_i(s)} = \frac{1}{Ts+1}$$

式中，$T = RC$ 为惯性环节的时间常数。

例 2-8 如图 2-7 所示弹簧－阻尼系统，$x_i(t)$ 为输入位移，$x_o(t)$ 为输出位移，k 为弹簧刚度，B 为阻尼系数，求其传递函数。

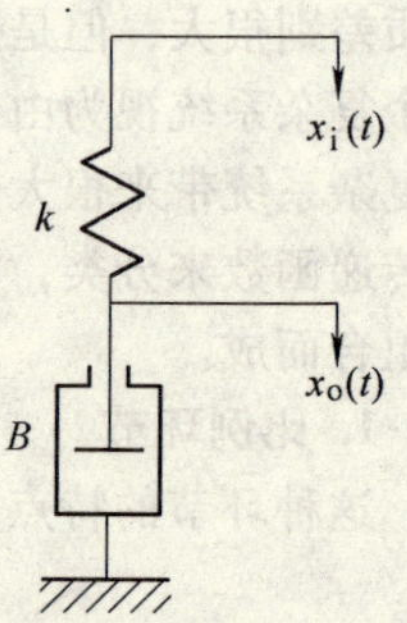

图 2-7 弹簧－阻尼系统

解：根据牛顿定律，有

$$B\frac{\mathrm{d}x_o(t)}{\mathrm{d}t} + kx_o(t) = kx_i(t)$$

经拉氏变换后，得 $$BsX_o(s) + kX_o(s) = kX_i(s)$$

故传递函数为 $$G(s) = \frac{X_o(s)}{X_i(s)} = \frac{1}{Ts+1}$$

式中，T 为惯性环节的时间常数，$T = B/k$。

这两个系统由于分别含有储能元件电容 C、弹簧和耗能元件电阻 R、阻尼器，故构成了惯性环节。如果输入阶跃函数，则它们的输出都将按指数规律上升到稳态值。

3. 微分环节

微分环节可以分为理想微分环节和实际微分环节。

理想微分环节的输出与输入信号对时间的微分成正比，即有

$$c(t) = K\dot{r}(t)$$

对应的传递函数为 $$G(s) = \frac{C(s)}{R(s)} = Ks$$

式中，K 为传递系数，是一有量纲的量。

例如，永磁式直流发电机的转子与待测量轴相连接，输出与转子轴角速度成比例的直流电压，即

$$u_o(t) = K\frac{\mathrm{d}\theta(t)}{\mathrm{d}t}$$

式中，$\theta(t)$ 为输入转角；$u_o(t)$ 为输出电压。

其传递函数为

$$G(s) = \frac{U_o(s)}{\theta(s)} = Ks$$

可见，这是一阶微分环节。

微分环节的输出反映输入的微分。当输入为单位阶跃函数时，输出就是脉冲函数，这在实际中是不可能的。这也证明了对传递函数而言，分子的阶数不可能高于分母的阶数。因此微分环节不可能单独存在，它是与其他环节同时存在的。实际上，微分环节常带有惯性，其传递函数形式如下

$$G(s)=\frac{KTs}{Ts+1}$$

由上式可以看出，当时间常数 $T\to 0$，且 KT 保持有限值时，方程变成理想微分环节，T 越小，纯微分作用越强。但当 T 很小时，就要求 K 增加。

微分环节主要用来做校正装置，以改善系统的动态性能，减小振荡，增加系统的稳定性。

例 2-9　图 2-8 所示为一机械－液压阻尼器的原理图。它相当于一个具有惯性环节和微分环节的系统，图中 A 为活塞右边的面积，k 为弹簧的刚度，R 为节流阀液阻，p_1、p_2 分别为油缸左右腔单位面积上的压力，输入量为活塞位移 $x_i(t)$，输出量是液压缸的位移 $x_o(t)$，求系统的传递函数。

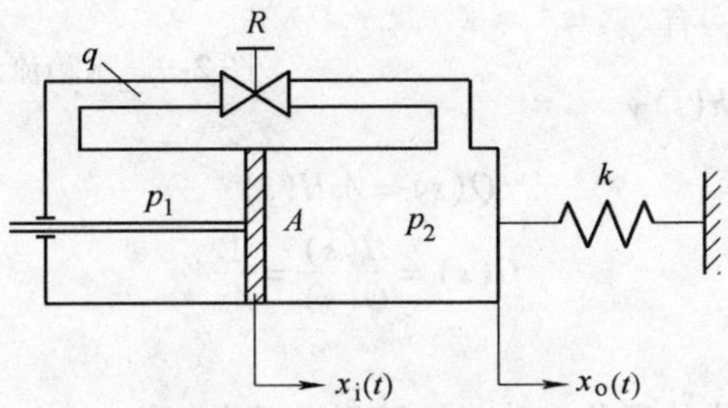

图 2-8　机械－液压阻尼器

解：油缸的力平衡方程为　$A(p_2-p_1)=kx_o$

通过节流阀的流量为　$q=\dfrac{p_2-p_1}{R}=A(\dot{x}_i-\dot{x}_o)$

以上两式中消去 p_1、p_2，得到　$\dot{x}_i-\dot{x}_o=\dfrac{k}{A^2R}x_o$

经拉氏变换后得到　$\dfrac{k}{A^2R}X_o(s)+sX_o(s)=sX_i(s)$

故系统的传递函数为　$G(s)=\dfrac{X_o(s)}{X_i(s)}=\dfrac{s}{s+\dfrac{k}{A^2R}}$

令 $T=\dfrac{A^2R}{k}$，得　$G(s)=\dfrac{Ts}{Ts+1}$

可知，此阻尼器为包括惯性环节和微分环节的系统。

4. 积分环节

如果输出量正比于输入量对时间的积分，即有

$$c(t)=K\int_0^t r(\tau)\,\mathrm{d}\tau$$

对应的传递函数为　$G(s)=\dfrac{C(s)}{R(s)}=\dfrac{K}{s}$

则称该环节为积分环节。

当输入 $r(t)$ 为单位阶跃函数时，有

$$c(t)=Kt=t/T$$

可见，$c(t)$ 随着时间直线增长，T 越小，增长越快，T 称为积分时间常数。当输入突然除去时，积分停止，输出维持不变，故系统有记忆功能。对于理想积分环节，只要有信号存在，不管

多大，输出总要增长，直至无限（当然对于实际元件，由于饱和、能量和工作条件等限制，不可能达到无限）。正因为这一点，积分环节通常被用来改善控制系统的稳态性能。

当环节中的元件具有积累特点时，该环节就是积分环节。如油缸活塞的位移 $x(t)$ 与其流量 $Q(t)$ 间的关系；水箱液面高度变化 $h(t)$ 与流量 $Q(t)$ 的关系等都具有积分特性。

积分环节的特点是输出量有滞后现象，同时又具有保持的特性。

例 2-10　如图 2-9 所示，以水箱流量 $Q(t)=Q_1(t)-Q_2(t)$ 为输入，液面高度变化量 $h(t)$ 为输出，A 为水箱截面积，γ 为水的密度，求其传递函数。

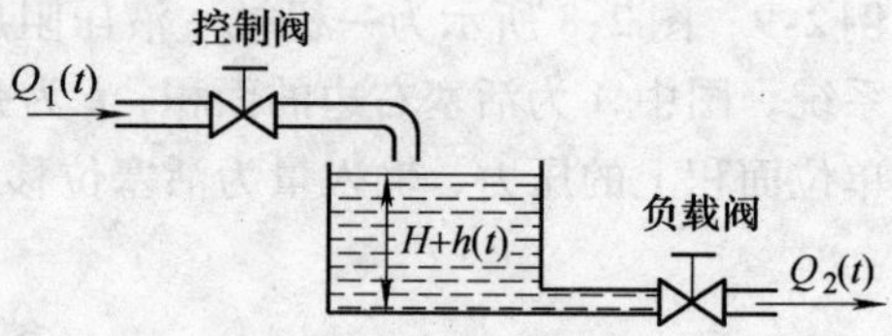

图 2-9　水箱流量与液面高度变化的关系

解：根据质量守恒定律，有

$$\gamma\int Q(t)\,\mathrm{d}t = Ah(t)\gamma$$

经拉氏变换得

$$Q(s)=AsH(s)$$

传递函数为

$$G(s)=\frac{H(s)}{Q(s)}=\frac{1}{As}$$

5. 一阶微分环节

把具有如下微分方程形式的环节，称为一阶微分环节

$$c(t)=T\dot{r}(t)+r(t)$$

其对应的传递函数为

$$G(s)=\frac{C(s)}{R(s)}=Ts+1$$

由上式可以看出，环节的输出量不仅决定于输入量本身，还决定于它的一阶微分。当环节的输入为单位斜坡函数时，即 $r(t)=t$，则环节的输出为

$$c(t)=T+t$$

单位斜坡作用下一阶微分环节的输出如图 2-10 所示。

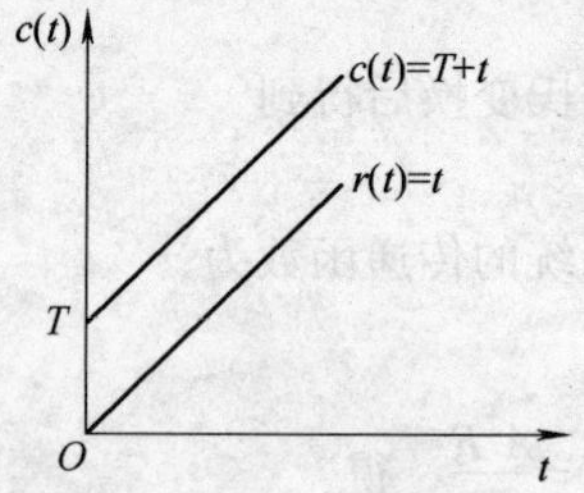

图 2-10　单位斜坡作用下一阶微分环节的输出

由于一阶微分环节使输出提前，预测了输入的情况，因此，有可能对系统提前施加校正作用，提高系统的灵敏度。

6. 二阶振荡环节

这种环节的特点是：若输入为阶跃信号，则其输出呈现周期性振荡形式。它的微分方程和传递函数分别为

$$T^2\ddot{c}(t)+2\zeta T\dot{c}(t)+c(t)=Kr(t)$$

$$G(s)=\frac{C(s)}{R(s)}=\frac{K}{T^2s^2+2\zeta Ts+1}$$

式中，T 为时间常数；K 为放大倍数；ζ 为阻尼比，其值为 $0<\zeta<1$。

由于该传递函数有一对位于 s 左半平面的共轭极点，因而这种环节在阶跃信号作用下的输出必然会呈现出振荡性质。

在实际控制工程中经常会碰到具有该形式的传递函数。例如本章第二节所举的 RLC 电路网络系统，其传递函数为

$$G(s)=\frac{U_o(s)}{U_i(s)}=\frac{1}{LCs^2+RCs+1}$$

例 2-11　求图 2-11 所示质量－阻尼－弹簧系统的传递函数。

解：系统的动力学方程如下

$$m\frac{\mathrm{d}^2x_o(t)}{\mathrm{d}t^2}+B\frac{\mathrm{d}x_o(t)}{\mathrm{d}t}=k[x_i(t)-x_o(t)]$$

移项可得

$$m\frac{\mathrm{d}^2x_o(t)}{\mathrm{d}t^2}+B\frac{\mathrm{d}x_o(t)}{\mathrm{d}t}+kx_o(t)=kx_i(t)$$

经拉氏变换后得

$$ms^2X_o(s)+BsX_o(s)+kX_o(s)=kX_i(s)$$

传递函数为

$$G(s)=\frac{X_o(s)}{X_i(s)}=\frac{1}{T^2s^2+2\zeta Ts+1}$$

式中，$T=\sqrt{\frac{m}{k}}$，$\zeta=\frac{B}{2\sqrt{mk}}$，系统是个振荡环节。

例 2-12　图 2-12 所示为由电感 L、电阻 R 与电容 C 组成的串、并联电路，$u_i(t)$ 为输入电压，$u_o(t)$ 为输出电压，求系统的传递函数。

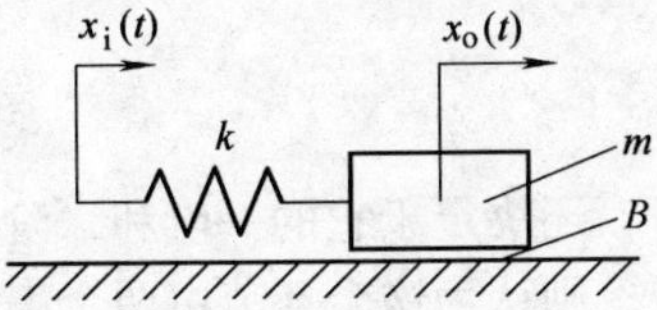

图 2-11　质量－阻尼－弹簧系统

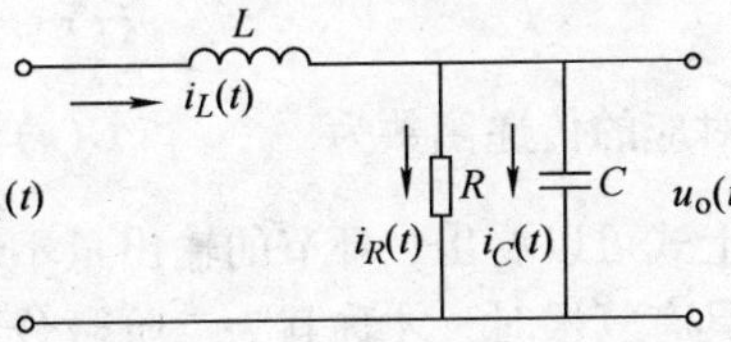

图 2-12　*LRC* 电路

解：根据基尔霍夫定律，有

$$u_i(t)=L\frac{\mathrm{d}i_L(t)}{\mathrm{d}t}+u_o(t)$$

而

$$u_o(t)=Ri_R(t)=\frac{1}{C}\int i_C(t)\mathrm{d}t$$

$$i_L(t)=i_C(t)+i_R(t)$$

消去中间变量，微分方程变为

$$LC\,\ddot{u}_o(t)+\frac{L}{R}\dot{u}_o(t)+u_o(t)=u_i(t)$$

经拉氏变换,得到传递函数为

$$G(s)=\frac{U_o(s)}{U_i(s)}=\frac{1}{LCs^2+\frac{L}{R}s+1}$$

$$=\frac{1}{T^2s^2+2\zeta Ts+1}$$

或

$$G(s)=\frac{\omega_n^2}{s^2+2\zeta\omega_n s+\omega_n^2}$$

式中，$T=\sqrt{LC}$，$\omega_n=\sqrt{\frac{1}{LC}}$，$\zeta=\frac{1}{2R}\sqrt{\frac{L}{C}}$，由电工学知识可知，$\omega_n$ 为电路的固有振荡频率，ζ 为电路的阻尼比。显然，这与质量－阻尼－弹簧机械系统的情况相似。

求无源电网络的传递函数时，若引入复阻抗的概念，则可简化求解过程。所谓电路元件的复阻抗，是指元件上端电压的拉氏变换与流经电流的拉氏变换之比。因此，电阻、电容、电感三种电路元件的复阻抗分别是 R、$1/Cs$ 和 Ls。计算无源电网络的传递函数只需用电压、电流的象函数和元件的复阻抗去代替原电路的有关变量和参数，并且复阻抗的串、并联运算类同于纯电阻，即可直接求得传递函数。

例 2-12 中各变量和参数用相应象函数和复阻抗代替后的电路如图 2-13 所示，故传递函数为

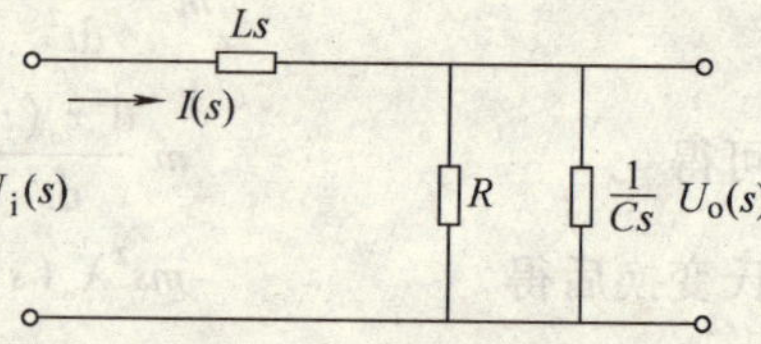

图 2-13　等效电路

$$G(s)=\frac{U_o(s)}{U_i(s)}=\frac{\dfrac{1}{Cs+\dfrac{1}{R}}}{Ls+\dfrac{1}{Cs+\dfrac{1}{R}}}=\frac{1}{LCs^2+\dfrac{L}{R}s+1}$$

7. 二阶微分环节

所谓二阶微分环节，就是微分方程具有如下形式的环节

$$c(t)=T^2\ddot{r}(t)+2\zeta T\dot{r}(t)+r(t)$$

其对应的传递函数为
$$G(s)=\frac{C(s)}{R(s)}=T^2s^2+2\zeta Ts+1$$

由上式可以看出，环节的输出量不仅决定于输入量本身，还决定于它的一阶和二阶导数。只有方程具有复根时，才称其为二阶微分环节。如果具有实根，则认为这个环节由两个串联的一阶微分环节组成。

在系统中引进二阶微分环节主要用于改善系统的动态品质。

8. 延迟环节

延迟环节又称为时间滞后环节，就是当输入信号加入系统后，输出要隔一定的时间后才能不失真地复现输入信号。延迟环节的输入与输出之间有如下关系：

$$c(t)=r(t-\tau)$$

式中，τ 为延迟时间。经过拉氏变换后得到传递函数为

$$G(s)=\frac{C(s)}{R(s)}=e^{-\tau s}$$

延迟环节的结构图如图 2-14 所示。

在线性系统中，延迟环节是比较复杂的环节，它的特点与惯性环节是不同的，延迟环节在 $0<t<\tau$ 时间内是没有输出的；而惯性环节在 $t>0$ 的任何时刻都有输出，只是输出比较小，需要延迟一段时间才接近于所要求的输出量。但二者又非常相似，延迟环节可以看做是由很多惯性环节组合而成。

这种纯时间延迟或传输滞后现象可由图 2-15 进行说明。由图可见，带钢在 A 点轧出时，产生厚度偏差 Δh_1（图中为 $h+\Delta h_1$，h 为要求的理想厚度），但是这一厚度偏差在到达 B 点时才被测厚仪检测到。测厚仪检测到的带钢厚度偏差 Δh_2 即为其输出信号 $c(t)$。若测厚仪距机架的距离为 L，带钢的速度为 v，则延迟时间为

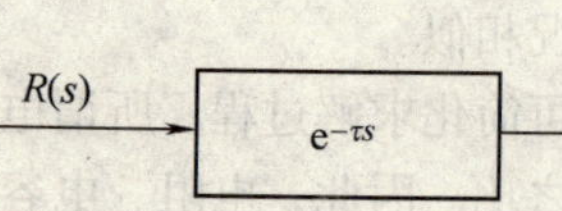

图 2-14　延迟环节

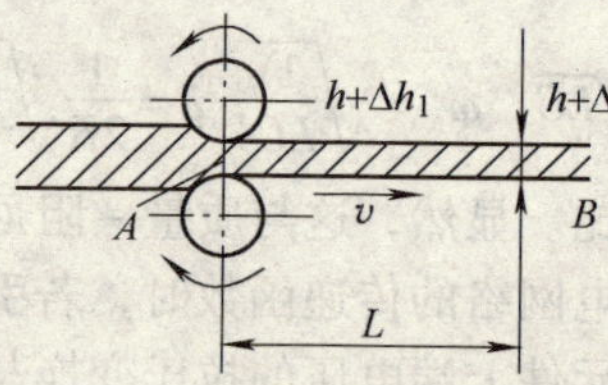

图 2-15　轧钢时带钢厚度检测示意

$$\tau = \frac{L}{v}$$

故测厚仪输出信号 Δh_2 与厚度偏差这一输入信号 Δh_1 之间有如下关系：

$$\Delta h_2 = \Delta h_1 (t - \tau)$$

此式表示，在 $t < \tau$ 时，$\Delta h_2 = 0$，即测厚仪不反映 Δh_1 的量，因而对轧辊处带钢厚度与检测点厚度之间的传递函数来说是一个延迟环节。

以上是纯延迟环节的例子，在控制系统中，单纯的延迟环节是很少的，延迟环节往往与其他环节一起出现。例如，人体作为一个控制系统，作用与反作用间常常具有时间延迟；计算机控制系统仍然存在时间延迟，这是因为计算机在执行数值运算时是需要时间的；在机械传动、液压及气压传动中，经常有延迟环节，或说得准确些是延迟作用与其他环节同时存在着。然而，机械传动副（如齿轮副、丝杠螺母副等）中的间隙，不是延迟环节，而是典型的所谓死区的非线性环节。它们的相同点是：在输入开始一段时间后，才有输出，而它们的输出却有很大的不同：延迟环节的输出完全等于从一开始起的输入；而死区的输出只反映同一时间的输入的作用；而对开始一段时间的输入作用，输出无任何反应。

以上介绍了几种典型环节，把复杂的物理系统划分为若干典型环节，利用传递函数和结构图来研究系统，已成为一种重要的研究方法。

把数学模型相同的各种物理系统称为相似系统，在相似系统的数学模型中，作用相同的变量称为相似变量。根据相似系统的概念，一种物理系统的研究结论可以推广到与其相似的系统中去。利用相似系统的特点，可以进行模拟研究，即用一种比较容易实现的系统模拟其他较难实现的系统。

需要说明的是：

1）系统的典型环节是按数学模型的共性建立的，它与系统中采用的元件不是一一对应。一个元件的数学模型可能是若干个典型环节数学模型的组合；反之，若干个元件的数学模型组合也可能就是一个典型环节的数学模型。

2）分析或设计控制系统，必先建立系统或被控对象的数学模型，将其与典型环节的数学模型对比后，即可知其由什么样的典型环节组成。由于典型环节的动态性能和响应是已经经过实践检验的，因此，为研究系统提供了方便。

3）典型环节的概念只适用于能够用线性定常数学模型描述的系统，而且典型环节的数学模型是在一系列理想条件限制下建立的。

此外，还需要对元件和环节之间的关系加以说明。环节的传递函数也不是固定不变的，这要看选取的输入、输出物理量是什么。虽然根据对一个元件输入及输出物理量选取的不同可得到不同形式的传递函数，但其动力学特性是固有不变的。

第五节　系统的结构图及其简化

控制系统的结构图是描述系统各组成元部件之间传递关系的数学图形。它表示了系统输入变量与输出变量之间的因果关系以及对系统中各变量所进行的运算，是控制工程中描述复杂系统的一种简便方法。

一、结构图的组成

控制系统的结构图是由许多对信号进行单向运算的方框和一些连线组成的，它包含四种基本单元。

(1) 信号线　带有箭头的直线，箭头表示信号的传递方向。在线上，写出信号的时间函数或象函数，如图 2-16a 所示。

(2) 引出点（测量点）　表示信号引出或测量的位置，因为仅表示取出信号而不取出能量，所以同一位置的引出信号，在数值和性质方面完全相同，如图 2-16b 所示。

(3) 比较点（综合点）　表示信号的代数运算。“+”表示相加，“-”表示相减，有时“+”可省略不写。相加减的量应具有相同的量纲，如图 2-16c 所示。

(4) 方块（环节）　表示对信号进行的数学变换。方块中写入元部件或系统的传递函数，如图 2-16d 所示。

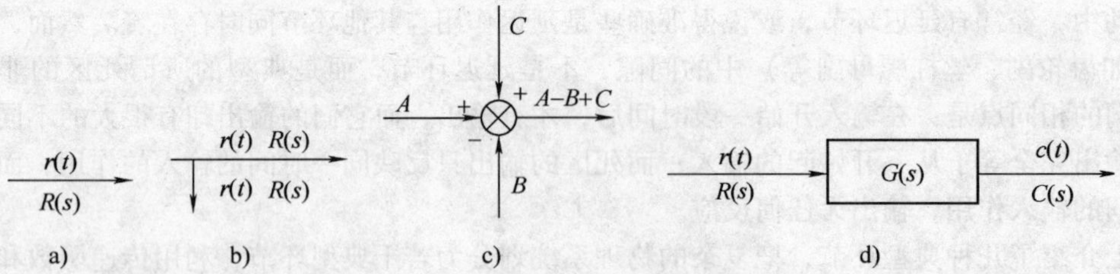

图 2-16　结构图的基本组成单元

a) 信号线　b) 引出点　c) 比较点　d) 方块

显然，方块的输出量等于方块的输入量与传递函数的乘积，即 $C(s)=G(s)R(s)$。

由于系统结构由元部件的特性所决定，因此，信号传递是不可逆的。即信号只能沿信号线进行顺向传递，不能逆向传递。

系统的结构图实质上是系统原理图与数学方程两者的综合。在结构图上，用记有传递函数的方块取代了原理图上的元部件，同时把元部件的具体结构抽象为数学模型。这样既补充了原理图所缺少的变量间的定量关系，又避免了抽象的纯数学描述；既把复杂原理图的绘制简化为结构图的绘制，又能直观了解每个元部件对系统性能的影响。因此，系统的结构图也是系统的一种数学模型，它可以对系统特性进行全面的描述。

二、结构图的建立

结构图可以根据系统原理图直接画出，即由系统中信号的传递关系直接画出。由图 2-17a 所示的原理图可直接画出图 2-17b 所示的结构图。直接画结构图时，要注意负载效应，即当一个方块的输出量不受其后面方块的影响时，才能将它们按信号流向画成串联，否则要把有负载效应的元件合并成一个单一的方块。例如，图 2-18a 所示的系统就不能画成图 2-18b 所示的结构图，而要画成图 2-18c 所示的结构图，从而合并成图 2-18d 所示的形式。

需要指出的是，虽然系统结构图是从系统元部件的数学模型得到的，但结构图中的方块与实际系统的元部件并非是一一对应的。一个实际系统的元部件可以用一个方块或几个方块表示；而一个方块也可以代表几个元部件或一个子系统，或是一个大的复杂系统。

结构图也可由系统的微分方程式（组）推得，这里也必须考虑负载效应。其步骤大致如下：

1) 根据系统的运动规律建立系统的微分方程，包括元部件的微分方程。

2) 在零初始条件下，进行拉氏变换。

3) 首先在保证同解变换条件下，从输出量开始，依次导出各变量之间的单向关系。

4) 连接各相同变量的首尾箭头线。

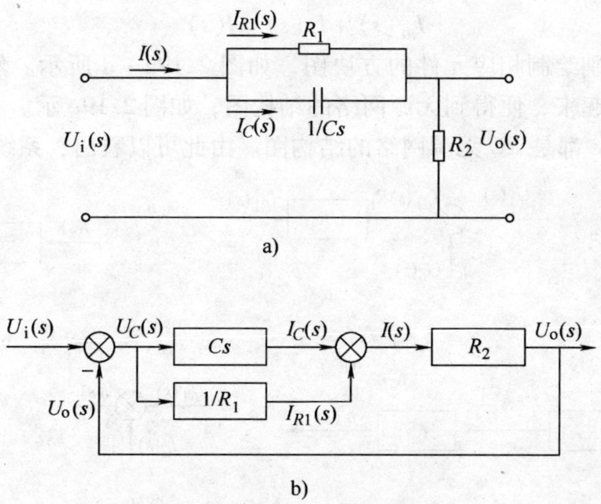

图 2-17　由原理图画出结构图

a）原理图　b）结构图

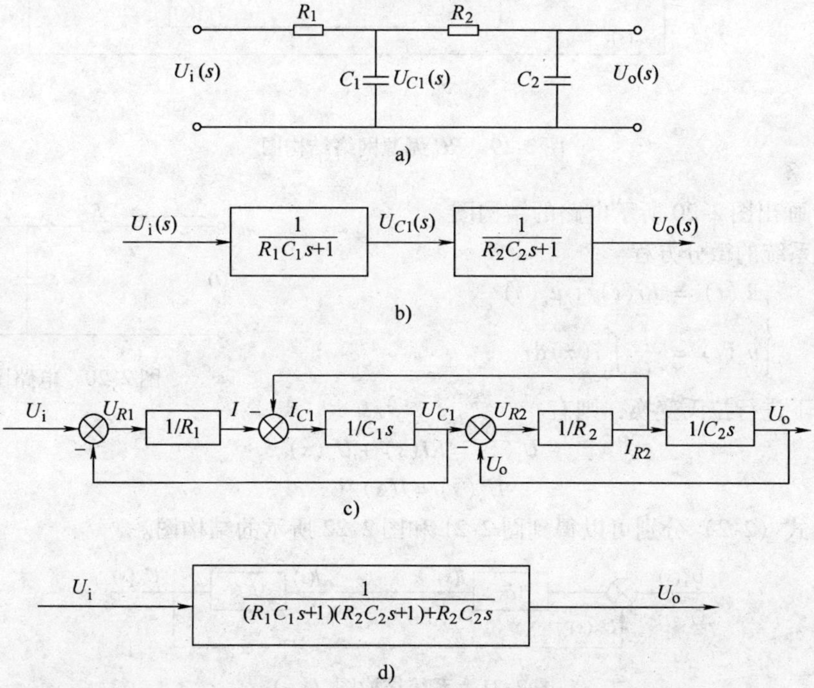

图 2-18　系统结构图的绘制

例 2-13　试绘制图 2-17a 所示系统的结构图。

解：设电路中各变量如图中所示，应用复阻抗概念，根据基尔霍夫定律，可以写出如下方程：

$$U_i(s) = I_{R1}(s)R_1 + U_o(s)$$

$$U_o(s) = R_2 I(s)$$

$$I_C(s)/Cs = I_{R1}(s)R_1$$

$$I_{R1}(s)+I_C(s)=I(s)$$

按照上述方程可分别绘制相应元件的方块图，如图 2-19a ~ d 所示。然后，用信号线按信号流向依次将各方块连接起来，便得到无源网络的结构图，如图 2-19e 示。

图 2-17b 和图 2-19e 都是 *RC* 无源网络的结构图。由此可以看出，系统的结构图不唯一。

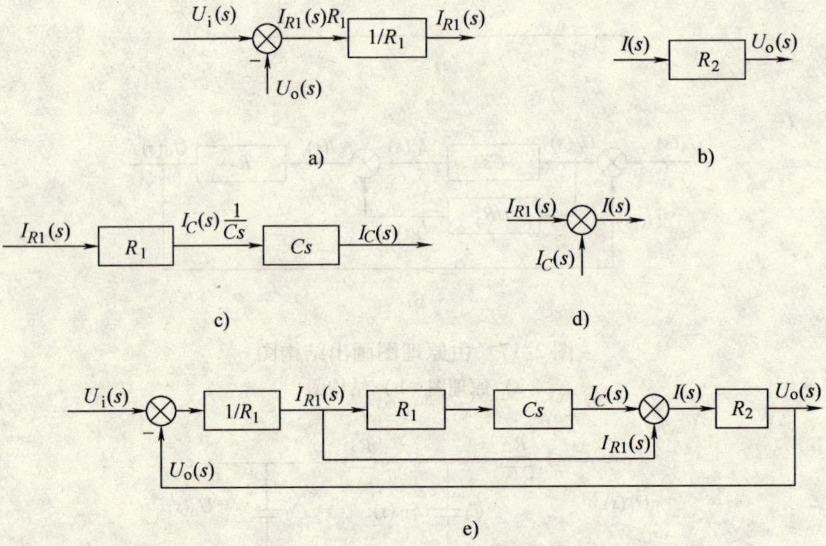

图 2-19　*RC* 无源网络结构图

例 2-14　画出图 2-20 所示电路的结构图。

解：建立系统的微分方程

$$\begin{cases}u_i(t)=Ri(t)+u_o(t)\\u_o(t)=\dfrac{1}{C}\displaystyle\int_0^t i(\tau)\,\mathrm{d}\tau\end{cases}$$

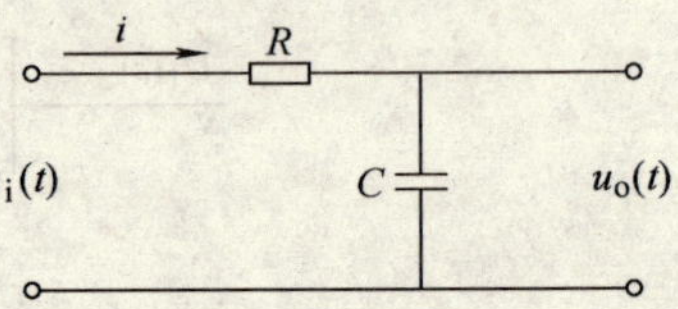

图 2-20　电路图

在零初始条件下进行拉氏变换，则有

$$U_i(s)=RI(s)+U_o(s) \tag{2-1}$$

$$U_o(s)=I(s)/Cs \tag{2-2}$$

由式（2-1）、式（2-2）分别可以得到图 2-21 和图 2-22 所示的结构图。

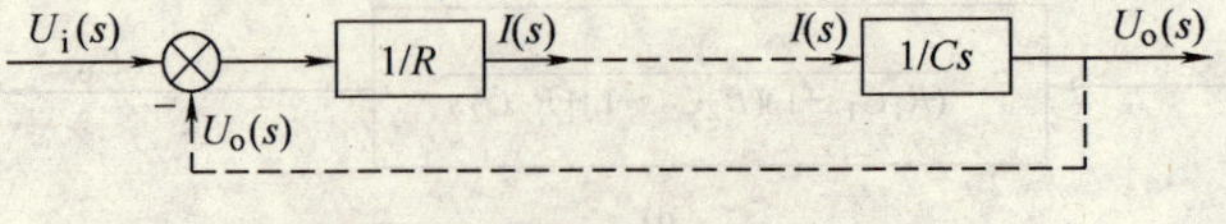

图 2-21　系统结构图（一）

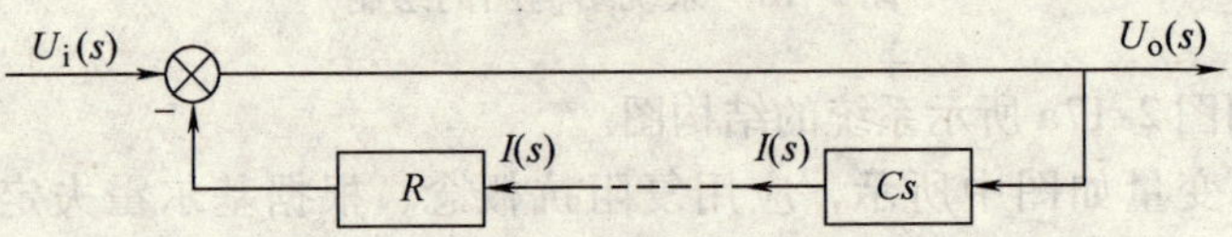

图 2-22　系统结构图（二）

结构图中每一个方块代表一个传递函数，但却与元件无一一对应关系。因为不同结构的元部件可能具有相同形式的传递函数。因此，一旦用结构图描述系统，便只有为数不多的结构图布局。通过对某一类结构图的研究，便可了解具有同类结构图的各种系统的特性，从而简化了研究工作。

三、结构图的等效变换

对于实际系统，特别是对自动控制系统，通常是用多回路的结构图表示，大环回路套小环回路，其结构图非常复杂。为了得到输入量与输出量之间的传递函数，便于分析与计算，常需要利用等效变换的原则对结构图加以简化。所谓等效变换，是指变换前后输入、输出总的数学关系保持不变。在系统结构图中，方块间的连接形式主要有串联、并联和反馈连接三种。

1. 串联方块的等效

前一环节的输出为后一环节的输入的连接方式为环节的串联，如图 2-23a 所示。当环节之间不存在负载效应时，有

$$U(s)=R(s)G_1(s)$$
$$C(s)=U(s)G_2(s)$$

则串联后的传递函数为

$$G(s)=\frac{C(s)}{R(s)}=\frac{C(s)}{U(s)}\cdot\frac{U(s)}{R(s)}=G_1(s)G_2(s)$$

因此，环节串联时，等效传递函数等于各串联环节的传递函数之积。

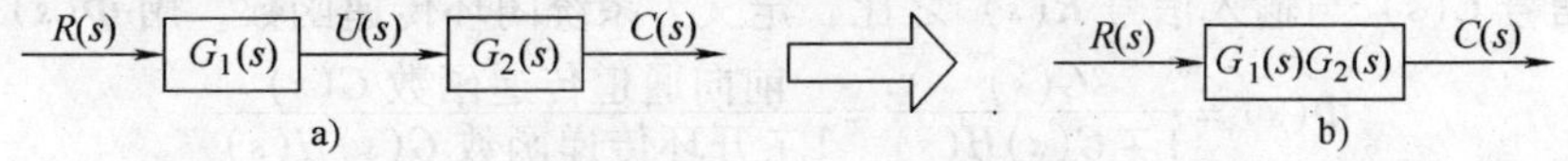

图 2-23　串联环节等效变换

2. 并联方块的等效

各环节的输入相同，输出为各环节输出的代数和，这种连接方式为环节的并联。如图 2-24a 所示，有

$$C_1(s)=R(s)G_1(s)$$
$$C_2(s)=R(s)G_2(s)$$
$$C(s)=C_1(s)\pm C_2(s)=[G_1(s)\pm G_2(s)]R(s)$$

则并联后的传递函数为

$$G(s)=\frac{C(s)}{R(s)}=G_1(s)\pm G_2(s)$$

因此，环节并联时，等效传递函数等于各并联环节的传递函数之和。

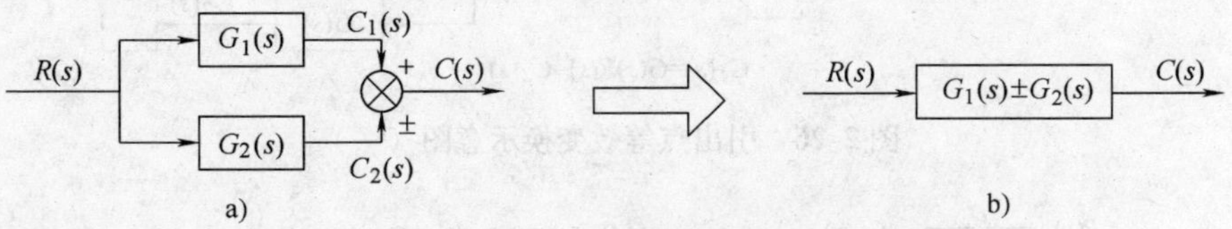

图 2-24　并联环节等效变换

3. 反馈连接方块的等效

若传递函数分别为 $G(s)$ 和 $H(s)$ 的两个方块以图 2-25a 所示形式连接，则称为反馈连接，它是闭环传递函数结构图的基本形式。无论组成系统的环节多复杂，最终都可以简化成图 2-25b 所示的基本形式。

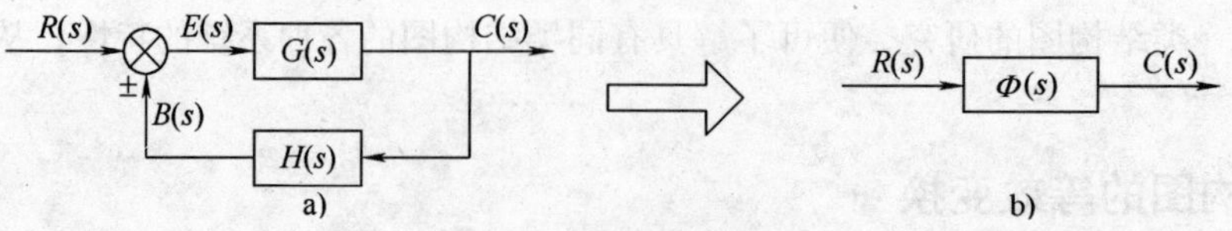

图 2-25　反馈环节等效变换

由图 2-25a 可得

$$\begin{aligned} C(s) &= G(s)E(s) = G(s)[R(s) \pm B(s)] = G(s)[R(s) \pm H(s)C(s)] \\ &= G(s)R(s) \pm G(s)H(s)C(s) \end{aligned}$$

故

$$C(s) = \frac{G(s)}{1 \mp G(s)H(s)} R(s) = \Phi(s)R(s)$$

式中，$G(s)$ 为前向通道传递函数，$H(s)$ 为反馈通道传递函数，$G(s)H(s)$ 为系统开环传递函数。

对于开环传递函数，可以这样理解：封闭回路在比较点断开以后，以 $E(s)$ 作为输入，经 $G(s)$、$H(s)$ 而产生输出 $B(s)$，此输出与输入的比值 $B(s)/E(s)$，可以认为是一个无反馈的开环系统的传递函数。由于 $B(s)$ 与 $E(s)$ 在相加点的量纲相同，因此，开环传递函数无量纲，而且 $H(s)$ 的量纲是 $G(s)$ 量纲的倒数。开环传递函数无量纲是其一大特点。

将输出信号 $C(s)$ 与输入信号 $R(s)$ 之比，定义为系统闭环传递函数，用 $\Phi(s)$ 表示，即

$$\Phi(s) = \frac{G(s)}{1 \mp G(s)H(s)} = \frac{\text{前向通道传递函数 } G(s)}{1 \mp \text{开环传递函数 } G(s)H(s)}$$

对于负反馈，有

$$\Phi(s) = \frac{G(s)}{1 + G(s)H(s)}$$

当 $H(s)=1$ 时，称为单位负反馈（全负反馈），这时有

$$\Phi(s) = \frac{G(s)}{1 + G(s)}$$

4. 比较点和引出点的移动

在系统结构图的简化过程中，有时为了便于方块的运算，需要移动比较点或引出点的位置。这时，必须注意的是：在移动前后应保持信号的等效性，而且比较点和引出点一般不宜交换位置。应用等效变换法则，可使比较点或引出点变化前后进入同一位置的输入信号值不变。如图 2-26 ~ 图 2-29 所示。

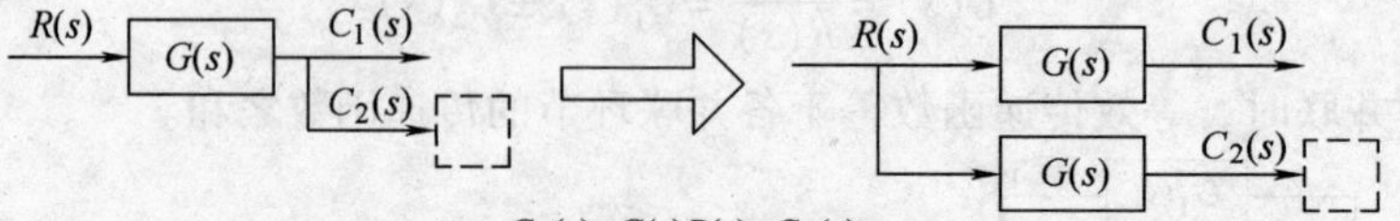

$C_1(s)=G(s)R(s)=C_2(s)$

图 2-26　引出点等效变换示意图（一）

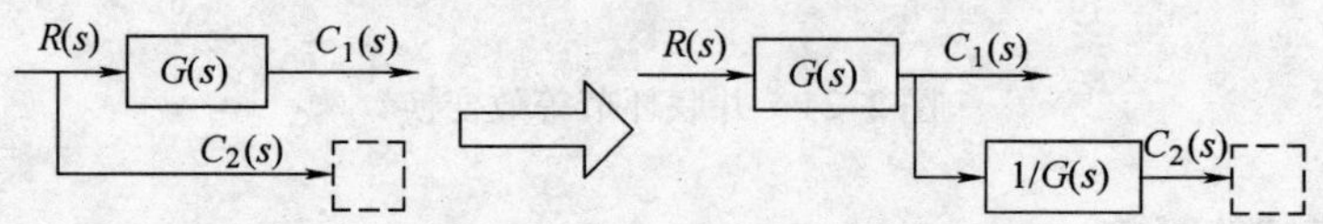

$C_1(s)=G(s)R(s),\ C_2(s)=R(s)=C_1(s)\dfrac{1}{G(s)}=G(s)R(s)\dfrac{1}{G(s)}$

图 2-27　引出点等效变换示意图（二）

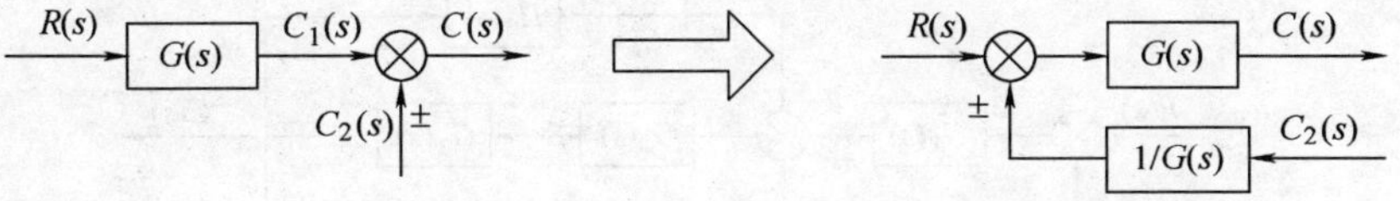

$$C(s)=C_1(s)\pm C_2(s)=G(s)R(s)\pm C_2(s)=G(s)R(s)\pm C_2(s)\frac{1}{G(s)}G(s)$$
$$=G(s)[R(s)\pm C_2(s)/G(s)]$$

图 2-28　比较点等效变换示意图（一）

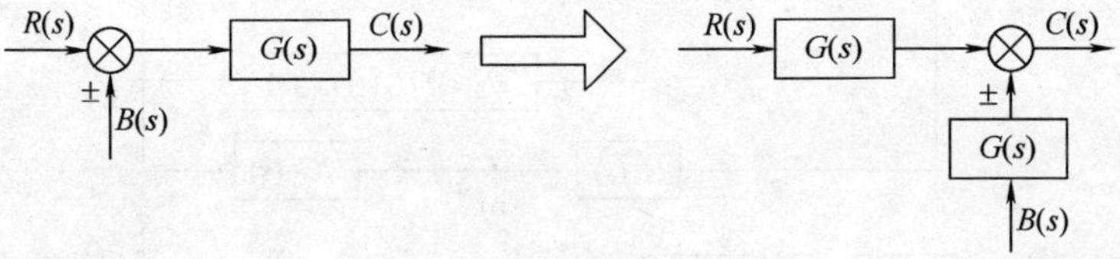

$$C(s)=G(s)[R(s)\pm B(s)]=G(s)R(s)\pm G(s)B(s)$$

图 2-29　比较点等效变换示意图（二）

有了上述这些基本变换关系，就可以对复杂结构图进行简化了。一般总是在保持前向通道不变的情况下，移动引出点或比较点，把交错环分开，从里向外进行简化。

例 2-15　化简图 2-30 所示的结构图。

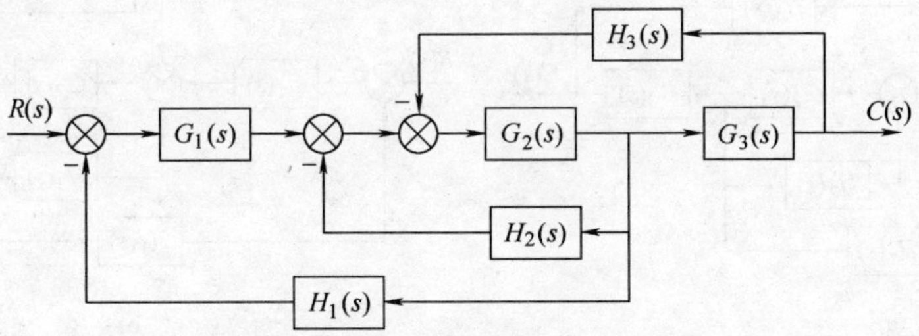

图 2-30　例 2-15 结构图

解：移动引出点，打开交错环，如图 2-31 所示。

其中，
$$\Phi_1(s)=\frac{G_2(s)G_3(s)}{1+G_2(s)G_3(s)\left[H_3(s)+\dfrac{H_2(s)}{G_3(s)}\right]}$$
$$=\frac{G_2(s)G_3(s)}{1+G_2(s)H_2(s)+G_2(s)G_3(s)H_3(s)}$$
$$\Phi(s)=\frac{G_1(s)\Phi_1(s)}{1+G_1(s)\Phi_1(s)H_1(s)/G_3(s)}$$
$$=\frac{G_1(s)G_2(s)G_3(s)}{1+G_2(s)H_2(s)+G_2(s)G_3(s)H_3(s)+G_1(s)G_2(s)H_1(s)}$$

当然，还可以用另外的方法打开交错环，如图 2-32a、b 所示。

例 2-16　求图 2-33 所示系统的输出量 $C(s)$。

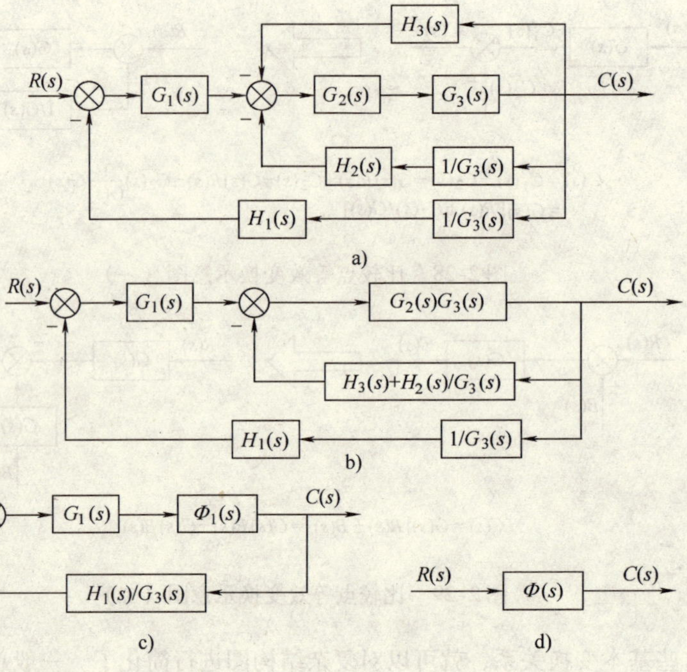

图 2-31　等效结构图（一）

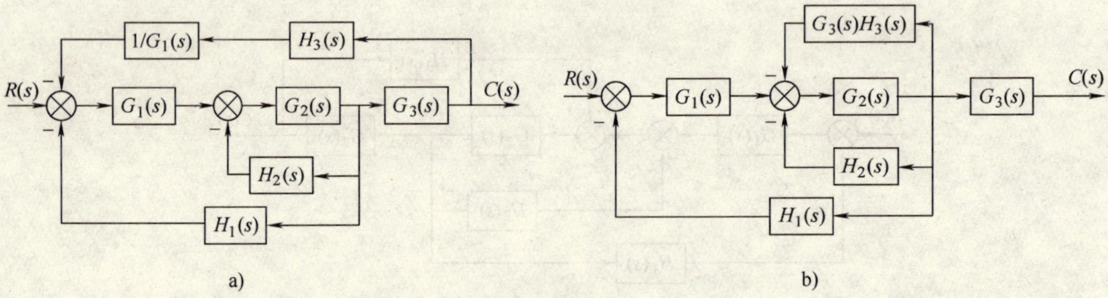

图 2-32　等效结构图（二）

解：图 2-33 为扰动作用下的闭环系统，当输入量 $R(s)$ 和扰动量 $N(s)$ 同时作用于线性系统时，可以对每个量分别进行处理，然后再将输出量叠加，得到总输出量 $C(s)$。

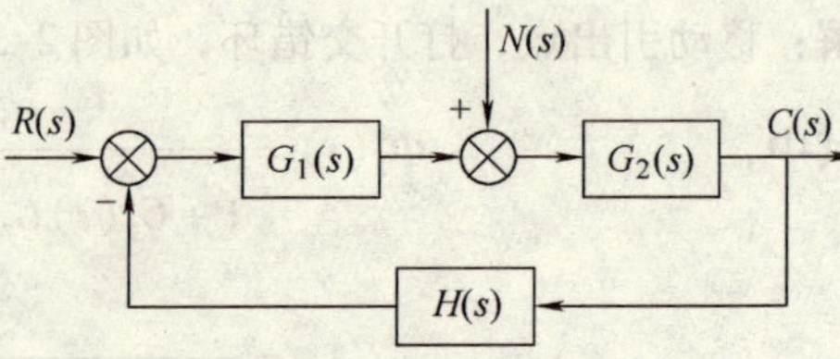

图 2-33　例 2-16 结构图

1）求输入单独作用下系统的输出，设 $N(s)=0$，

$$C_R(s)=\Phi_R(s)R(s)=\frac{G_1(s)G_2(s)}{1+G_1(s)G_2(s)H(s)}R(s)$$

2）求扰动单独作用下系统的输出，设 $R(s)=0$，

$$C_N(s)=\Phi_N(s)R(s)=\frac{G_2(s)}{1+G_1(s)G_2(s)H(s)}N(s)$$

故
$$C(s)=C_R(s)+C_N(s)=\frac{G_1(s)G_2(s)}{1+G_1(s)G_2(s)H(s)}[R(s)+N(s)/G_1(s)]$$
$$=\frac{G_2(s)}{1+G_1(s)G_2(s)H(s)}[G_1(s)R(s)+N(s)]$$

若设计控制系统时，使 $|G_1(s)H(s)|>>1$，且 $|G_1(s)G_2(s)H(s)|>>1$，则系统输出可改写为近似的形式，即

$$C(s)\approx\frac{1}{G_1(s)H(s)}[G_1(s)R(s)+N(s)]$$

由扰动引起的输出
$$C_N(s)\approx\frac{1}{G_1(s)H(s)}N(s)=\sigma N(s)$$

式中，σ 很小，致使扰动量 $N(s)$ 引起的输出很小，这说明闭环系统较开环系统的抗干扰性能强。若无反馈回路，即 $H(s)=0$，则扰动引起的输出 $G_2(s)N(s)$ 将无法减小。

应当指出，所谓系统的“扰动”与“输入”只是相对概念，它们都是系统的输入，通过各自相应的传递关系而产生与其相应的系统输出成分。在控制论中，通常把不希望进入系统的那一部分输入或分析研究系统因果关系中在研究对象以外的那部分输入，称之为“扰动”，有时称之为“噪声”；而把希望引入系统的输入或属于研究对象的输入称为“有用信号”，或简称“信号”。

第六节　信号流图

结构图是一种经常采用的以图解方式表示控制系统的有效工具。但是，当系统很复杂时，结构图的简化过程就显得很麻烦。信号流图是另一种表示复杂系统变量之间关系的方法，这种方法首先是由 S·J·梅逊提出来的。与结构图一样，它同样是系统数学模型的一种图解表示法，不同之处是：信号流图只适用于线性系统，而结构图也可用于非线性系统。

一、信号流图的组成

信号流图是由节点和支路组成的信号传递网络。

(1) 节点　节点用小圆圈“○”表示，标志系统的变量（信号），变量值为所有输入到该节点的信号的代数和。表示输入变量的节点值应是给定值。

根据节点的输入、输出特点又可分下列几种。

1) 源节点（或输入节点）：在节点上，只有输出信号的支路，而无输入支路。如：○——→——

2) 阱节点（或输出节点）：在节点上，只有输入信号的支路，而无输出支路。如：——→——○

3) 混合节点：在节点上，既有输入支路，又有输出支路。如：—→—○—→—

(2) 支路　支路是连接两个节点的有向线段，用“——→——”表示。它有一定的增益，称为支路增益。信号只能在支路上沿箭头方向传递，经支路传递的信号应乘以支路增益。如 $\overset{I}{\circ}\xrightarrow{\ R\ }\overset{U}{\circ}$，$U=RI$。

信号流图上的支路实际上表示了它所连接的两个节点变量之间的关系。支路又可分为前向通路、回路、不接触回路和自回路。

1) 前向通路：信号从输入节点开始，沿箭头方向到输出节点传递时，每个中间节点只通过

一次的通路称为前向通路。如图 2-34 所示，从输入节点 a 到输出节点 d 有两条前向通路。

图 2-34　前向通路

2）回路：起点和终点在同一个节点，而且信号通过任一节点不多于一次的闭合通路称为单独回路，简称回路。如图 2-35 所示，图中 a→b→c→a 构成一个回路，c→d→c 构成另一个回路。

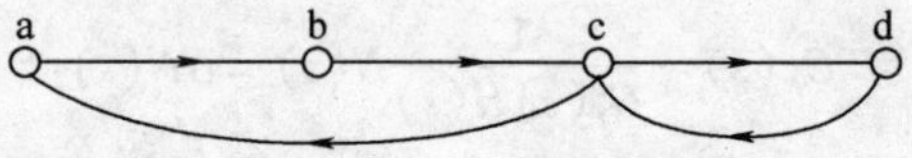

图 2-35　回路

3）不接触回路：若系统中包含若干个回路，彼此间没有公共节点的回路称为不接触回路。如图 2-36 所示，回路 a→b→c→a 与回路 d→e→d 为不接触回路。

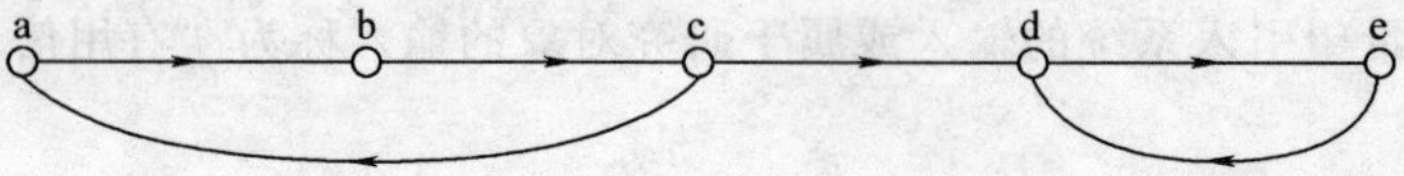

图 2-36　不接触回路

4）自回路：回路中无任何中间节点，则称为自回路。如图 2-37 所示。

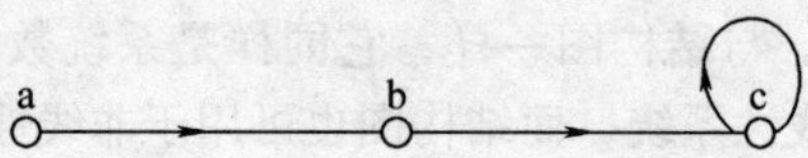

图 2-37　自回路

二、信号流图的基本性质

1）节点代表系统的变量。一般节点自左向右顺序设置，并依次表示系统中各变量的因果关系。节点变量表示所有流向该节点的信号的代数和，与流出无关。从同一节点流出的信号，均等于该节点变量。

例如，在图 2-38a 中，有

$$x_3 = bx_2 \neq bx_2 + abx_1$$

在图 2-38b 中，有

$$x_3 = ax_1 + bx_2$$

$$x_4 = cx_3$$

$$x_5 = dx_3$$

2）信号在支路上沿箭头方向单向传递。后一节点变量依赖于前一节点变量，而没有相反关系。由节点变量取值能够看出，后一节点对前一节点没有负载效应。

3）支路相当于一个乘法器，信号流经支路时，被乘以支路增益而变换为另一信号。支路增益为“1”时可以不标出。

4）在混合节点上，增加一条具有单位增益的输出支路，可以从信号流图中分离出系统的输出变量，变混合节点为阱节点。

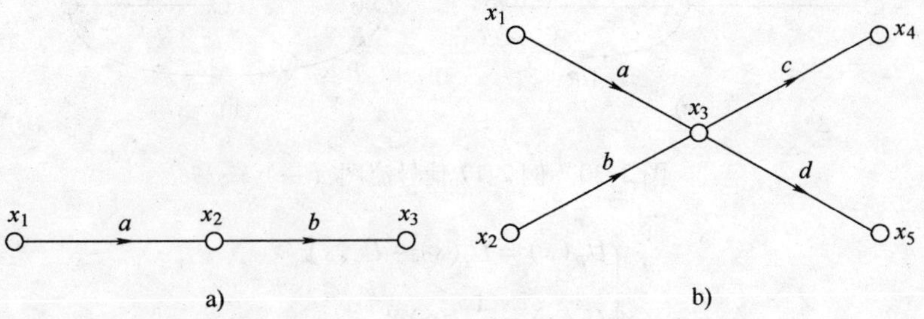

图 2-38　节点变量关系图

要研究某一信号，可从对应节点画一支路，增益为“1”，变为一个阱节点，就能把信号引出。这样，在同一输入作用下，还可求任意两变量间的传递函数，这时，可以分别求出从源节点到这两个被分离出来的变量之间的传递函数，然后将两者相除。

三、信号流图的建立

同结构图一样，信号流图可以直接根据系统的工作原理图进行绘制（需要以专业知识和熟练运用信号流图为前提条件）；也可以根据系统的微分方程（组）或其变换方程（组）进行绘制；或者从系统的结构图按照对应关系得出。

由系统微分方程绘制信号流图时，一般应先对微分方程进行拉氏变换，然后对每个变量指定一个节点，并按照变量间的因果关系，从左向右顺序排列，标明支路增益，连接各节点。

例 2-17　绘制图 2-20 所示 RC 电路的信号流图。

解：系统的微分方程为
$$\begin{cases} u_i = Ri + u_o \\ u_o = \dfrac{1}{C}\int_0^t i\mathrm{d}\tau \end{cases}$$

零初始条件下进行拉氏变换，得
$$\begin{cases} U_i(s) = RI(s) + U_o(s) \\ U_o(s) = \dfrac{1}{Cs}I(s) \end{cases}$$

有三个变量：$U_o(s)$、$U_i(s)$ 和 $I(s)$。

把上述方程组写成各变量间的依次单向关系式，得
$$\begin{cases} U_o(s) = \dfrac{1}{Cs}I(s) \\ I(s) = \dfrac{1}{R}U_i(s) - \dfrac{1}{R}U_o(s) \end{cases}$$

相应的信号流图如图 2-39a 所示。

或
$$\begin{cases} U_o(s) = U_i(s) - RI(s) \\ I(s) = CsU_o(s) \end{cases}$$

相应的信号流图如图 2-39b 所示。

另外，还可引入中间变量 $U_R(s)$，有

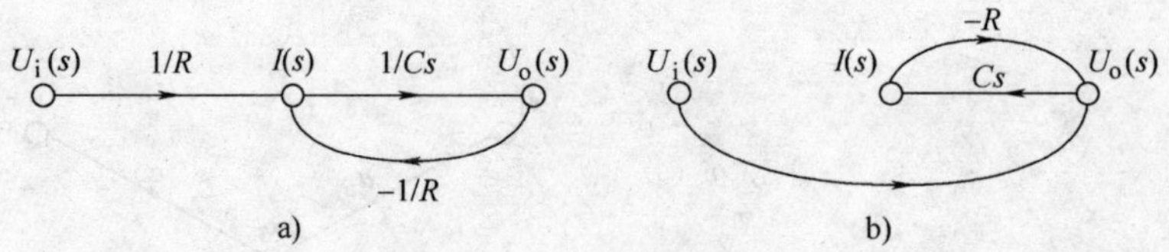

图 2-39　例 2-17 信号流图（一）

$$\begin{cases} U_R(s) = U_i(s) - U_o(s) \\ U_o(s) = \dfrac{1}{Cs}I(s) \\ I(s) = \dfrac{1}{R}U_R(s) \end{cases}$$

相应的信号流图如图 2-40 所示。可见，同一系统的信号流图不唯一，但实质相同。

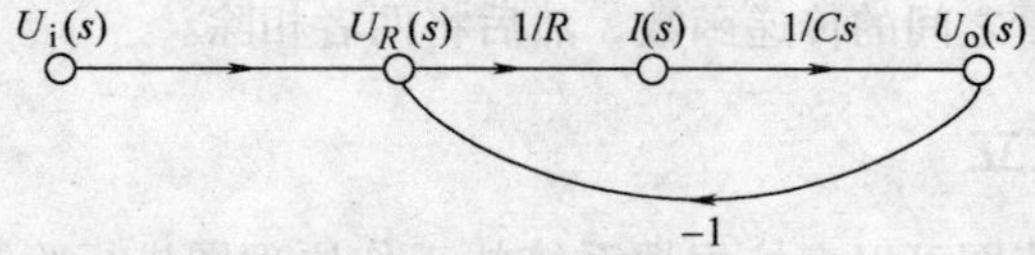

图 2-40　例 2-17 信号流图（二）

列写各变量间的单向联系时，在满足同解变换的条件下，规定等式的左端（或右端）只能出现单一的一个变量，除了输入变量不能写在等式的左（右）端外，其余各变量在等式的左（右）端只能出现一次，这样就会保证每个变量只占据图中的一个节点位置及信号的正确流向，否则就会出现错误。例如，由

$$\begin{cases} U_o(s) = U_i(s) - RI(s) \\ U_o(s) = \dfrac{1}{Cs}I(s) \end{cases}$$

得到图 2-41 所示的信号流图就是不正确的信号流图。

以上原则同样适用于结构图的建立。

信号流图也能由结构图演变得到。由于它们都是系统信号传递关系的图解描述，所以其结构要素之间存在着一定的对应关系，见表 2-1。

需要注意的是：当系统为负反馈时，其支路增益等于结构图中的传递函数乘以 −1。

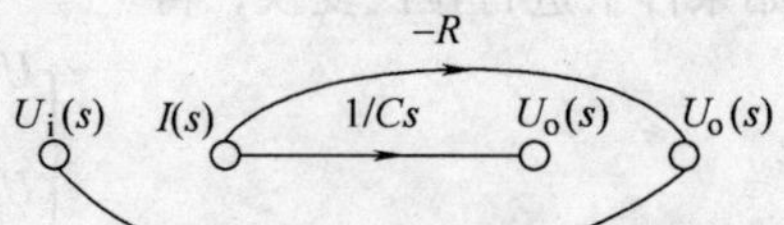

图 2-41　不正确的信号流图

表 2-1　信号流图与结构图的比较

要素	信号流图	结构图	要素
1	节点	信号线	1
	节点变量	信号线上所传递的信号	
2	支路传递方向及增益	方块及传递函数，保持同向	2
	输出支路	引出点	3
	输入支路	比较点	4

一般说来，结构图中的一个信号线就对应一个节点。通常，为使信号流图紧凑、形象、简单，应减少一些不必要的节点，经常把支路增益为“1”的单一流经节点（一进一出）吸收掉。

根据以上对应关系，很容易由结构图绘制出信号流图，如图2-42所示。

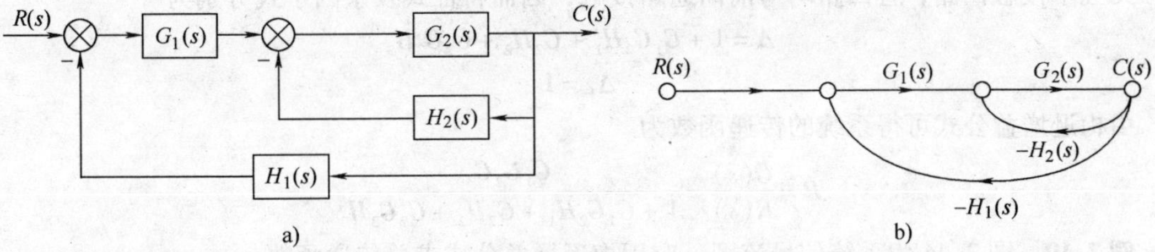

图2-42　结构图与信号流图

a）结构图　b）信号流图

四、梅逊（Mason）增益公式

从输入到输出总的传递函数，可以由信号流图逐次简化求得，也可以由梅逊增益公式直接计算得到。梅逊增益公式是通过对信号流图的分析和观察，直接得到系统输出变量与输入变量之间传递函数的方法。梅逊增益公式可表示为

$$P = \frac{1}{\Delta}\sum_{k=1}^{n} P_k \Delta_k$$

式中，P 为从输入节点到输出节点间的传递函数（总增益），n 为从输入节点到输出节点的前向通路总数，P_k 为从输入节点到输出节点的第 k 条前向通路的总增益，Δ 为特征式。

$$\Delta = 1 - \sum L_a + \sum L_b L_c - \sum L_d L_e L_f + \cdots$$

式中，$\sum L_a$ 为所有单独回路增益之和；$\sum L_b L_c$ 为在所有互不接触的单独回路中，每次取其中不同的两个回路增益的乘积，然后把它们求和；$\sum L_d L_e L_f$ 为在所有互不接触的单独回路中，每次取其中不同的三个回路增益的乘积，然后把它们求和；Δ_k 为余因子式，即在信号流图中，把与第 k 条前向通路相接触的回路除去以后的 Δ 值。

应该指出的是：上面求和的过程，是在从输入节点到输出节点的全部可能通路上进行的。

对于一个流图，必然有一定个数的回路相对应。初学时，易遗漏回路个数。可靠的办法是从第一个节点开始，找出所有起、止点在该节点的回路，然后去掉（断开）第一个节点，再由第二个节点进行寻找，依次类推。

例2-18　求图2-43所示信号流图的传递函数。

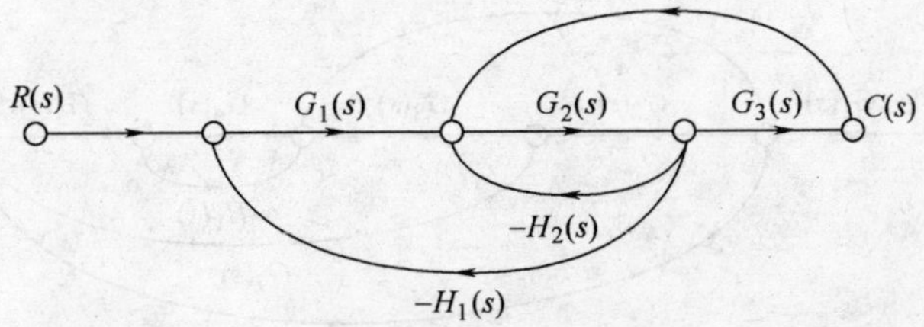

图2-43　例2-18信号流图

解：由图可知，前向通路有一条，其增益为　$P_1 = G_1G_2G_3$

单独回路有三个，其增益为

$$L_1 = -G_1G_2H_1,\quad L_2 = -G_2H_2,\quad L_3 = -G_2G_3H_3$$

无互不接触回路，且回路均与前向通路接触，因而特征式及余因子式分别为

$$\Delta = 1 + G_1G_2H_1 + G_2H_2 + G_2G_3H_3$$

$$\Delta_1 = 1$$

由梅逊增益公式可得系统的传递函数为

$$P = \frac{C(s)}{R(s)} = \frac{G_1G_2G_3}{1 + G_1G_2H_1 + G_2H_2 + G_2G_3H_3}$$

例 2-19　图 2-44 为系统信号流图，应用梅逊增益公式求总传递函数。

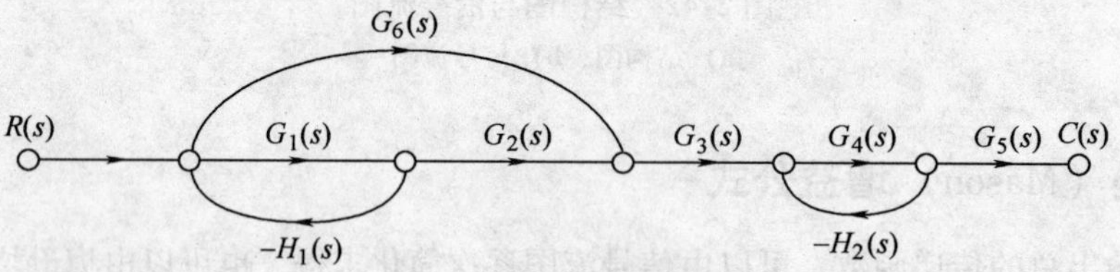

图 2-44　例 2-19 信号流图

解：前向通路有两条，其增益为

$$P_1 = G_1G_2G_3G_4G_5,\qquad P_2 = G_6G_3G_4G_5$$

单独回路有两个，其增益为

$$L_1 = -G_1H_1,\ L_2 = -G_4H_2$$

回路 L_1 和 L_2 互不接触，故　$L_1L_2 = G_1H_1G_4H_2$

系统的特征式为

$$\Delta = 1 - (L_1 + L_2) + L_1L_2$$
$$= 1 + G_1H_1 + G_4H_2 + G_1H_1G_4H_2$$

两条回路与两条前向通路均接触，因而因子式为

$$\Delta_1 = 1,\qquad \Delta_2 = 1$$

系统的传递函数为

$$P = \frac{C(s)}{R(s)} = \frac{G_1G_2G_3G_4G_5 + G_6G_3G_4G_5}{1 + G_1H_1 + G_4H_2 + G_1H_1G_4H_2}$$

例 2-20　求图 2-45 所示信号流图的传递函数。

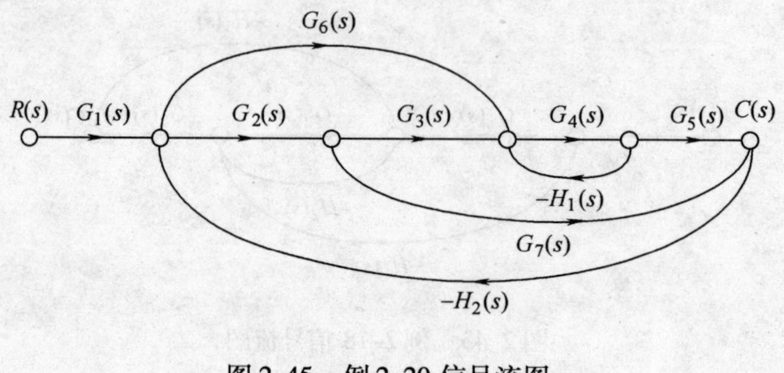

图 2-45　例 2-20 信号流图

解：前向通路有三条，其增益为

$$P_1 = G_1G_2G_3G_4G_5,\quad P_2 = G_1G_6G_4G_5,\quad P_3 = G_1G_2G_7$$

单独回路有四个，增益分别为

$$L_1 = -G_2G_3G_4G_5H_2,\quad L_2 = -G_6G_4G_5H_2$$
$$L_3 = -G_2G_7H_2,\quad L_4 = -G_4H_1$$

回路 L_3 和 L_4 互不接触，其增益之积为

$$L_3L_4 = G_2G_4G_7H_1H_2$$

系统的特征式为

$$\begin{aligned}\Delta &= 1-(L_1+L_2+L_3+L_4)+L_3L_4\\ &= 1+G_2G_3G_4G_5H_2+G_6G_4G_5H_2+G_2G_7H_2+G_4H_1+G_2G_4G_7H_1H_2\end{aligned}$$

前向通路 P_3 与 L_4 不接触，因此余因子式分别为

$$\Delta_1 = 1,\quad \Delta_2 = 1,\quad \Delta_3 = 1+G_4H_1$$

系统的传递函数为

$$P = \frac{C(s)}{R(s)} = \frac{G_1G_2G_3G_4G_5+G_1G_6G_4G_5+G_1G_2G_7(1+G_4H_1)}{1+G_2G_3G_4G_5H_2+G_6G_4G_5H_2+G_2G_7H_2+G_4H_1+G_2G_4G_7H_1H_2}$$

习　题

2-1　求下列函数的拉氏变换。

(1) $f(t)=3+2t+t^2$　　(2) $f(t)=e^{-6t}(\cos 8t+0.25\sin 8t)$

(3) $f(t)=(t-1)^2e^t$　　(4) $f(t)=t\cos t$

2-2　求下列函数的拉氏反变换。

(1) $F(s)=\dfrac{s+1}{(s+2)(s+3)}$　　(2) $F(s)=\dfrac{4}{s^2+s+4}$

(3) $F(s)=\dfrac{1}{s(s+1)^2}$　　(4) $F(s)=2+\dfrac{2s+5}{s^2+4s+13}$

2-3　若系统在阶跃输入 $r(t)=1(t)$ 作用时，其输出响应为 $y(t)=1-e^{-2t}+e^{-t}$，试求系统的传递函数和脉冲响应函数。

2-4　证明图 2-46 中电气系统和机械系统传递函数具有相同的形式。

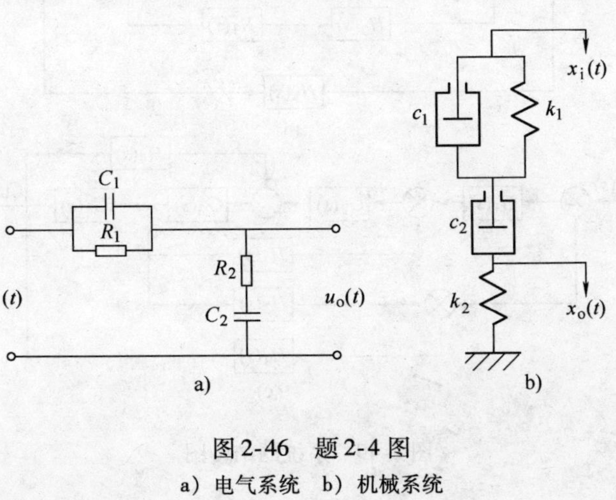

图 2-46　题 2-4 图

a）电气系统　b）机械系统

2-5　图 2-47 所示无源电网络的传递函数。

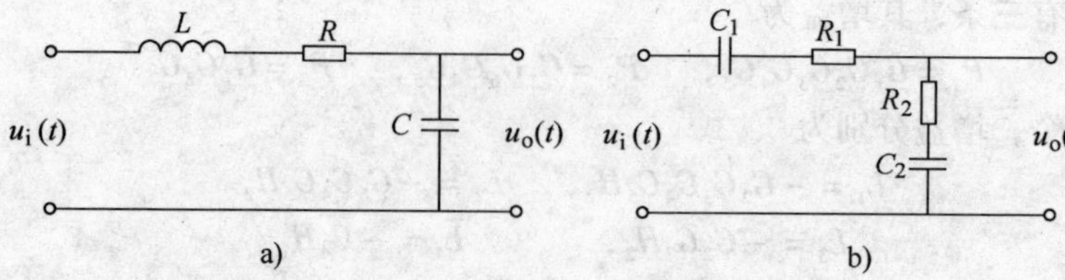

图 2-47　无源电网络

2-6　若系统结构图如图 2-48 所示，求：

（1）以 $R(s)$ 为输入，当 $N(s)=0$ 时，输出分别为 $C(s)$、$Y(s)$、$B(s)$、$E(s)$ 的闭环传递函数。

（2）以 $N(s)$ 为输入，当 $R(s)=0$ 时，输出分别为 $C(s)$、$Y(s)$、$B(s)$、$E(s)$ 的闭环传递函数。

（3）比较以上各传递函数的分母，从中可以得出什么结论。

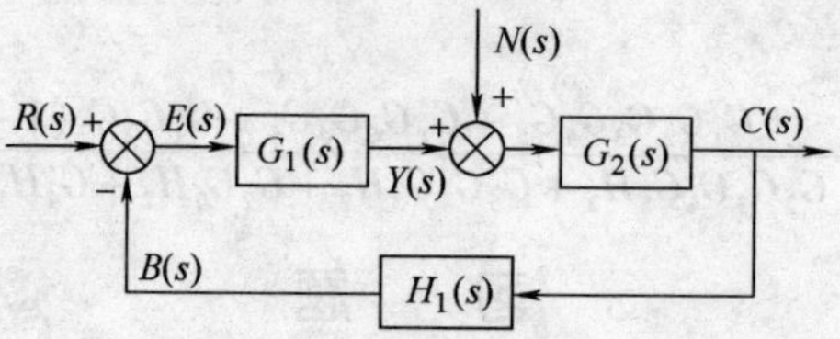

图 2-48　系统结构图

2-7　化简图 2-49 中的各个结构图，求传递函数。

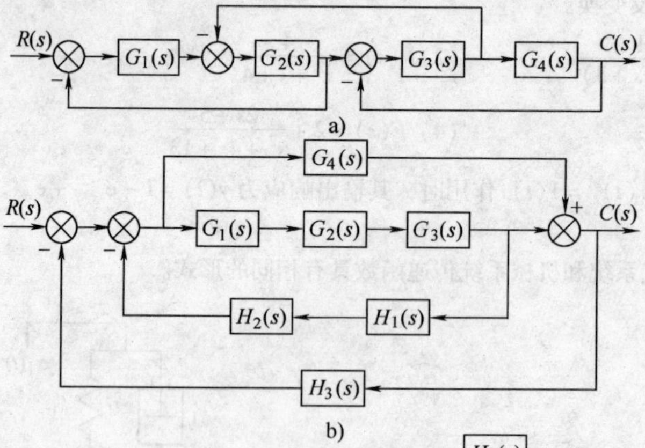

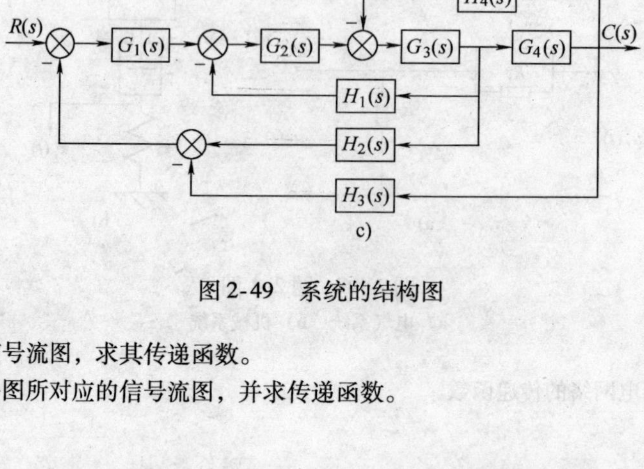

图 2-49　系统的结构图

2-8　如图 2-50 所示信号流图，求其传递函数。

2-9　画出图 2-47 中各图所对应的信号流图，并求传递函数。

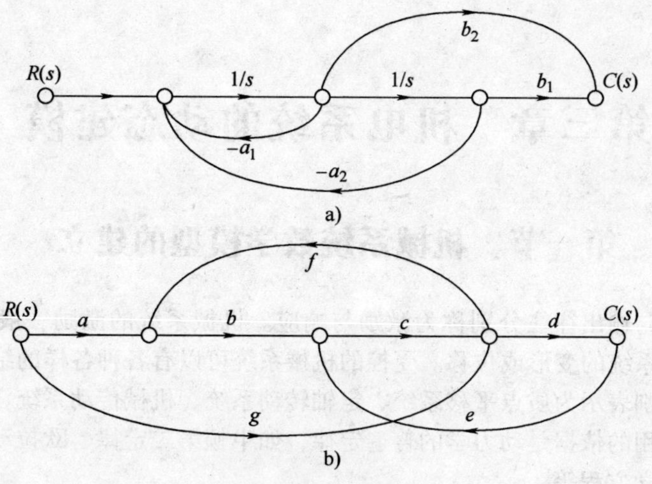

图 2-50　信号流图

第三章　机电系统的动态建模

第一节　机械系统数学模型的建立

机械系统的输入与输出往往分别称为激励与响应。机械系统的激励一般是外界对系统的作用，而响应则一般是系统的变形或位移。受控的机械系统可以有各种各样的结构形式，如果抽象为力学模型，可以分别表示为质点平移系统、定轴转动系统、机械传动系统、定点旋转系统及多刚体系统等。建模所用的依据是动力学的普遍定律，如牛顿第二定律、欧拉动力学方程、拉格朗日方程及相关的运动学方程等。

应用力学原理建立数学模型的具体步骤是：

1）列写系统微分方程组。

2）通过拉氏变换将微分方程组转换为等价的代数方程组，并根据代数方程组画出系统结构图。

3）通过结构图简化，或消去代数方程组的中间变量，获得所需的输出量拉氏变换与输入量拉氏变换之比，即系统的传递函数。

一、质点平移系统

1. 平移系统中元件的复阻抗

机械直线位移的基本元件是质量元件、阻尼器和弹簧，它们的符号如图 3-1 所示。

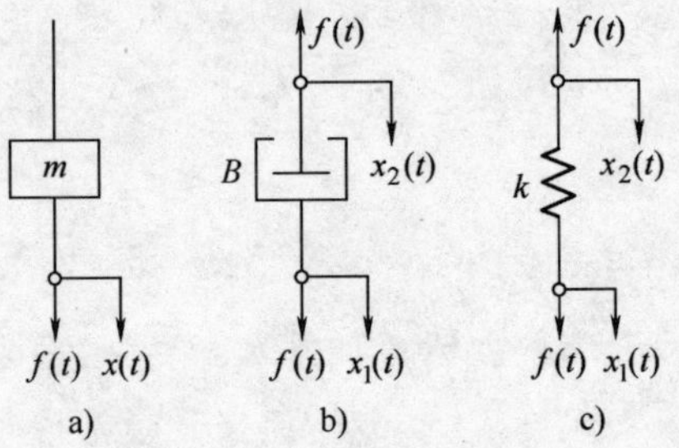

图 3-1　机械直线位移元件

a）质量元件　b）阻尼器　c）弹簧

图 3-1 只是实际机械系统经合理抽象后的简化模型，不一定是具体物理装置的精确表示，下面具体说明它们的数学模型的建立。

（1）质量元件　图 3-1a 中 $f(t)$ 代表外力，$x(t)$ 表示位移，m 表示质量，并假设该质量元件为一刚体。根据牛顿第二定律，可得

$$f(t) = ma(t) = m\frac{\mathrm{d}v(t)}{\mathrm{d}t} = m\ddot{x}(t)$$

则
$$F(s) = ms^2X(s) \tag{3-1}$$

这里已经假定质量元件为一个刚体，即顶部的连接点相对底部的连接点是不能动的。

（2）阻尼器　对于阻尼器，其顶部的连接点和底部的连接点是可以相对运动的，因此，为了描写阻尼元件的运动，需要两个位移变量。如图 3-1b 所示，阻尼元件的数学模型可以表示为

$$f(t) = B[\dot{x}_1(t) - \dot{x}_2(t)]$$

则
$$F(s) = Bs[X_1(s) - X_2(s)] \tag{3-2}$$

式中，B 为阻尼系数，即阻尼力正比于跨接在阻尼元件两端元件的速度之差。

（3）弹簧　弹簧也是顶部连接点和底部连接点有相对运动的元件，因此，根据胡克定律，弹簧的数学模型为

$$f(t)=k[x_1(t)-x_2(t)]$$

则 $$F(s)=k[X_1(s)-X_2(s)] \tag{3-3}$$

式中，k 为弹簧的刚度，即弹簧力正比于弹簧的一个端点相对于另一个端点的位移。

式（3-1）~式（3-3）应用了图示箭头方向的力和位移，如果其中任何一个方向相反，则方程中的那一项必须变号。

与电路网络相类似，若将外力 $F(s)$ 作为输入量，相对位移 $X(s)$ 作为输出量，分别居于电路元件的电压和电流的位置，那么，机械元件的复位移阻抗（简称复阻抗），可定义为元件上所受力的拉氏变换与沿力方向相对位移的拉氏变换之比。因此，上述质量元件、阻尼元件和弹簧的复阻抗分别是 ms^2、Bs 和 k。在机械振动系统中（尤其是位移振动系统中）引入复阻抗的概念，也会简化求解传递函数的过程，省去列写微分方程及进行拉氏变换等许多中间步骤，可以简单地求出机械振动系统的传递函数。

2. 机械位移系统中元件的串联、并联及混联

（1）串联　如图 3-2 所示，若系统的力学模型可以简化为上述元件的串联形式，此时各元件上所受的外力相同（弹簧和阻尼器的质量不计），则有

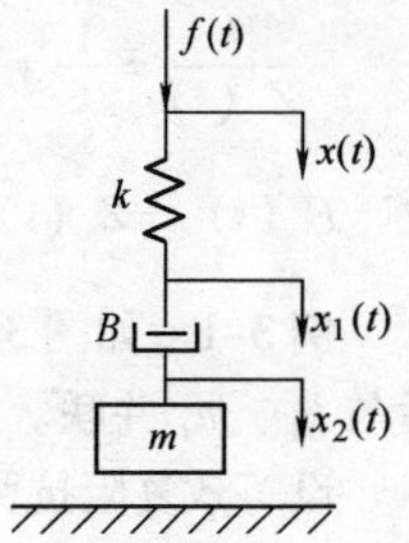

图 3-2　串联

$$F(s)=k[X(s)-X_1(s)]$$

即 $$X(s)-X_1(s)=F(s)/k$$

$$F(s)=Bs[X_1(s)-X_2(s)]$$

即 $$X_1(s)-X_2(s)=F(s)/Bs$$

$$F(s)=ms^2X_2(s)$$

即 $$X_2(s)=F(s)/ms^2$$

又 $$X(s)=[X(s)-X_1(s)]+[X_1(s)-X_2(s)]+X_2(s)$$

$$=\left[\frac{1}{k}+\frac{1}{Bs}+\frac{1}{ms^2}\right]F(s)$$

令 $$\frac{1}{Z(s)}=\frac{1}{k}+\frac{1}{Bs}+\frac{1}{ms^2}$$

则 $$F(s)=Z(s)X(s)$$

也就是说，由于串联系统中总位移为各相对位移之和，故总的等效复阻抗的倒数为各组成元件复阻抗倒数之和。

（2）并联　如图 3-3 所示，若系统的力学模型可以简化为上述元件的并联形式，此时，各元件的相对位移相同，总输入外力为各分力之和，则有

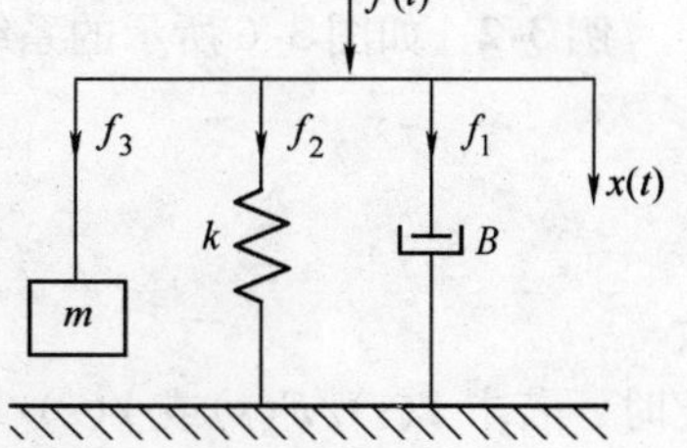

图 3-3　并联

$$F_1(s)=BsX(s)$$

$$F_2(s)=kX(s)$$

$$F_3(s)=ms^2X(s)$$

而 $$F(s)=F_1(s)+F_2(s)+F_3(s)$$

$$=(Bs+k+ms^2)X(s)$$

令 $$Z(s)=ms^2+Bs+k$$

则 $$F(s)=Z(s)X(s)$$

也就是说，在并联系统中，总的等效复阻抗为各组成元件复阻抗之和。

（3）混联　若系统的力学模型为上述这些元件的混联形式，那么就可根据串、并联定律求

出总的等效复阻抗。这里应注意的是：对于弹簧、阻尼器，无论受拉与受压，其复阻抗值不变；对于质量元件，由于其位移量是相对惯性坐标系而言的，故往往将其画成等效接地形式，从而更易于判断串、并联。把混联形式画成等效接地形式的方法如下：

1）将地面画在最下端，外力画在最上端。

2）按坐标系的取向正确插入每个元件。即在地面和外力之间画出动点（以刚性线代之）相对地面的位移量，然后按元件端部位移情况，正确插入每个元件。

例如，在图 3-4 所示的系统中，由等效图很容易判断质量元件、阻尼器并联后再与弹簧串联，即

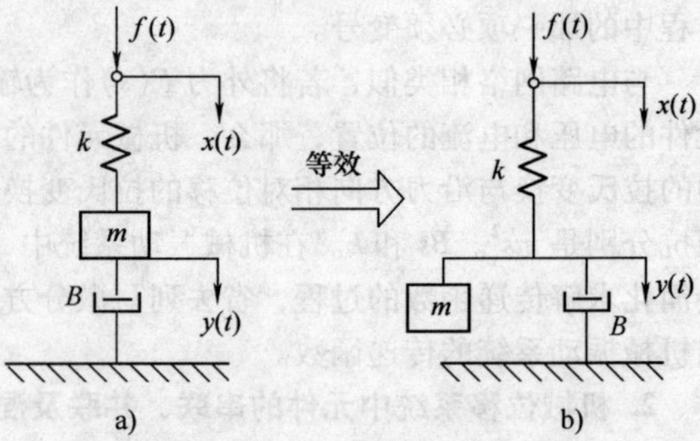

图 3-4 等效变换图

$$\frac{1}{Z(s)}=\frac{1}{k}+\frac{1}{ms^2+Bs}=\frac{ms^2+Bs+k}{k(ms^2+Bs)}$$

故 $$F(s)=Z(s)X(s)=\frac{k(ms^2+Bs)}{ms^2+Bs+k}X(s)$$

例 3-1 如图 3-5 所示的系统，很明显，元件 k 与 B 并联，k_2 与 m_2 并联，然后再串联，最后与 k_1、m_1 并联。

设等效复阻抗为 $Z_1(s)$ 和 $Z(s)$，则

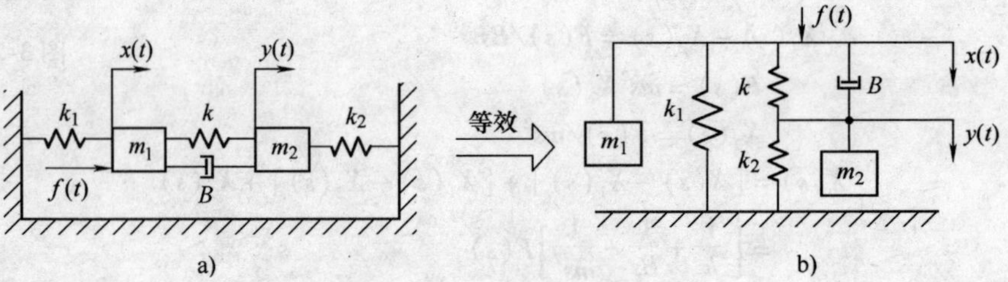

图 3-5 例 3-1 图

$$\frac{1}{Z_1(s)}=\frac{1}{Bs+k}+\frac{1}{m_2s^2+k_2}$$

$$Z(s)=Z_1(s)+m_1s^2+k_1$$

故 $$F(s)=Z(s)X(s)$$

例 3-2 如图 3-6 所示的系统，设右端等效复阻抗为 $Z_1(s)$，则

$$\frac{1}{Z_1(s)}=\frac{1}{B_1s+k_1}+\frac{1}{m_2s^2+B_2s+k_2}$$

$$Z(s)=Z_1(s)+m_1s^2$$

故 $$F(s)=Z(s)X(s)$$

此时，若求 $Y(s)/F(s)$ 或 $Y(s)/X(s)$ 也很方便。

因为 $$F(s)=[Z_1(s)+m_1s^2]X(s)$$

所以 $$F_2(s)=Z_1(s)X(s)=\frac{Z_1(s)}{Z_1(s)+m_1s^2}F(s)$$

又 $$F_2(s)=(m_2s^2+B_2s+k_2)Y(s)$$

故 $$\frac{Y(s)}{F(s)}=\frac{Z_1(s)}{Z_1(s)+m_1s^2}\frac{1}{m_2s^2+B_2s+k_2}$$

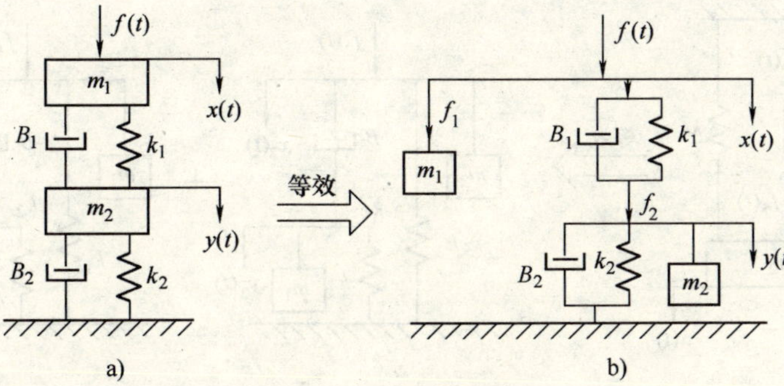

图 3-6　位移系统

$$\frac{Y(s)}{X(s)}=\frac{Z_1(s)}{m_2s^2+B_2s+k_2}$$

例 3-3　系统如图 3-7 所示，求 $Y(s)/X(s)$。

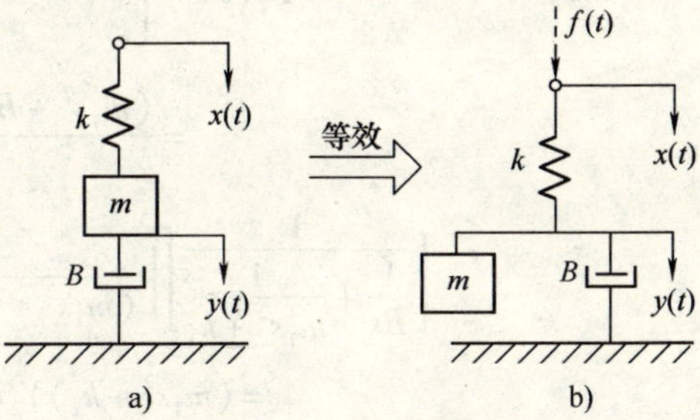

图 3-7　例 3-3 图

解：设外力为 $f(t)$，引入中间变量 $F(s)$，则有

$$F(s)=\frac{1}{\frac{1}{k}+\frac{1}{ms^2+Bs}}X(s)=\frac{k(ms^2+Bs)}{ms^2+Bs+k}X(s)$$

$$F(s)=(ms^2+Bs)Y(s)$$

故

$$\frac{Y(s)}{X(s)}=\frac{k}{ms^2+Bs+k}$$

当系统的质量可以忽略不计时，求其传递函数将更为简单。

例 3-4　系统如图 3-8 所示，求 $Y(s)/X(s)$。

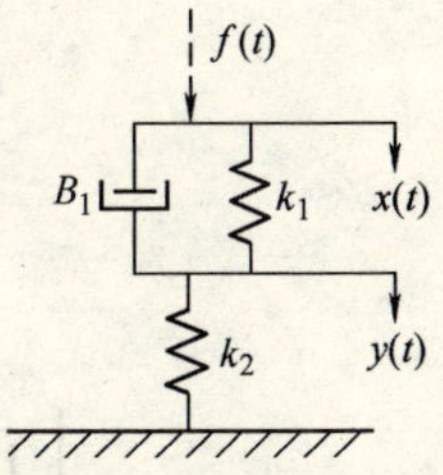

图 3-8　例 3-4 图

解：设外力为 $f(t)$，那么中间变量为 $F(s)$，则有

$$F(s)=\frac{1}{\frac{1}{k_2}+\frac{1}{B_1s+k_1}}X(s)=\frac{k_2(B_1s+k_1)}{B_1s+k_1+k_2}X(s)$$

$$F(s)=k_2Y(s)$$

$$\frac{Y(s)}{X(s)}=\frac{B_1s+k_1}{B_1s+k_1+k_2}$$

例 3-5　系统如图 3-9 所示，求 $Y(s)/X(s)$。

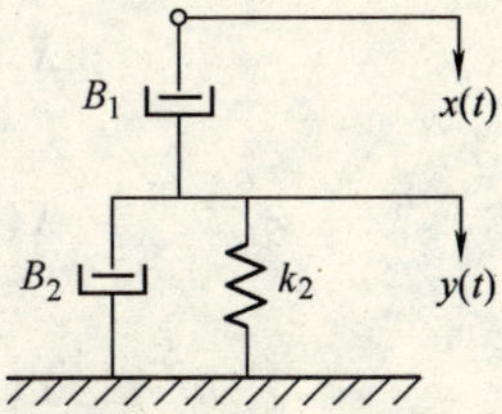

图 3-9　例 3-5 图

解：同样引入中间变量 $F(s)$，则有

$$F(s)=\frac{1}{\frac{1}{B_1s}+\frac{1}{B_2s+k_2}}X(s)=\frac{B_1s(B_2s+k_2)}{(B_1+B_2)s+k_2}X(s)$$

又

$$F(s)=(B_2s+k_2)Y(s)$$

故

$$\frac{Y(s)}{X(s)}=\frac{B_1s}{(B_1+B_2)s+k_2}$$

例 3-6　求图 3-10 所示系统中输出量 $x(t)$、$y(t)$ 与输入量 $f_1(t)$、$f_2(t)$ 之间的关系。

解：由叠加原理，可得

$$x(t)=x_1(t)+x_2(t)$$

$$y(t)=y_1(t)+y_2(t)$$

即

$$X(s)=X_1(s)+X_2(s)$$

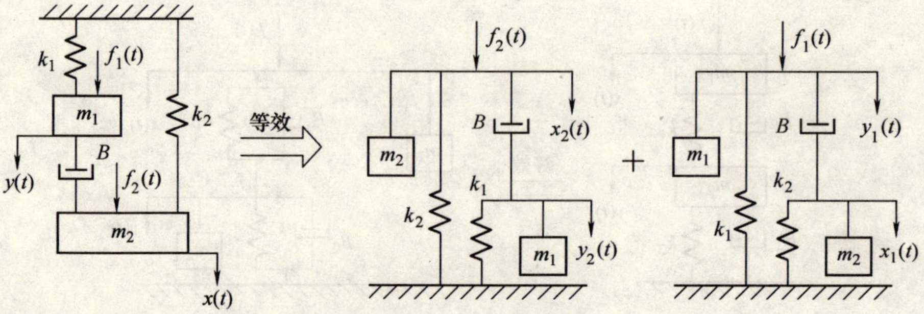

图 3-10　多变量系统

$$Y(s)=Y_1(s)+Y_2(s)$$

而
$$F_2(s)=\left[(m_2s^2+k_2)+\frac{1}{\dfrac{1}{Bs}+\dfrac{1}{m_1s^2+k_1}}\right]X_2(s)$$

$$=\frac{(m_1s^2+Bs+k_1)(m_2s^2+Bs+k_2)-B^2s^2}{m_1s^2+Bs+k_1}X_2(s)$$

又
$$\left[\frac{1}{\dfrac{1}{Bs}+\dfrac{1}{m_1s^2+k_1}}\right]\left[\frac{m_1s^2+Bs+k_1}{(m_1s^2+Bs+k_1)(m_2s^2+Bs+k_2)-B^2s^2}\right]F_2(s)$$

$$=(m_1s^2+k_1)Y_2(s)$$

即
$$Y_2(s)=\left[\frac{Bs}{(m_1s^2+Bs+k_1)(m_2s^2+Bs+k_2)-B^2s^2}\right]F_2(s)$$

$$F_1(s)=\left[(m_1s^2+k_1)+\frac{1}{\dfrac{1}{Bs}+\dfrac{1}{m_2s^2+k_2}}\right]Y_1(s)$$

$$=\frac{(m_1s^2+Bs+k_1)(m_2s^2+Bs+k_2)-B^2s^2}{m_2s^2+Bs+k_2}Y_1(s)$$

又
$$\left[\frac{1}{\dfrac{1}{Bs}+\dfrac{1}{m_2s^2+k_2}}\right]\left[\frac{m_2s^2+Bs+k_2}{(m_1s^2+Bs+k_1)(m_2s^2+Bs+k_2)-B^2s^2}\right]F_1(s)$$

$$=(m_2s^2+k_2)X_1(s)$$

即
$$X_1(s)=\left[\frac{Bs}{(m_1s^2+Bs+k_1)(m_2s^2+Bs+k_2)-B^2s^2}\right]F_1(s)$$

故
$$X(s)=X_1(s)+X_2(s)=\frac{BsF_1(s)+(m_1s^2+Bs+k_1)F_2(s)}{(m_1s^2+Bs+k_1)(m_2s^2+Bs+k_2)-B^2s^2}$$

$$Y(s)=Y_1(s)+Y_2(s)=\frac{(m_2s^2+Bs+k_2)F_1(s)+BsF_2(s)}{(m_1s^2+Bs+k_1)(m_2s^2+Bs+k_2)-B^2s^2}$$

写成矩阵形式为

$$\begin{bmatrix}X(s)\\Y(s)\end{bmatrix}=\frac{1}{\alpha}\begin{bmatrix}Bs & m_1s^2+Bs+k_1\\ m_2s^2+Bs+k_2 & Bs\end{bmatrix}\begin{bmatrix}F_1(s)\\F_2(s)\end{bmatrix}$$

式中，$\alpha=(m_1s^2+Bs+k_1)(m_2s^2+Bs+k_2)-B^2s^2$。

3. 质点平移系统数学模型的建立

在这些机械元件中，阻尼器消耗能量但不储存能量，而质量元件和弹簧储存能量但不消耗能量。在建立由质量元件、弹簧、阻尼器组成的质点平移系统的动态数学模型时，一般根据牛顿第二定律列写该系统的动力学微分方程，即$\sum F = ma$。具体方法如下：

1）针对系统中的每一个质点必须列写一个微分方程。

2）每一个微分方程的左边等于与该质点相连接的弹簧力、阻尼力及外作用力之和，右边为该质点的惯性力（即质量与加速度的乘积）。

3）弹簧力和阻尼力都是起阻止质点运动作用的，由此便可决定这两个作用力的符号。

例3-7　研究图3-11所示质点振动系统，这是一个单轮汽车支撑系统的简化模型。m_1代表汽车质量，B代表振动阻尼器（减振器）的阻尼系数，k_1为弹簧的刚度，m_2为轮子的质量，k_2为轮胎的弹性。试建立该系统的数学模型。

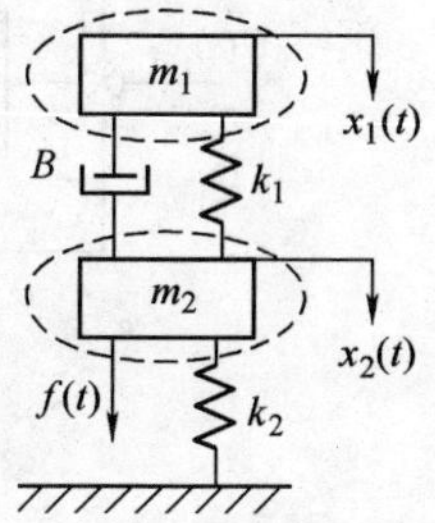

图3-11　汽车支撑系统模型

解法1：因为系统有两个质点，对应有两个独立位移$x_1(t)$和$x_2(t)$，所以必须列写两个方程。

一是作用于质量m_1的外力应该平衡。这个质量以虚线封闭曲线包围，穿入这一封闭曲线的每一个元件都对m_1施加一个力，因此，这个方程应包括三项，即

$$m_1\frac{d^2x_1}{dt^2} = -B\left(\frac{dx_1}{dt}-\frac{dx_2}{dt}\right)-k_1(x_1-x_2) \tag{3-4}$$

注意，方程右边的阻尼项和弹性项都取负号，对位移x_1起负加速度作用。

二是作用于m_2的外力应该平衡。除了外作用力$f(t)$以外，有一个阻尼器和两个弹簧元件连接到m_2，所以，力平衡方程共有五项，即

$$m_2\frac{d^2x_2}{dt^2} = f(t)-B\left(\frac{dx_2}{dt}-\frac{dx_1}{dt}\right)-k_1(x_2-x_1)-k_2x_2 \tag{3-5}$$

将式（3-4）和式（3-5）进行拉氏变换后，可得

$$m_1s^2X_1(s) = -Bs[X_1(s)-X_2(s)]-k_1[X_1(s)-X_2(s)] \tag{3-6}$$

$$m_2s^2X_2(s) = F(s)-Bs[X_2(s)-X_1(s)]-k_1[X_2(s)-X_1(s)]-k_2X_2(s) \tag{3-7}$$

根据式（3-6）和式（3-7）可画出系统传递函数的结构图，如图3-12a所示。

同时，可将式（3-6）和式（3-7）简化为

$$(m_1s^2+Bs+k_1)X_1(s)-(Bs+k_1)X_2(s)=0 \tag{3-8}$$

$$-(Bs+k_1)X_1(s)+(m_2s^2+Bs+k_1+k_2)X_2(s)=F(s) \tag{3-9}$$

进一步简化结构图3-12a，如图3-12b所示，再简化为图3-12c，或者联立求解式（3-8）和式（3-9），可得

$$\begin{cases}\dfrac{X_1(s)}{F(s)} = \dfrac{Bs+k_1}{m_1m_2s^4+B(m_1+m_2)s^3+(k_1m_1+k_1m_2+k_2m_1)s^2+k_2Bs+k_1k_2}\\[2ex]\dfrac{X_2(s)}{F(s)} = \dfrac{m_1s^2+Bs+k_1}{m_1m_2s^4+B(m_1+m_2)s^3+(k_1m_1+k_1m_2+k_2m_1)s^2+k_2Bs+k_1k_2}\end{cases} \tag{3-10}$$

解法2：用机械振动系统复阻抗的概念，求解系统的传递函数。

系统的力学模型的简化图如图3-13所示。

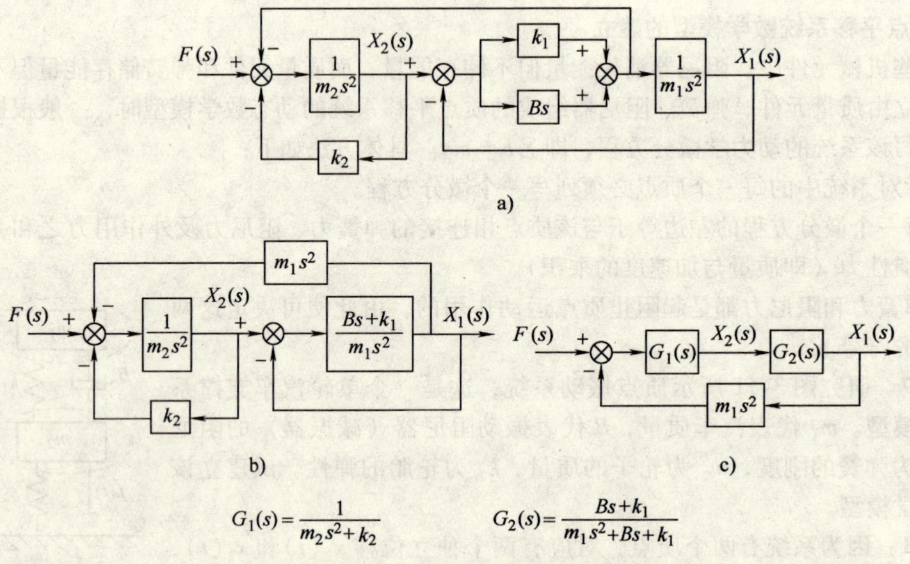

图 3-12　汽车支撑系统的传递函数结构图及其简化

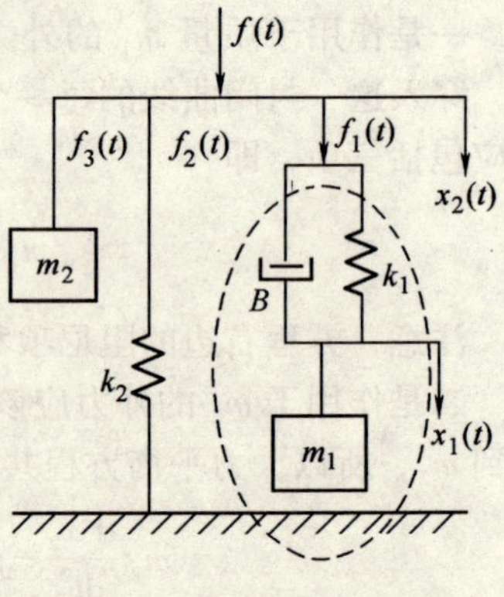

图 3-13　系统等效力学模型

设右端虚线部分等效复阻抗为 $Z_1(s)$，系统总等效复阻抗为 $Z(s)$，则有

$$\frac{1}{Z_1(s)}=\frac{1}{Bs+k_1}+\frac{1}{m_1s^2}$$

得

$$Z_1(s)=\frac{m_1Bs^3+m_1k_1s^2}{m_1s^2+Bs+k_1}$$

$$Z(s)=Z_1(s)+m_2s^2+k_2$$

$$=\frac{m_1Bs^3+m_1k_1s^2}{m_1s^2+Bs+k_1}+m_2s^2+k_2$$

$$=\frac{m_1m_2s^4+B(m_1+m_2)s^3+(k_1m_1+k_1m_2+k_2m_1)s^2+k_2Bs+k_1k_2}{m_1s^2+Bs+k_1}$$

而

$$F(s)=Z(s)X_2(s)$$

即

$$\frac{X_2(s)}{F(s)}=\frac{1}{Z(s)}$$

$$=\frac{m_1s^2+Bs+k_1}{m_1m_2s^4+B(m_1+m_2)s^3+(k_1m_1+k_1m_2+k_2m_1)s^2+k_2Bs+k_1k_2}$$

求 $\frac{X_1(s)}{F(s)}$ 也很方便，因为

$$F(s)=Z(s)X_2(s)$$

所以

$$X_2(s)=\frac{F(s)}{Z(s)}$$

又

$$F_1(s)=Z_1(s)X_2(s)=m_1s^2X_1(s)$$

即

$$\frac{m_1Bs^3+m_1k_1s^2}{m_1s^2+Bs+k_1}\cdot\frac{F(s)}{Z(s)}=m_1s^2X_1(s)$$

得

$$\frac{X_1(s)}{F(s)}=\frac{Bs+k_1}{m_1m_2s^4+B(m_1+m_2)s^3+(k_1m_1+k_1m_2+k_2m_1)s^2+k_2Bs+k_1k_2}$$

式（3-10）这两个传递函数完全描述了该机械系统的动力学特性。给定汽车的质量、轮子的质量、阻尼器的阻尼系数、弹簧的刚度及轮胎的弹性，可决定车辆行驶的平滑性，通常采样这些参数将系统调整到最佳响应。

二、定轴转动系统

定轴转动系统与线性移动系统是类似的，定轴转动系统的三个参数及元件如图 3-14 所示。

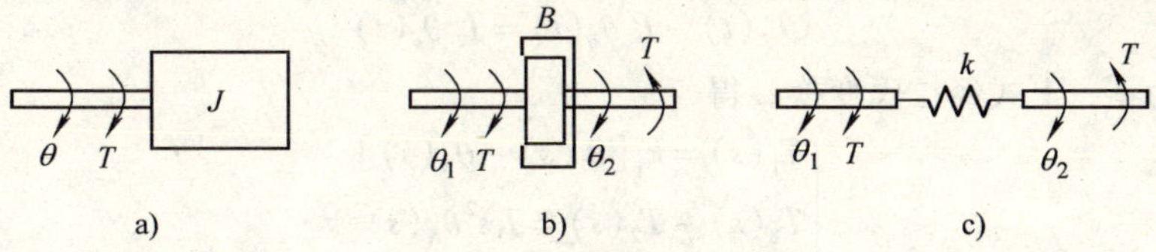

图 3-14　机械转动元件

a）转动惯量　b）阻尼器　c）弹簧

1. 转动惯量

转动惯量由下列方程定义，即

$$T(t)=J\frac{\mathrm{d}^2\theta}{\mathrm{d}t^2}=J\frac{\mathrm{d}\omega}{\mathrm{d}t} \tag{3-11}$$

式中，$T(t)$为外加转矩；J 为转动惯量；θ 为转角；ω 为转动角速度，$\omega=\frac{\mathrm{d}\theta}{\mathrm{d}t}$。

2. 粘性阻尼器

假设转动元件具有零转动惯量，且粘性阻尼出现在两个相对运动的元件之间，则有

$$T(t)=B\left[\frac{\mathrm{d}\theta_1(t)}{\mathrm{d}t}-\frac{\mathrm{d}\theta_2(t)}{\mathrm{d}t}\right]=B[\omega_1(t)-\omega_2(t)] \tag{3-12}$$

式中，$T(t)$为外加转矩；B 为阻尼系数；θ_1、θ_2 为转角；ω_1、ω_2 为转动角速度。

3. 扭转弹簧

假设转动元件具有零转动惯量，k 为扭转弹簧刚度，则有

$$T(t)=k[\theta_1(t)-\theta_2(t)] \tag{3-13}$$

根据旋转机械元件的定义方程，即式（3-11）~式（3-13），利用绕旋转轴的转矩之和必等于转动惯量与角加速度乘积的原理，可以建立机械旋转系统的动态数学模型。具体建模做法与质点平移系统完全类似，只是将质点平移系统的质量 m 改为定轴转动系统的转动惯量 J，质点平移系统的线位移 x、线速度 $\dot{x}$ 及线加速度 $\ddot{x}$ 改为定轴转动系统的角位移 θ、角速度 $\dot{\theta}$ 及角加速度 $\ddot{\theta}$，质点平移系统的力 f 改为定轴转动系统的转矩 T。

例 3-8　机器中长轴的扭转振动是机械工程中应控制的问题。根据轴上的飞轮和质量分布情况，可以将轴等效为几个集中质量轮和扭簧的连接，图 3-15 为其典型的简化模型。其中，$\theta_i(t)$为轴一端的输入转角；$\theta_o(t)$为轴另一端的输出转角；k_1、k_2 为扭簧刚度；J_1、J_2 为轴的等效转动惯量；$T_1(t)$、$T_2(t)$为转矩；B 为粘性阻尼系数。试求该系统的数学模型。

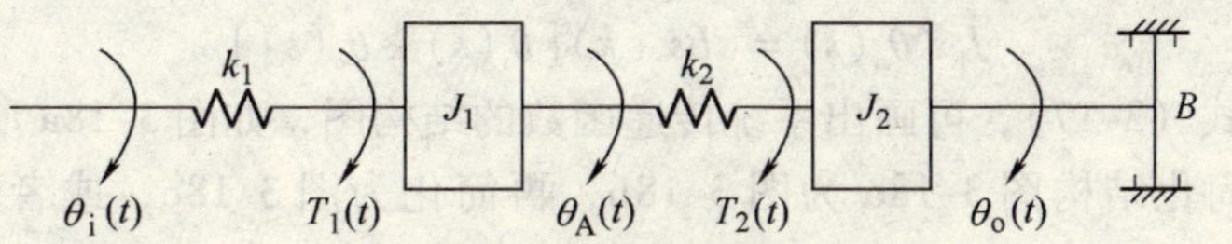

图 3-15　轴的扭振模型

解：设 J_1 的转角为 θ_A，对每个元件采用隔离体，并应用牛顿定律，可列出系统的动态方程组为

$$\begin{cases} T_1(t)=k_1[\theta_i(t)-\theta_A(t)] \\ T_1(t)-T_2(t)=J_1\ddot{\theta}_A(t) \\ T_2(t)=k_2[\theta_A(t)-\theta_o(t)] \\ T_2(t)-B\dot{\theta}_o(t)=J_2\ddot{\theta}_o(t) \end{cases}$$

设初始条件均为零，上式经拉氏变换，得

$$\begin{cases} T_1(s)=k_1[\theta_i(s)-\theta_A(s)] \\ T_1(s)-T_2(s)=J_1s^2\theta_A(s) \\ T_2(s)=k_2[\theta_A(s)-\theta_o(s)] \\ T_2(s)-Bs\theta_o(s)=J_2s^2\theta_o(s) \end{cases}$$

根据上述方程组，画出系统的结构图，如图 3-16 所示。

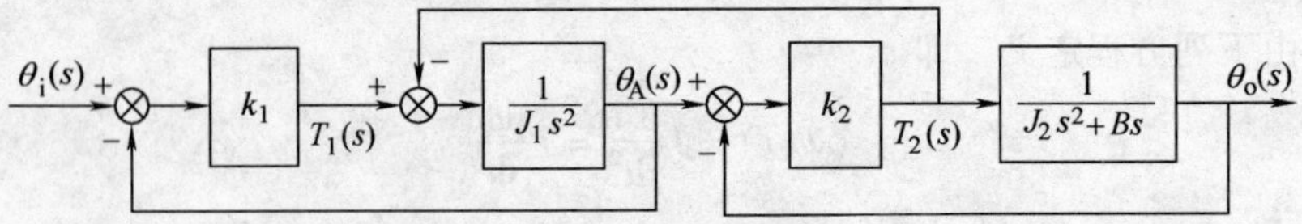

图 3-16 系统的结构图

系统的传递函数为

$$G(s)=\frac{k_1k_2}{J_1J_2s^4+J_1Bs^3+(k_1J_2+k_2J_2+k_2J_1)s^2+(k_1+k_2)Bs+k_1k_2}$$

例 3-9 考虑打印机中的步进电动机－同步齿形带驱动装置。采用图 3-17 所示模型，图中，k、B 分别表示同步齿形带的弹性和阻尼，$T(t)$ 为步进电动机的转矩，J_m 和 J_L 分别为步进电动机转子和负载的转动惯量，θ_i 和 θ_o 分别为输入轴和输出轴的转角。求该系统的数字模型。

图 3-17 步进电动机－同步齿形带驱动装置

解：本系统有两个转动自由度 θ_i 和 θ_o，因此，必须列写两个转矩平衡方程。

首先，对输入轴列写方程，可得

$$J_m\frac{d^2\theta_i}{dt^2}=T(t)-B\left(\frac{d\theta_i}{dt}-\frac{d\theta_o}{dt}\right)-k(\theta_i-\theta_o) \tag{3-14}$$

其次，对输出轴列写方程，可得

$$J_L\frac{d^2\theta_o}{dt^2}=-B\left(\frac{d\theta_o}{dt}-\frac{d\theta_i}{dt}\right)-k(\theta_o-\theta_i) \tag{3-15}$$

取式（3-14）和式（3-15）的拉氏变换，可得

$$J_ms^2\theta_i(s)=T(s)-(Bs+k)[\theta_i(s)-\theta_o(s)] \tag{3-16}$$

$$J_Ls^2\theta_o(s)=(Bs+k)[\theta_i(s)-\theta_o(s)] \tag{3-17}$$

根据式（3-16）和式（3-17），可画出系统传递函数的结构图，如图 3-18a 所示。

进一步，通过简化结构图 3-18a 为图 3-18b，再简化为图 3-18c，或者联立求解式（3-16）和式（3-17），可得

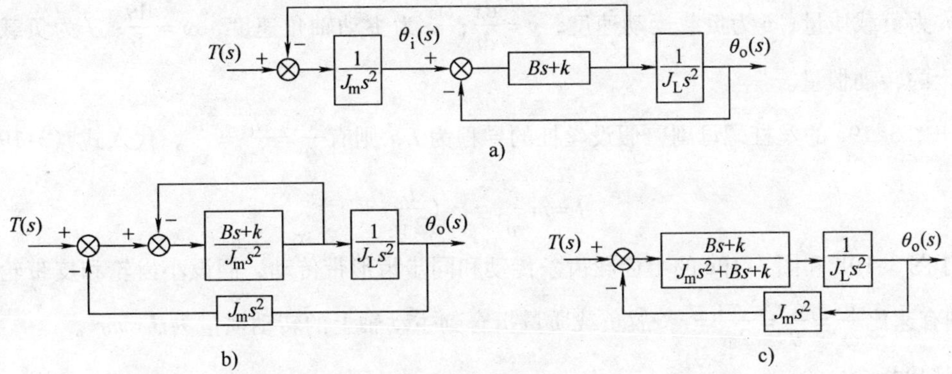

图 3-18　传递函数结构图及其简化

$$\frac{\theta_o(s)}{T(s)}=\frac{Bs+k}{(J_m+J_L)s^2\left(\frac{J_mJ_L}{J_m+J_L}s^2+Bs+k\right)} \tag{3-18}$$

式（3-18）表明，采样同步齿轮带传动，系统增加了一个自由度，附加了传递函数 $\dfrac{Bs+k}{\dfrac{J_mJ_L}{J_m+J_L}s^2+Bs+k}$。这是一个低通滤波器特性，对步进电动机的振动具有隔离作用。

三、机械传动装置

机械传动装置是许多伺服系统中不可缺少的一个重要机械部件，通常具有多种形式，如齿轮系、齿轮齿条副、丝杠螺母副、蜗轮蜗杆副及谐波齿轮等。机械传动装置的功能是传递动力、匹配转矩和转速。它们将能量从系统的这一部分传递到另一部分，以改变力、力矩、速度及位移的方向和大小，使得驱动电动机在额定工作条件下达到最大功率输出。

在建立这类机械系统的数学模型时，往往需要采用折算的方法，将复杂的传动系统加以等价简化，如将转动变换为移动、进行速比折合等。

1. 旋转/直线变换

在运动控制问题中，经常需要将旋转运动转换为平移运动。例如，通过丝杠螺母副、小齿轮齿条副以及同步齿形带，由旋转的主动轴控制负载的直线运动。如图 3-19 所示。

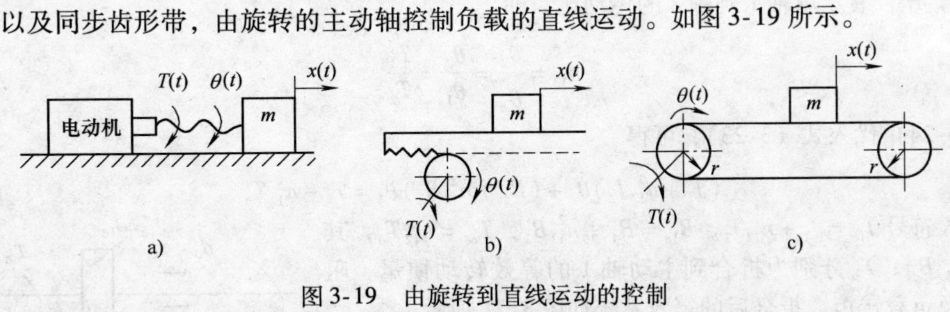

图 3-19　由旋转到直线运动的控制

a）丝杠螺母副　b）小齿轮齿条副　c）同步齿形带

直线运动的负载质量可以等价转换为主动轴上的转动惯量。假设传动是理想的，根据传动功率不变的原理，负载的动能应百分之百地折合到主动轴，故有

$$\frac{1}{2}J\omega^2=\frac{1}{2}mv^2 \tag{3-19}$$

式中，m 为负载质量；v 为负载运动速度，$v=\frac{dx}{dt}$；ω 为主动轴角速度，$\omega=\frac{d\theta}{dt}$；$J$ 为负载折合到主动轴上的转动惯量。

对于图 3-19a 的丝杠螺母副，假设丝杠的导程为 L，则有 $\frac{x}{\theta}=\frac{L}{2\pi}=\frac{v}{\omega}$，代入式（3-19），得

$$J=m\frac{v^2}{\omega^2}=m\left(\frac{L}{2\pi}\right)^2$$

对于图 3-19b 和图 3-19c 的小齿轮齿条传动和同步齿形带传动，假设小齿轮和皮带轮的半径为 r，则有速比 $\frac{v}{\omega}=\frac{x}{\theta}=\frac{2\pi r}{2\pi}=r$，故负载质量折合到主动轴上的转动惯量为 $J=mr^2$。

2. 速比折合

如图 3-20 所示齿轮传动系统，主动轮 1 与从动轮 2 的转角分别为 θ_1 和 θ_2，转动惯量分别为 J_1 和 J_2，粘性阻尼系数分别为 B_1 和 B_2，主动轴上的驱动力矩为 T_i，从动轴上的负载力矩为 T_o。

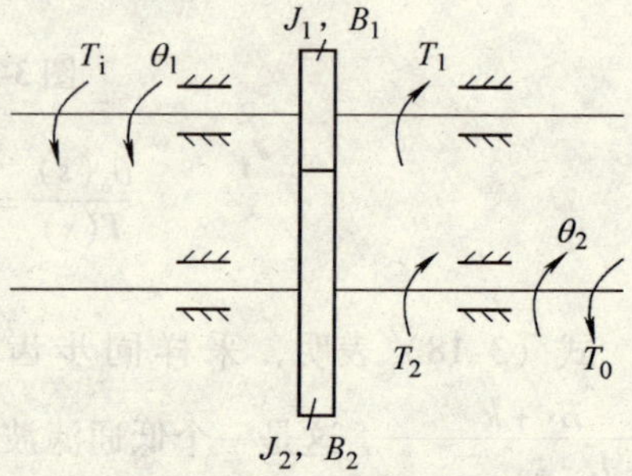

图 3-20　齿轮传动系统

假设其为刚性传动轴，现分别对主动轴和从动轴列写旋转运动方程

$$J_1\frac{d^2\theta_1}{dt^2}+B_1\frac{d\theta_1}{dt}+T_1=T_i \qquad (3\text{-}20)$$

$$J_2\frac{d^2\theta_2}{dt^2}+B_2\frac{d\theta_2}{dt}+T_o=T_2 \qquad (3\text{-}21)$$

式中，T_1 为从动轴通过齿轮 2 传到齿轮 1 上的力矩；T_2 为主动轴通过齿轮 1 传到齿轮 2 上的力矩。

假设齿轮 1 和齿轮 2 之间无传动功率消耗，则有

$$T_1\dot{\theta}_1=T_2\dot{\theta}_2 \qquad (3\text{-}22)$$

将式（3-20）、式（3-21）代入式（3-22），消去中间变量 T_1 和 T_2，得

$$J_1\frac{d^2\theta_1}{dt^2}+B_1\frac{d\theta_1}{dt}+\frac{\dot{\theta}_2}{\dot{\theta}_1}\left(J_2\frac{d^2\theta_2}{dt^2}+B_2\frac{d\theta_2}{dt}+T_o\right)=T_i \qquad (3\text{-}23)$$

引入符号 n_{12}，表示由轴 1 到轴 2 的传动比，即

$$n_{12}=\frac{\dot{\theta}_2}{\dot{\theta}_1}=\frac{\theta_2}{\theta_1}=\frac{T_1}{T_2} \qquad (3\text{-}24)$$

将式（3-24）代入式（3-23），可得

$$(J_1+n_{12}^2J_2)\ddot{\theta}_1+(B_1+n_{12}^2B_2)\dot{\theta}_1=T_i-n_{12}T_o \qquad (3\text{-}25)$$

引入符号 $J_{1e}=J_1+n_{12}^2J_2$，$B_{1e}=B_1+n_{12}^2B_2$，$T_{oe}=n_{12}T_o$，其中，J_{1e}、B_{1e}、T_{oe} 分别为折合到主动轴 1 的等效转动惯量、阻尼系数及负载转矩。折合后的等效系统如图 3-21 所示。

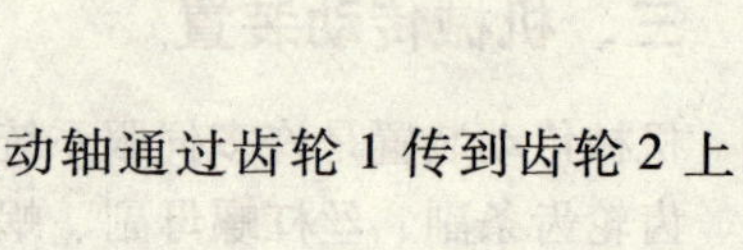

图 3-21　向主动轴折合后的传动系统

则式（3-25）可以改写为

$$J_{1e}\ddot{\theta}_1+B_{1e}\dot{\theta}_1=T_i-T_{oe}$$

由上述分析可以得出以下结论：对于一个无功率消耗的传动系统，从动轴上的转动惯量 J、阻尼系数 B 要折合到主动轴上，该转动惯量、阻尼系数都要乘以由主动轴 1 到从动轴 2 的传动比

的二次方，才能得到等效的转动惯量 $n_{12}^2 J$ 和等效的粘性阻尼系数 $n_{12}^2 B$，而转矩折合只乘以传动比的一次方。这样，主动轴和等效的从动轴可以串接起来，作为单轴的机械转动系统处理。因此，减速传动时，n_{12} 小于1，相当于电动机带的负载变小了，也可以说电动机带负载的力矩增大了。

同样，也可以向从动轴2折合，当折合到从动轴上时，主动轴上的转动惯量和阻尼系数都要除以由轴1到轴2的传动比二次方，输入转矩除以传动比。

典型的传动控制问题是机床进给系统的控制。

例3-10　绘制图3-22所示机床进给系统传动链的结构图。这里，电动机通过两次减速齿轮及丝杠螺母副驱动工作台运动。

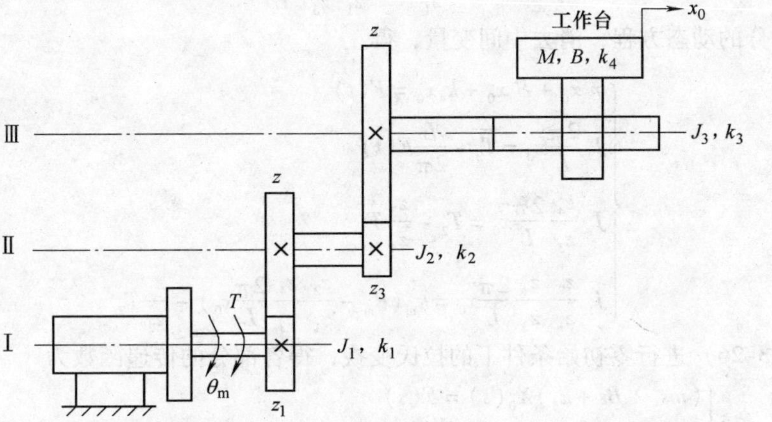

图3-22　机床进给系统传动原理图

图中，θ_m 为电动机轴的转角；$x_0(t)$ 为工作台的位移；z_1、z_2、z_3、z_4 分别为齿轮齿数；k_1、k_2、k_3 分别为轴Ⅰ、轴Ⅱ、轴Ⅲ的扭转刚度；J_1、J_2、J_3 分别为轴Ⅰ、轴Ⅱ、轴Ⅲ的转动惯量；m 为工作台直线运动部分的质量；B 为工作台直线运动的阻尼系数；k_4 为丝杠螺母副及螺母座部分的轴向刚度。

解：不考虑传动轴的变形和阻尼，且认为各齿轮之间无传动功率损耗，各部分的动态方程如下：

（1）工作台的动态方程为　　$m\ddot{x}_0 = F - B\dot{x}_0 - k_4 x_0$

式中，F 为工作台驱动力。

（2）第Ⅲ级齿轮丝杠的动态方程为

$$\overline{T_3} - T_3 = J_3\ddot{\theta}_3$$

式中，$\overline{T_3}$ 为驱动力矩；T_3 为阻力矩；J_3 为齿轮轴的转动惯量。

若假设 θ_3 为丝杠转角，L 为丝杠的导程。根据等功率的原理和丝杠转动与工作台移动的关系，有

$$T_3 = \frac{L}{2\pi}F, \qquad \theta_3 = \frac{2\pi}{L}x_0$$

（3）第Ⅱ级齿轮的动态方程及与第Ⅲ级齿轮间的运动关系。假设 θ_2 为第Ⅱ级齿轮的转角，T_2 为其驱动力矩，$\overline{T_2}$ 为其阻力矩，则有

$$J_2\ddot{\theta}_2 = T_2 - \overline{T_2}$$

$$\overline{T_2}\theta_2 = \overline{T_3}\theta_3$$

$$\theta_2 = \frac{z_4}{z_3}\theta_3 = \frac{z_4}{z_3}\frac{2\pi}{L}x_0$$

（4）第Ⅰ级齿轮的运动方程及与第Ⅱ级齿轮间的运动关系。假设 θ_m 为电动机轴的转角，θ_1 为第Ⅰ级齿轮的转角，k_m 为电动机轴的扭转刚度，T 为其驱动力矩，T_1 为其阻力矩。则有

$$J_1\ddot{\theta}_1 = T - T_1$$

$$T = k_m\ (\theta_m - \theta_1)$$

$$T_1\theta_1 = T_2\theta_2$$

$$\theta_1 = \frac{z_2}{z_1}\theta_2 = \frac{z_2}{z_1}\frac{z_4}{z_3}\frac{2\pi}{L}x_0$$

整理上述四部分的动态方程，消去中间变量，得

$$\begin{cases} m\ddot{x}_0 + B\dot{x}_0 + k_4x_0 = F(t) \\ J_3\dfrac{2\pi}{L}\ddot{x}_0 = \overline{T_3} - \dfrac{L}{2\pi}F(t) \\ J_2\dfrac{z_4}{z_3}\dfrac{2\pi}{L}\ddot{x}_0 = T_2 - \dfrac{z_3}{z_4}\overline{T_3} \\ J_1\dfrac{z_2}{z_1}\dfrac{z_4}{z_3}\dfrac{2\pi}{L}\ddot{x}_0 = k_m\left(\theta_m - \dfrac{z_2}{z_1}\dfrac{z_4}{z_3}\dfrac{2\pi}{L}x_0\right) - \dfrac{z_1}{z_2}T_2 \end{cases} \tag{3-26}$$

对方程组式（3-26）进行零初始条件下的拉氏变换，得各部分的传递函数为

$$\begin{cases} (ms^2 + Bs + k_4)X_0(s) = F(s) \\ J_3\dfrac{2\pi}{L}s^2X_0(s) = \overline{T_3}(s) - \dfrac{L}{2\pi}F(s) \\ J_2\dfrac{z_4}{z_3}\dfrac{2\pi}{L}s^2X_0(s) = T_2(s) - \dfrac{z_3}{z_4}\overline{T_3}(s) \\ J_1\dfrac{z_2}{z_1}\dfrac{z_4}{z_3}\dfrac{2\pi}{L}s^2X_0(s) = k_m\left[\theta_m(s) - \dfrac{z_2}{z_1}\dfrac{z_4}{z_3}\dfrac{2\pi}{L}X_0(s)\right] - \dfrac{z_1}{z_2}T_2(s) \end{cases} \tag{3-27}$$

根据式（3-27）中各部分的传递函数，绘制出的系统结构图如图 3-23 所示。

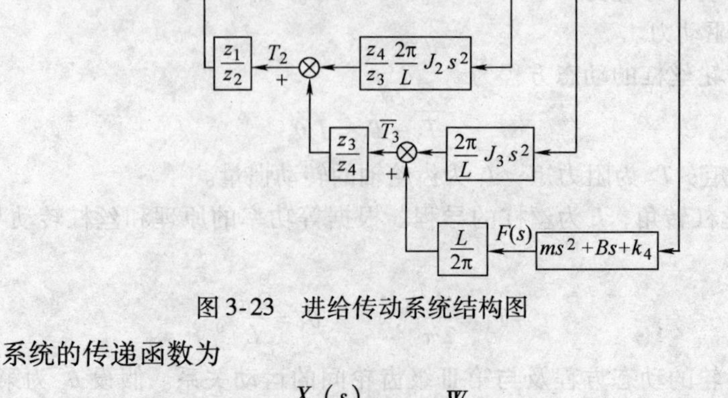

图 3-23 进给传动系统结构图

化简结构图后，得系统的传递函数为

$$G(s) = \frac{X_0(s)}{\theta_m(s)} = \frac{W}{Js^2 + zs + K} \tag{3-28}$$

式（3-28）中，$J = J_1 + J_2\left(\frac{z_1}{z_2}\right)^2 + J_3\left(\frac{z_1}{z_2}\frac{z_3}{z_4}\right)^2 + m\left(\frac{L}{2\pi}\frac{z_1}{z_2}\frac{z_3}{z_4}\right)^2$，$z = B\left(\frac{L}{2\pi}\frac{z_1}{z_2}\frac{z_3}{z_4}\right)^2$，

$$K=k_m+k_4\left(\frac{L}{2\pi}\frac{z_1}{z_2}\frac{z_3}{z_4}\right)^2,\quad W=k_m\left(\frac{L}{2\pi}\frac{z_1}{z_2}\frac{z_3}{z_4}\right)$$

可见，一般机床进给传动链近似为二阶振荡环节。

如果考虑轴的变形和阻尼，则可导出等效阻尼 z 和等效刚度 K 为

$$z=B_1+B_2\left(\frac{z_1}{z_2}\right)^2+B_3\left(\frac{z_1}{z_2}\frac{z_3}{z_4}\right)^2+B\left(\frac{L}{2\pi}\frac{z_1}{z_2}\frac{z_3}{z_4}\right)^2$$

$$\frac{1}{K}=\frac{1}{k_1}+\frac{1}{k_2\left(\frac{z_1}{z_2}\right)^2}+\frac{1}{k_3\left(\frac{z_1}{z_2}\frac{z_3}{z_4}\right)^2}+\frac{1}{k_4\left(\frac{L}{2\pi}\frac{z_1}{z_2}\frac{z_3}{z_4}\right)^2+k_m}$$

式中、B_1、B_2、B_3 分别为轴的阻尼系数；k_1、k_2、k_3 分别为轴的刚度系数。

第二节　信号放大与驱动系统数学模型的建立

在机电控制系统中，往往需要对控制信号进行转换与放大，以驱动执行机构运动，该部分是机电控制系统的重要组成部分。它一般由电子器件与各种控制电路组成，或者由计算机接口电路与数字控制软件构成数字控制器，对输入和反馈信号进行处理，产生控制信号以改善控制元件或系统的稳态性能和动态性能。

一、信号放大与调节电路及其数学模型

在模拟控制的电力拖动控制系统中，多采用线性集成电路运算放大器作为系统的放大器或调节器。运算放大器作放大器使用时，总是在具有深度负反馈的情况下使用；而运算放大器作比较器使用时，则接成正反馈或无反馈方式使用。

1. 比例放大器

运算放大器用做比例放大器（也称为比例调节器或 P 调节器）时的电路如图 3-24 所示。图中，u_i 和 u_o 为放大器的输入和输出电压，R_1 为输入电阻，R_f 为放大器的反馈电阻，R_b 为同相输入端的平衡电阻，用以降低放大器失调电流的影响。R_b 的数值一般应为反相输入端各电路电阻的并联值，如在图 3-24 中，R_b 应为 $R_1R_f/(R_1+R_f)$。

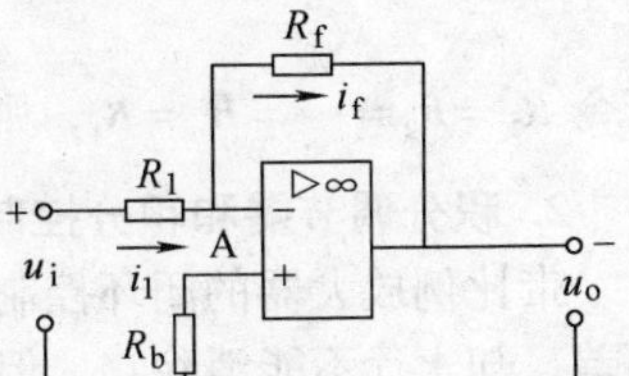

图 3-24　比例放大器电路图

在计算放大器的放大系数以及调节器的传递函数时，常采用“虚地点”原理。它适用于放大器的开环放大倍数很大的情况，这时，可以认为图 3-24 中 A 点电位近似等于零，称 A 点为“虚地点”。于是有

$$i_1=\frac{u_i}{R_1},\ i_f=\frac{0-u_o}{R_f}=-\frac{u_o}{R_f}$$

又由于放大器的输入电阻很大，经 A 点流入放大器的电流也接近于零。因此，有 $i_1\approx i_f$，即

$$\frac{u_i}{R_1}=-\frac{u_o}{R_f}$$

所以比例放大器的放大系数为

$$K_P=\frac{u_o}{u_i}=-\frac{R_f}{R_1}\tag{3-29}$$

当 u_i 是阶跃函数时，u_o 也是阶跃函数，其幅值是 u_i 的 K_P 倍。

几点说明：

1）如果要调节放大器的放大系数，就要改变 R_f 值。有时为了能方便地连续调节放大系数，

可采用图 3-25 所示电路。在放大器输出端用电位器分压，从电位器的滑动端取负反馈，

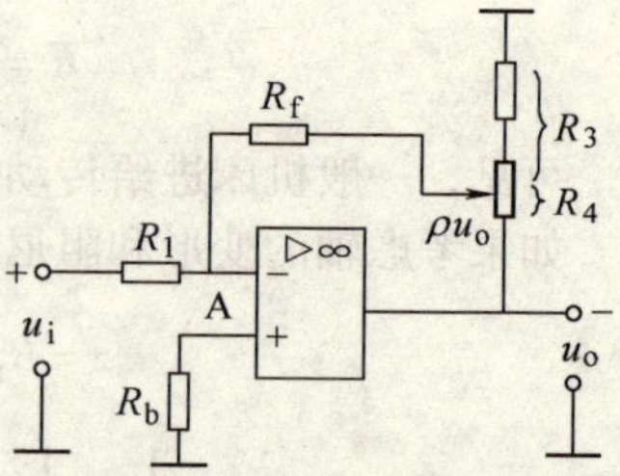

图 3-25　放大系数可调的比例放大器

则

$$\frac{u_i}{R_1} = -\frac{\rho u_o}{R_f} \tag{3-30}$$

式中，ρ 是分压系数，$\rho = \frac{R_3}{R_3 + R_4}$。

于是

$$K_P = \frac{u_o}{u_i} = -\frac{R_f}{\rho R_1} \tag{3-31}$$

调节 ρ 即可改变放大系数 K_P。与一般习惯不同的是，在这里，分压系数 ρ 越小，整个放大器的放大系数将越大，因为负反馈被削弱了。为了避免使放大器开环，ρ 不能调到零，可在电位器接地端串一个不可调的小电阻，其阻值若取电位器电阻的 1/9，则最多能把放大系数从 R_f/R_1 提高到原值的 10 倍。

比例放大器除可实现比例放大外，还可用做反相器、加法器和电压跟随器等。

在反相反馈电路中，若 $R_1 = R_f$，则输出 $u_o = -u_i$，即构成反相器，如电路中信号极性不符合要求时，可接一反相器实现信号反相。

2）在自动控制系统中，在放大器上面往往需要综合好几个信号，若需要将几个电压信号相加，则可以采用图 3-26 所示的多路并联输入的方法来实现。

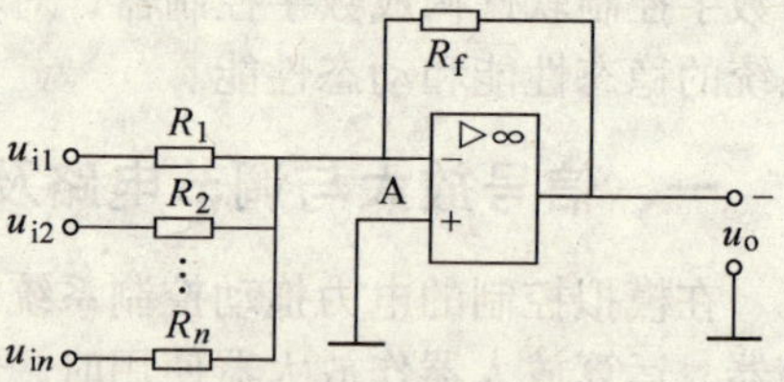

图 3-26　多路并联输入加法电路

由于运算放大器的开环放大倍数很大，A 点电位接近零电位（虚地），因此，有

$$\frac{u_{i1}}{R_1} + \frac{u_{i2}}{R_2} + \cdots + \frac{u_{in}}{R_n} = -\frac{u_o}{R_f}$$

即

$$u_o = -\left(\frac{R_f}{R_1}u_{i1} + \frac{R_f}{R_2}u_{i2} + \cdots + \frac{R_f}{R_n}u_{in}\right)$$

若令 $R_1 = R_2 = \cdots = R_n = R_f$，则有 $u_o = -\sum_{j=1}^{n} u_{ij}$

2. 积分调节器和积分控制规律

带比例放大器的闭环控制系统本质上是一个有静差的系统，增大其放大系数，只能减小稳态误差，却永远不能消除它。但如果将 P 调节器换成 PI（比例积分）调节器以后，理论上完全能够消除稳态误差，实现无静差的调速系统。

用线性集成电路运算放大器构成的积分调节器（简称 I 调节器）的电路如图 3-27 所示。它与反相比例放大器的差别仅在于用一个反馈电容 C 来代替反馈电阻 R_f。

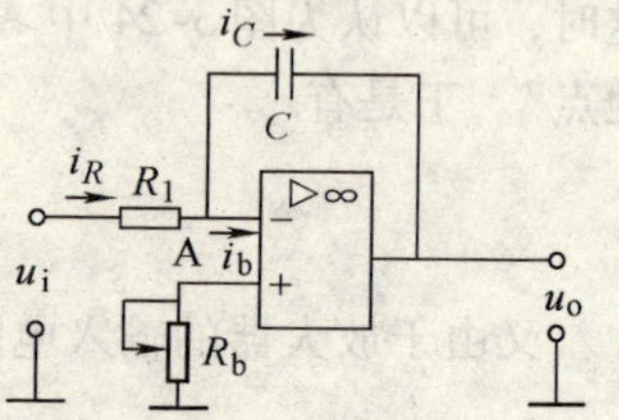

图 3-27　积分调节器

同样，利用 A 点为虚地的概念可知 $i_R = u_i/R_1$。

如果忽略放大器的输入电流 i_b，则可认为 $i_R \approx i_C$。于是有

$$\begin{aligned} u_o &= -u_C = -\frac{1}{C}\int i_C \mathrm{d}t \\ &= -\frac{1}{C}\int \frac{u_i}{R_1}\mathrm{d}t \\ &= -\frac{1}{R_1 C}\int u_i \mathrm{d}t \\ &= -\frac{1}{T}\int u_i \mathrm{d}t \end{aligned}$$

其传递函数为
$$G(s)=\frac{U_o(s)}{U_i(s)}=-\frac{1}{R_1Cs}=-\frac{1}{Ts} \tag{3-32}$$

式中，T 为积分时间常数，$T=R_1C$。

当输入电压为阶跃信号时，其输出电压为

$$u_o(t)=-\frac{1}{R_1C}\int u_i(t)\mathrm{d}t=-\frac{1}{R_1C}u_it$$

如果输入电压 u_i 一直存在，电容 C 就不断充电，直到输出电压 u_o 达到运算放大器的限幅值 u_{om} 时，才不再增大，此时，称为运算放大饱和，其特性曲线如图 3-28 所示。为了保证运算放大器的线性特性并保护调速系统的各个部件，设置输出电压的限幅值是非常必要的。

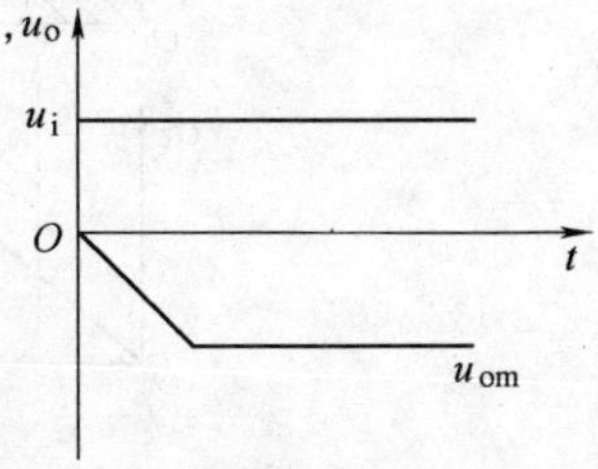

图 3-28　阶跃输入时积分调节器特性曲线

积分电路可用来构成阶跃信号的斜坡转换，以满足系统控制的缓冲要求。

采用比例调节器的直流调速系统原理图如图 3-29 所示。

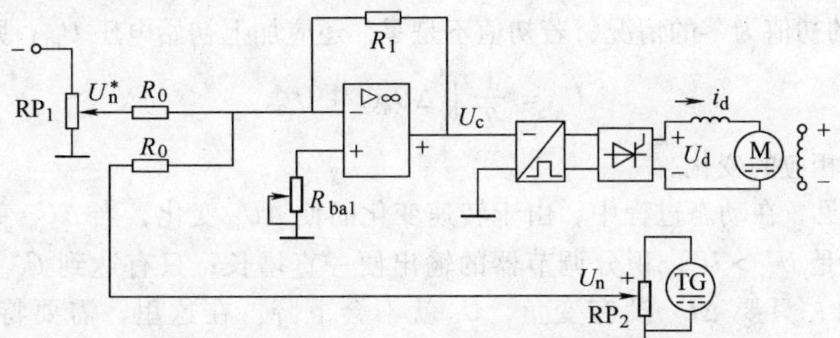

图 3-29　采用比例调节器的直流调速系统原理图

在该系统中，调节器的输出是晶闸管装置的控制电压 U_c，且 $U_c=K_P\Delta U_n$。只要电动机在运行，就必须有控制电压 U_c，因而也就必须有调节器的输入偏差电压 ΔU_n，这是此类调速系统有静差的根本原因。当负载转矩由 T_{L1} 突增到 T_{L2} 时，有静差调速系统的转速 n、偏差电压 ΔU_n 和控制电压 U_c 的变化过程如图 3-30 所示。

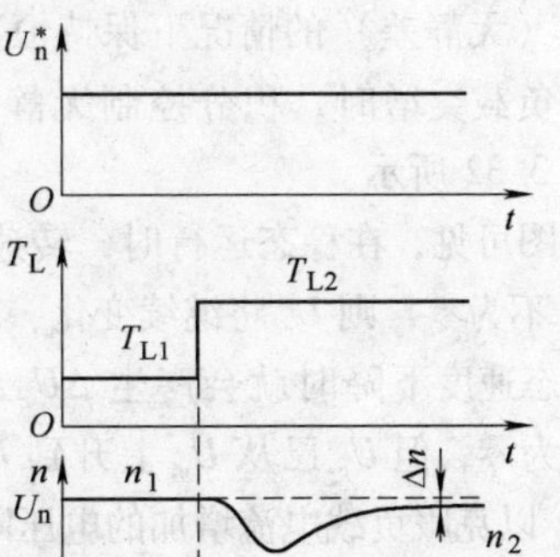

图 3-30　有静差调速系统突然增加负载时的动态过程

如果采用积分调节器，则控制电压 U_c 是转速偏差电压 ΔU_n 的积分，即

$$U_c=\frac{1}{T}\int_0^t\Delta U_n\mathrm{d}t$$

如果 ΔU_n 是阶跃函数，则 U_c 按线性规律增长，每一时刻 U_c 的大小和 ΔU_n 与横轴所包围的面积成正比，如图 3-31a 所示。

如果 ΔU_n 为一般函数，即 $\Delta U_n=f(t)$，假设负载变化时偏差电压 ΔU_n 的波形如图 3-31b 所示。同样，按照 U_c 的大小与 ΔU_n 曲线下的面积成正比的关系可求得相应的 U_c 曲线，如图 3-31b 所示。在图 3-31b

中，ΔU_n 的最大值对应于 U_c 的拐点。

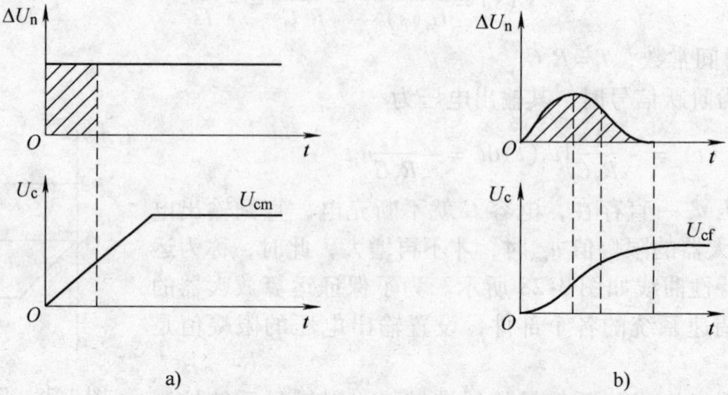

图 3-31　积分调节器的输入和输出动态过程

a）ΔU_n 为阶跃函数　b）负载变化时的动态过程

以上都是 U_c 的初值为零的情况，若初值不是零，还应加上初始电压 U_{c0}，则积分式变成

$$U_c = \frac{1}{T}\int_0^t \Delta U_n \mathrm{d}t + U_{c0}$$

动态过程曲线也有相应的变化。

由图 3-31b 可见，在动态过程中，由于转速变化而使 ΔU_n 变化，当 ΔU_n 变化时，只要其极性不变，即只要仍是 $U_n^* > U_n$，积分调节器的输出便一直增长；只有达到 $U_n^* = U_n$，即 $\Delta U_n = 0$ 时，U_c 才停止上升；只要 ΔU_n 没有变负，U_c 就不会下降。在这里，需要特别强调的是，当 $\Delta U_n = 0$ 时，U_c 并不是零，而是一个恒定的终值 U_{cf}。如果 ΔU_n 不再变化，这个终值便保持恒定而不再改变。这是积分控制与比例控制的明显区别。正因为如此，积分控制可以使系统在偏差电压为零（无静差）的情况下保持恒速运行，从而实现无静差调速。

当负载突增时，积分控制无静差调速系统的动态过程曲线如图 3-32 所示。

由图可见，在稳态运行时，转速偏差电压 ΔU_n 必为零。如果 ΔU_n 不为零，则 U_c 将继续变化，就不是稳态了。在突加负载引起动态速度下降时就会产生 ΔU_n，当达到新的稳态时，ΔU_n 又恢复为零，但 U_c 已从 U_{c1} 上升到 U_{c2}，使电枢电压由 U_{d1} 上升到 U_{d2}，以克服负载电流增加的电压降。在这里，U_c 的改变并非仅仅依靠 ΔU_n 本身，而是依靠 ΔU_n 在一段时间内的积累。

将以上分析归纳起来，可总结如下：比例调节器的输出只取决于输入偏差量的现状，而积分调节器的输出则包含了输入偏差量的全部历史。虽然现在 $\Delta U_n = 0$，但只要历史上有过偏差 ΔU_n，其积分就有一定的数值，就能产生足够的控制电压 U_c，保证新的稳态运行。积分控制规律和比例控制规律的根本区别就在于此。

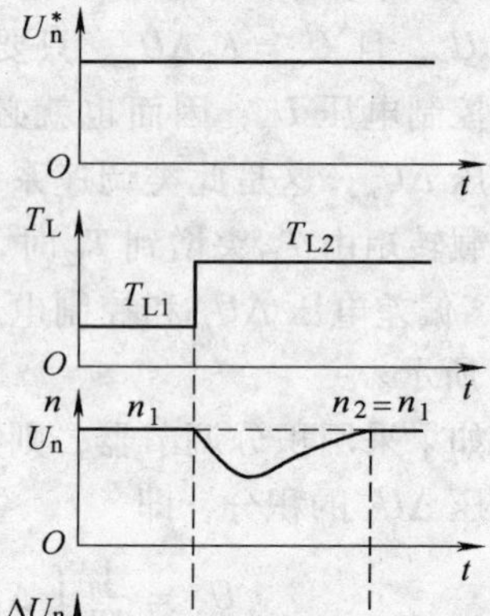

图 3-32　积分控制无静差调速系统突然加载时的动态过程

3. 比例积分调节器

前面从无静差的角度突出地表明了积分控制优于比例控制的地方。但从另一方面看，在控制的快速性上，积分控制

却不如比例控制。譬如说，同样在阶跃输入作用之下，比例调节器的输出可以立即响应，而积分调节器的输出却只能逐渐地变化。那么，如果既要稳态精度高，又要动态响应快，就要把比例和积分两种控制结合起来，于是便出现了比例积分控制。

应该注意的是：运算放大器一般使用反相输入，输入电压 u_i 和输出电压 u_o 的极性是相反的。如果要反映出极性，K_P 应为负值，这将给系统的设计和计算带来麻烦。为了避免这种麻烦，在下面的分析中，K_P 和其他调节器的比例系数本身都用正值，反相的关系只在具体电路的极性中考虑；或者说，u_i 和 u_o 实际上都取它们的绝对值。

由运算放大器组成的比例积分调节器（又称为 PI 调节器）电路如图 3-33 所示。

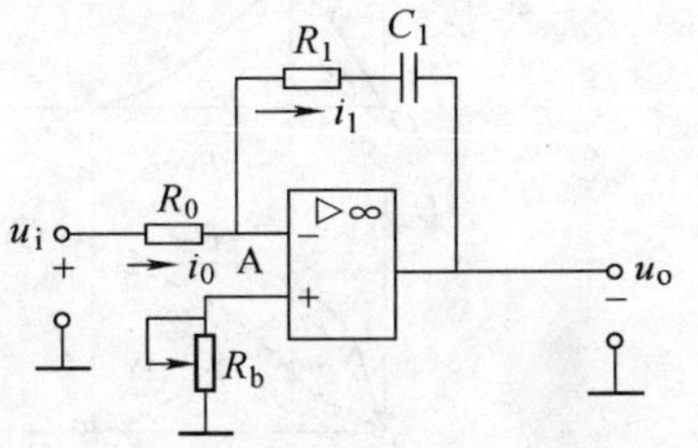

图 3-33　比例积分（PI）调节器

根据电路定律，可以写出如下关系式：

$$\begin{cases} u_i = i_0 R_0 \\ u_o = i_1 R_1 + \dfrac{1}{C_1}\displaystyle\int i_1 \mathrm{d}t \\ i_0 = i_1 \end{cases} \tag{3-33}$$

其中，u_i 和 u_o 的极性如图 3-33 所示。将式（3-33）整理后，可得

$$\begin{aligned} u_o &= \frac{R_1}{R_0}u_i + \frac{1}{R_0 C_1}\int u_i \mathrm{d}t \\ &= K_{Pi}u_i + \frac{1}{T}\int u_i \mathrm{d}t \end{aligned} \tag{3-34}$$

由此可见，PI 调节器的输出电压 u_o 由比例和积分两个部分相加而成。在式（3-34）中，$K_{Pi} = R_1/R_0$ 为 PI 调节器比例部分的放大系数；$T = R_0 C_1$ 为 PI 调节器的积分时间常数。

初始条件为零时，对式（3-34）两侧进行拉氏变换，可得 PI 调节器的传递函数为

$$G_{Pi}(s) = \frac{U_o(s)}{U_i(s)} = K_{Pi} + \frac{1}{T}\frac{1}{s}$$

在零初始状态和阶跃输入下，PI 调节器输出电压的时间特性如图 3-34 所示。由图 3-34 可以看出，系统的输出是由比例和积分两部分相加而成的。其物理意义是：突加输入信号 u_i 时，由于电容 C_1 两端电压不能突变，相当于两端瞬时短路，在运算放大器反馈电路中只剩下电阻 R_1，相当于一个放大系数为 K_{Pi} 的比例调节器，在输出端立即呈现电压 $K_{Pi}u_i$，实现快速控制，发挥了比例控制的长处。此后，随着电容 C_1 被充电，输出电压 u_o 开始积分，使 u_o 不断地线性增大，相当于在动态中放大系数逐渐提高，最后满足稳态精度的要求。稳态时，C_1 两端电压等于 u_o，R_1 已不起作用，又和积分调节器一样了。这时又能发挥积分控制的长处，实现稳态无静差。

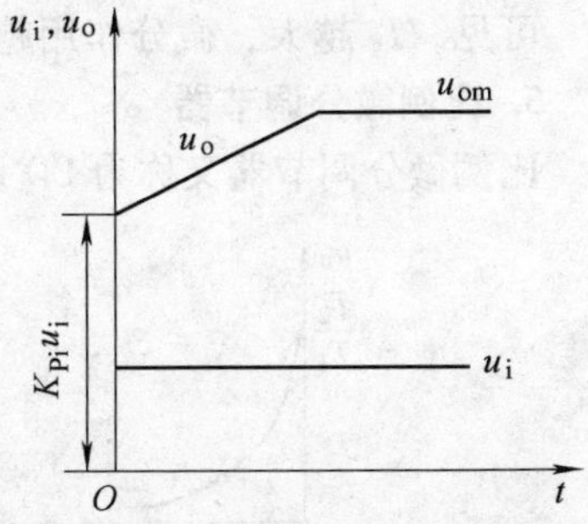

图 3-34　阶跃输入时 PI 调节器的输出特性

由此可见，比例积分控制综合了比例控制和积分控制的优点，又克服了各自的缺点，扬长避短，互相补充。比例部分能迅速响应控制作用，积分部分则最终消除了稳态偏差。

图 3-35 绘出了比例积分调节器的输入和输出动态过程。假设输入偏差电压 ΔU_n 的波形如图 3-35 所示，则输出波形中比例部分①和 ΔU_n 成正比，积分部分②是 ΔU_n 的积分曲线。而 PI 调节器的输出电压 U_c 是这两部分之和，即①+②。可见，U_c 既具有快速响应性能，又足以消除调速系统的静差。

作为控制器，比例积分调节器兼顾了快速响应和消除静差两方面的要求；作为校正装置，它

又能提高系统的稳定性。正因为如此，PI 调节器在调速系统和其他控制系统中获得了广泛的应用。但 PI 调节器在消除偏差的同时，也导致了使振幅缓慢衰减甚至使振幅不断增加的可能。

4. 微分控制电路

微分控制电路就是在反馈放大电路的输入端接入一个电容 C 实现的，如图 3-36 所示。根据复阻抗的概念，可得系统的传递函数为

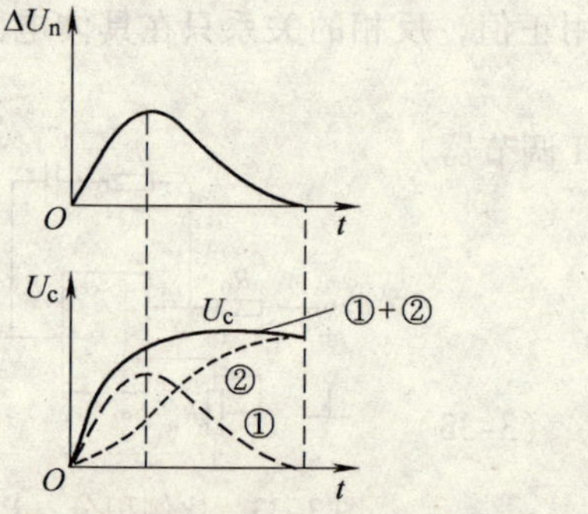

图 3-35　比例积分调节器的输入和输出动态过程

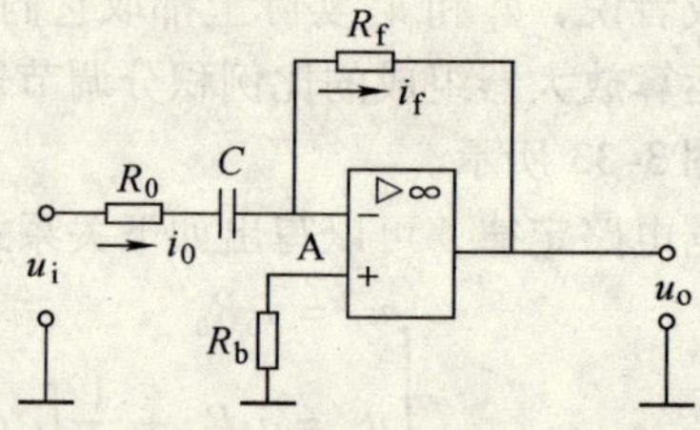

图 3-36　微分控制电路

$$G(s)=\frac{U_o(s)}{U_i(s)}=\frac{R_fCs}{R_0Cs+1}=\frac{T_2s}{T_1s+1}$$

式中，T_1、T_2 均为时间常数，$T_1=R_0C$，$T_2=R_fC$。

系统的传递函数表明，微分控制电路是纯微分环节和惯性环节的组合。如果输入电压发生阶跃变化，即

$$u_i(t)=1(t),U_i(s)=1/s$$

则输出电压为
$$U_o(s)=\frac{T_2s}{T_1s+1}\frac{1}{s}=\frac{T_2/T_1}{s+\dfrac{1}{T_1}}$$

对上式进行拉氏反变换，得
$$u_o(t)=\frac{T_2}{T_1}e^{-\frac{1}{T_1}t}$$

可见，T_2 越大，微分作用越强。响应曲线如图 3-37 所示。

5. 比例微分调节器

比例微分调节器又称为 PD 调节器。典型的 PD 调节器电路如图 3-38 所示。

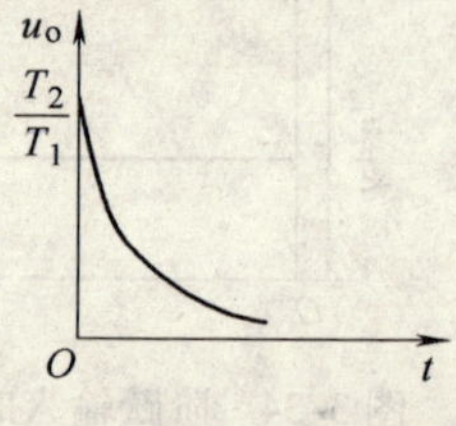

图 3-37　微分电路响应曲线

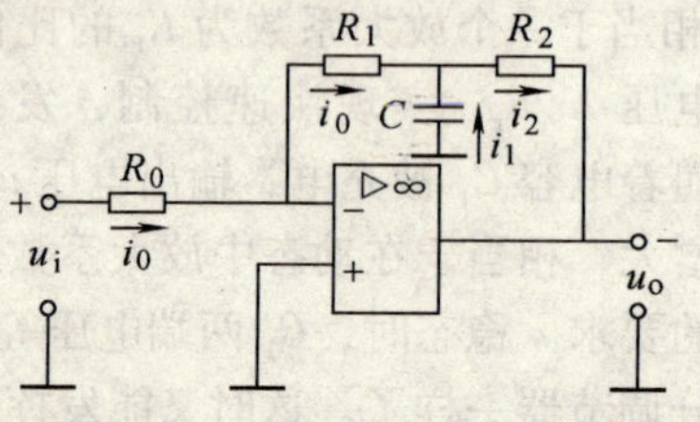

图 3-38　比例微分调节器电路

根据电路定律，列写系统的微分方程组如下：

$$\begin{cases}u_i(t)=R_0i_0(t)\\R_1i_0(t)=\dfrac{1}{C}\int i_1(t)\mathrm{d}t\\u_o(t)=R_1i_0(t)+R_2i_2(t)\\i_0(t)=i_2(t)-i_1(t)\end{cases}\tag{3-35}$$

对方程组（3-35）两边进行拉氏变换，得

$$\begin{cases} U_i(s) = R_0 I_0 \\ R_1 I_0 = \dfrac{1}{Cs} I_1 \\ U_o(s) = R_1 I_0 + R_2 I_2 \\ I_0 = I_2 - I_1 \end{cases} \tag{3-36}$$

整理方程组（3-36），消去中间变量，得

$$\begin{aligned} U_o(s) &= R_1 I_0 + R_2(I_0 + R_1 Cs I_0) \\ &= (R_1 R_2 Cs + R_1 + R_2) I_0 \end{aligned}$$

故系统的传递函数为

$$\begin{aligned} G(s) = \frac{U_o(s)}{U_i(s)} &= \frac{R_1 R_2 Cs + R_1 + R_2}{R_0} \\ &= \frac{R_1 + R_2}{R_0} + \frac{R_1 R_2}{R_0} Cs \\ &= \frac{R_1 + R_2}{R_0}\left(1 + \frac{R_1 R_2}{R_1 + R_2} Cs\right) \\ &= K_P(1 + T_D s) \end{aligned}$$

式中，K_P 为比例放大系数，$K_P = \dfrac{R_1 + R_2}{R_0}$；$T_D$ 为微分时间常数，$T_D = \dfrac{R_1 R_2}{R_1 + R_2} C$。或者，利用复阻抗的概念，同样可以求得系统的传递函数。

PD 控制中，比例放大系数 K_P 和微分时间常数 T_D 均可以调节。微分控制作用有时称为速率控制，它是控制器输出中与作用信号变化率成正比的那一部分。微分时间常数 T_D 是速率控制作用超前于比例控制作用效果的时间间隔。PD 控制的结构图如图 3-39 所示。如果作用误差信号 $e(t)$ 是单位斜坡函数，则控制器输出曲线 $u(t)$ 如图 3-40 所示。从图中可以看出，微分控制作用具有预测特性，即对信号的变化率（变化趋势）有“预报”作用。若 PD 控制器预见到偏差在减小，将产生一个适当大小的控制信号。在振荡周期相对较小的情况下，微分部分将系统输出调整到期望值，减小系统过大地偏离期望值和出现剧烈振荡的倾向，有效地增强系统的相对稳定性，相当于增大系统的阻尼；而比例部分则保证了偏差恒定时的控制作用。

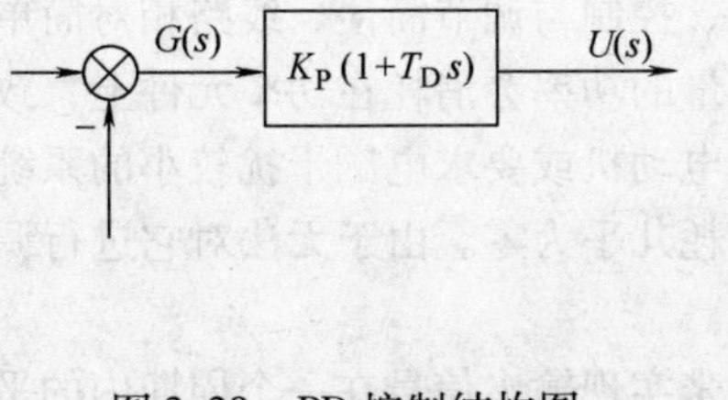

图 3-39　PD 控制结构图

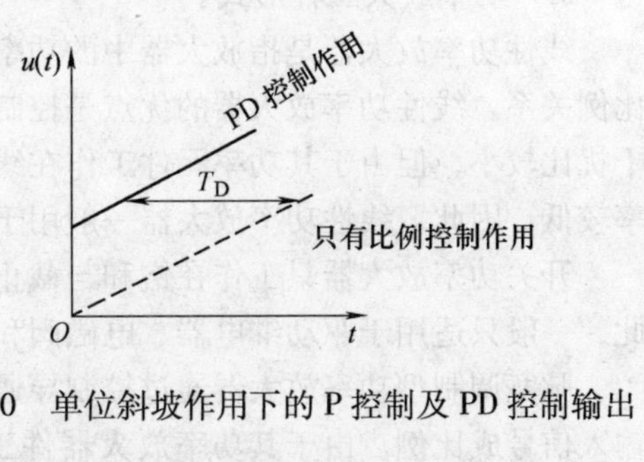

图 3-40　单位斜坡作用下的 P 控制及 PD 控制输出

因此，PD 调节器主要用于在基本不影响系统稳态精度的前提下，提高系统的相对稳定性，改善系统的动态性能，提高稳定裕度并获得足够的快速性。但若 T_D 过大，则会对输入端的高频噪声有明显的放大作用，使系统抗干扰能力降低，并且还可能在执行器中造成饱和效应。

微分控制作用不能单独使用，因为这种控制作用仅仅在瞬态过程中才是有效的。

6. PID 调节器

PD 调节器能改善系统的动态性能，但无法改善稳态性能。PI 调节器可以保证稳态精度，却是以对快速性的限制来换取系统稳定的。为了全面改善系统的性能，采用 PID 控制则兼有二者的优点。但具体实现与调试则要复杂一些。

一般调速系统的要求是以动态稳定性和稳态精度为主，对快速性的要求则可以差一些，所以主要采用 PI 调节器。在随动系统中，快速性是主要要求，此时，须用 PD 或 PID 调节器。

采用单个运算放大器组成的 PID 调节电路如图 3-41 所示。

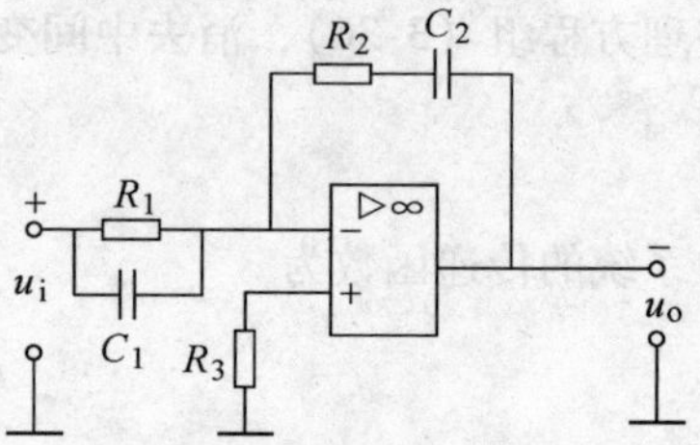

图 3-41　PID 调节电路

根据复阻抗的概念，可以得出 R_1、C_1 并联的阻抗为

$$Z_1(s)=\frac{R_1\dfrac{1}{C_1 s}}{R_1+\dfrac{1}{C_1 s}}$$

而 R_2、C_2 串联的阻抗为

$$Z_2(s)=R_2+1/(C_2 s)$$

因此，图 3-41 所示的 PID 调节电路的传递函数为

$$G(s)=\frac{U_o(s)}{U_i(s)}=\frac{Z_2(s)}{Z_1(s)}=K_P\left(1+\frac{1}{T_I s}+T_D s\right)$$

式中，$K_P=\dfrac{R_1C_1+R_2C_2}{R_1C_2}$，$T_I=R_1C_1+R_2C_2$，$T_D=\dfrac{R_1C_1R_2C_2}{R_1C_1+R_2C_2}$

二、功率放大器的工作原理及其数学模型

在机电控制系统中，控制放大器主要完成对信号的比较与综合处理。为了驱动电气控制系统的执行元件，还必须通过功率放大器对控制信号进行功率放大和阻抗变换，以满足驱动负载的需要。对于电气控制系统，功率放大器的负载是伺服电动机、步进电动机等；对于电液控制系统，功率放大器的负载是力矩电动机和电磁铁等。功率放大器除了必须具有足够的功率输出外，还必须具有良好的稳态和动态性能。

功率放大器按放大原理的不同可分为线性功率放大、开关功率放大和脉冲宽度调制型（PWM）功率放大三种形式。

线性功率放大器是指放大器中的功率元件工作于线性状态，其输出电压或电流同控制信号成比例关系。线性功率放大器的优点是控制波形失真度小、控制与调节简便、线路相对简单、电磁干扰比较小，但由于其功率元件工作在线性状态，有大量的功率会消耗在功率元件上，致使其效率较低。因此，线性功率放大器一般用于控制小功率的电动机或要求电磁干扰较小的系统中。

开关功率放大器只工作在饱和与截止两种状态，管耗几乎为零。由于无法对它进行调节，因此，一般只适用于驱动继电器、电磁阀和步进电动机中。

脉宽调制型功率放大器通过控制导通脉冲的占空比来实现输出信号在一个周期内的平均值与输入信号成比例。由于其功率放大器件工作在开关状态，因而导通损耗较小。当开关频率适当时，开关损耗也不大，因而放大器的效率较高。此外，其主电路简单、需用的功率器件少、开关频率高、电流容易连续、谐波少，因而电动机损耗及发热都较小。直流电动机转速的调节主要采用调节电枢电压法。为了得到可调节的直流电源，可以采用：①晶闸管直流调压电源 - 直流电动机组，简称 V - M 系统。②脉冲宽度调节器 - 直流电动机调速系统，简称 PWM - M 系统。这两种调速方法在实际中均得到了广泛的应用。

下面分别介绍这两种系统的调速原理及功率放大器数学模型的建立。

1. 晶闸管整流器

晶闸管整流器的功率放大倍数在10^4以上。图3-42所示为晶闸管直流调压电源－直流电动机组（V－M系统）原理图。

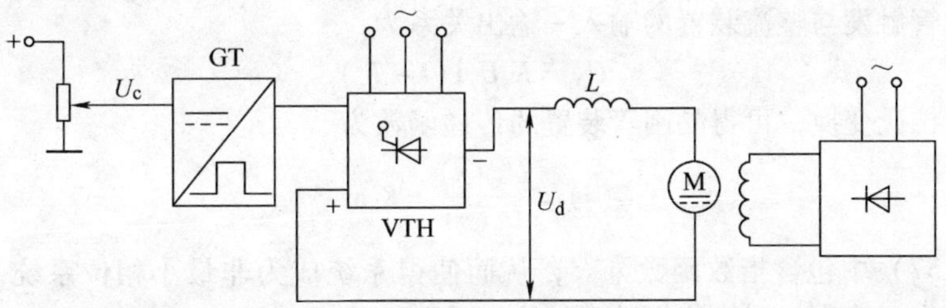

图3-42　晶闸管直流调压电源－直流电动机组（V－M系统）原理图

图中，VTH是晶闸管整流器，GT是触发装置。通过调节触发装置GT的控制电压U_c来移动触发脉冲的相位，即可改变平均整流电压U_d，从而实现平滑调速。

在进行调速系统的分析和设计时，可以把晶闸管触发和整流装置当做系统中的一个环节来看待。应用线性理论时，需求出这个环节的放大系数和传递函数。

实际的触发电路和整流电路都是非线性的，只能在一定的工作范围内近似看成线性环节。若有可能，最好先用实验方法测出该环节的输入－输出特性，即$U_d=f(U_c)$曲线。图3-43是用锯齿波触发器移相时的特性，设计时，希望整个调速范围的工作点都落在特性曲线的近似线性范围内，并有一定的调节余量。这时晶闸管触发和整流装置的放大倍数K_s可由工作范围内的特性曲线的斜率决定，计算方法为

$$K_s=\frac{\Delta U_d}{\Delta U_c}$$

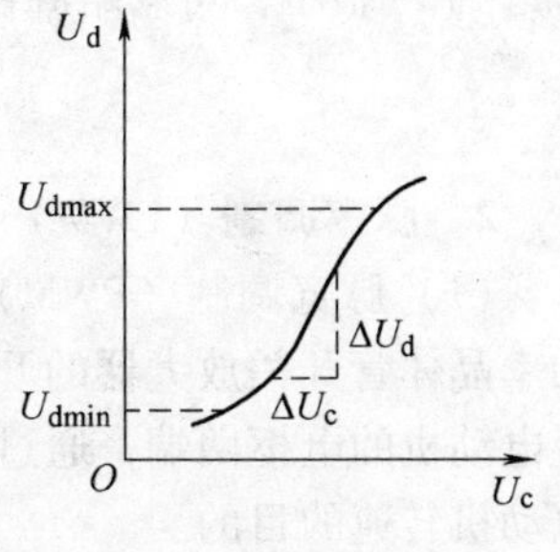

图3-43　晶闸管触发与整流装置的输入－输出特性和K_s的测定

如果不可能实测特性，则只能根据装置的参数估算。例如，当触发电路控制电压U_c的调节范围是0～10V，对应的整流电压U_d的变化范围是0～220V时，则可取$K_s=220/10=22$。

在动态过程中，可把晶闸管触发与整流装置看成一个纯滞后环节，其滞后效应是由晶闸管的失控时间引起的。众所周知，晶闸管一旦导通后，控制电压的变化在该器件关断以前就不再起作用，直到下一相触发脉冲来到时才能使输出整流电压发生变化。这就造成了整流电压滞后于控制电压的状况。

下面以如图3-44所示的单相全波电阻负载整流波形为例来说明滞后作用和滞后时间。

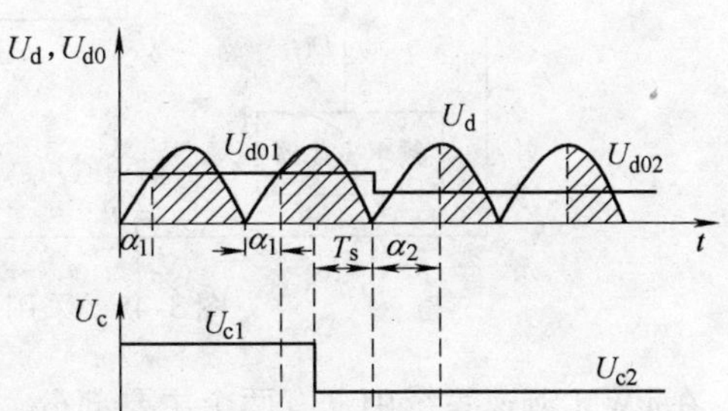

图3-44　晶闸管触发与整流装置的失控时间

假设在t_1时刻某一对晶闸管被触发导通，控制角为α_1。如果控制电压U_c在t_2时刻发生变化，由U_{c1}突降到U_{c2}，但由于晶闸管已经导通，U_c的变化对它已不起作用。整流电压并不会立即响应，必须等到t_3时刻该器件关断以后，触发脉

冲才有可能控制另一对晶闸管。设新的控制电压 U_{c2} 对应的控制角为 α_2，则另一对晶闸管在 t_4 时刻才能导通，平均整流电压因而降低。假设平均整流电压是从自然换相点开始计算的，则平均整流电压在 t_3 时刻从 U_{d01} 降低到 U_{d02}，从 U_c 发生变化的时刻 t_2 到 U_{d0} 响应变化的时刻（t_3），便有一段失控时间 T_s。

显然，失控时间 T_s 是随机的，它的大小随 U_c 发生变化的时刻而改变。若用单位阶跃函数表示滞后，则晶闸管触发与整流装置的输入—输出关系为

$$U_{d0} = K_s U_c 1(t - T_s)$$

对上式进行拉氏变换，可得晶闸管装置的传递函数为

$$G(s) = \frac{U_{d0}(s)}{U_c(s)} = K_s e^{-T_s s} \tag{3-37}$$

由于式（3-37）中包含指数函数 $e^{-T_s s}$，从而使得系统成为非最小相位系统，分析和设计起来都比较麻烦。为了简化，现将该指数函数按泰勒级数展开，得

$$G(s) = K_s e^{-T_s s} = \frac{K_s}{e^{T_s s}}$$

$$= \frac{K_s}{1 + T_s s + \frac{1}{2!}T_s^2 s^2 + \frac{1}{3!}T_s^3 s^3 + \cdots}$$

考虑到 T_s 很小，可忽略高次项，则传递函数便近似成一阶惯性环节，即

$$G(s) \approx \frac{K_s}{1 + T_s s} \tag{3-38}$$

2. 脉宽调制（PWM）型功率放大器

（1）脉宽调制（PWM）功率放大器的工作原理　所谓脉宽调速，即是利用脉宽调制器对大功率晶体管开关放大器的开关时间进行控制，将直流电压转换成某一频率的矩形波电压，加到直流电动机的电枢两端，通过对矩形波脉冲宽度的控制，改变电枢两端的平均电压，从而达到调节电动机转速的目的。

采用 PWM 调速的系统原理图，如图 3-45 所示。

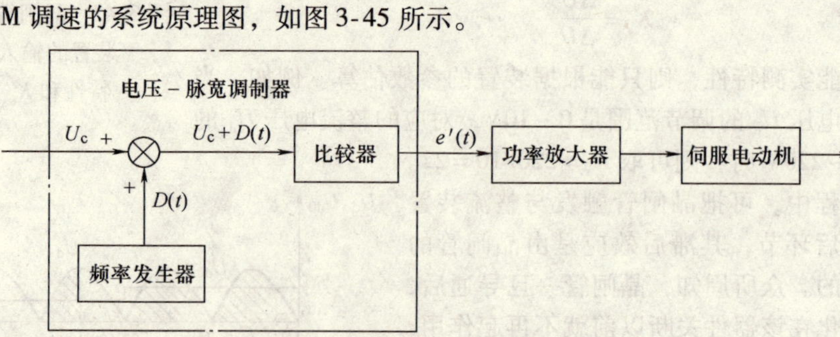

图 3-45　采用 PWM 调速系统原理图

在 PWM 调速系统中，有两个主要部分。其一是脉宽调制器，即在输入信号 U_c 作用下产生幅值恒定、宽度可变的矩形脉冲信号；其二是晶体管脉宽放大器，它是对由脉宽调制器产生的矩形脉冲信号，经正负电平鉴别器整形和负脉冲削波后，变为占空比受输入电压 U_c 控制的恒幅调宽矩形脉冲信号，再用此信号作为晶体管放大器的输入信号，实现对放大器输出电压即电枢电压的控制。

1）脉宽调制器产生脉宽调制信号有多种方法，采用高频载波法的原理如图 3-46 所示。高频

（频率通常为2kHz左右）载波信号可以是锯齿波、三角波或正弦波。将直流输入信号 U_c 加在高频载波信号 $D(t)$ 上，产生信号 $e(t)$，再将 $e(t)$ 送到一个具有继电器特性的元件，把它转变成输出信号 $e'(t)$。显然，$e'(t)$ 的直流电平与输入电压 U_c 成正比，改变输入电压 U_c 的大小和极性就可以改变 $e'(t)$ 的占空比 ρ，从而改变了输出脉冲调宽电压的平均值。

载波信号为锯齿波或三角波时，工作角的定义为

$$\alpha = \frac{E - U_c}{2E} 2\pi$$

式中，E 为载波电压的幅值。

改变输入电压 U_c 可以控制工作角 α，从而控制脉冲宽度。

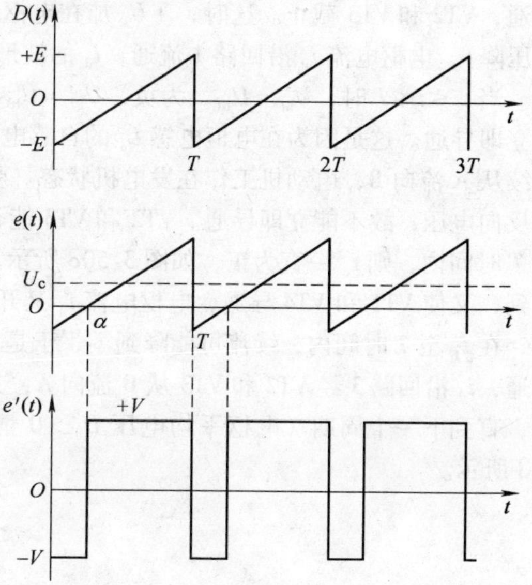

图3-46　采用高频载波法产生脉宽调制信号

电动机控制系统如图3-47所示。将图中开关S周期性地闭合与断开，设在一个周期 T 内闭合时间为 τ，则一个外加的固定直流电压 U_c 被按一定频率断开与闭合的开关S加到电动机的电枢上，电枢上的电压波形是一列方波信号，其高度为 U_c，宽度为 τ，如图3-48所示。

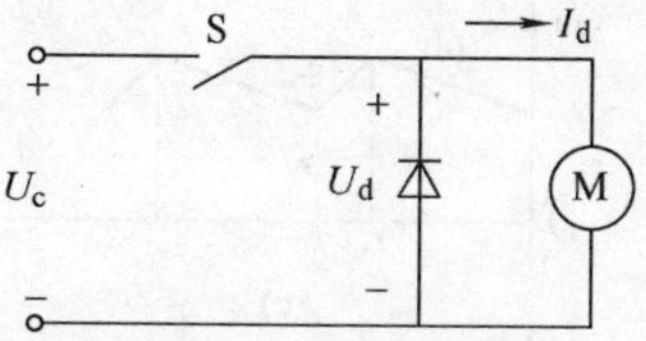

图3-47　电动机控制系统

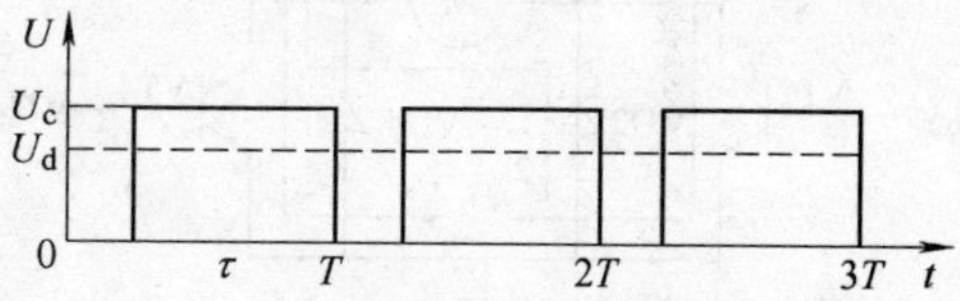

图3-48　电枢上的电压波形

电枢两端的平均电压 U_d 为

$$U_d = \frac{1}{T}\int_0^T U_c \mathrm{d}t = \frac{\tau}{T}U_c = \rho U_c$$

式中，ρ 称为占空比或导通率，$\rho = \tau / T$。当 T 不变时，只要改变导通时间 τ，就可以改变平均电压 U_d。

当 τ 从 $0 \sim T$ 变化时，U_d 由0连续增大到 U_c。在实际的PWM电路中，用自关断电力电子器件来实现上述的开关作用，如用晶体管（GTR）、绝缘栅双极型晶体管（IGBT）等器件。图3-47中的二极管是续流二极管，当开关S断开时，由于电枢电感 L_a 的存在，电动机电枢电流可通过它形成续流回路，以保护开关等元器件。

2）晶体管脉宽放大器分为不可逆输出和可逆输出两大类。可逆输出的放大器又有H形和T形两种。在实际应用中，使用较多的是H形，在H形中又有单极式和双极式两种工作方式。图3-49是采用GTR的双极式H形可逆PWM变换器的电路原理图。

在图3-49中，四个功率晶体管的基极驱动电压分为两组：VT1和VT4同时导通和关断，驱动电压 $U_{b1} = U_{b4}$；VT2和VT3同时动作，驱动电压 $U_{b2} = U_{b3} = -U_{b1}$，其波形如图3-50a、b所示。

在一个开关周期内，当 $0 \leqslant t \leqslant t_1$ 时，$U_{b1} = U_{b4}$，为正，$U_{b2} = U_{b3}$，为负，使VT1和VT4饱和

导通，VT2 和 VT3 截止。这时，$+U_s$ 加在电枢 A、B 两端，电压 $U_s=U_{AB}$（忽略 VT1 和 VT4 的饱和压降），电枢电流 i_d 沿回路 1 流通，i_d 的波形如图 3-50c 中的 i_{d1} 所示。

当 $t_1 \leqslant t \leqslant T$ 时，$U_{b1}=U_{b4}$，为负，$U_{b2}=U_{b3}$，为正，使 VT1 和 VT4 截止，但 VT2 和 VT3 并不能立即导通。这是因为在电枢电感 L_a 的自感电动势作用下，电枢电流 i_d 沿回路 2 经 VD2 和 VD3 继续从 A 流向 B，电动机工作在发电机状态。受 VD2 和 VD3 正向压降的限制，使 VT2 和 VT3 承受反向电压，故不能立即导通。VT2 和 VT3 能否导通，取决于续流电流的大小。若 i_d 较大，在 t_1 至 T 时间内，则 i_d 一直为正，如图 3-50c 所示。此时 VT2 和 VT3 没来得及导通，下一个周期即来到，又使 VT1 和 VT4 导通，电枢电流 i_d 又开始上升，使 i_d 维持在一个正值附近波动。若 i_d 较小，在 t_1 至 T 时间内，续流可能降到零，于是 VT2 和 VT3 在电源电压和反电动势的共同作用下导通，i_d 沿回路 3 经 VT2 和 VT3 从 B 流向 A，方向与原电流方向相反，电动机工作在反接制动状态，直到下一个周期（电枢平均电压 $U_d>0$ 情况），VT1 和 VT4 导通，i_d 才开始回升，如图 3-50d 所示。

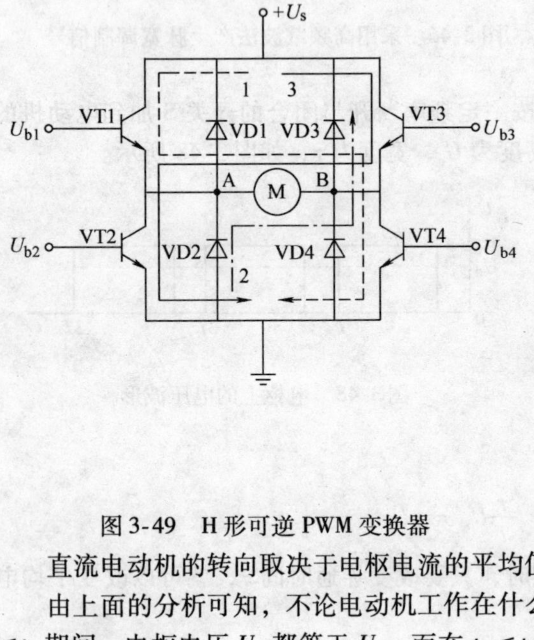

图 3-49　H 形可逆 PWM 变换器

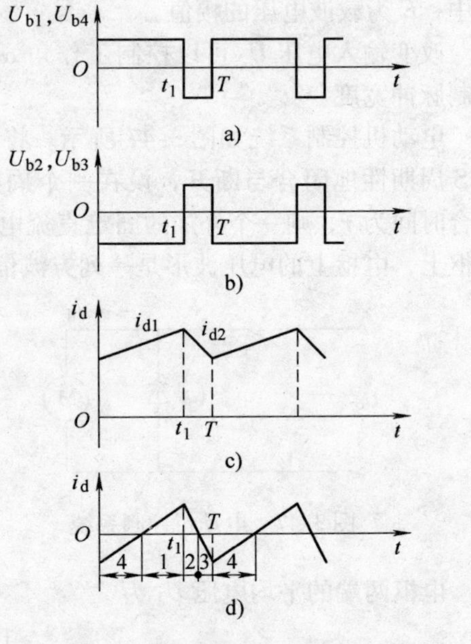

图 3-50　PWM 变换器的驱动电压及电流波形

直流电动机的转向取决于电枢电流的平均值，即取决于电枢两端电压的平均值。

由上面的分析可知，不论电动机工作在什么状态，在 $0 \leqslant t \leqslant t_1$ 期间，电枢电压 U_d 都等于 U_s，而在 $t_1 \leqslant t \leqslant T$ 期间，电枢电压 U_d 都等于 $-U_s$，如图 3-51 所示。电枢电压 U_d 的波形表明：在任何一种控制电压 U_c 的作用下，使用 PWM 放大器都可输出两种极性的脉冲电压，故称为双极性 PWM 放大器。

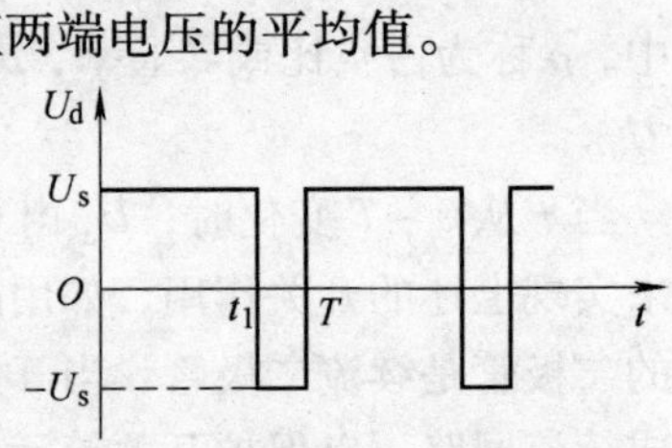

图 3-51　PWM 放大器输出电压波形

电枢电压的平均值 U_d 等于正、负脉冲电压平均值 U_{d1} 和 U_{d2} 之差，即

$$
\begin{aligned}
U_d &= U_{d1}-U_{d2} \\
&= \frac{t_1 U_s}{T}-\frac{(T-t_1)U_s}{T} \\
&= \left(2\frac{t_1}{T}-1\right)U_s
\end{aligned}
$$

$$=(2\rho-1)U_s$$

式中，ρ 为占空比（$0\leqslant\rho\leqslant1$），$\rho=t_1/T$。

则 PWM 放大器的负载电压系数为

$$\gamma=\frac{U_d}{U_s}=2\frac{t_1}{T}-1=2\rho-1\qquad(-1\leqslant\gamma\leqslant1)$$

由此可见，电枢电压平均值 U_d 的极性是可以改变的，当 γ 为正时，即 $\rho>1/2$，电动机正转；当 γ 为负时，即 $\rho<1/2$，电动机反转；当 $\gamma=0$ 时，即 $\rho=1/2$，电动机停止转动。或者说，若 $t_1>T-t_1$，即 $t_1>T/2$，电枢平均电压大于零，电动机正转，平均值越大，转速越高；若 $t_1<T-t_1$，即 $t_1<T/2$，电枢平均电压小于零，电动机反转，平均值的绝对值越大，转速越高；若 $t_1=T-t_1$，即 $t_1=T/2$，加在 VT1 和 VT4 基极上的正脉冲宽度（t_1）和加在 VT2 和 VT3 基极上的正脉冲宽度（$T-t_1$）相等，即 VT1、VT4 与 VT2、VT3 的导通时间相等，电枢平均电压等于零，则电动机不转动。

需要强调的是，当电枢平均电压为 0 而停止转动时，电枢两端的瞬时电压和瞬时电流都不是零，而是交变的，交变电流的平均值为 0，如图 3-52 所示。这个交变的电流增大了电动机的附加损耗，使电动机处于高频微振状态，从而减小了被拖动机械的静摩擦，起到了动力润滑作用。

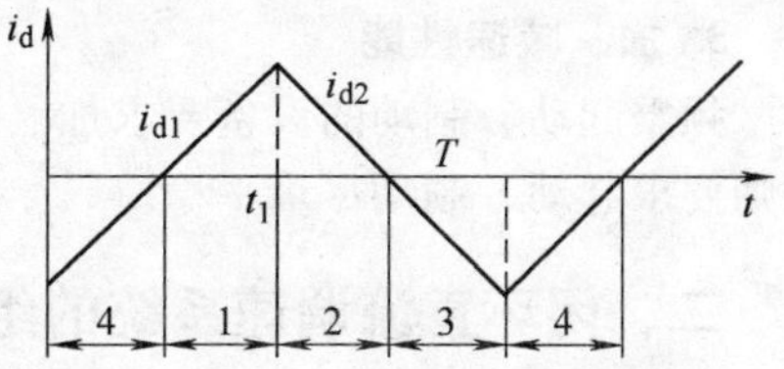

图 3-52　电枢两端的交变电流

（2）PWM 功率放大器的传递函数　按照上述对 PWM 功率放大器工作原理和波形的分析，不难看出，当控制电压 U_c 改变时，PWM 功率放大器输出平均电压 U_d 按线性规律变化，但其响应会有延迟，最大的延迟时间是一个开关周期 T。因此，PWM 装置的动态数学模型和晶闸管触发与整流装置基本一致，可以看成是一个滞后环节，其传递函数可以写成

$$G(s)=\frac{U_d(s)}{U_c(s)}=K_s e^{-T_s s}$$

式中，K_s 为 PWM 装置的放大系数；T_s 为 PWM 装置的延迟时间，$T_s\leqslant T$。

当开关频率为 10kHz 时，$T=0.1$ms，在一般的电力拖动自动控制系统中，时间常数这么小的滞后环节可以近似看成是一个一阶惯性环节。因此有

$$G(s)\approx\frac{K_s}{T_s s+1}$$

该式与晶闸管装置的传递函数式（3-38）完全一致。但需注意的是：该式是近似传递函数。实际上，PWM 装置不是一个线性环节，而是具有继电特性的非线性环节，继电控制系统在一定条件下会产生自激振荡，这是采用线性控制理论的传递函数不能分析出来的。如果遇到这类问题，可以改变结构或参数、施加高频周期信号等抑制自激振荡。

第三节　闭环直流调速系统数学模型的建立

一、调速指标要求

对于调速系统，转速的控制一般有如下几方面的要求。

1. 调速性能

调速性能是指系统在一定的最高转速和最低转速范围内能调节速度的性能。该性能用转速范

围来衡量，定义电动机提供的最高转速 n_{max} 和最低转速 n_{min} 之比为调速范围。

2. 稳速性能

稳速性能是指系统以一定的精度在所需的转速上稳定运行的性能，在各种干扰下不允许有过大的转速波动，以确保产品的质量。该性能可以用指标“静差率”来衡量。静差率定义为负载由理想空载增加到额定值时所对应的转速降 Δn_N 与理想空载转速 n_0 之比，即静差率 s 为

$$s = \Delta n_N / n_0$$

显然，静差率可以衡量调速系统在负载变化时转速的稳定性。它和机械特性的硬度有关，特性越硬，转速的稳定性就越高。

在调速过程中，若额定转速降相同，则转速越低时，静差率越大。如果低速时的静差率能满足设计要求，则高速时的静差率就更能满足要求了。因此，调速系统的静差率指标应以最低速时所能达到的数值为准。而且可以得出，要求的静差率 s 值越小时，系统能够允许的调速范围也越小。一个调速系统的调速范围是指在最低速时还能满足静差率的转速可调范围。

3. 加、减速性能

频繁起动、制动的设备要求加、减速尽量快，以提高生产效率；不宜经受剧烈速度变化的机械则要求起动、制动尽量平稳。

二、闭环直流调速系统的组成

图 3-42 所示的晶闸管－电动机调速系统和图 3-45 所示的直流脉宽调速系统都是开环调速系统，调节电压 U_c 就可改变电动机的转速。如果系统的静差率要求不高，这种开环调速系统都能实现一定范围内的无级调速。但是，如果加工过程中要求速度必须基本稳定，也就是说静差率不能太大，一般要求调速范围为 20～40，静差率 $s \leqslant 5\%$，而开环调速系统往往不能满足要求。

图 3-53 给出了反馈控制的闭环直流调速系统原理图。在该系统中，由于与电动机同轴安装了一台测速发电机 TG，从而引出与被调量转速成正比的负反馈电压 U_n，U_n 与给定电压 U_n^* 相比较后，得到转速偏差电压 ΔU_n，经过放大器 A，产生电力电子变换器 UPE 所需的控制电压 U_c，用以控制电动机的转速。

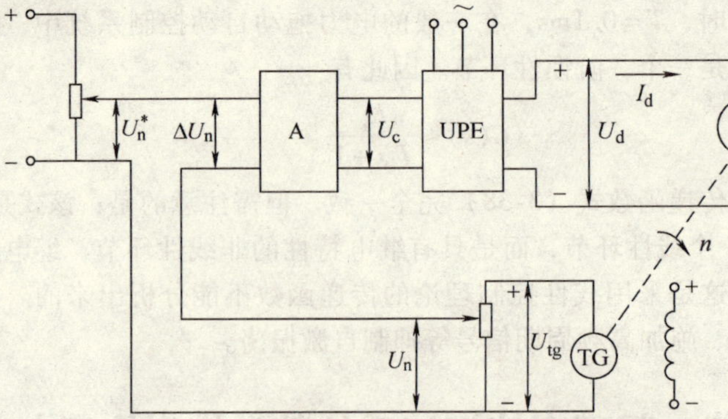

图 3-53　带转速负反馈的闭环直流调速系统原理图

在图 3-53 中，UPE 是由电力电子器件组成的变换器，其输入接三相（或单相）交流电源，输出为可控的直流电压 U_d。对于中、小容量系统，多采用 PWM 变换器；对于较大容量的系统，可采用其他电力电子开关器件，如门极可关断晶闸管（GTO）等；对于特大容量的系统，则常用晶闸管装置。

根据自动控制原理，反馈控制的闭环系统是按被调量的偏差进行控制的，只要被调量出现偏

差，它就会自动产生纠正偏差的作用。在闭环系统中，引入转速反馈电压 U_n 后，若要使转速偏差小，就必须把 $\Delta U_n = U_n^* - U_n$ 压得很低，所以必须设置放大器，才能获得足够的控制电压 U_c。

三、闭环直流调速系统的数学模型

对于图 3-53 所示的闭环直流调速系统，构成该系统的主要环节是电力电子变换器和直流电动机。前面已经给出了两种电力电子变换器的传递函数，它们的表达式是相同的，都是 $G(s) \approx \dfrac{K_s}{T_s+1}$，只是在不同场合下，参数 K_s 和 T_s 的数值不同而已。

他励直流电动机在额定励磁下的等效电路如图 3-54 所示。其中，电枢回路总电阻 R 和电感 L 包含电力电子变换器内阻、电枢电阻和电感以及可能在主电路中接入的其他电阻和电感。

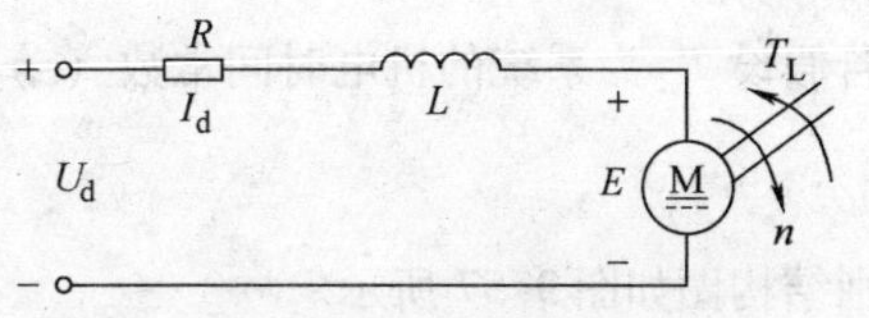

图 3-54　他励直流电动机在额定励磁下的等效电路

假定主电流连续，则直流电动机的电压平衡方程式为

$$U_d = RI_d + L\frac{dI_d}{dt} + E \tag{3-39}$$

感应电动势（反电动势）E 与转速成正比，有

$$E = K_e\omega \tag{3-40}$$

式中，K_e 为反电动势系数（V · s/rad），仅与电动机本身的结构参数有关。

电动机的电磁转矩 T 可表示为

$$T = K_m I_d \tag{3-41}$$

式中，K_m 为电磁转矩系数（N · m/A），仅与电动机本身的结构参数有关。

负载转矩 T_L 可表示为

$$T_L = K_m I_L \tag{3-42}$$

式中，I_L 为负载电流（A）。

电动机轴上的转矩平衡方程为

$$T - T_L = J\frac{d\omega(t)}{dt} + B\omega(t)$$

式中，B 为等效在电动机轴上的粘性阻尼系数；J 为电动机转子及负载等效在电动机轴上的转动惯量（kg · m²）。

若忽略粘性阻尼，则

$$T - T_L = J\frac{d\omega(t)}{dt} \tag{3-43}$$

由式（3-39）得

$$U_d - E = RI_d + LI_d$$

对上式两边进行拉氏变换，整理得

$$U_d(s) - E(s) = (R + Ls)I_d(s) \tag{3-44}$$

将式（3-40）～式（3-42）代入式（3-43），整理得

$$I_d - I_L = \frac{J}{K_m}\frac{d\omega(t)}{dt} = \frac{J}{K_eK_m}\frac{dE(t)}{dt}$$

对上式两边进行拉氏变换，得

$$I_d(s) - I_L(s) = \frac{J}{K_eK_m} \cdot sE(s) \tag{3-45}$$

由式（3-44）、式（3-45）及式（3-40）绘制系统的动态结构图，如图3-55所示。

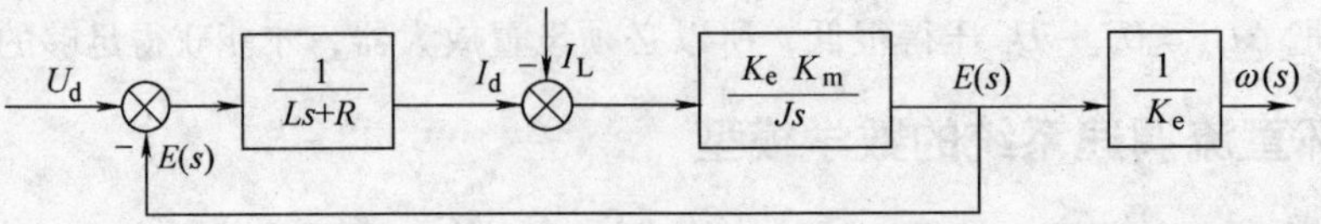

图3-55　直流电动机的动态结构图

如果在系统中不要显现出电流 I_d，可将扰动量 I_L 的综合点前移，再进行等效变换，如图3-56所示。

若假设 T_m 为系统的机电时间常数（s），T_l 为电枢回路的电磁时间常数（s），且

$$T_m = \frac{JR}{K_e K_m},\ T_l = \frac{L}{R}$$

则结构图如图3-57所示。

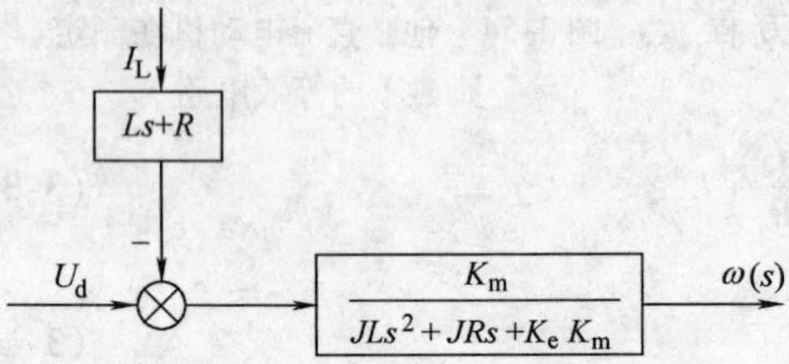

图3-56　直流电动机动态结构框图的变换

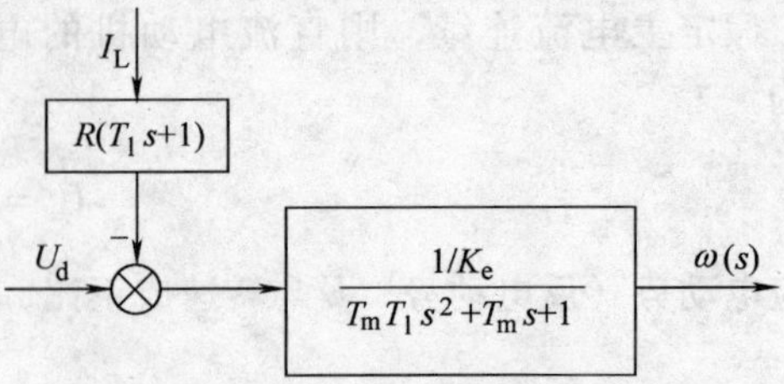

图3-57　直流电动机结构图的简化

若忽略电枢电感，即令 $L=0$，则 $T_l=0$，于是他励直流电动机的传递函数可近似为

$$\frac{\omega(s)}{U_d(s)} = \frac{1/K_e}{T_m s + 1} \tag{3-46}$$

由此可见，他励直流电动机通常可近似为一阶惯性环节，其过渡过程的快慢主要取决于机电时间常数 T_m。为了加快系统响应速度，展宽系统频带，必须设法减小 T_m。根据 T_m 的定义，通常应从以下几方面着手：

1）设计良好的机械系统，以减少等效转动惯量 J。

2）给电动机供电的电源内阻应尽可能小，以降低电枢回路的电阻 R。

3）附加速度负反馈，以加大等效反电动势系数 K_e。

根据前述对直流电动机工作原理的分析，还可画出系统的另一种结构图，如图3-58所示。

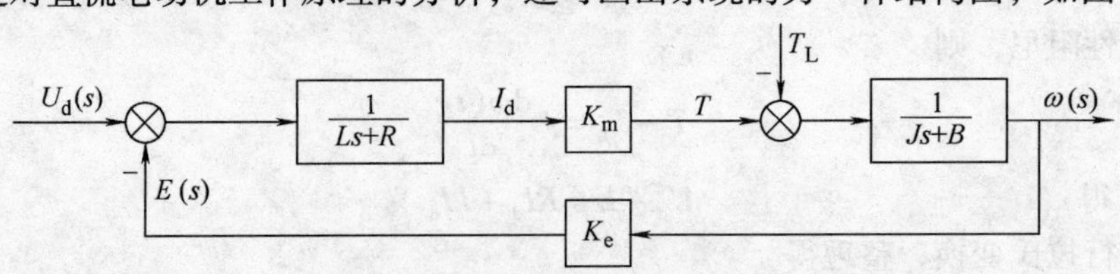

图3-58　直流电动机的动态结构图

系统的传递函数为

$$\frac{\omega(s)}{U_d(s)} = \frac{K_m}{JLs^2 + (BL+JR)s + BR + K_e K_m} \tag{3-47}$$

同样，令 $T_l = \dfrac{L}{R}$ 为电磁时间常数；$T_m = \dfrac{JR}{K_e K_m}$ 为机电时间常数；$T_B = \dfrac{J}{B}$ 为机械系统时间常数。

则式（3-47）变为

$$\frac{\omega(s)}{U_d(s)}=\frac{1/K_e}{T_1T_ms^2+(\frac{T_1T_m}{T_B}+T_m)s+\frac{T_m}{T_B}+1}$$

若忽略电枢电感及粘性阻尼系数，则有

$$\frac{\omega(s)}{U_d(s)}=\frac{1/K_e}{T_ms+1}$$

类似地，若忽略电枢电感即粘性阻尼系数，可以得到以负载转矩 T_L 为输入变量，以电动机转速 $\omega(s)$ 为输出变量的传递函数为

$$\frac{\omega(s)}{T_L(s)}=-\frac{R}{K_eK_m}\frac{1}{T_ms+1}$$

在上述闭环直流调速系统中，除了直流电动机外，还有比例放大器、功率放大器和测速反馈环节。比例放大器和测速反馈环节的响应都可以认为是瞬时的，因此，它们的传递函数就是它们的放大系数，即

$$G_a(s)=\frac{U_c(s)}{\Delta U_n(s)}=K_P\qquad（放大器）$$

$$G_f(s)=\frac{U_n(s)}{\omega(s)}=\alpha\qquad（测速反馈）$$

知道了各环节传递函数后，把它们按在系统中的相互关系组合起来，就可以画出闭环直流调速系统的动态结构图，如图 3-59 所示。

由图 3-59 可见，反馈控制闭环直流调速系统的开环传递函数是

$$G(s)=\frac{K}{(T_ss+1)(T_mT_1s^2+T_ms+1)}$$

式中，$K=K_PK_s\alpha/K_e$。

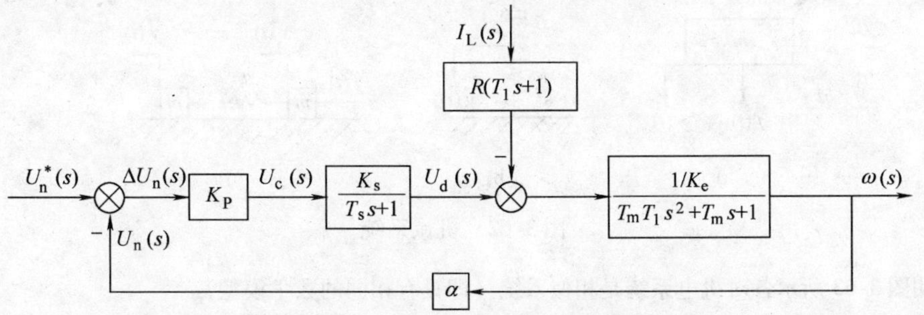

图 3-59　闭环直流调速系统的动态结构图

设 $I_L=0$，则闭环传递函数为

$$\Phi(s)=\frac{\omega(s)}{U_n^*(s)}=\frac{K_PK_s/K_e}{(T_ss+1)(T_mT_1s^2+T_ms+1)+K}\qquad(3\text{-}48)$$

式（3-48）为一个三阶线性系统。

习　题

3-1　图 3-60 为一齿轮传动机构。假设齿轮无传动间隙和变形，而且传动轴也无弹性变形。试求以转矩 T 为输入、以角度 θ_2 为输出的运动方程式。

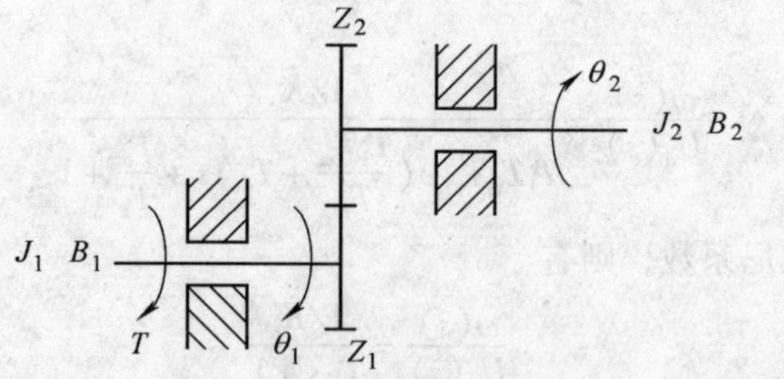

图 3-60　齿轮传动机构

3-2　试建立图 3-61 所示各机械系统的数学模型，输入量为作用力 $f(t)$，输出量为位移 $y(t)$，假设系统处于初始平衡位置。

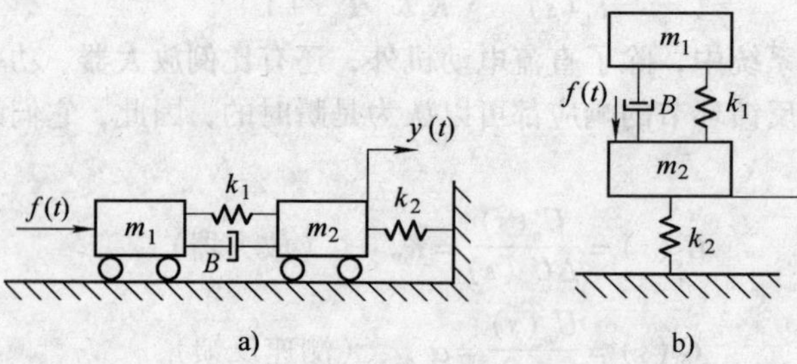

图 3-61　机械系统

3-3　试建立图 3-62 所示各机械系统的数学模型。图中 $f(t)$ 为输入外力，$y(t)$ 为输出位移。（忽略重力影响及滑块与地面的摩擦）

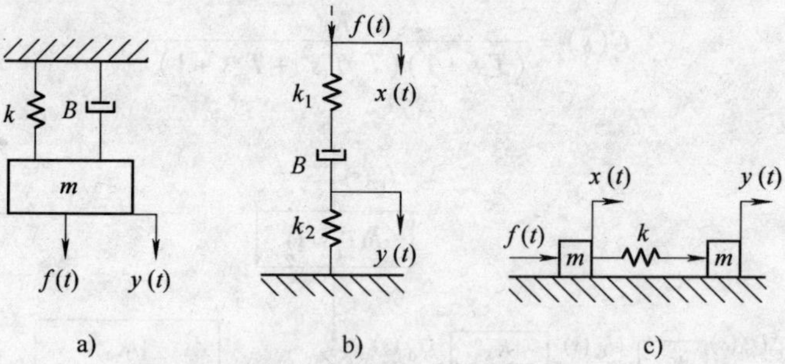

图 3-62　机械系统

3-4　试证明图 3-63 所示各对机电系统是相似系统（即具有相同的数学模型）。

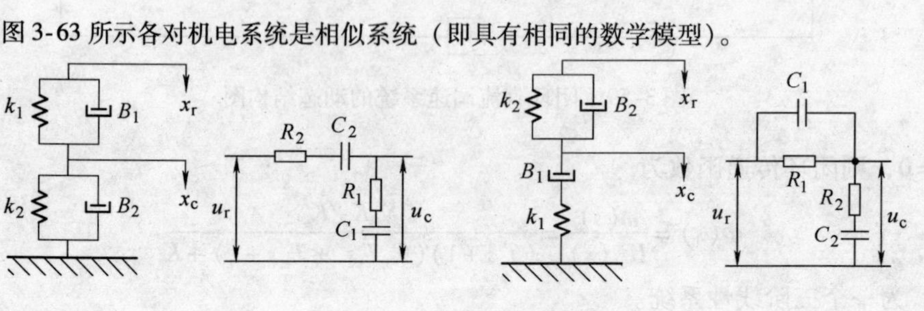

图 3-63　机电相似系统

3-5　图 3-64 所示为运算放大器电路。假设电路是理想放大器，且各参数的取值为 $R_1 = R_2 = 100\text{k}\Omega$，$C_1 =$

10μF，$C_2=5\mu F$，试确定电路的传递函数 $U_o(s)/U_i(s)$。

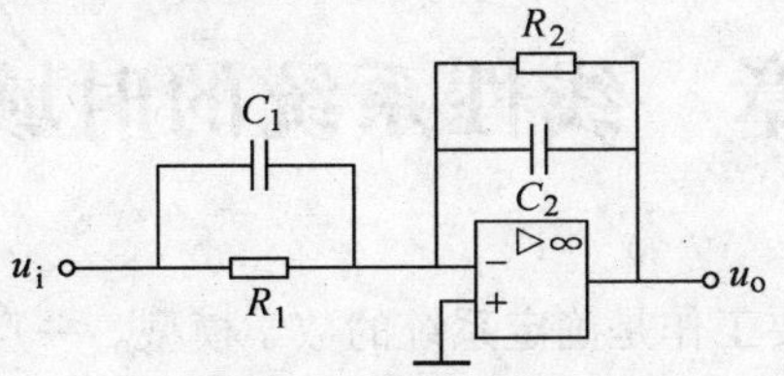

图 3-64　运算放大器电路

3-6　某双弹簧－质量系统如图 3-65 所示，试确定该系统的微分方程组模型。

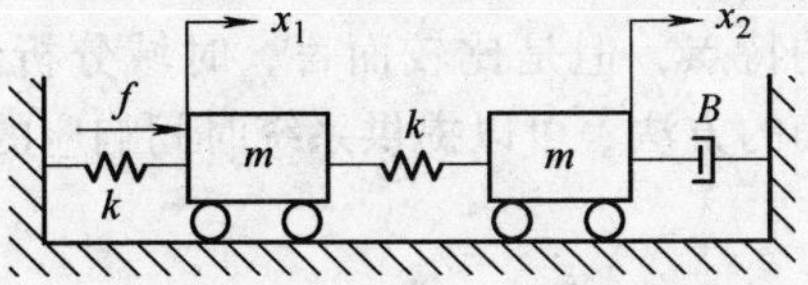

图 3-65　双弹簧－质量系统

3-7　为什么用积分控制的调速系统是无静差的？在转速单闭环调速系统中，当积分调节器的输入偏差电压 $\Delta U=0$ 时，调节器的输出电压是多少？它取决于哪些因素？

第四章　线性系统的时域分析

分析和设计控制系统的首要工作是确定系统的数学模型。一旦建立了合理的、便于分析的系统数学模型，就可以用几种不同的方法分析控制系统的稳定性、动态性能和稳态性能，从而确定改进系统性能的方法。

在经典控制理论中，常用时域分析法、根轨迹法和频域分析法来分析线性控制系统的性能。当然，不同的分析方法有不同的特点，但是比较而言，时域分析法是一种直接分析法，比较直观；此外，它还是一种比较准确的方法，可以提供系统时间响应的全部信息。本章主要介绍线性控制系统的时域分析法。

第一节　时域分析概述

一、典型输入信号

所谓系统的时域响应，就是对系统施加一给定的输入信号，求取系统的输出响应。由于系统的输出量一般是时间 t 的函数，故称这种响应为时域响应。根据系统的时域响应来分析系统的性能，这就是系统的时域分析。对于一个控制系统，其输出信号不但与系统的结构和参数有关，而且还与输入量及初始条件有关。所以必须了解输入信号（即外作用）的表达形式。在实际生活中，外作用形式带有很大的随机性，在大多数情况下，控制系统的输入信号无法预测，这就给时域分析和设计带来了很大困难。正如第一章所述，为了便于进行分析和设计，同时也为了对各种控制系统的性能进行比较，规定了一些基本的输入函数形式，这些基本输入函数称为典型的输入信号，或称为典型外作用。这些典型输入信号有阶跃函数、脉冲函数、斜坡（速度）函数、加速度（抛物线）函数及正弦函数。这些函数都是简单的时间函数，便于数学分析和实验研究。

在实际应用中究竟采用哪一种典型输入信号，取决于系统的常见工作状态。在所有可能的输入信号中，经常选取最不利的信号作为系统的典型输入信号。一般认为，阶跃输入对系统来说是比较严峻的工作状态，如果系统在阶跃输入信号作用下的性能指标是令人满意的，那么系统在其他形式输入信号作用下的响应也一定能满足要求。因此，研究线性定常系统的时域响应时，通常选用阶跃函数作为输入信号。

二、过渡过程、稳态过程及其性能指标

任何一个实际控制系统的时域响应都由过渡过程和稳态过程两部分组成。

过渡过程又称为动态（或瞬态）过程，是指系统从刚加入输入信号到系统输出量达到稳态值前的响应过程。

根据系统结构和参数的选择情况，过渡过程可能表现为衰减、发散或等幅振荡等形式，如图 4-1 所示。显然，对于一个可运行的控制系统，其过渡过程必须是衰减的，即系统必须是稳定的。

稳态过程指系统在典型输入信号作用下，当时间 t 趋于无穷时，系统输出量的表现形式。由于实际系统受惯性、阻尼及摩擦等因素影响，系统输出量不可能完全复现输入量的变化。稳态过

程就是表征系统输出量最终复现输入量的程度，即控制的准确性。

系统的动态性能通常在阶跃函数作用下测定或计算。为了评价系统的性能，常采用性能指标作为评价依据。下面以图 4-2 所示的阶跃响应介绍系统的动态性能指标。

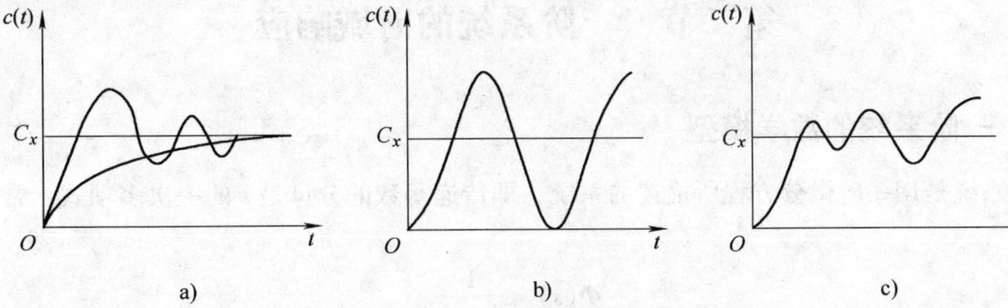

图 4-1　典型过渡过程曲线

a）衰减型　b）等幅振荡型　c）发散型

（1）延迟时间 t_d　阶跃响应第 1 次到达其稳态值的 50% 所需的时间，称为延迟时间。

（2）上升时间 t_r　阶跃响应从 0 开始第 1 次到达稳态值所需的时间，称为上升时间。一些系统没有超调，理论上达到稳态值需要的时间为无穷大，因此，也可以将上升时间定义为：响应从其稳态值的 10% 上升到 90% 所需的时间。上升时间是系统响应速度的一种衡量标准。

（3）峰值时间 t_p　阶跃响应超过稳态值，到达第一个峰值所需的时间，称为峰值时间。

（4）调节时间 t_s　响应到达并停留在稳态值的 ±5%（或 ±2%）误差范围内所需的最小时间，称为调节时间。调节时间又称为过渡时间。

（5）超调量 $\sigma\%$　在系统响应的过渡过程中，输出量的最大值为 $c_h(t_p)$，稳态值为 $c_h(\infty)$，则响应的绝对超调量为

$$M_p = c_h(t_p) - c_h(\infty)$$

超调量常以百分数表示，即

$$\sigma\% = \frac{c_h(t_p) - c_h(\infty)}{c_h(\infty)} \times 100\%$$

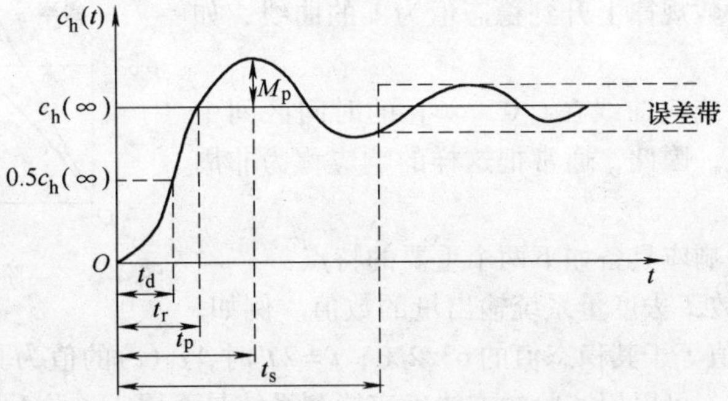

图 4-2　典型阶跃响应及动态性能指标

上述五个动态性能指标基本上可以体现系统过渡过程的特征。其中，用上升时间 t_r 和峰值时间 t_p 评价系统的响应速度；用超调量 $\sigma\%$ 评价系统的阻尼程度；调节时间 t_s 是同时反映响应速度和阻尼程度的综合性能指标。应当指出，一方面，上述各动态性能指标之间互有联系，因此，对于一个控制系统通常没有必要列举出所有动态性能指标。另一方面，正是由于它们彼此有联系，在设计系统时不可能对所有指标都提出要求，因为这些指标还可能彼此矛盾，在调整系统参数时

常常会顾此失彼。目前我国工程界习惯于采用超调量 $\sigma\%$ 和调节时间 t_s 这两项作为系统动态性能的主要指标。

第二节 一阶系统的时域响应

一、一阶系统的数学模型

一阶系统是用一阶微分方程所描述的系统，即传递函数的分母是 s 的一次多项式，常用表达式为

$$\Phi(s)=\frac{1}{Ts+1} \tag{4-1}$$

式中，T 称为时间常数。

以下进行的分析和计算，都是在式（4-1）基础上进行的，在分析过程中，假定系统的初始条件为零。

应当指出，具有同一传递函数的所有系统，对同一输入信号的响应是相同的。当然，对于不同功能或不同形式的控制系统，响应特性的数学表达式具有不同的物理意义。

二、一阶系统的单位阶跃响应

当一阶系统的输入信号为单位阶跃函数时，即 $r(t)=1(t)$，其拉氏变换为 $R(s)=1/s$，则系统输出量的拉氏变换为

$$C(s)=\Phi(s)R(s)=\frac{1}{Ts+1}\frac{1}{s}=\frac{1}{s}-\frac{T}{Ts+1}$$

对上式进行拉氏反变换，可得系统的单位阶跃响应为

$$c_h(t)=1-e^{-t/T} \quad (t\geqslant 0) \tag{4-2}$$

在式（4-2）中，1 代表输出量中的稳态分量，$-e^{-t/T}$ 代表输出量中的瞬态分量。可见，一阶系统的单位阶跃响应是一条初始值为零、以指数规律上升到稳态值为 1 的曲线，如图 4-3 所示。

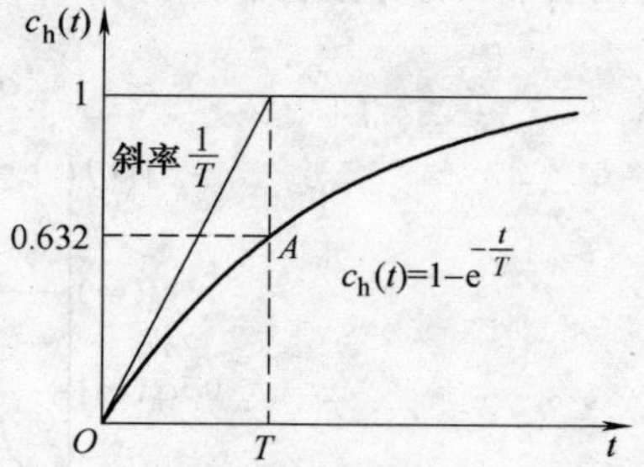

图 4-3 一阶系统单位阶跃响应曲线

在图 4-3 中，由于响应曲线在［0，∞］的时间区间中始终不会超过其稳态值，因此，通常把这样的响应称为非周期响应。

一阶系统的非周期响应具备如下两个重要的特点：

1）可以用时间常数 T 去度量系统输出量的数值。例如，当 $t=T$ 时，$c_h(t)$ 的数值等于其稳态值的 63.2%；$t=2T$ 时，$c_h(t)$ 的值为其稳态值的 86.5%，依此类推。根据这个特点，可以用实验的方法确定待测系统是否属于一阶系统，或等效一阶系统。

2）响应曲线的初始斜率等于 $1/T$。对式（4-2）求导，有

$$\left.\frac{dc_h(t)}{dt}\right|_{t=0}=\left.\frac{1}{T}e^{-\frac{1}{T}t}\right|_{t=0}=\frac{1}{T} \tag{4-3}$$

由此可见，一阶系统单位阶跃响应曲线的初始斜率等于 $1/T$，如图 4-3 所示。式（4-3）也是在单位阶跃响应曲线上确定一阶系统时间常数的方法之一。

根据动态性能指标的定义，可以求得一阶系统的性能指标分别是：

调节时间 $t_s=3T$（取5%误差带），$t_s=4T$（取2%误差带）；

延迟时间 $t_d=0.69T$；

上升时间 $t_r=2.2T$；

峰值时间 t_p 和超调量 $\sigma\%$ 显然都不存在。

可见，时间常数 T 确实反映了一阶系统固有的特性，其值越小，系统的惯性就越小，系统的响应速度也就越快。

说明：对于传递函数为 $\Phi(s)=\dfrac{K}{Ts+1}$ 的系统，其单位阶跃输入下系统的性能指标计算式不变，如 $t_r=2.2T$，$t_s=3T$，但系统的稳态输出量 $c_h(\infty)=K$。

例4-1　一阶系统如图4-4所示，若使 $t_s\leqslant 0.1\text{s}$，问该系统反馈参数 a 应如何选择？

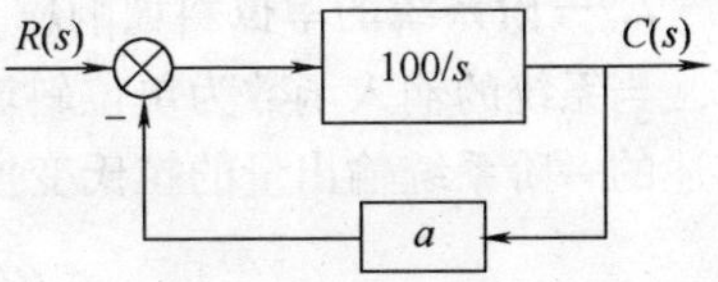

图4-4　系统结构图

解：系统传递函数为

$$\Phi(s)=\frac{100/s}{1+100a/s}=\frac{100}{s+100a}=\frac{1/a}{s/100a+1}$$

系统时间常数为　$T=1/100a$

依题意有　$t_s=3T=\dfrac{3}{100a}\text{s}\leqslant 0.1\text{s}$

故　$a\geqslant 0.3$

三、一阶系统的单位脉冲和单位斜坡响应

1. 一阶系统的单位脉冲响应

当输入信号为理想单位脉冲函数，即 $r(t)=\delta(t)$，其拉氏变换为 $R(s)=1$ 时，式（4-1）描述的一阶系统输出量的拉氏变换为

$$C(s)=\Phi(s)R(s)=\frac{1}{Ts+1}$$

它恰好是一阶系统的闭环传递函数，这时系统的输出响应称为脉冲响应，有

$$c_\delta(t)=\frac{1}{T}e^{-t/T},\quad t\geqslant 0 \tag{4-4}$$

令 $t=T$、$2T$、$3T$、$4T$，可以绘制出一阶系统的单位脉冲响应曲线，如图4-5所示。曲线的初始斜率为

$$\left.\frac{dc_\delta(t)}{dt}\right|_{t=0}=-\left.\frac{1}{T^2}e^{-t/T}\right|_{t=0}=-\frac{1}{T^2}$$

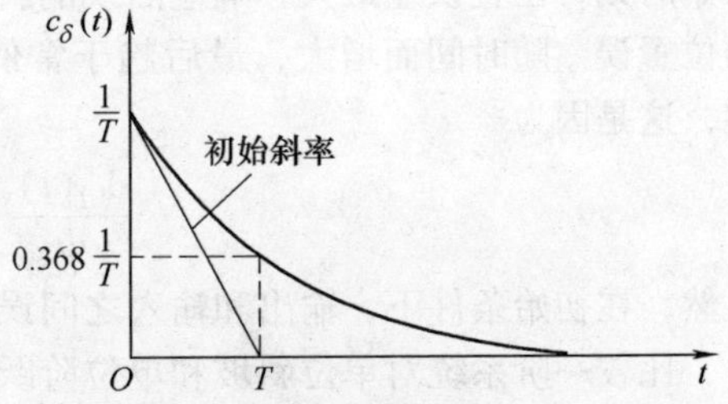

图4-5　一阶系统单位脉冲响应曲线

在初始条件等于零的情况下，一阶系统闭环传递函数的拉氏反变换和单位脉冲响应函数可以用同一表达式表示，这一特点同样适用于其他各阶线性定常系统。因此，常以单位脉冲输入信号作用于系统，根据被测定系统的单位脉冲响应，可以获知被测系统的闭环传递函数。

比较一阶系统对于单位阶跃和单位脉冲输入信号的响应，可以发现，二者输入信号之间存在如下关系：

$$\delta(t)=\frac{d[1(t)]}{dt}$$

对应的时间响应输出分别为　$c_h(t)=1-e^{-t/T}$

$$c_\delta(t)=\frac{1}{T}\mathrm{e}^{-t/T}$$

显然，有
$$\frac{\mathrm{d}}{\mathrm{d}t}(1-\mathrm{e}^{-t/T})=\frac{1}{T}\mathrm{e}^{-t/T}$$

即
$$c_\delta(t)=\frac{\mathrm{d}}{\mathrm{d}t}c_\mathrm{h}(t)$$

这个对应关系说明：系统对输入信号导数的响应，就等于系统对该输入信号响应的导数。这是线性定常系统的一个重要特性，适用于任意阶线性定常系统，但不适用于线性时变和非线性系统。

2. 一阶系统的单位斜坡响应

当系统的输入函数为单位斜坡函数，即 $r(t)=t$，其拉氏变换式为 $R(s)=1/s^2$ 时，式（4-1）描述的一阶系统输出量的拉氏变换为

$$C(s)=\frac{1}{s^2(Ts+1)}=\frac{1}{s^2}-\frac{T}{s}+\frac{T^2}{Ts+1}$$

对上式进行拉氏反变换，可得单位斜坡响应，即

$$c_1(t)=t-T+T\mathrm{e}^{-t/T}\tag{4-5}$$

式中，$(t-T)$ 为稳态分量，$T\mathrm{e}^{-t/T}$为瞬态分量。

一阶系统的单位响应曲线如图 4-6 所示

式（4-5）表明，一阶系统单位斜坡响应的稳态分量是一个与输入斜坡函数斜率相同但在时间上滞后一个时间常数 T 的斜坡函数；瞬态分量是一个衰减的非周期函数。

需要说明的是，一阶系统的单位斜坡响应在过渡过程结束后，其稳态输出与单位斜坡输入之间，在位置上仍有误差，误差大小正好等于时间常数 T。显然，时间常数越小，该环节的稳态误差越小。

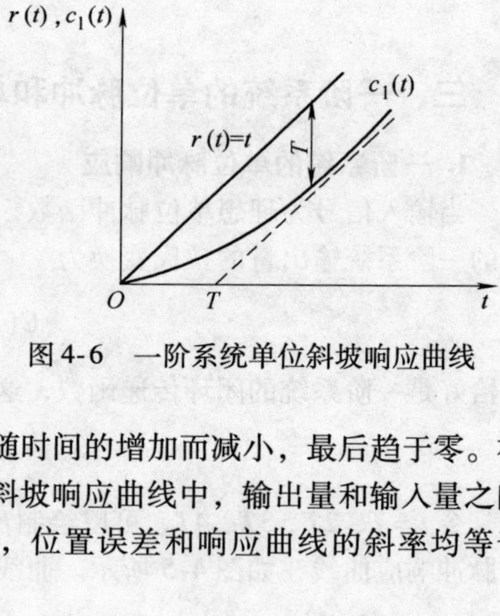

图 4-6　一阶系统单位斜坡响应曲线

在阶跃响应曲线中，输出量和输入量之间的位置误差随时间的增加而减小，最后趋于零。在初始时刻，位置误差最大，响应曲线的斜率也最大。而在斜坡响应曲线中，输出量和输入量之间的位置误差随时间而增大，最后趋于常值 T。在初始时刻，位置误差和响应曲线的斜率均等于零，这是因为

$$\left.\frac{\mathrm{d}c_l(t)}{\mathrm{d}t}\right|_{t=0}=1-\mathrm{e}^{-t/T}\Big|_{t=0}=0$$

显然，在初始条件下，输出和输入之间误差最大。

比较一阶系统对单位斜坡和单位阶跃输入信号的响应，可以发现，由于单位斜坡输入 $r(t)=t$ 和单位阶跃输入 $r(t)=1(t)$ 之间有如下关系：

$$t=\int_0^t 1(\tau)\mathrm{d}\tau$$

对应的时间响应分别为　$c_1(t)=t-T+T\mathrm{e}^{-t/T}$

$$c_\mathrm{h}(t)=1-\mathrm{e}^{-t/T}$$

显然，有
$$\frac{\mathrm{d}}{\mathrm{d}t}c_1(t)=1-\mathrm{e}^{-t/T}=c_\mathrm{h}(t)$$

即
$$c_l(t) = \int_0^t c_h(\tau)\mathrm{d}\tau$$

因此，可以看出，系统对输入信号积分的响应，就等于系统对该输入信号响应的积分。其积分常数由初始条件确定，该性质适用于任何线性定常系统。因此，研究线性定常系统的时域响应时，不必对每种典型输入信号形式进行分析，只需要讨论一种典型信号的响应，就可以推知其他信号响应。因此，在以后对二阶系统和高阶系统的讨论中，主要研究系统的阶跃响应。

第三节　二阶系统的时域响应

一、二阶系统传递函数的标准形式及分类

用二阶微分方程描述的系统称为二阶系统，二阶系统传递函数的标准形式为

$$\Phi(s) = \frac{\omega_n^2}{s^2 + 2\zeta\omega_n s + \omega_n^2} \tag{4-6}$$

式中，ω_n 为系统的自由振荡频率；ζ 为系统的阻尼比。它们是二阶系统重要的特征参数。

二阶系统的典型结构图如图 4-7 所示。

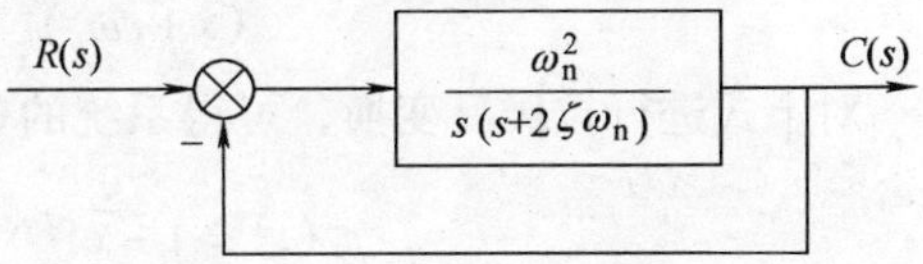

图 4-7　二阶系统结构图

式（4-6）所表示的传递函数的特征方程为

$$D(s) = s^2 + 2\zeta\omega_n s + \omega_n^2 = 0$$

特征根为
$$s_{1,2} = -\zeta\omega_n \pm \omega_n\sqrt{\zeta^2 - 1}$$

显然，二阶系统特征根的性质取决于 ζ 的大小。

因此，根据 ζ 的取值不同，可将二阶系统进行如下分类。

（1）无阻尼二阶系统（$\zeta = 0$）　无阻尼二阶系统的特征根 $s_{1,2} = \pm \mathrm{j}\omega_n$，位于虚轴上。系统在单位阶跃函数输入下，输出量的拉氏变换为

$$C(s) = \Phi(s)R(s) = \frac{\omega_n^2}{s^2 + 2\zeta\omega_n s + \omega_n^2}\frac{1}{s} = \frac{\omega_n^2}{s^2 + \omega_n^2}\frac{1}{s} = \frac{1}{s} - \frac{s}{s^2 + \omega_n^2}$$

对上式进行拉氏反变换，得系统的单位阶跃响应为

$$c_h(t) = 1 - \cos\omega_n t \tag{4-7}$$

这是一条平均值为 1 的等幅余弦振荡曲线。

（2）欠阻尼二阶系统（$0 < \zeta < 1$）　欠阻尼二阶系统的特征根是一对具有负实部的共轭复根，即

$$s_{1,2} = -\zeta\omega_n \pm \mathrm{j}\omega_n\sqrt{1 - \zeta^2}$$

若令 $\sigma = \zeta\omega_n$，$\omega_d = \omega_n\sqrt{1 - \zeta^2}$，则有

$$s_{1,2} = -\sigma \pm \mathrm{j}\omega_d$$

式中，σ 为衰减系数，ω_d 为阻尼振荡频率。

系统在单位阶跃函数输入下的响应将是振幅随时间按指数规律衰减的周期函数。

（3）临界阻尼二阶系统（$\zeta = 1$）　临界阻尼二阶系统有两个相等的负实根，即 $s_{1,2} = -\omega_n$。在单位阶跃函数输入下，系统输出量的拉氏变换为

$$C(s) = \frac{\omega_n^2}{s(s^2 + 2\zeta\omega_n s + \omega_n^2)} = \frac{1}{s} - \frac{1}{s + \omega_n} - \frac{\omega_n}{(s + \omega_n)^2}$$

单位阶跃响应为
$$c_h(t) = 1 - \mathrm{e}^{-\omega_n t} - \omega_n t\mathrm{e}^{-\omega_n t} = 1 - \mathrm{e}^{-\omega_n t}(1 + \omega_n t) \tag{4-8}$$

响应曲线如图 4-8 所示。

因此，临界阻尼二阶系统的单位阶跃响应是稳态值为 1 的非周期上升过程。过渡过程无振荡，系统没有超调，且过渡过程较长。

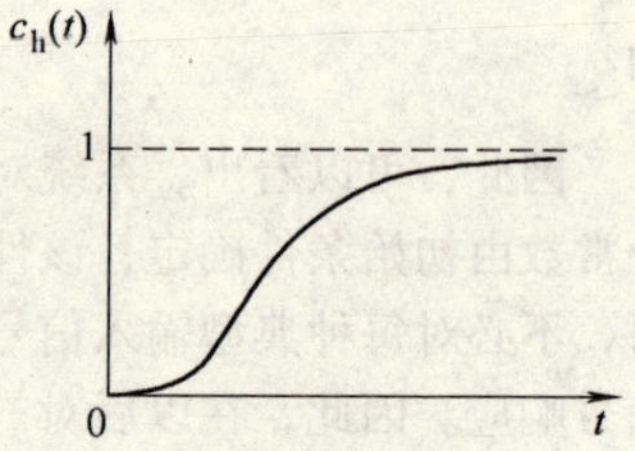

图 4-8　临界阻尼二阶系统单位阶跃响应曲线

(4) 过阻尼二阶系统（$\zeta>1$）　过阻尼二阶系统有两个不相等的负实根，即 $s_{1,2}=-\zeta\omega_n\pm\omega_n\sqrt{\zeta^2-1}$

系统在单位阶跃输入下的响应也是随时间按指数规律而单调衰减，只是衰减的快慢主要由靠近虚轴的那个实数极点决定。

二、欠阻尼二阶系统单位阶跃响应及其性能指标计算

1. 欠阻尼二阶系统的单位阶跃响应

由式(4-6) 可得欠阻尼二阶系统单位阶跃响应的拉氏变换为

$$C(s)=\Phi(s)R(s)=\frac{\omega_n^2}{s^2+2\zeta\omega_n s+\omega_n^2}\frac{1}{s}=\frac{1}{s}-\frac{s+2\zeta\omega_n}{s^2+2\zeta\omega_n s+\omega_n^2}$$

$$=\frac{1}{s}-\frac{s+\zeta\omega_n}{(s+\zeta\omega_n)^2+\omega_d^2}-\frac{\zeta\omega_n}{(s+\zeta\omega_n)^2+\omega_d^2}$$

对上式进行拉氏反变换，可得系统的单位阶跃响应为

$$c_h(t)=1-e^{-\zeta\omega_n t}\cos\omega_d t-\frac{\zeta}{\sqrt{1-\zeta^2}}e^{-\zeta\omega_n t}\sin\omega_d t$$

$$=1-\frac{e^{-\zeta\omega_n t}}{\sqrt{1-\zeta^2}}(\sqrt{1-\zeta^2}\cos\omega_d t+\zeta\sin\omega_d t)$$

令 $\sin\beta=\sqrt{1-\zeta^2}$，$\cos\beta=\zeta$

则有

$$c_h(t)=1-\frac{e^{-\zeta\omega_n t}}{\sqrt{1-\zeta^2}}\sin(\omega_d t+\beta) \tag{4-9}$$

可以看出，响应的稳态分量为 1，瞬态分量是阻尼正弦振荡，其振荡频率为 ω_d。ω_d 的大小与阻尼比 ζ 有关，故称为阻尼振荡频率。

由式（4-9）可知，当 $0<\zeta<1$ 时，二阶系统的单位阶跃响应是以 ω_d 为角频率的衰减振荡，其响应曲线如图 4-9 所示，随着 ζ 的增大，其振荡幅值减小。

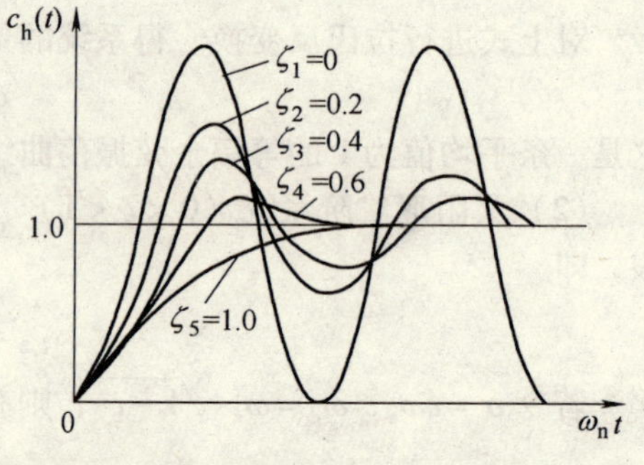

图 4-9　欠阻尼二阶系统单位阶跃响应曲线

2. 欠阻尼二阶系统动态性能指标计算

根据时域响应动态性能指标的定义，现分别对欠阻尼二阶系统动态性能指标的计算进行推导。

(1) 峰值时间 t_p　根据定义，t_p 为 $c_h(t)$ 第一次到达峰值所需要的时间。对式（4-9）求导，并令其为零，有

$$\left.\frac{dc_h(t)}{dt}\right|_{t=t_p}=-\frac{1}{\sqrt{1-\zeta^2}}[-\zeta\omega_n e^{-\zeta\omega_n t_p}\sin(\omega_d t_p+\beta)+\omega_d e^{-\zeta\omega_n t_p}\cos(\omega_d t_p+\beta)]=0$$

整理得

$$\tan(\omega_d t_p+\beta)=\frac{\sqrt{1-\zeta^2}}{\zeta}$$

由于
$$\tan\beta=\frac{\sqrt{1-\zeta^2}}{\zeta}$$
于是必有
$$\omega_d t_p = n\pi \quad (n=0,1,2,\cdots)$$

因为峰值时间的定义为响应超过稳态值到达第一个峰值所需的时间，故应取 $\omega_d t_p=\pi$。于是峰值时间的计算公式为

$$t_p=\frac{\pi}{\omega_d}=\frac{\pi}{\omega_n\sqrt{1-\zeta^2}} \tag{4-10}$$

式（4-10）表明，峰值时间等于阻尼振荡周期的一半。

（2）超调量 $\sigma\%$　因为超调量发生在峰值时间上，因此，将式（4-10）代入式（4-9），可得峰值为

$$c_h(t_p)=1-\frac{1}{\sqrt{1-\zeta^2}}e^{-\pi\zeta/\sqrt{1-\zeta^2}}\sin(\pi+\beta)$$

由于
$$\sin(\pi+\beta)=-\sqrt{1-\zeta^2}$$
所以，上式可写为
$$c_h(t_p)=1+e^{-\pi\zeta/\sqrt{1-\zeta^2}}$$
按超调量定义式，并计及 $c_h(\infty)=1$，可得超调量计算公式为

$$\sigma\%=e^{-\pi\zeta/\sqrt{1-\zeta^2}}\times 100\% \tag{4-11}$$

式（4-11）表明，超调量仅是阻尼比的函数，与自然振荡频率 ω_n 的大小无关。超调量 $\sigma\%$ 与阻尼比 ζ 的关系如图 4-10 所示。

（3）调节时间 t_s　显然，很难写出调节时间的准确表达式。在初步分析和设计中，经常采用近似的方法计算调节时间。由于欠阻尼二阶系统的单位阶跃响应式（4-9）的包络线为

$$1\pm\frac{1}{\sqrt{1-\zeta^2}}e^{-\zeta\omega_n t}$$

其曲线如图 4-11 中虚线所示。整个响应曲线总是包含在这一对包络线之内。

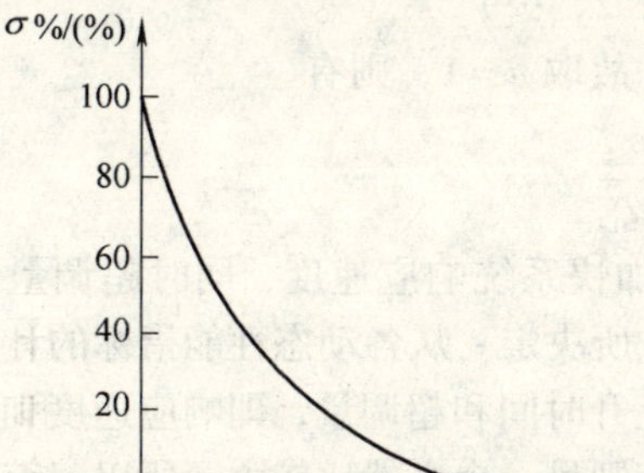

图 4-10　欠阻尼二阶系统 $\sigma\%$ 与 ζ 关系曲线

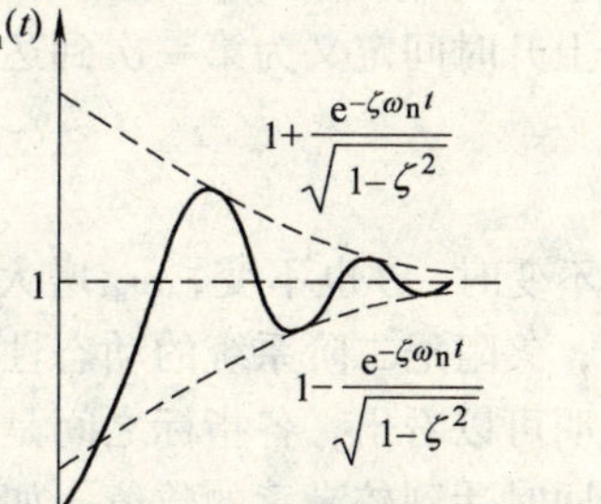

图 4-11　欠阻尼二阶系统单位阶跃响应特性的一对包络线

由于实际响应与稳态输出之间的误差为

$$\left|\frac{1}{\sqrt{1-\zeta^2}}e^{-\zeta\omega_n t_p}\sin(\omega_d t_p+\beta)\right|\leqslant\frac{e^{-\zeta\omega_n t}}{\sqrt{1-\zeta^2}}$$

因此，取误差带为 ±5%，则调整时间可近似表示为

$$\frac{e^{-\zeta\omega_n t_s}}{\sqrt{1-\zeta^2}}=0.05$$

即
$$t_s = \frac{\ln 20 + \ln \frac{1}{\sqrt{1-\zeta^2}}}{\zeta\omega_n}$$

对于常见的欠阻尼二阶系统，$\zeta \leqslant 0.8$，取 $\zeta = 0.8$，得

$$t_s = \frac{\ln 20 + \ln 1.7}{\zeta\omega_n} \approx \frac{3.5}{\zeta\omega_n}$$

在分析问题时，常取
$$t_s = \frac{3.5}{\zeta\omega_n} \tag{4-12}$$

当 ζ 较小时，取
$$t_s = \frac{3}{\zeta\omega_n}$$

同理，当系统进入 ±2% 的误差范围时，取
$$t_s = \frac{4}{\zeta\omega_n}$$

可见，调节时间与系统阻尼比和自由振荡频率的乘积成反比。由于阻尼比 ζ 主要根据对系统超调量的要求来确定，所以 t_s 主要由自由振荡频率决定。若保持 ζ 值不变，加大 ω_n，则可以在不影响超调量的情况下缩短调节时间。

（4）上升时间 t_r　根据上升时间的定义，有

$$c_h(t_r) = 1 - \frac{1}{\sqrt{1-\zeta^2}} e^{-\zeta\omega_n t_r} \sin(\omega_d t_r + \beta) = 1$$

即
$$\frac{1}{\sqrt{1-\zeta^2}} e^{-\zeta\omega_n t_r} \sin(\omega_d t_r + \beta) = 0$$

因为
$$\frac{1}{\sqrt{1-\zeta^2}} \neq 0, \quad e^{-\zeta\omega_n t_r} \neq 0$$

所以必有
$$\sin(\omega_d t_r + \beta) = 0$$

即
$$\omega_d t_r + \beta = n\pi \quad (n = 0, 1, 2, \cdots)$$

由于上升时间定义为第一次到达稳态值所需的时间，故取 $n=1$，则有

$$t_r = \frac{\pi - \beta}{\omega_d} = \frac{\pi - \arccos\zeta}{\omega_n \sqrt{1-\zeta^2}} \tag{4-13}$$

当 ζ 不变时，β 也不变，ω_n 增大，则 t_r 减小，从而加快系统响应速度，同时超调量保持不变。总之，欠阻尼二阶系统的动态性能指标完全由 ζ、ω_n 所决定。从各动态性能指标的计算公式及有关说明可以看出，各指标之间是有矛盾的，比如说上升时间和超调量，即响应速度和阻尼程度，不能同时达到较满意的数值。如果其中一个比较小，则另一个必然比较大。所以，综合考虑的结果，一般要求 $0.4 \leqslant \zeta \leqslant 0.8$，从而 $25.4\% \geqslant \sigma\% \geqslant 1.5\%$。此时，随着 ω_n 的增大，系统反应速度加快。

说明：当 $\Phi(s) = \frac{K}{s^2 + 2\zeta\omega_n s + \omega_n^2}$ 时，响应 $c_h(\infty) \neq 1$，这时性能指标 t_r、t_p、t_s、$\sigma\%$ 计算公式均不改变，只是 $M_p = c_h(\infty) e^{-\pi\zeta/\sqrt{1-\zeta^2}}$。

例 4-2　系统结构图如图 4-12 所示，欲使系统的最大超调量等于 0.2，峰值时间为 1s，试确定增益 K 和系数 K_h，并在此 K 和 K_h 的数值下，确定系统的其他性能指标。

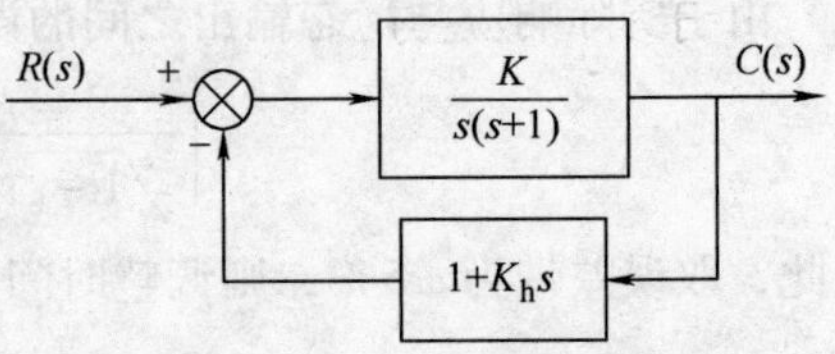

图 4-12　系统的结构图

解：系统的闭环传递函数为

$$\Phi(s)=\frac{\dfrac{K}{s(s+1)}}{1+\dfrac{K}{s(s+1)}(1+K_h s)}=\frac{K}{s^2+(KK_h+1)s+K}$$

与二阶系统传递函数 $\Phi(s)=\dfrac{\omega_n^2}{s^2+2\zeta\omega_n s+\omega_n^2}$ 比较，得

$$K=\omega_n^2,\ 2\zeta\omega_n=KK_h+1$$

根据题意

$$\sigma\%=e^{-\pi\zeta/\sqrt{1-\zeta^2}}\times100\%=0.2$$

解得

$$\zeta=0.456$$

根据峰值时间

$$t_p=\frac{\pi}{\omega_d}=\frac{\pi}{\omega_n\sqrt{1-\zeta^2}}=1\text{s}$$

解得

$$\omega_d=\pi\ \text{rad/s},\ \ \omega_n=3.53\text{rad/s}$$

于是

$$K=\omega_n^2=3.53^2=12.46,\ K_h=\frac{2\zeta\omega_n-1}{K}=0.178$$

上升时间

$$t_r=\frac{\pi-\beta}{\omega_d}=\frac{\pi-\arccos 0.456}{\pi}\text{s}=0.65\text{s}$$

调节时间

$$t_s=\frac{3}{\zeta\omega_n}=\frac{3}{0.456\times3.53}\text{s}=1.86\text{s}\quad（误差范围为\pm5\%）$$

$$t_s=\frac{4}{\zeta\omega_n}=\frac{4}{0.456\times3.53}\text{s}=2.48\text{s}\quad（误差范围为\pm2\%）$$

例 4-3　在图 4-13 所示的电压测量系统中，输入电压为 $x_i(t)$，输出位移为 $x_o(t)$，放大器增益 $K=10$，丝杠螺距为 1mm，电位计滑臂移动 1mm 电压增量为 0.4V。当对电动机加 10V 阶跃电压时（带负载），稳态转速为 1000r/min，达到该值的 63.2% 需要 0.5s。画出系统传递函数结构图，求出传递函数 $X_o(s)/X_i(s)$，并求系统单位阶跃响应的峰值时间 t_p、超调量 $\sigma\%$ 和调节时间 t_s。

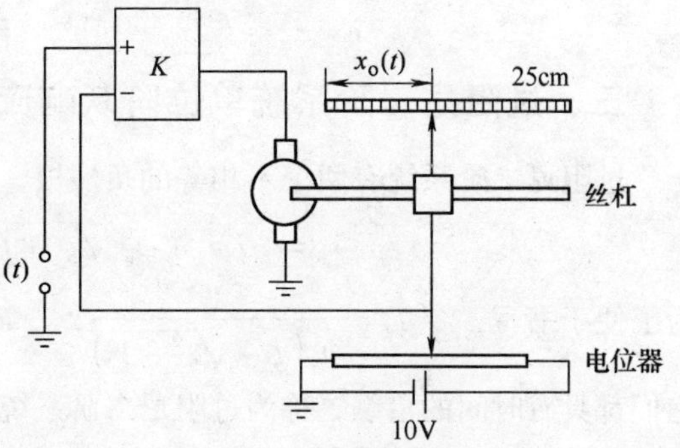

图 4-13　电压测量系统

解：依题意，可列写出各环节的传递函数。设电位器的反馈电压为 $F(s)$，则有

比较点：

$$E(s)=X_i(s)-F(s)$$

放大器：

$$\frac{U_a(s)}{E(s)}=K=10$$

电动机：

$$\frac{\omega(s)}{U_a(s)}=\frac{1/K_e}{T_m s+1}=\frac{\dfrac{1000}{10\times60}}{0.5s+1}=\frac{\dfrac{5}{3}}{0.5s+1}$$

丝杠：

$$\frac{X_o(s)}{\theta(s)}=K_1=0.1$$

电位器：

$$\frac{F(s)}{X_o(s)}=K_2=0.4$$

画出系统传递函数结构图，如图 4-14 所示。则系统闭环传递函数为

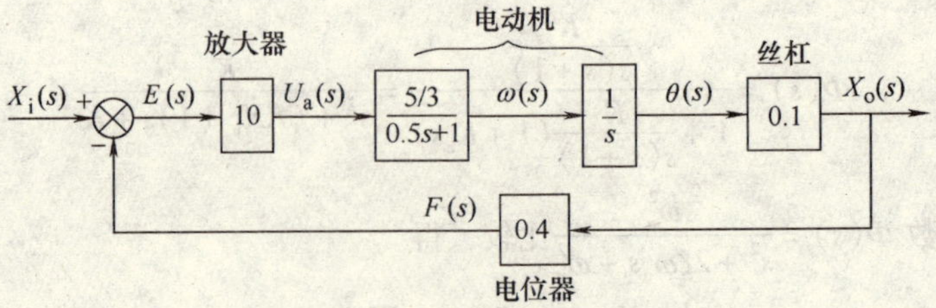

图 4-14 系统传递函数结构图

$$\Phi(s)=\frac{X_o(s)}{X_i(s)}=\frac{10/3}{s^2+2s+4/3}$$

将上式与二阶系统的典型传递函数相比较，得

$$\begin{cases}\omega_n=\dfrac{2}{\sqrt{3}}\\ \zeta=\dfrac{2}{2\omega_n}=\dfrac{\sqrt{3}}{2}\end{cases}$$

所以

$$t_p=\frac{\pi}{\omega_n\sqrt{1-\zeta^2}}=5.44\text{s}$$

$$\sigma\%=e^{-\pi\zeta/\sqrt{1-\zeta^2}}=0.433\%$$

$$t_s=\frac{3.5}{\zeta\omega_n}=3.5\text{s}$$

三、过阻尼二阶系统单位阶跃响应及其性能指标计算

过阻尼二阶系统有两个不相等的负实根，即

$$s_1=-\zeta\omega_n+\omega_n\sqrt{\zeta^2-1},\quad s_2=-\zeta\omega_n-\omega_n\sqrt{\zeta^2-1}$$

为了便于书写，令 $T_1=\dfrac{1}{\omega_n(\zeta-\sqrt{\zeta^2-1})}$，$T_2=\dfrac{1}{\omega_n(\zeta+\sqrt{\zeta^2-1})}$

它们都具有时间的量纲，称为过阻尼二阶系统的时间常数。

显然，$T_1>T_2$，因此，有

$$s_1=-1/T_1,\quad s_2=-1/T_2,$$

系统在单位阶跃输入下输出量的拉氏变换为

$$C(s)=\frac{\omega_n^2}{s^2+2\zeta\omega_n s+\omega_n^2}\frac{1}{s}=\frac{(1/T_1)(1/T_2)}{(s+1/T_1)(s+1/T_2)}\frac{1}{s}$$

单位阶跃响应为

$$c_h(t)=1-\frac{1}{T_1-T_2}(T_1e^{-t/T_1}-T_2e^{-t/T_2})$$

$$=1+\frac{e^{-t/T_1}}{T_2/T_1-1}+\frac{e^{-t/T_2}}{T_1/T_2-1}\quad(t\geqslant0)\tag{4-14}$$

响应曲线如图 4-15 所示，响应是非振荡的单调上升曲线。

下面我们讨论 $\zeta>1$ 时的动态性能指标估算方法。

当 $\zeta>1$ 时，系统响应无振荡，因此不存在 $\sigma\%$ 和 t_p。由于在这种情况下，系统的响应方程是一个超越方程，无法根据各动态性能指标的定义求出它们的准确计算公式，目前工程上是采用数值解法，用计算机解出不同 ζ 值下无因次时间，然后制成曲线以供查用。或者根据所得曲线，利用曲线拟合的方法，求出近似计算公式。根据式（4-14），令 T_1/T_2 取不同值，可分别求解出相应的无量纲调节时间 t_s/T_1，如图 4-16 所示。图中 ζ 为参变量，由

$$s^2+2\zeta\omega_n s+\omega_n^2=(s+1/T_1)(s+1/T_2)$$

可解出

$$\zeta=\frac{1+T_1/T_2}{2\sqrt{T_1/T_2}}$$

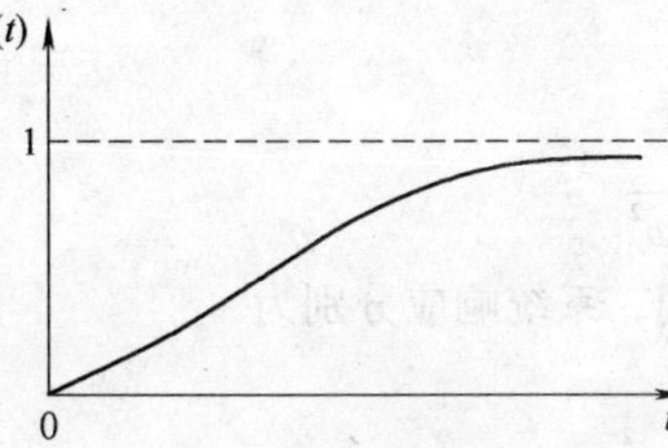

图 4-15 过阻尼二阶系统单位阶跃响应曲线

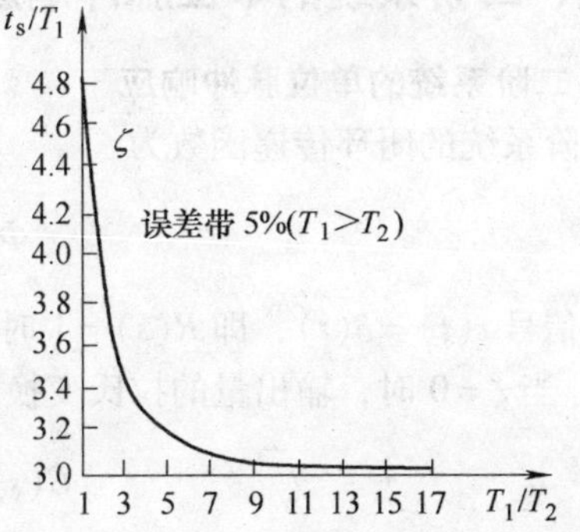

图 4-16 过阻尼二阶系统的调节时间特性

当 T_1/T_2（或ζ）很大时，特征根 $s_2=1/T_2$，比 $s_1=1/T_1$ 远离虚轴，模态 e^{-t/T_2}很快衰减为零，系统调节时间主要由 $s_1=1/T_1$ 对应的模态 e^{-t/T_1}决定。此时可将过阻尼二阶系统近似看做由 s_1 确定的一阶系统，估算其动态性能指标，图 4-16 所示的曲线体现了这一规律性。

工程上，当 $T_1\geqslant 4T_2$ 时，过阻尼二阶系统可以等效为具有 $-1/T_1$ 闭环极点的一阶系统，其调节时间可用 $t_s=3T_1\approx 6\dfrac{\zeta}{\omega_n}$，$t_r=2.2T_1\approx 4.4\dfrac{\zeta}{\omega_n}$估算。

例 4-4 已知系统的传递函数为 $\Phi(s)=\dfrac{1}{s^2+4s+1}$，求系统的单位阶跃响应及动态性能指标。

解：将系统的传递函数与二阶系统传递函数的标准形式比较，即

$$\Phi(s)=\frac{1}{s^2+4s+1}=\frac{\omega_n}{s^2+2\zeta\omega_n s+\omega_n^2}$$

得

$$\omega_n=1,\qquad \zeta=2>1$$

系统为过阻尼状态。

则有

$$s_1=-\zeta\omega_n+\omega_n\sqrt{\zeta^2-1}=-0.27=-1/T_1$$

$$s_2=-\zeta\omega_n-\omega_n\sqrt{\zeta^2-1}=-3.73=-1/T_2$$

得

$$T_1=3.7,\qquad T_2=0.268$$

显然 $T_1>4T_2$,故系统可以简化为一阶系统,极点为 $-1/T_1=-0.27$。

系统的单位阶跃响应为

$$c_h(t)=1-\frac{T_1}{T_1-T_2}e^{-\frac{1}{T_1}t}-\frac{T_2}{T_1-T_2}e^{-\frac{1}{T_2}t}=1-1.077e^{-0.27t}+0.077e^{-3.73t}\approx 1-e^{-0.27t}$$

动态性能指标为

$$t_s=3T_1=3\times 3.7s=11.1s$$

$$t_r=2.2T_1=2.2\times 3.7s=8.1s$$

将二阶系统的单位阶跃响应总结如下：

1）阻尼比越小，则超调量越大，上升时间越短。

2）在非振荡响应曲线中，临界阻尼系统响应曲线具有最短的上升时间，即最快的响应速度，而过阻尼系统响应速度则是缓慢的。

3）对于欠阻尼系统，阻尼比以选在0.4~0.8为佳，此时系统具有较短的调节时间，且超调量也不大。若$\zeta<0.4$，则响应会出现严重超调；而若$\zeta>0.8$，则响应的t_r和t_s都变得较长。

四、二阶系统的单位脉冲响应和单位斜坡响应

1. 二阶系统的单位脉冲响应

二阶系统的闭环传递函数为

$$\Phi(s)=\frac{\omega_n^2}{s^2+2\zeta\omega_n s+\omega_n^2}$$

当输入信号$r(t)=\delta(t)$，即$R(s)=1$时，根据阻尼比不同，系统响应分别为

1）当$\zeta=0$时，输出量的拉氏变换为

$$C(s)=\Phi(s)R(s)=\frac{\omega_n^2}{s^2+\omega_n^2}$$

对上式进行拉氏反变换，得

$$c_\delta(t)=\omega_n\sin\omega_n t \tag{4-15}$$

2）当$0<\zeta<1$时

$$C(s)=\Phi(s)R(s)=\frac{\omega_n^2}{s^2+2\zeta\omega_n s+\omega_n^2}\times 1=\frac{\omega_n}{\sqrt{1-\zeta^2}}\frac{\omega_d}{(s+\zeta\omega_n)^2+\omega_d^2}$$

对上式进行拉氏反变换，得

$$c_\delta(t)=\frac{\omega_n}{\sqrt{1-\zeta^2}}e^{-\zeta\omega_n t}\sin\omega_d t \tag{4-16}$$

由式（4-16）可知，当$0<\zeta<1$时，二阶系统的单位脉冲响应是以ω_d为角频率的衰减振荡，且随ζ的减小，其振幅加大。

3）当$\zeta=1$时

$$C(s)=\Phi(s)R(s)=\frac{\omega_n^2}{(s+\omega_n)^2}\times 1$$

对上式进行拉氏反变换，得

$$c_\delta(t)=\omega_n^2 t e^{-\omega_n t} \tag{4-17}$$

4）当$\zeta>1$时

可以求得

$$c_\delta(t)=\frac{\omega_n}{2\sqrt{\zeta^2-1}}\left[e^{-(\zeta-\sqrt{\zeta^2-1})\omega_n t}-e^{-(\zeta+\sqrt{\zeta^2-1})\omega_n t}\right] \tag{4-18}$$

其实前面一阶系统分析所得出的结论，对于二阶系统同样成立，即利用$c_\delta(t)=\frac{d}{dt}c_h(t)$直接可得二阶系统的单位脉冲响应。例如，对于$\zeta=0$，当$r(t)=1(t)$时，有

$$c_h(t)=1-\cos\omega_n t$$

则当$r(t)=\delta(t)$时，对上式求导，可得

$$c_\delta(t)=\frac{dc_h(t)}{dt}=\omega_n\sin\omega_n t$$

对于$0<\zeta<1$，当$r(t)=1(t)$时，有

$$c_h(t)=1-\frac{1}{\sqrt{1-\zeta^2}}e^{-\zeta\omega_n t}\sin(\omega_d t+\beta)$$

则当$r(t)=\delta(t)$时，对上式求导，可得

$$c_\delta(t)=\frac{\mathrm{d}c_\mathrm{h}(t)}{\mathrm{d}t}=\frac{\omega_\mathrm{n}}{\sqrt{1-\zeta^2}}\mathrm{e}^{-\zeta\omega_\mathrm{n}t}\sin\,\omega_\mathrm{d}t$$

等等，依此类推。

2. 二阶系统的单位斜坡响应

对于典型的二阶系统，当输入为单位斜坡函数时，即$r(t)=t$，$R(s)=1/s^2$时，在$0<\zeta<1$的情况下，系统输出量的拉氏变换为

$$C(s)=\frac{\omega_\mathrm{n}^2}{s^2(s^2+2\zeta\omega_\mathrm{n}s+\omega_\mathrm{n}^2)}$$

对其进行拉氏反变换，可得

$$c_1(t)=t-\frac{2\zeta}{\omega_\mathrm{n}}+\frac{1}{\omega_\mathrm{n}\sqrt{1-\zeta^2}}\mathrm{e}^{-\zeta\omega_\mathrm{n}t}\sin\,(\omega_\mathrm{d}t+2\beta)\tag{4-19}$$

可以看出，欠阻尼系统的单位斜坡响应由稳态分量

$$c_\mathrm{ss}=t-\frac{2\zeta}{\omega_\mathrm{n}}\tag{4-20}$$

和瞬态分量

$$c_\mathrm{tt}=\frac{1}{\omega_\mathrm{n}\sqrt{1-\zeta^2}}\mathrm{e}^{-\zeta\omega_\mathrm{n}t}\sin\,(\omega_\mathrm{d}t+2\beta)\tag{4-21}$$

组成。

当$t\to\infty$时，系统的稳态误差为

$$e_\mathrm{ss}=e(\infty)=\lim_{t\to\infty}[r(t)-c_l(t)]$$
$$=t-c_\mathrm{ss}=\frac{2\zeta}{\omega_\mathrm{n}}$$

同时，由瞬态分量c_tt表达式，即式（4-21）可见，系统的瞬态过程为阻尼振荡过程，其响应曲线如图4-17所示。

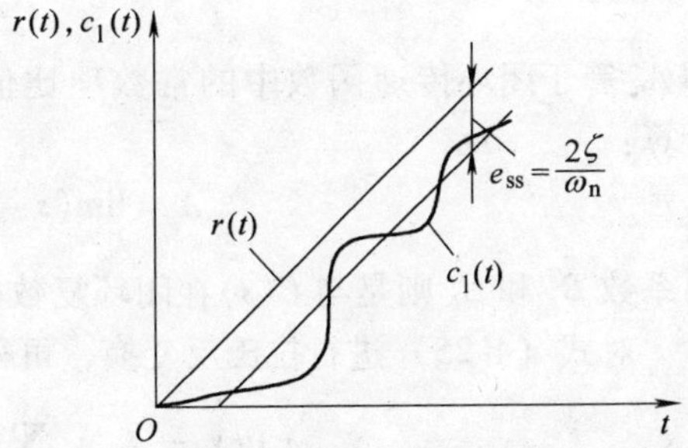

图4-17　欠阻尼二阶系统单位斜坡响应曲线

同理可得，当$\zeta=1$时，系统的单位斜坡响应为

$$c_1(t)=t-\frac{2}{\omega_\mathrm{n}}+\frac{2}{\omega_\mathrm{n}}\mathrm{e}^{-\omega_\mathrm{n}t}(1+\frac{1}{2}\omega_\mathrm{n}t)\tag{4-22}$$

当$\zeta>1$时，系统的单位斜坡响应为

$$c_1(t)=t-\frac{2\zeta}{\omega_\mathrm{n}}+\frac{2\zeta^2+2\zeta\sqrt{\zeta^2-1}-1}{2\omega_\mathrm{n}\sqrt{\zeta^2-1}}\mathrm{e}^{-(\zeta-\sqrt{\zeta^2-1})\omega_\mathrm{n}t}-\frac{2\zeta^2-2\zeta\sqrt{\zeta^2-1}-1}{2\omega_\mathrm{n}\sqrt{\zeta^2-1}}\mathrm{e}^{-(\zeta+\sqrt{\zeta^2-1})\omega_\mathrm{n}t}\tag{4-23}$$

同样利用前面得出的关系式$c_1(t)=\int_0^t c_\mathrm{h}(\tau)\mathrm{d}\tau$，可直接求得系统的单位斜坡响应。

第四节　高阶系统的阶跃响应

实际的控制系统绝大多数都是三阶或三阶以上的高阶系统，即用高阶微分方程描述的系统。了解高阶系统阶跃响应的特征以及它和闭环零、极点之间的关系将有助于对高阶系统的分析与综合。

一、高阶系统的单位阶跃响应

设系统的闭环传递函数为

$$\Phi(s)=\frac{C(s)}{R(s)}=\frac{b_0s^m+b_1s^{m-1}+\cdots+b_{m-1}s+b_m}{a_0s^n+a_1s^{n-1}+\cdots+a_{n-1}s+a_n}\quad(n\geqslant m)$$

为了确定系统的单位阶跃响应，首先将上式的分子和分母分解成如下因式：

$$\Phi(s)=\frac{C(s)}{R(s)}=\frac{K\prod_{i=1}^{m}(s-z_i)}{\prod_{i=1}^{n}(s-p_i)}\tag{4-24}$$

式中，$K=b_0/a_0$；z_i 为闭环传递函数的零点；p_i 为闭环传递函数的极点。

由于闭环传递函数中多项式的系数 a_i 和 b_i 都是实数，所以，z_i 和 p_i 只可能是实数或共轭复数。因此，在输入为单位阶跃函数时，输出量的拉氏变换可以表示为

$$C(s)=\frac{K\prod_{i=1}^{m}(s-z_i)}{\prod_{j=1}^{q}(s-p_j)\prod_{k=1}^{r}(s^2+2\zeta_k\omega_ks+\omega_k^2)}\frac{1}{s}$$

式中，$q+2r=n$；q 为实数极点的个数；r 为共轭复数极点的对数。

将上式展开成部分分式，得

$$C(s)=\frac{A_0}{s}+\sum_{j=1}^{q}\frac{A_j}{s-p_j}+\sum_{k=1}^{r}\frac{B_ks+C_k}{s^2+2\zeta_k\omega_ks+\omega_k^2}\tag{4-25}$$

其中，A_0 是 $C(s)$ 在输入极点 s 处的留数，可按下式计算：

$$A_0=\lim_{s\to0}sC(s)=\frac{b_m}{a_n}\tag{4-26}$$

即 A_0 等于闭环传递函数中的常数项比值。A_j 是 $C(s)$ 在闭环实数极点 p_j 处的留数，可按下式计算：

$$A_j=\lim_{s\to p_j}(s-p_j)C(s)\quad(j=0,1,2,\cdots,q)\tag{4-27}$$

而系数 B_k 和 C_k 则是与 $C(s)$ 在闭环复数极点 $s=-\zeta_k\omega_k\pm\mathrm{j}\omega_k\sqrt{1-\zeta_k^2}$ 处的留数有关的常系数。

对式（4-25）进行拉氏反变换，可得高阶系统在零初始条件下的单位阶跃响应，即

$$\begin{aligned}c_{\mathrm{h}}(t)=&A_0+\sum_{j=1}^{q}A_j\mathrm{e}^{p_jt}+\sum_{k=1}^{r}B_k\mathrm{e}^{-\zeta_k\omega_kt}\cos\sqrt{1-\zeta_k^2}\omega_kt\\&+\sum_{k=1}^{r}\frac{C_k-B_k\zeta_k\omega_k}{\omega_k\sqrt{1-\zeta_k^2}}\mathrm{e}^{-\zeta_k\omega_kt}\sin\sqrt{1-\zeta_k^2}\omega_kt\end{aligned}\tag{4-28}$$

式（4-28）表明，高阶系统的时间响应是由一些一阶系统和二阶系统的时间响应函数组成的。如果所有闭环极点都具有负实部，那么随着时间 t 的增大，式（4-28）中的指数项和阻尼正弦（余弦）项均趋近于零，高阶系统是稳定的，其稳态输出量为 A_0。

显然，对于稳定的高阶系统而言，闭环极点的负实部绝对值越大，其对应的响应分量衰减得越迅速；反之，则衰减得越缓慢。应当指出，系统时间响应的类型虽然取决于闭环极点的性质和大小，然而时间响应的形状却与闭环零点有关。这一结论可以从式（4-28）看出，输入量 $R(s)$ 的极点产生稳态输入项 A_0，闭环极点则包含在指数项和阻尼正弦项的指数中。至于闭环零点，虽不影响这些指数，但却影响留数的大小和符号，而实际的时间响应曲线，既取决于指数项和阻尼正弦项的指数，又取决于这些项的系数。因此，高阶系统时域响应可总结如下：

1）高阶系统时域响应的暂态分量通常由一阶系统和二阶系统的时域响应分量合成，由传递函数极点所对应的拉氏反变换产生。稳态分量由输入信号极点所对应的拉氏反变换产生。

2）系统暂态分量的形式由闭环极点的性质决定，而系统调节时间的长短与闭环极点负实部绝对值的大小有关。如果闭环极点远离虚轴，则相应的暂态分量就衰减得快，系统的调节时间也就短。而闭环零点只影响系统暂态分量幅值的大小和符号。

3）如果闭环传递函数中有一极点 p_k 距坐标原点很远，则当 $n>m$ 时，极点 p_k 所对应的暂态分量不仅持续时间短，而且其对应的幅值也很小，因此，它产生的暂态分量可略去不计。这样可对系统传递函数进行降阶处理，系统降阶时应保持其稳态增益不变。式（4-24）可近似为

$$\Phi(s)=\frac{C(s)}{R(s)}=\frac{K}{-P_k}\frac{\prod_{i=1}^{m}(s-z_i)}{\prod_{\substack{i=1\\i\neq k}}^{n}(s-p_i)}$$

4）如果所有的闭环极点均具有负实部，则由式（4-28）可知，随着时间的推移，式中所有的暂态分量将不断地衰减，最后该式的右端只剩下由输入控制信号的极点所确定的稳态分量 A_0 项。它表示在过渡过程结束后，系统的被控制量仅与其控制量有关。

例 4-5 设系统闭环传递函数为

$$\Phi(s)=\frac{5(s^2+5s+6)}{s^3+6s^2+10s+8}$$

试求系统的单位阶跃响应。

解：对闭环传递函数进行因式分解，可得

$$\Phi(s)=\frac{5(s+2)(s+3)}{(s+4)(s^2+2s+2)}$$

系统在单位阶跃输入下，输出量的拉氏变换为

$$C(s)=\frac{5(s+2)(s+3)}{s(s+4)(s^2+2s+2)}$$

由于
$$s^2+2s+2=(s+1+\mathrm{j})(s+1-\mathrm{j})$$

因此，C（s）可以展开成如下部分分式

$$C(s)=\frac{A_0}{s}+\frac{A_1}{s+4}+\frac{A_2}{s+1+j}+\frac{A_3}{s+1-j}$$

式中，A_2 与 A_3 共轭。

由式（4-26）和式（4-27）可以算出：$A_0=15/4$，$A_1=-1/4$，$A_2=(-7+\mathrm{j})/4$，$A_3=(-7-\mathrm{j})/4$。

于是得

$$c_{\mathrm{h}}(t)=\frac{15}{4}-\frac{1}{4}\mathrm{e}^{-4t}+\frac{1}{4}\mathrm{e}^{-t}(-14\cos t+2\sin t)$$

$$=\frac{15}{4}-\frac{1}{4}\mathrm{e}^{-4t}-\frac{\sqrt{200}}{4}\mathrm{e}^{-t}\cos(t+352^\circ)$$

二、闭环主导极点

如果系统中有一个极点（或一对复数极点）与虚轴的距离较近，且其附近没有闭环零点；而其他闭环极点与虚轴的距离都比该极点与虚轴的距离大五倍以上，则此系统的响应可近似地视为由这个（或这对）极点所产生。这是因为这种极点所决定的暂态分量不仅持续时间最长，而

且其初始幅值也较大，充分体现了它在系统响应中的主导作用，往往称其为系统的主导极点。略去非主导极点，就可以化高阶系统为低阶系统。采用主导极点代替系统全部闭环极点来估算系统动态性能指标的方法称为主导极点法。

下面通过例题说明主导极点在系统响应中的作用。

例 4-6　已知系统的闭环传递函数为

$$\frac{C(s)}{R(s)}=\frac{30}{(s+15)(s^2+2s+2)}$$

求系统的单位阶跃响应。

解：该系统有一对靠近虚轴的复数极点 $s_{1,2}=-1\pm j1$ 和一个远离坐标原点的实数极点 $s_3=-15$。

令 $R(s)=1/s$，则系统的输出为

$$C(s)=\frac{30}{s(s+15)(s^2+2s+2)}$$

用部分分式法将上式展开，并进行拉氏反变换，得

$$c(t)=1-0.01e^{-15t}-1.511e^{-t}\cos(t-49.07°)$$

显然，由极点 $s_3=-15$ 产生的瞬态响应项不仅幅值小，而且衰减快，因而对系统的输出影响很小，故可把它略去。于是，系统的输出可近似地用下式表示：

$$c(t)\approx 1-1.511e^{-t}\cos(t-49.07°)$$

三、偶极子

如果闭环系统的一个零点与一个极点十分靠近（通常，零、极点之间的距离比它们本身的模值小一个数量级），则称这样的闭环零、极点为一对偶极子。偶极子有实数偶极子和复数偶极子两种，复数偶极子必共轭出现。不难证明，只要偶极子不十分靠近坐标原点，则它们对系统暂态响应的影响就很小，因而可忽略它们的存在。如果偶极子十分靠近坐标原点，则应考虑对系统暂态响应的影响，但不会改变系统主导极点的作用。

第五节　线性系统的稳定性分析

稳定性是控制系统的重要性能，也是系统能够工作的首要条件。如何分析系统的稳定性并提出保证系统稳定的措施，是自动控制理论的基本任务之一。

一、稳定性的概念

控制系统在实际运行过程中，总会受到外界和内部因素的扰动，在扰动作用下都会产生偏差。若线性定常系统在干扰作用下，离开了原来的平衡状态，在干扰作用消失后，随着时间的推移系统能够恢复到原来的平衡状态，则称系统是稳定的；反之，若系统不能恢复到原来的平衡状态，则称系统是不稳定的。

通常，线性定常系统的稳定性表现为其时域响应的收敛性。当把控制系统的响应分为瞬态响应和稳态响应时，若随着时间的推移，其瞬态响应逐渐衰减，系统的响应最终收敛到稳态，则称该控制系统是稳定的；而如果瞬态响应是发散的，则称该控制系统是不稳定的。

二、线性系统稳定的充要条件

脉冲信号可被视为一种典型的扰动信号。根据线性系统稳定性的定义，若对线性系统在初始

状态为零时输入单位脉冲函数 $\delta(t)$，就可以得到一个输出，即单位脉冲响应 $c(t)$。显然，若 $\lim\limits_{t\to\infty}c(t)=0$，则系统稳定；若 $\lim\limits_{t\to\infty}c(t)=\infty$，则系统不稳定。

设线性定常系统的闭环传递函数的为

$$\Phi(s)=\frac{C(s)}{R(s)}=\frac{b_0s^m+b_1s^{m-1}+\cdots+b_{m-1}s+b_m}{a_0s^n+a_1s^{n-1}+\cdots+a_{n-1}s+a_n}=\frac{M(s)}{D(s)}\quad(n>m)$$

若输入一个单位脉冲函数即 $r(t)=\delta(t)$，$R(s)=1$，则系统输出量的拉氏变换为

$$C(s)=\Phi(s)R(s)=\Phi(s)$$

设 s_i（$i=1,2,\cdots,n$）为系统的 n 个特征根，且彼此不相等，则系统的脉冲响应为

$$c(t)=\sum_{i=1}^{n}A_i\mathrm{e}^{s_it}$$

式中，A_i 为 $C(s)$ 在 $s=s_i$ 处的留数，可由下式计算

$$A_i=\lim_{s\to s_i}C(s)(s-s_i)$$

要使系统稳定，必须有

$$\lim_{t\to\infty}c(t)=0$$

即

$$\lim_{t\to\infty}\sum_{i=1}^{n}A_i\mathrm{e}^{s_it}=0$$

显然，要使上式为零，则其中的每一项必须为零，即

$$\lim_{t\to\infty}A_i\mathrm{e}^{s_it}=0,\quad i=1,2,\cdots,n \tag{4-29}$$

由式（4-29）不难看出，只有当系统的特征根全部具有负实部时，才有 $\lim\limits_{t\to\infty}A_i\mathrm{e}^{s_it}=0$，即 $\lim\limits_{t\to\infty}c(t)=0$，系统才能稳定。若有一个或一个以上的根有正实部，则 $\lim\limits_{t\to\infty}c(t)=\infty$，系统发散，不稳定。因此，系统稳定的充要条件为：闭环系统特征方程的所有根都具有负实部，或者说，系统所有的特征根必须位于复平面 s 的左半平面上（不包括虚轴）。如果 s_0 是特征方程的 l 重根，则脉冲响应中含有相应模态

$$\mathrm{e}^{s_0t},\ t\mathrm{e}^{s_0t},\ t^2\mathrm{e}^{s_0t},\ \cdots,\ t^{l-1}\mathrm{e}^{s_0t}$$

当时间 t 趋于无穷大时，是否收敛到零，仍然取决于重特征根 s_0 是否具有负实部。当系统有纯虚根时，系统处于临界稳定状态，脉冲响应呈现等幅振荡。由于系统参数的变化以及扰动是不可避免的，实际上等幅振荡不可能永远维持下去，系统很可能会由于某些因素而导致不稳定。另外，从工程实践的角度看，这类系统也不可能正常工作。因此，经典控制理论中将临界稳定系统划归到不稳定系统之列。

系统的稳定性与初始条件及输入信号无关，它取决于系统本身的结构和参数，是系统的固有特性。如果线性定常系统稳定，则它一定是大范围稳定的，且原点是其唯一的平衡点。

三、稳定判据

既然线性定常系统的稳定性完全取决于其特征方程的根在复平面上的位置，那么，通过求解特征方程的全部根，就可以判定线性系统的稳定性了。在当今的科技条件下，用计算机求解一个代数方程的根并非难事。但是在过去，当系统阶数高于 4 时，求解特征方程将会遇到较大的困难，计算相当繁琐。为了避开对特征方程直接求解，而又能判定特征根是在复平面左半平面还是右半平面，数学家们创造了一些代数方法来解决这个问题，这些方法统称为代数稳定判据。其中最重要的一个判据是由劳斯(E. J. Routh)于 1877 年首先提出的，称为劳斯稳定判据。劳斯稳定判据是基于特征方程式的根和系数的关系建立的，通过对系统特征方程式的各项系数进行代数运算，得出全部根具有负实部的条件，从而判断系统的稳定性。有关劳斯稳定判据的数学论证，这

里不作叙述。本节仅介绍劳斯稳定判据的有关结论及其在判别系统稳定性方面的应用。

1. 系统稳定的必要条件

设系统特征方程为

$$\begin{aligned}D(s) &= a_0 s^n + a_1 s^{n-1} + \cdots + a_{n-1}s + a_n \\ &= a_0\left(s^n + \frac{a_1}{a_0}s^{n-1} + \frac{a_2}{a_0}s^{n-2} + \cdots + \frac{a_n}{a_0}\right) \\ &= a_0(s-s_1)(s-s_2)\cdots(s-s_n) = 0\end{aligned}$$

式中，s_1，s_2，…，s_n 为系统的特征根。

由根与系数的关系可得

$$\frac{a_1}{a_0} = -\sum_{i=1}^{n} s_i$$

$$\frac{a_2}{a_0} = +(s_1s_2 + s_1s_3 + \cdots + s_{n-1}s_n) = \sum_{\substack{i,j=1\\ i\neq j}}^{n} s_is_j$$

$$\frac{a_3}{a_0} = -(s_1s_2s_3 + s_1s_2s_4 + \cdots + s_{n-2}s_{n-1}s_n) = -\sum_{\substack{i,j,k=1\\ i\neq j\neq k}}^{n} s_is_js_k$$

$$\vdots$$

$$\frac{a_n}{a_0} = (-1)^n \prod_{i=1}^{n} s_i$$

由上式可知，要使全部特征根 s_1，s_2，…，s_n 均具有负实部，就必须满足以下两个条件：

1）特征方程的各项系数 a_i（$i=0$，1，2，…，n）都不等于零。因为，若有一个系数为零，则必出现实部为零或实部有正有负的特征根，此时系统为临界稳定（根在虚轴上）或不稳定（根的实部为正）。

2）特征方程的各项系数 a_i 的符号都相同。按照惯例，a_0 一般取正值，因此，有

$$a_i > 0 \quad (i=0,\ 1,\ 2,\ \cdots,\ n)$$

上述两个条件可归结为系统稳定的必要条件是特征方程式的系数全部大于0，且不缺项。

2. 劳斯稳定判据

（1）劳斯稳定判据的内容　设控制系统的特征方程式为

$$D(s) = a_0 s^n + a_1 s^{n-1} + a_2 s^{n-2} + \cdots + a_{n-1}s + a_n = 0$$

满足稳定的必要条件。

将上式的各项系数按下面的格式排成劳斯阵列表：

$$\begin{array}{llllll}
s^n & a_0 & a_2 & a_4 & a_6 & \cdots \\
s^{n-1} & a_1 & a_3 & a_5 & a_7 & \cdots \\
s^{n-2} & b_1 & b_2 & b_3 & b_4 & \cdots \\
s^{n-3} & c_1 & c_2 & c_3 & c_4 & \cdots \\
\vdots & \vdots & \vdots & \vdots & \vdots & \\
s^2 & d_1 & d_2 & d_3 & & \\
s^1 & e_1 & e_2 & & & \\
s^0 & f_1 & & & &
\end{array}$$

其中，第1行和第2行的系数由特征方程各项系数构成，第3行以后的系数，根据下式计算

$$b_1=\frac{a_1a_2-a_0a_3}{a_1},\quad b_2=\frac{a_1a_4-a_0a_5}{a_1},\quad b_3=\frac{a_1a_6-a_0a_7}{a_1},\ \cdots\cdots$$

$$c_1=\frac{b_1a_3-a_1b_2}{b_1},\quad c_2=\frac{b_1a_5-a_1b_3}{b_1},\quad \cdots\cdots$$

用同样的方法，可求取表中其余行的系数，即

$$劳斯系数=\frac{(上行最左列)\times(上二行右列)-(上二行最左列)\times(上行右列)}{上行最左数}$$

劳斯稳定判据是根据劳斯阵列表第一列系数符号的变化，判断特征方程的根在 s 平面上的分布。它给出系统稳定的充要条件是劳斯阵列表中第一列系数都大于零；如果第一列系数的符号有变化，其符号改变的次数等于该特征方程式的根在 s 右半平面上的个数，相应的系统为不稳定。

例 4-7　设控制系统的特征方程为

$$D(s)=s^4+2s^3+3s^2+4s+3=0$$

试用劳斯稳定判据判断系统的稳定性。

解：由方程的系数可知，系统已满足稳定的必要条件。列劳斯阵列表如下：

s^4	1	3	3
s^3	2	4	0
s^2	1	3	
s^1	−2		
s^0	3		

由劳斯表的第一列可以看出，第一列系数不全为正值，所以，控制系统不稳定。第 1 列元素符号改变 2 次，说明闭环系统有两个正实部的根，即在 s 右半平面有两个闭环极点，因而系统是不稳定的。

（2）劳斯稳定判据的特殊情况　当应用劳斯稳定判据分析线性系统的稳定性时，有时会遇到两种特殊情况，使得劳斯阵列表中的计算无法进行下去，必须进行一些相应的数学处理，处理的原则是不影响劳斯稳定判据的结果。

1）劳斯表中某一行中的第一项元素为零，而该行的其余各项不为零或不全为零，这种情况的出现使劳斯表无法计算下去，劳斯稳定判据的运用失效。为了克服这种困难，可用一个正无穷小量 ε 代替第一列的 0 元素，继续进行运算，完成劳斯阵列表的构造，最后，令 $\varepsilon\to0$。或者用因子（$s+a$）乘以原特征方程，其中 a 为任意正数，再对新的特征方程列写劳斯阵列表。若第一列系数符号相同，则表示该方程中有一对共轭虚根存在，相应的系统也不稳定。

例 4-8　设系统的特征方程式为

$$s^4+2s^3+s^2+2s+1=0$$

试用劳斯稳定判据判别系统稳定性。

解：列劳斯阵列表：

s^4	1	1	1
s^3	2	2	0
s^2	0 (ε)	1	
s^1	$2-2/\varepsilon$		
s^0	1		

由劳斯阵列表可知，第一列元素符号改变两次，因此，系统有两个正实部的根，系统不稳定。对于本例，用（$s+1$）乘以原特征方程，可得

$$s^5+3s^4+3s^3+3s^2+3s+1=0$$

列劳斯阵列表：

s^5	1	3	3
s^4	3	3	1
s^3	2	8/3	0
s^2	−1	1	
s^1	14/3		
s^0	1		

由劳斯阵列表可知，第一列元素符号改变两次，有两个正实部的根，因而系统不稳定。

例 4-9　已知系统的特征方程式为

$$s^3+2s^2+s+2=0$$

试判别系统的稳定性。

解：根据方程列劳斯阵列表：

s^3	1	1
s^2	2	2
s^1	0 (ε)	
s^0	2	

劳斯阵列表中第一列系数有无穷小量且符号相同，表示该特征方程有一对共轭虚根存在，相应的系统为不稳定。

若对上述方程进行因式分解，有　$(s+2)(s^2+1)=0$

于是得特征方程的根为　$s_1=-2,\quad s_{2,3}=\pm \mathrm{j}$

这与劳斯稳定判据所得的结论一致。

2）劳斯表中出现全零行。这种情况表明特征方程中存在一些大小相等，但位置相反的根。例如，存在两个大小相等、符号相反的实根和（或）一对共轭纯虚根，或者实部与虚部分别等值且符号相反的对称于实轴的共轭复根。对于这种情况，可利用全零行的上一行系数构造一个辅助方程，对辅助方程求导，用求导后的方程的系数代替全零行的系数继续进行运算，从而完成劳斯阵列表的排列。这种情况的出现，往往是全零行上面两行的对应列元素相等或成比例。如果再仔细观察劳斯阵列表的构成就会发现，元素全为零的行必定出现在 s 的奇次行中，因为只有 s 的奇次行的上两行，非零元素的个数才可能相等。因此，辅助方程必定为 s 的偶次幂方程，其根成对出现。系统中这些大小相等、符号相反的根可以通过求解辅助方程求出。

例 4-10　设系统特征方程为

$$s^6+2s^5+8s^4+12s^3+20s^2+16s+16=0$$

试用劳斯稳定判据判别系统的稳定性。

解：列劳斯阵列表：

s^6	1	8	20	16
s^5	2	12	16	0
s^4	2	12	16	
s^3	0	0	0	

出现全零行，故用全零行上一行的系数组成如下辅助方程：

$$F(s)=2s^4+12s^2+16=0$$

对辅助方程关于 s 求导，得

$$\frac{\mathrm{d}F(s)}{\mathrm{d}s}=8s^3+24s=0$$

用上述方程的系数代替原表中的全零行，继续运算，得

$$\begin{array}{lllll}
s^6 & 1 & 8 & 20 & 16\\
s^5 & 2 & 12 & 16 & 0\\
s^4 & 2 & 12 & 16 & \\
s^3 & 8 & 24 & & \\
s^2 & 6 & 16 & & \\
s^1 & 8/3 & & & \\
s^0 & 16 & & &
\end{array}$$

从上述劳斯阵列表中可知，第一列各项系数均为正，说明系统没有右半平面的特征根，但因为 s^3 行的各项元素都为零，说明虚轴上有共轭复根。该根可由解辅助方程求得，即解

$$s^4+6s^2+8=0$$

得系统特征方程的共轭复根为

$$s_{1,2}=\pm\sqrt{2}\mathrm{j},\qquad s_{3,4}=\pm 2\mathrm{j}$$

系统处于临界稳定状态。此外，很容易求得特征方程的另外两个根为 $s_{5,6}=-1\pm\mathrm{j}$。

（3）劳斯稳定判据的应用　劳斯稳定判据可以用来确定系统个别参数变化对系统稳定性的影响，以及使系统稳定的某些参数的取值范围。但如果应用劳斯稳定判据判断出系统不稳定，则这种判据并不能直接指出如何使系统达到稳定；如果判别系统是稳定的，它也不能指出系统是否具备满意的动态过程。换句话说，它不能表明特征方程的根相对于 s 平面上虚轴的距离，因为如果实部为负的特征方程的根紧靠虚轴，则动态过程将具有强烈的振荡特性或缓慢的非周期特性。所以为了保证系统具有良好的动态响应，常希望特征方程的根与 s 平面上虚轴之间有一定的距离。为此，可将 s 平面的虚轴向左平移一个常值 a，而 a 是要求的根与虚轴之间的距离，然后用新变量 $s_1=s+a$ 代入原特征方程，得到一个以 s_1 为变量的新特征方程。对新的特征方程应用劳斯稳定判据，可得位于垂直线 $s=-a$ 右边的根的数目。

例 4-11　试确定图 4-18 所示系统 K 值的许用范围。

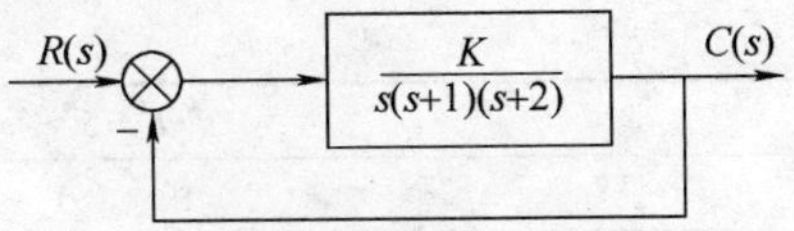

图 4-18　系统结构图

解：系统闭环传递函数为

$$\Phi(s)=\frac{K}{s(s+1)(s+2)+K}$$

特征方程为 $D(s)=s(s+1)(s+2)+K=s^3+3s^2+2s+K=0$

列劳斯阵列表：

$$\begin{array}{lll}
s^3 & 1 & 2\\
s^2 & 3 & K\\
s^1 & 2-K/3 & 0\\
s^0 & K &
\end{array}$$

要使系统稳定，劳斯阵列表中第 1 列元素必须全为正，即

$$\begin{cases}2-K/3>0\\ K>0\end{cases}$$

解得

$$0<K<6$$

例 4-12　已知 $\Phi(s)=\dfrac{K}{s(0.1s+1)(0.25s+1)+K}$，要求闭环系统特征方程的根全部位于 $s=-1$ 垂直线之左，求 K 值范围。

解：系统特征方程为　$D(s)=0.025s^3+0.35s^2+s+K=0$

为计算方便，方程两边同乘 40，得

$$s^3+14s^2+40s+40K=0$$

令 $s=s_1-1$，代入上式得

$$D(s_1)=s_1^3+11s_1^2+15s_1+(40K-27)$$

列写以 s_1 为变量的劳斯阵列表：

$$\begin{array}{lcc} s_1^3 & 1 & 15 \\ s_1^2 & 11 & 40K-27 \\ s_1^1 & \dfrac{165-(40K-27)}{11} & \\ s_1^0 & 40K-27 & \end{array}$$

据劳斯稳定判据，有

$$\begin{cases}165-(40K-27)>0\\ 40K-27>0\end{cases}$$

解得

$$0.675<K<4.8$$

因此，使闭环系统特征方程的根全部位于 $s=-1$ 垂直线之左的 K 值范围为

$$0.675<K<4.8$$

例 4-13　在图 4-19 所示系统中，当 $K=5$、9、10 时，判断系统的稳定性。

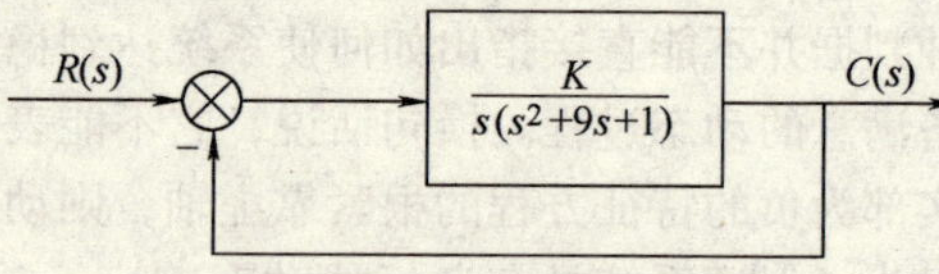

图 4-19　系统结构图

解：系统闭环传递函数为

$$\Phi(s)=\frac{K}{s(s^2+9s+1)+K}$$

则闭环特征方程为　$D(s)=s^3+9s^2+s+K$

当 $K=5$、9、10 时，列写的劳斯阵列表见表 4-1。

表 4-1　劳斯阵列表

	$K=5$	$K=9$	$K=10$
s^3	1　1	1　1	1　1
s^2	9　5	9　9	9　10
s^1	4/9	0	−1/9
s^0	5	9	10
结论	稳定	临界稳定	不稳定

由本例可以看出，随着 K 值增大，系统的稳定性越来越差。通过进一步分析可知：

1）当 $K=5$ 时，由于

$$D(s)=s^3+9s^2+s+5\approx(s+8.95)(s^2+0.05s+0.558)$$

故

$$\Phi(s)=\frac{5}{s^3+9s^2+s+5}\approx\frac{0.558}{s^2+0.05s+0.558}$$

相应有

$$\omega_n=0.74,\quad \zeta=0.034$$

2）当 $K=9$ 时，由于

$$D(s)=s^3+9s^2+s+9=(s+9)(s^2+1)$$

故
$$\Phi(s)=\frac{9}{s^3+9s^2+s+9}\approx\frac{1}{s^2+1}$$

相应有
$$\omega_n=1,\ \zeta=0$$

3）当 $K=10$ 时，由于

$$D(s)=s^3+9s^2+s+10\approx(s+9.012)(s^2-0.012s+1.108)$$

故
$$\Phi(s)=\frac{10}{s^3+9s^2+s+10}\approx\frac{1.108}{s^2-0.012s+1.108}$$

相应 ζ 为负值。

这也就是说，K 值增大，ζ 值减小，直到不稳定。对于该例，当 $K=5$ 时，虽然系统稳定，但 $\zeta=0.034$，其值过小，系统过渡过程振荡严重，超调量大。因此，对于稳定系统还要求 $\zeta>0.4$，且特征方程的根远离虚轴一定距离 $a=\zeta\omega_n=3.5/t_s$，其中 t_s 为设计要求的调节时间。只有这样，才能保证系统过渡过程的平稳性和快速性，以及使系统有一定的稳定储备。

一般来说，很难仅靠改变 K 值同时满足上述要求，需要采用其他校正办法。

第六节　控制系统的稳态误差分析和计算

对控制系统的基本要求是稳定、准确、快速。稳定是控制系统能够工作的首要前提，一个稳定控制系统的性能由动态性能和稳态性能两部分组成。稳态性能用系统的稳态误差 e_{ss} 表示，它是系统控制精确度的度量。控制系统的输出应尽量准确地跟随输入的变化，同时尽量不受扰动的影响。一个符合要求的系统，其稳态误差必须控制在允许的范围之内。只有在满足要求控制精度的前提下，再对它进行过渡过程分析才有实际意义。因此，稳态误差也是控制系统的重要性能指标，它和系统的动态性能指标具有同样的重要性。

对于一个实际的控制系统，由于系统本身的结构、元件的不完善（如静摩擦、间隙、放大器的零点漂移及元件老化等），输入作用的类型（输入量或扰动量）、输入函数的形式（阶跃、斜坡或加速度）不同，控制系统的稳态输出量不可能在任何情况下都保持与输入量一致或相当，也不可能在任何形式的扰动作用下都能准确地恢复到原来的位置，因此，都会造成系统的稳态误差。

本节主要介绍稳态误差的概念及稳态误差的计算方法，包括静态误差系数法和动态误差系数法。

一、误差和稳态误差的定义

控制系统的结构图一般可用图 4-20 的形式表示。当输入信号 $R(s)$ 与主反馈信号 $B(s)$ 不相等时，比较装置就会有偏差信号 $E(s)$ 输出，此时，系统在偏差信号 $E(s)$ 的作用下产生动作，使输出量趋于希望值。

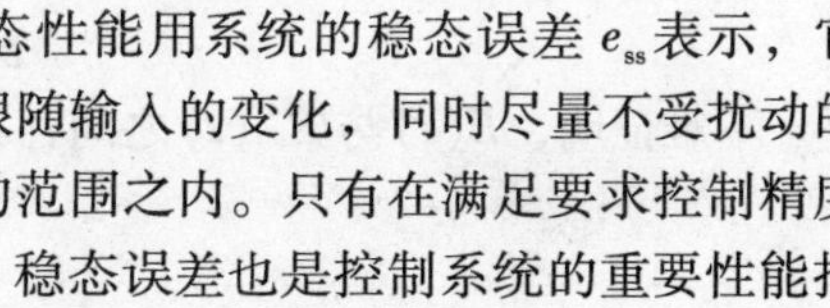

图 4-20　控制系统结构图

系统的误差通常有两种定义方法，即按输入端定义和按输出端定义。

1. 按输入端定义的误差

系统的输入信号与主反馈信号之差，称为系统的误差（或偏差），即

$$E(s)=R(s)-B(s)$$

或者，可将误差表示成时间的函数，即

$$e(t)=r(t)-b(t)=L^{-1}[E(s)]$$

当 $t\to\infty$ 时，$e(t)$ 的稳态分量称之为稳态误差，记为 e_{ss}。由终值定理可知

$$e_{ss}=\lim_{t\to\infty}e(t)=\lim_{s\to 0}sE(s)$$

这种误差定义法有一定的物理意义，可以进行测量。

2. 按输出端定义的误差

这种误差为系统希望输出量与系统实际输出量之差，即

$$E^*(s)=C_x(s)-C(s)$$

式中，$C_x(s)$ 为系统希望输出量；$C(s)$ 为系统实际输出量。

使用这种方法定义的误差，在系统性能指标的提法中经常使用，但在实际系统中有时无法测量，因而一般只有数学意义。上述两种定义误差的方法，存在一定的内在联系。将图 4-20 经过等效变换，可以化成图 4-21 的形式，则 $R^*(s)$ 代表输出量的希望值。因而

$$E^*(s)=R^*(s)-C(s)=\frac{R(s)}{H(s)}-C(s)$$

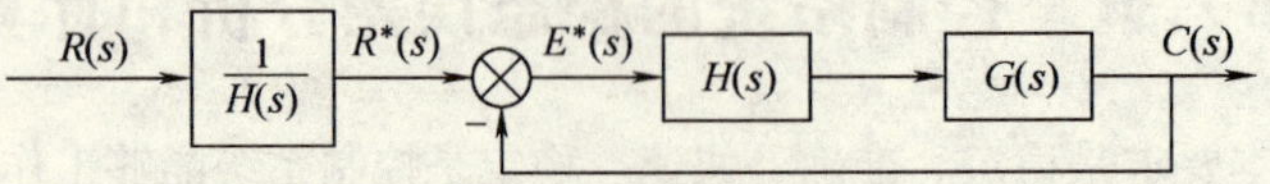

图 4-21 系统等效结构图

不难证明，$E(s)$ 与 $E^*(s)$ 之间存在如下简单关系：

$$E^*(s)=\frac{E(s)}{H(s)}$$

对于单位反馈系统，按输入端定义的误差与按输出端定义的误差相同，即

$$E(s)=R(s)-C(s)$$

$$e(t)=r(t)-c(t)$$

以下对误差的分析与计算，均采用按输入端定义的误差 $E(s)$。

稳态误差通常有两种含义，一种是指时间趋于无穷大时误差的值，即 $e_{ss}=\lim_{t\to\infty}e(t)$，称为静态误差或终值误差；另一种是指误差中的稳态分量，称为动态误差。当误差随时间趋于无穷大时，终值误差不能反映稳态误差随时间的变化规律，具有一定的局限性。

二、计算稳态误差的一般方法

图 4-20 所示系统的误差传递函数为

$$\Phi_E(s)=\frac{E(s)}{R(s)}=\frac{1}{1+G(s)H(s)}$$

则误差为

$$E(s)=\frac{1}{1+G(s)H(s)}R(s) \tag{4-30}$$

根据终值定理，稳态误差为

$$e_{ss}=\lim_{s\to 0}sE(s)=\lim_{s\to 0}\frac{sR(s)}{1+G(s)H(s)} \tag{4-31}$$

式（4-30）和式（4-31）是系统在控制信号作用下计算稳态误差的基本公式。

计算稳态误差的实质是利用终值定理。该方法适用于各种情况下稳态误差的计算，既可以求输入作用下的稳态误差，也可以求干扰作用下的稳态误差。具体计算分三步进行：

1）判断系统的稳定性。系统不稳定时，求稳态误差没有意义。另外，计算稳态误差时要用终值定理，终值定理应用的条件是除原点外，$sE(s)$ 的分母多项式的根处于不包括虚轴的左半 s 平面。

2）求误差传递函数。

3）用终值定理求稳态误差。

三、静态误差系数法

由式（4-31）可以看出，控制系统的稳态误差与开环传递函数 $G(s)H(s)$ 的结构和输入函数 $R(s)$ 的形式有关。在一般情况下，开环系统的传递函数可写为

$$G(s)H(s)=\frac{K(1+\tau_1 s)(1+\tau_2 s)\cdots(1+\tau_m s)}{s^{\nu}(1+T_1 s)(1+T_2 s)\cdots(1+T_{n-\nu}s)}$$

式中，K 为系统的开环增益；ν 为系统的型别，$\nu=0$，称为 0 型系统；$\nu=1$，称为Ⅰ型系统；$\nu=2$，称为Ⅱ型系统，依次类推。由于Ⅱ型以上的系统实际上很难使之稳定，所以这种类型的系统除航天控制系统外，在实际控制工程中一般不会采用。

为了便于讨论，将上述 $G(s)H(s)$ 的表达式写成如下形式：

$$G(s)H(s)=\frac{K}{s^{\nu}}G_0(s)H_0(s)$$

式中

$$G_0(s)H_0(s)=\frac{(1+\tau_1 s)(1+\tau_2 s)\cdots(1+\tau_m s)}{(1+T_1 s)(1+T_2 s)\cdots(1+T_{n-\nu}s)}$$

当 $s\to0$ 时，$G_0(s)H_0(s)\to1$，因此，系统的稳态误差计算公式可进一步表示为

$$\begin{aligned}e_{ss}&=\lim_{s\to0}\frac{sR(s)}{1+G(s)H(s)}\\&=\lim_{s\to0}\frac{sR(s)}{1+\dfrac{K}{s^{\nu}}}\\&=\frac{\lim\limits_{s\to0}[s^{\nu+1}R(s)]}{\lim\limits_{s\to0}s^{\nu}+K}\end{aligned}\tag{4-32}$$

由式（4-32）可见，影响稳态误差的诸因素是系统的型别 ν、开环增益 K 以及输入信号 $R(s)$ 的形式和幅值。

由于系统实际的输入多为阶跃函数、斜坡函数和加速度函数，或者是它们的组合，因此下面讨论系统在阶跃、斜坡和加速度输入作用下的稳态误差计算问题。

1. 阶跃输入作用下的稳态误差

设系统的输入信号为幅值等于 R 的阶跃函数，即 $r(t)=R\cdot1(t)$，则其拉氏变换为 $R(s)=R/s$，由式（4-32）得各型系统的稳态误差为

0 型系统（$\nu=0$）　　$e_{ss}=\dfrac{\lim\limits_{s\to0}\left(s\dfrac{R}{s}\right)}{1+K}=\dfrac{R}{1+K}$

Ⅰ型系统（$\nu=1$）　　$e_{ss}=\dfrac{\lim\limits_{s\to0}\left(s^2\dfrac{R}{s}\right)}{\lim\limits_{s\to0}s+K}=0$

高于Ⅰ型的系统　　$e_{ss}=0$

习惯上常用静态位置误差系数 K_p 表示各型系统在阶跃输入作用下的位置误差。由于

$$e_{ss}=\lim_{s\to 0}\frac{sR(s)}{1+G(s)H(s)}=\frac{R}{1+\lim\limits_{s\to 0}G(s)H(s)}$$

为了方便起见，令
$$K_p=\lim_{s\to 0}G(s)H(s)$$

容易看出，对于0型系统

$$K_p=\lim_{s\to 0}\frac{K(1+\tau_1 s)(1+\tau_2 s)\cdots(1+\tau_m s)}{(1+T_1 s)(1+T_2 s)\cdots(1+T_{n-\nu}s)}=K$$

对于Ⅰ型及Ⅰ型以上的系统，有

$$K_p=\lim_{s\to 0}\frac{K(1+\tau_1 s)(1+\tau_2 s)\cdots(1+\tau_m s)}{s^\nu(1+T_1 s)(1+T_2 s)\cdots(1+T_{n-\nu}s)}=\infty$$

于是，用静态位置误差系数 K_p 表示的位置误差为 $e_{ssp}=\dfrac{R}{1+K_p}$

由以上分析可以看出，如果要求系统对阶跃输入作用不存在稳态误差，必须选用Ⅰ型或Ⅰ型以上的系统。

2. 斜坡输入作用下的稳态误差

设系统的输入信号为斜坡（速度）函数，即 $r(t)=Rt$，其中 R 为速度输入函数的斜率，则 $r(t)$ 的拉氏变换为 $R(s)=R/s^2$，由式（4-32）得各型系统的稳态误差为

0型系统
$$e_{ss}=\frac{\lim\limits_{s\to 0}(sR/s^2)}{1+K}=\infty$$

Ⅰ型系统
$$e_{ss}=\frac{\lim\limits_{s\to 0}\left(s^2\dfrac{R}{s^2}\right)}{K}=\frac{R}{K}$$

Ⅱ型或Ⅱ型以上的系统
$$e_{ss}=0$$

如果用静态速度误差系数 K_v 表示在斜坡（速度）作用下的稳态误差，则将 $R(s)=R/s^2$ 代入式（4-31），得

$$\begin{aligned}e_{ss}&=\lim_{s\to 0}\frac{sR(s)}{1+G(s)H(s)}\\&=\lim_{s\to 0}\frac{R}{s+sG(s)H(s)}\\&=\frac{R}{\lim\limits_{s\to 0}sG(s)H(s)}\end{aligned}$$

令
$$K_v=\lim_{s\to 0}sG(s)H(s)$$

于是系统在斜坡输入作用下的稳态误差为 $e_{ssv}=R/K_v$。

显然，0型系统　　$K_v=0$，　$e_{ssv}=\infty$

Ⅰ型系统　　$K_v=K$，　$e_{ssv}=R/K$

Ⅱ型或高于Ⅱ型的系统　　$K_v=\infty$，　$e_{ssv}=0$

通常将上式表达的稳态误差称为速度误差。必须注意，速度误差并不是在速度上的误差，而是由斜坡输入 $r(t)=Rt$ 引起的在位置上的误差。

上述分析表明，0型系统在稳态时不能跟踪斜坡输入，对于Ⅰ型系统，稳态时存在一个位置误差，该误差与输入量的变化率 R 成正比，而与开环增益 K 成反比；对于Ⅱ型或高于Ⅱ型的系统，在稳态时能准确地跟踪斜坡输入，不存在位置误差。

3. 加速度输入作用下的稳态误差

设系统的输入信号为加速度函数 $r(t)=Rt^2/2$，其中 R 为常数，则其拉氏变换为 $R(s)=R/s^3$。

根据式（4-32）可得各型系统的稳态误差为

0 型及Ⅰ型系统　$e_{ss}=\infty$

Ⅱ型系统　$e_{ss}=R/K$

Ⅲ型及Ⅲ型以上系统　$e_{ss}=0$

如果用静态加速度误差系数 K_a 表示系统在加速度输入作用下的稳态误差，则将 $R(s)=R/s^3$ 代入式（4-31），得

$$e_{ss}=\lim_{s\to0}\frac{sR/s^3}{1+G(s)H(s)}=\lim_{s\to0}\frac{R}{s^2+s^2G(s)H(s)}=\frac{R}{\lim\limits_{s\to0}s^2G(s)H(s)}$$

令

$$K_a=\lim_{s\to0}s^2G(s)H(s)$$

于是系统在加速度作用下用 K_a 表示的稳态误差为

$$e_{ssa}=\lim_{s\to0}\frac{R}{s^2G(s)H(s)}=R/K_a$$

对于 0 型及Ⅰ型系统，$K_a=0$，因此，稳态误差 $e_{ssa}=R/K_a=\infty$；

对于Ⅱ型系统，$K_a=K$，因此，稳态误差 $e_{ssa}=R/K_a=R/K$；

对于Ⅲ型及Ⅲ型以上的系统，$K_a=\infty$，因而稳态误差 $e_{ssa}=0$。

与前面两种情况类似，加速度误差是指系统由于加速度输入而产生的位置误差。

显然，0 型及Ⅰ型反馈系统在稳态时都不能跟踪加速度输入；Ⅱ型反馈系统在稳态时能跟踪加速度输入，但存在一定的位置误差；Ⅲ型或高于Ⅲ型的系统在稳态时能准确跟踪加速度输入，不存在位置误差。

如果系统承受的输入信号是多种函数形式的组合，如

$$r(t)=R_0+R_1t+R_2t^2/2$$

则可以利用线性系统的叠加性，系统的稳态误差等于各输入分量单独作用于系统所产生的稳态误差之和，即

$$e_{ss}=\frac{R_0}{1+K_p}+\frac{R_1}{K_v}+\frac{R_2}{K_a}$$

显然，这时至少要采用Ⅱ型系统，否则稳态误差将为无穷大。由此可见，采用高型别系统对于提高系统的精度是十分有利的。

表 4-2 概括了 0 型、Ⅰ型和Ⅱ型系统在三种典型输入作用下的静态误差系数及其稳态误差。在对角线以上，稳态误差为无穷大，在对角线以下，稳态误差为零。

表 4-2　稳态误差表

系统型别	稳态误差系数			阶跃输入 $r(t)=R\cdot1(t)$	斜坡输入 $r(t)=Rt$	加速度输入 $r(t)=Rt^2/2$
ν	K_p	K_v	K_a	位置误差 $e_{ss}=R/(1+K_p)$	速度误差 $e_{ss}=R/K_v$	加速度误差 $e_{ss}=R/K_a$
0	K	0	0	$R/(1+K)$	∞	∞
Ⅰ	∞	K	0	0	R/K	∞
Ⅱ	∞	∞	K	0	0	R/K

由表 4-2 可见，静态误差系数越大，系统的稳态误差就越小。显然，静态误差系数与系统的开环传递函数有关，即与系统的结构和参数有关。在系统稳定的前提下，适当增大它的开环增益或提高它的型别，都能达到减小或消除稳态误差的目的。然而，这两种方法都会促使系统时域响应动态性能变坏，甚至导致系统不稳定，因此，系统的稳态精度和动态性能对系统的型别和开环增益的要求是相矛盾的。解决这一矛盾的基本方法是在系统中加入合适的校正装置。

应用静态误差系数法时，应注意其适用条件：系统必须稳定；误差是按输入端定义的；只能用于计算典型输入时的终值误差，并且输入信号不能有其他前馈通道。

例 4-14 求图 4-22 所示系统在 $r(t)=4+6t+3t^2$ 时的稳态误差 e_{ss}。

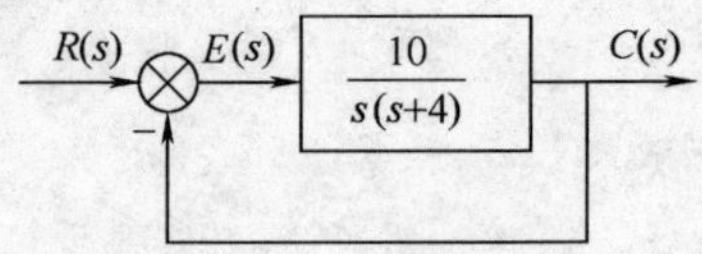

图 4-22 系统结构图

解：用静态误差系数法求稳态误差：

$$K_p=\lim_{s\to0}G(s)H(s)=\lim_{s\to0}\frac{10}{s(s+4)}=\infty$$

$$K_v=\lim_{s\to0}sG(s)H(s)=\lim_{s\to0}s\frac{10}{s(s+4)}=2.5$$

$$K_a=\lim_{s\to0}s^2G(s)H(s)=\lim_{s\to0}s^2\frac{10}{s(s+4)}=0$$

故

$$e_{ss}=\frac{4}{1+K_p}+\frac{6}{K_v}+\frac{6}{K_a}=\infty$$

用式（4-31）求稳态误差：

$$e_{ss}=\lim_{s\to0}sE(s)=\lim_{s\to0}s\frac{1}{1+G(s)H(s)}R(s)=\lim_{s\to0}s\frac{s(s+4)}{s(s+4)+10}R(s)$$

$$r_1(t)=4\text{ 时},e_{ss1}=\lim_{s\to0}s\frac{s(s+4)}{s(s+4)+10}\frac{4}{s}=0$$

$$r_2(t)=6t\text{ 时},e_{ss2}=\lim_{s\to0}s\frac{s(s+4)}{s(s+4)+10}\frac{6}{s^2}=2.4$$

$$r_3(t)=3t^2\text{ 时},e_{ss3}=\lim_{s\to0}s\frac{s(s+4)}{s(s+4)+10}\frac{6}{s^3}=\infty$$

故

$$e_{ss}=e_{ss1}+e_{ss2}+e_{ss3}=\infty$$

该例系统为 I 型系统，因此，不能跟踪有加速度输入的信号，其稳态误差为无穷大。

四、扰动作用引起的稳态误差

1. 扰动作用引起的稳态误差的计算

实际的控制系统除了受到参考输入信号的作用外，还会受到来自系统内部和外部各种干扰的影响，如负载转矩的变化、放大器的零点漂移及电压的波动等，这些都会引起系统的稳态误差。在图 4-23 所示的系统中，$R(s)$ 为系统的参考输入，$N(s)$ 为系统的扰动作用。系统的稳态误差由两部分组成，可以利用叠加原理，先分别求出 $R(s)$ 和 $N(s)$ 单独作用时的稳态误差，然后求其代数和，就可得到总的稳态误差。

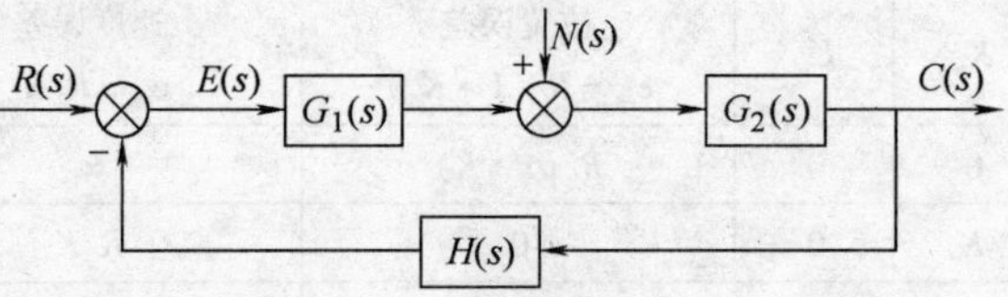

图 4-23 系统的结构图

令 $N(s)=0$，得由 $R(s)$ 单独作用下的稳态误差为

$$e_{ssR}=\lim_{s\to 0}s\frac{1}{1+G_1(s)G_2(s)H(s)}R(s)$$

下面求扰动 $N(s)$ 作用引起的稳态误差。

令 $R(s)=0$，在扰动 $N(s)$ 作用下，系统的误差传递函数为

$$\Phi_{EN}(s)=\frac{E_N(s)}{N(s)}=\frac{-G_2(s)H(s)}{1+G_1(s)G_2(s)H(s)}$$

则
$$E_N(s)=\frac{-G_2(s)H(s)}{1+G_1(s)G_2(s)H(s)}N(s)$$

应用终值定理，该扰动作用产生的稳态误差为

$$e_{ssN}=\lim_{s\to 0}sE_N(s)=\lim_{s\to 0}s\frac{-G_2(s)H(s)}{1+G_1(s)G_2(s)H(s)}N(s)$$

根据线性系统的叠加原理，系统总的稳态误差为

$$e_{ss}=e_{ssR}+e_{ssN}$$

例 4-15　求图 4-24 所示系统的稳态误差，设 $R(s)=N(s)=1/s$

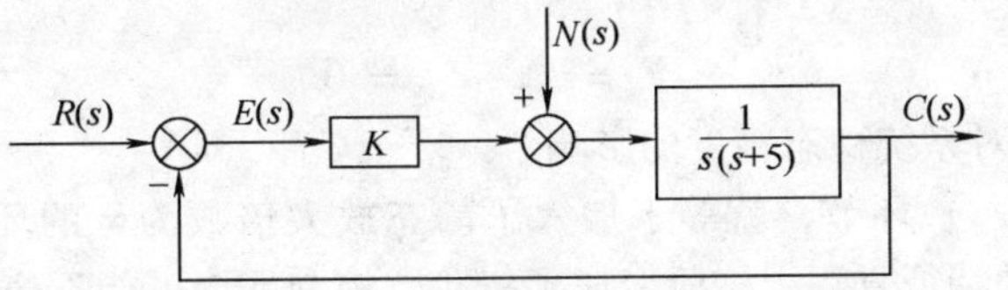

图 4-24　系统的结构图

解：令 $N(s)=0$，得

$$e_{ssR}=\lim_{s\to 0}s\frac{1}{1+\dfrac{K}{s(s+5)}}R(s)=\lim_{s\to 0}s\frac{s(s+5)}{s(s+5)+K}\frac{1}{s}=0$$

令 $R(s)=0$，得

$$e_{ssN}=\lim_{s\to 0}s\frac{-\dfrac{1}{s(s+5)}}{1+\dfrac{K}{s(s+5)}}N(s)=\lim_{s\to 0}s\left(-\frac{1}{s(s+5)+K}\right)\frac{1}{s}=-\frac{1}{K}$$

根据叠加原理，有

$$e_{ss}=e_{ssR}+e_{ssN}=-1/K$$

可见，无扰动时，该Ⅰ型系统在阶跃输入下，稳态误差为0。由于扰动的作用，使得系统在单位阶跃输入作用下，稳态误差 $e_{ss}\neq 0$，扰动对系统稳态精度有影响。增大 K 值，可以减小误差，若 $K\to\infty$，则 $e_{ss}=0$。然而加大 K 会使系统固有振荡频率 ω_n 增大，ζ 减小，系统的振荡加剧。

2. 消除扰动引起的稳态误差的方法

采用增大 K 值的方法，可以减小稳态误差，但也有一定的局限性。因此，通常采用比例积分调节器来消除外界干扰对稳态误差的影响。

所谓比例积分调节器，就是该控制装置的输出信号与输入信号之间成比例加积分的关系。在扰动作用的前面增加这样一个装置就使得扰动信号的反馈回路中出现积分元件，从而使阶跃扰动信号产生的稳态误差分量 $e_{ssN}=0$。

在例 4-15 中增加一个装置 $G_c(s)=1+a/s$，如图 4-25 所示。

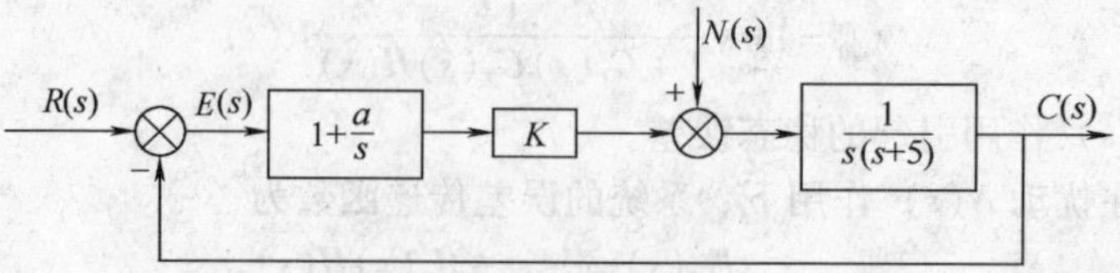

图 4-25　系统的结构图

则，当 $R(s)=N(s)=1/s$ 时，

先令 $R(s)=0$，得

$$e_{ssN}=\lim_{s\to 0}s\left(-\frac{\frac{1}{s(s+5)}}{1+\left(1+\frac{a}{s}\right)\frac{K}{s(s+5)}}\right)\frac{1}{s}=\lim_{s\to 0}\left(-\frac{s}{s^2(s+5)+K(s+a)}\right)=0$$

再令 $N(s)=0$，得

$$e_{ssR}=\lim_{s\to 0}s\frac{1}{1+\left(1+\frac{a}{s}\right)\frac{K}{s(s+5)}}\frac{1}{s}=\lim_{s\to 0}\frac{s^2(s+5)}{s^2(s+5)+K(s+a)}=0$$

故总的稳态误差为
$$e_{ss}=e_{ssR}+e_{ssN}=0$$
即完全排除了扰动作用对系统稳态精度的影响。

其实，增加 $(1+a/s)$ 环节，就等于加入了静态放大倍数为∞ 的环节，因此，稳态误差为 0，但同时使闭环系统的特征方程由二阶变成了三阶，控制系统可能不稳定。

一般而言，如果反馈控制系统对前向通道的扰动是一个阶跃函数，则只要保证系统稳定，并且在扰动作用点前有一个积分器，就可以消除阶跃扰动引起的稳态误差。同样，若扰动是一个斜坡函数，则只要保证系统稳定，并且在扰动作用点前有两个积分器，就可以消除斜坡扰动引起的稳态误差。另外需要注意的是：当扰动作用点在前向通道上时，通过环节的调整可以减小其影响，但当扰动作用点在反馈通道上时，则很难使扰动影响减小。

需要特别指出的是：稳态误差是稳定系统的一项性能指标，忘记了这个前提，就会产生错误的结果。

如对于图 4-26 所示的系统，若盲目计算 $r(t)=1(t)$ 时，$e_{ssp}=\lim_{s\to 0}s\left(\frac{1}{1+\frac{10}{s(s+1)^2}}\right)\frac{1}{s}=0$，就得到了一个错误结论。道理很简单，闭环系统不稳定，终值定理不能用。如输入信号为正弦信号，在稳态时，由于系统的误差和输出信号都是正弦函数，故不能用终值定理求取系统的稳态值，而要用其他的方法。

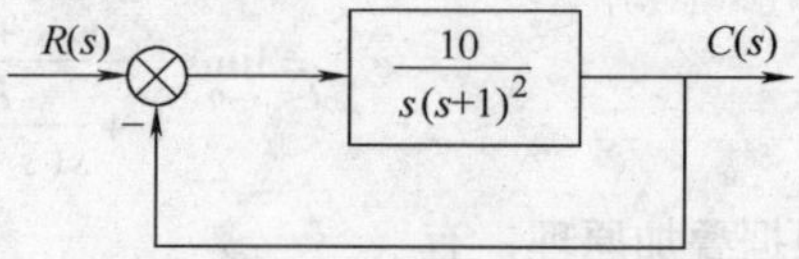

图 4-26　系统的结构图

为了减小系统的误差，可考虑采用以下途径：

1）系统的实际输出通过反馈环节与输入比较，因此反馈通道的精度对于减小系统误差是至关重要的，反馈通道元部件的精度要求要高，尽量避免在反馈通道引入扰动。

2）在保证系统稳定的前提下，对于输入引起的误差，可通过增大系统开环放大倍数和提高系统型别将其减小；对于扰动引起的误差，可通过在系统前向通道扰动点前加积分器和增大放大倍数将其减小。

3）有的系统要求的性能很高，既要求稳态误差小，又要求良好的动态性能。这时，单靠增大开环放大倍数或串入积分环节往往不能同时满足上述要求，可以采用加入复合控制（或称前馈控制）的办法对误差进行补偿，该方法能实现既减小系统的稳态误差又能保证系统的稳定性不受影响。这种补偿的方式分成两种，即按扰动补偿和按输入补偿两种方式。具体介绍见第七章第四节。

五、动态误差系数法

利用静态误差系数法求取系统的稳态误差，只能求得在阶跃函数、斜坡函数和加速度（抛物线）函数输入作用下的稳态误差，而无法求出在任意形式输入作用下，系统稳态误差随时间变化的规律。而且用静态误差系数法求取的稳态误差或是有限值，或是零，或是无穷大，也不能表示稳态误差随时间变化的规律。稳态误差相同的系统其误差随时间的变化常常并不相同。要了解系统稳态误差随时间变化的情况，必须引出动态误差的概念。例如，有两个系统的前向通道传递函数分别是

$$G_1(s)=\frac{100}{s(s+1)},\ G_2(s)=\frac{100}{s(10s+1)}$$

当系统为单位负反馈时，其静态误差系数 K_p、K_v 和 K_a 均相同，所以从稳态的角度看不出有任何差异，但这两个系统的时间常数和阻尼比有差别，其过渡过程是不同的，误差随时间的变化也不相同。

研究动态误差系数就可能提供一些关于误差随时间变化的信息，即系统在给定输入作用下稳态误差的变化规律。

1. 动态误差系数的定义

利用动态误差系数法，可以研究输入信号几乎为任意时间函数时系统稳态误差的变化，因此，动态误差系数又称广义误差系数。

反馈控制系统在控制信号作用下的误差传递函数为

$$\Phi_E(s)=\frac{E(s)}{R(s)}=\frac{1}{1+G(s)H(s)}$$

则误差信号的拉氏变换为
$$E(s)=\Phi_E(s)R(s)$$

将误差传递函数 $\Phi_E(s)$ 在 $s=0$ 的邻域内展开成泰勒级数，得

$$\Phi_E(s)=\Phi_E(0)+\Phi_E{}'(0)s+\frac{1}{2!}\Phi_E{}''(0)s^2+\cdots \tag{4-33}$$

则误差信号可以表示为如下级数，即

$$E(s)=\Phi_E(s)R(s)=\Phi_E(0)R(s)+\Phi_E{}'(0)sR(s)+\frac{1}{2!}\Phi_E{}''(0)s^2R(s)+\cdots \tag{4-34}$$

上述无穷级数收敛于 $s=0$ 的邻域，称为误差级数，相当于在时间 $t\to\infty$ 时成立。因此，当所有初始条件均为零时，对式（4-34）进行拉氏反变换，可得系统的动态误差为

$$e_{ss}(t)=\Phi_E(0)r(t)+\Phi_E{}'(0)\dot{r}(t)+\frac{1}{2!}\Phi_E{}''(0)\ddot{r}(t)+\cdots \tag{4-35}$$

由于式（4-33）所示的级数是在 $s=0$ 的邻域内展开的，故式（4-35）计算所得的误差是在 $s\to0$，即 $t\to\infty$ 时的误差，也就是系统过渡过程结束后的稳态误差的变化规律。

将式（4-35）各项系数写成如下形式

$$\frac{1}{K_0}=\Phi_E(0)$$

$$\frac{1}{K_1}=\Phi_E{}'(0)=\left.\frac{\mathrm{d}\Phi_E(s)}{\mathrm{d}s}\right|_{s=0}$$

$$\frac{1}{K_2}=\frac{1}{2!}\Phi_E{}''(0)=\left.\frac{1}{2!}\frac{\mathrm{d}^2\Phi_E(s)}{\mathrm{d}s^2}\right|_{s=0}$$

即

$$\frac{1}{K_i}=\frac{1}{i!}\Phi_E^{(i)}(0)\qquad i=0,1,2,\cdots \tag{4-36}$$

于是式（4-35）可以写成

$$e_{ss}(t)=\frac{1}{K_0}r(t)+\frac{1}{K_1}\dot{r}(t)+\frac{1}{K_2}\ddot{r}(t)+\cdots=\sum_{i=0}^{\infty}\frac{1}{K_i}r^{(i)}(t) \tag{4-37}$$

其中，K_i 称为动态误差系数。应当指出，用动态误差系数描述的系统误差是系统稳态误差 $e_{ss}(t)$ 随时间变化的规律，而不是指误差信号中的瞬态分量随时间变化的情况。

将 $r(t)$ 看做广义位置量，则 $\dot{r}(t)$ 为广义速度量，$\ddot{r}(t)$ 为广义加速度量。于是，式（4-37）中定义的 K_0 为动态位置误差系数，K_1 为动态速度误差系数，K_2 为动态加速度误差系数，即 K_0 反映了输入信号引起的稳态误差，K_1 反映了输入信号一阶导数引起的稳态误差，K_2 反映了输入信号二阶导数引起的稳态误差。

与静态误差系数越大则静态误差越小类似，动态误差系数越大则动态误差也越小。

2. 求动态误差系数的简便方法

式（4-37）表明，稳态误差 $e_{ss}(t)$ 与动态误差系数、输入信号 $r(t)$ 及其各阶导数的稳态分量有关。由于输入信号的稳态分量是已知的，因此，确定稳态误差的关键是根据给定的系统求出各动态误差系数。在系统阶次较高的情况下，用式（4-36）来确定动态误差系数是不方便的。下面介绍一种简便的求解方法。

先将误差传递函数 $\Phi_E(s)$ 的分子多项式和分母多项式按 s 的升幂排列，然后再用其分母多项式去除其分子多项式，得到一个 s 的升幂级数。

$$\Phi_E(s)=C_0+C_1s+C_2s^2+C_3s^3+\cdots \tag{4-38}$$

将式（4-38）代入误差信号表达式（4-34），得

$$E(s)=\Phi_E(s)R(s)=(C_0+C_1s+C_2s^2+\cdots)R(s) \tag{4-39}$$

比较式(4-34)和式(4-39)可知,它们是等价的无穷级数,其收敛域均是 $s=0$ 的邻域。因此,式(4-38)中的系数正是要求的动态误差系数的倒数。因此,在计算各项系数时,可将分子、分母均按 s 的升幂排列,然后采用综合除法求取。

例 4-16　设某单位反馈系统的开环传递函数为

$$G(s)H(s)=\frac{10}{s(s+1)}$$

利用动态误差系数法求系统在 $r(t)=a_0+a_1t+a_2t^2$ 作用下的稳态误差。

解：该系统的误差传递函数为

$$\Phi_E(s)=\frac{1}{1+G(s)H(s)}=\frac{1}{1+\dfrac{10}{s(s+1)}}=\frac{s^2+s}{s^2+s+10}=\frac{s+s^2}{10+s+s^2}$$

将 $\Phi_E(s)$ 在 $s=0$ 邻域内展开成泰勒级数，得

$$\Phi_E(s)=0.1s+0.09s^2-0.019s^3+\cdots$$

则动态误差系数为　$K_0=\infty$，　$K_1=\dfrac{1}{0.1}=10$，　$K_2=\dfrac{1}{0.09}=11.1$

由于
$$r(t)=a_0+a_1t+a_2t^2$$
故
$$\dot{r}(t)=a_1+2a_2t$$
$$\ddot{r}(t)=2a_2$$
$$\dddot{r}(t)=0$$

则系统的稳态误差为

$$\begin{aligned}e_{ss}(t)&=\frac{1}{K_0}r(t)+\frac{1}{K_1}\dot{r}(t)+\frac{1}{K_2}\ddot{r}(t)+\cdots\\&=0+0.1(a_1+2a_2t)+0.09\times 2a_2+0\\&=0.1a_1+0.18a_2+0.2a_2t\end{aligned}$$

由此可见，只要 $a_2\neq0$，当 $t\to\infty$ 时，$e_{ss}(t)\to\infty$。这与用静态误差系数求得的稳态误差值是相同的，但利用动态误差系数法还能求得系统过渡过程结束以后任意时刻的稳态误差大小。

需要指出的是：手算求出各个时刻的误差是很困难的，但借助于计算机仿真，完全可以求得误差随时间变化的数值和波形，即可以准确地求出动态误差。

例 4-17　设某单位负反馈系统的开环传递函数为

$$G(s)H(s)=\frac{100}{s(1+0.1s)}$$

假设输入为 $r(t)=\sin 5t$，求系统的稳态误差。

解：由于输入信号为正弦函数，无法用静态误差系数法确定 $e_{ss}(t)$，故利用动态误差系数法来确定系统的稳态误差。

由于系统对误差的传递函数为

$$\begin{aligned}\Phi_E(s)&=\frac{1}{1+G(s)H(s)}\\&=\frac{s(0.1s+1)}{0.1s^2+s+100}\\&=0+10^{-2}s+9\times10^{-4}s^2-1.9\times10^{-5}s^3+\cdots\end{aligned}$$

故动态误差系数为

$$\frac{1}{K_0}=0,\qquad \frac{1}{K_1}=10^{-2}$$
$$\frac{1}{K_2}=9\times10^{-4},\qquad \frac{1}{K_3}=-1.9\times10^{-5}$$
$$\vdots$$

可求得稳态误差为

$$\begin{aligned}e_{ss}(t)&=\left(\frac{1}{K_0}-\frac{1}{K_2}5^2+\frac{1}{K_4}5^4-\cdots\right)\sin 5t\\&\quad+\left(\frac{1}{K_1}-\frac{1}{K_3}5^3+\frac{1}{K_5}5^5-\cdots\right)\cos 5t\end{aligned}$$

对上式进行级数求和，得　　$e_{ss}(t)=-0.055\cos(5t-24.9°)$

因此，系统稳态误差为余弦函数，其最大幅值为0.055。

习　题

4-1　已知系统的传递函数如下，求在单位脉冲、单位阶跃和单位速度输入下的响应。

(1) $G(s)=\dfrac{20}{30s+10}$　　(2) $G(s)=\dfrac{3s+5}{(2s+1)(3s+8)}$

(3) $G(s)=\dfrac{10}{s(s^2+5s+6)}$　　(4) $G(s)=\dfrac{3s+2}{s(s+1)(s^2+4s+9)}$

4-2　设温度计的传递函数为 $G(s)=1/(Ts+1)$，用该温度计测量一容器内的水温时，需要 1min 才能指示出实际温度值的98%，求温度计的时间常数 T。如果给容器加热，水温以10℃/min 的速度升高，求显示温度的函数及温度计的稳态指示误差。

4-3　一种测定直流电动机传递函数的方法是给电动机加一定的电压，保持励磁电流不变，测出电动机的稳态转速；另外记录电动机从静止到速度为稳态值的50%所需的时间，并假设传递函数为

$$G(s)=\frac{Q(s)}{U(s)}=\frac{k}{s(s+a)}$$

根据测得的数据，可求出 k 和 a，从而求出电动机的传递函数。若测得的结果是：加 10V 电压可得 1200r/min 的稳态转速，而达到该值 50% 的时间为 1.2s，试求电动机的传递函数。

4-4　设控制系统如图 4-27 所示，要求 $\sigma\%=15\%$，$t_p=0.8$s，试确定 K_1 和 K_2，并求相应的 t_r 和 t_s 值。

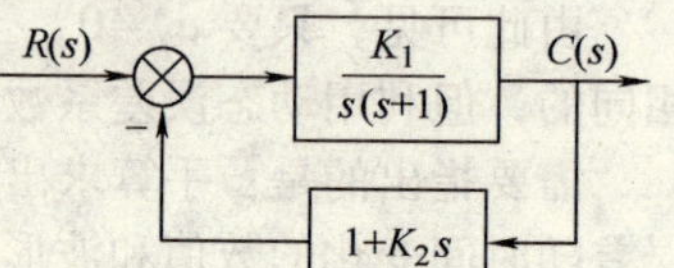

图 4-27　系统结构图

4-5　图 4-28a 所示系统的单位阶跃响应曲线如图 4-28b 所示，试确定 K_1、K_2 和 a 的数值。

4-6　二阶系统的单位阶跃响应曲线如图 4-29 所示，试确定系统的闭环传递函数。

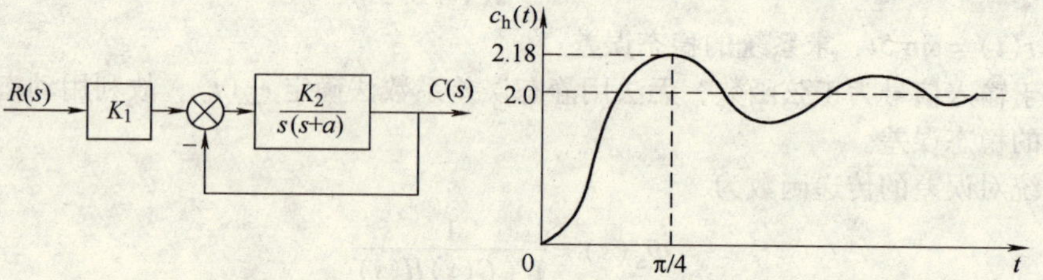

a)　　b)

图 4-28　题 4-5 图

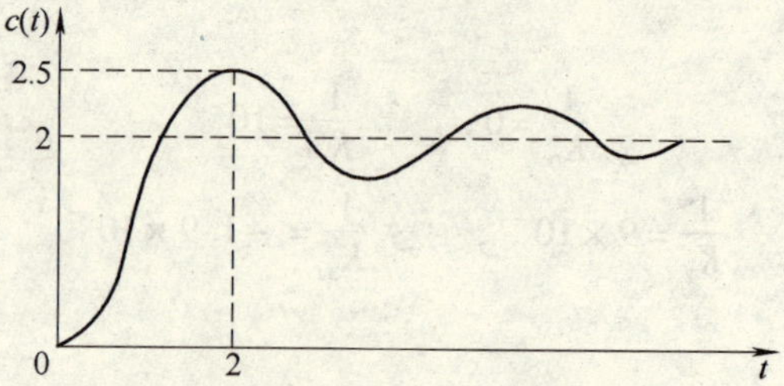

图 4-29　系统单位阶跃响应

4-7　已知系统的单位阶跃响应为

$$c(t)=1+0.2e^{-60t}-1.2e^{-10t}$$

求系统的阻尼比 ζ 和固有频率 ω_n。

4-8　某控制系统的微分方程为

$$T\dot{y}(t)+y(t)=kr(t)$$

其中 $T=0.5$s，$k=10$，设初始条件为0。试求：

1）系统的单位脉冲响应 $g(t)$ 以及 $g(t_1)=1$ 时的 t_1；

2）与时间 t_1 对应的系统单位阶跃响应和单位斜坡响应的值。

4-9　某单位反馈二阶控制系统的阶跃响应为

$$c(t)=10[1-1.25e^{-1.2t}\sin(1.6t+53.13°)]$$

若系统的稳态误差 $e_{ss}=0$，求系统的闭环传递函数 $\Phi(s)$ 和开环传递函数 $G(s)$，并求系统的超调量 $\sigma\%$、上升时间 t_r 和调整时间 t_s（取5%误差带）。

4-10　图4-30a所示为机械振动系统，$y(t)$ 为质量 m 的位移。当系统受到 $F=10N$ 的恒力作用时，$y(t)$ 的变化如图4-30b所示，试确定系统的质量 m、阻尼 B 和弹簧刚度 k 的值。

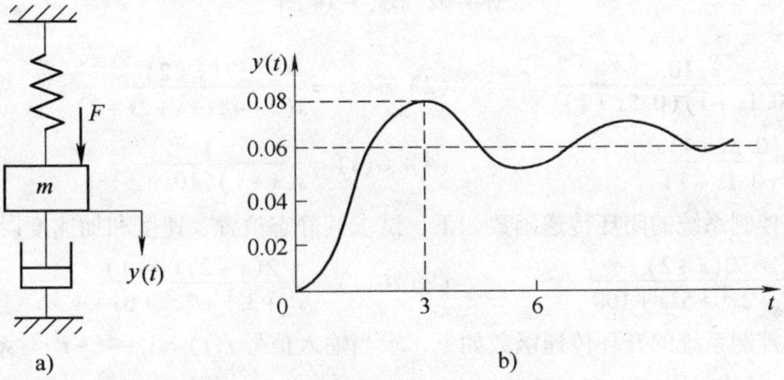

图4-30　机械振动系统及其阶跃响应曲线

4-11　电子心脏起搏器心律控制系统结构图如图4-31所示，其中，模仿心脏的传递函数相当于一纯积分环节。

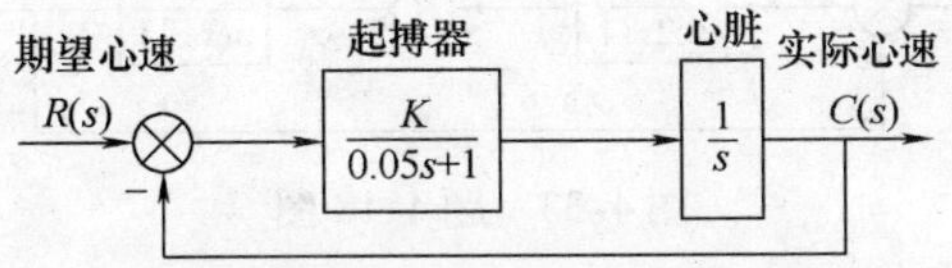

图4-31　电子心脏起搏器系统

试求：1）若 $\zeta=0.5$ 对应最佳响应，问起搏器增益 K 应取多大？

2）若期望心速为60次/min，并突然接通起搏器，问1s后实际心速为多少？瞬时最大心速为多大？

4-12　已知控制系统的特征方程如下，试用劳斯稳定判据判断系统的稳定性，若不稳定请指出其具有正实部根的个数；若有对称于 s 平面原点的根，请求出这些根。

（1）$s^4+3s^3+3s^2+2s+1=0$　　（2）$2s^4+10s^3+3s^2+5s+2=0$

（3）$s^4+3s^3+s^2+3s+1=0$　　（4）$s^5+2s^4+s+2=0$

（5）$s^5+2s^5+8s^4+12s^3+20s^2+16s+16=0$

4-13　设单位反馈系统的开环传递函数为 $G(s)=\dfrac{K}{s\left(1+\dfrac{s}{3}\right)\left(1+\dfrac{s}{6}\right)}$，若要求闭环特征方程根的实部均小于 -1，求 K 的取值范围；若要求实部均小于 -2，K 的取值范围又是多少？

4-14　图4-32是核反应堆石墨棒位置控制闭环系统，其目的在于获得希望的辐射水平，增益4.4就是石墨棒位置和辐射水平的变换系数，辐射传感器的时间常数为0.1s，直流增益为1，设控制器传递函数 $G_c(s)=1$。

（1）求使系统稳定的功率放大器增益 K 的取值范围；

（2）设 $K=20$，传感器的传递函数 $H(s)=\dfrac{1}{\tau s+1}$（τ 不一定是0.1），求使系统稳定的 τ 的取值范围。

4-15　已知单位反馈系统开环传递函数如下，试求各系统在输入为 $1(t)$、t、t^2 时的稳态误差。

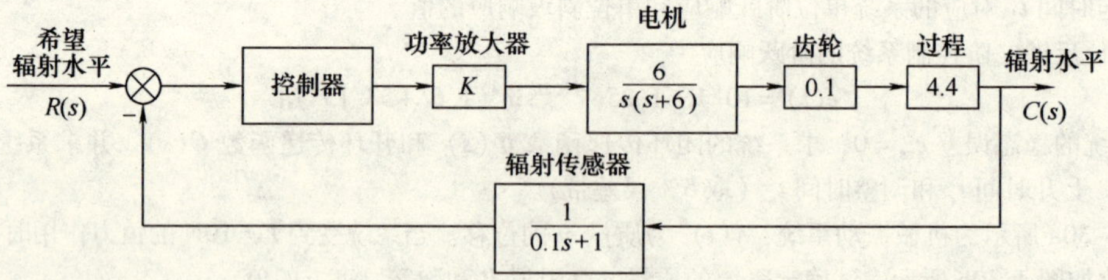

图 4-32　题 4-14 图

（1）$G(s)=\dfrac{10}{(0.1s+1)(0.5s+1)}$　　（2）$G(s)=\dfrac{7(s+2)}{s(s+4)(s^2+2s+2)}$

（3）$G(s)=\dfrac{8(0.5s+1)}{s^2(0.1s+1)}$　　（4）$G(s)=\dfrac{1}{s(s+1)(10s+1)}$

4-16　已知单位反馈控制系统的闭环传递函数如下，试求其静态位置、速度和加速度误差系数。

（1）$G(s)=\dfrac{50(s+2)}{s^3+2s^2+51s+100}$　　（2）$G(s)=\dfrac{2(s+2)(s+1)}{s^4+3s^3+2s^2+6s+4}$

4-17　已知单位反馈控制系统的开环传递函数如下，求当输入信号 $r(t)=1+4t+t^2$ 时系统的稳态误差。

（1）$G(s)=\dfrac{10}{s(0.1s+1)(0.5s+1)}$　　（2）$G(s)=\dfrac{10}{s(s+1)(0.2s+1)}$

4-18　控制系统如图 4-33 所示，其中输入信号 $r(t)=t$，扰动信号 $n(t)=1(t)$。试计算该系统的稳态误差。

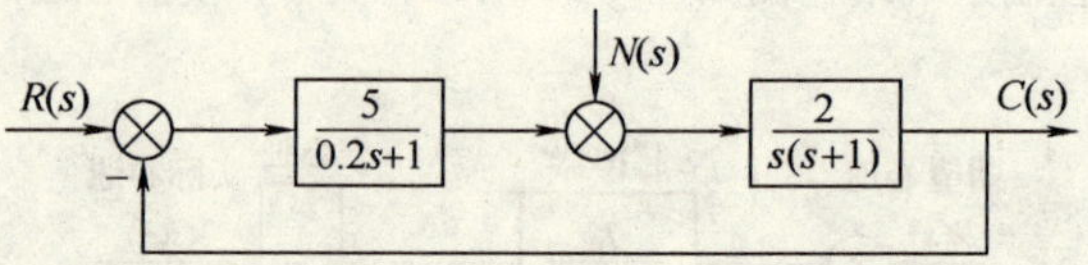

图 4-33　题 4-18 图

4-19　系统结构图如图 4-34 所示。已知 $r(t)=n_1(t)=n_2(t)=1(t)$，试分别计算 $r(t)$、$n_1(t)$ 和 $n_2(t)$ 作用时的稳态误差，并说明积分环节设置位置对减小输入和扰动作用下的稳态误差的影响。

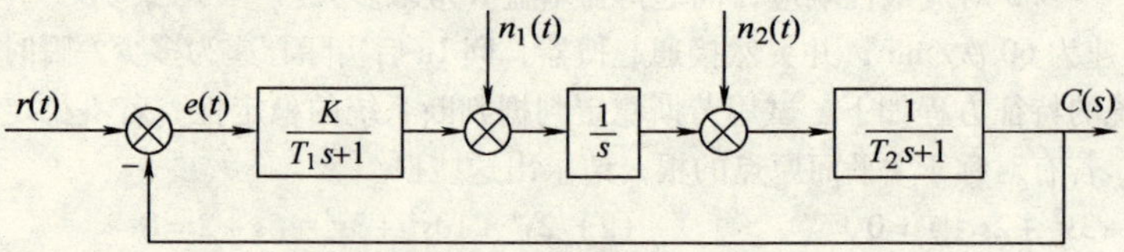

图 4-34　题 4-19 图

4-20　单位反馈系统的开环传递函数为 $G(s)=\dfrac{25}{s(s+5)}$。

1）求各静态误差系数和 $r(t)=1+2t+0.5t^2$ 时的稳态误差 e_{ss}；

2）当输入作用 10s 时，动态误差是多少？

4-21　已知稳定的单位反馈控制系统的闭环传递函数为

$$G(s)=\frac{b_m s^m+b_{m-1}s^{m-1}+\cdots+b_1 s+b_0}{a_n s^n+a_{n-1}s^{n-1}+a_{n-2}s^{n-2}+\cdots+a_1 s+a_0}$$

试证明：系统在单位斜坡输入下的稳态误差 $e_{ss}=0$ 的条件为 $a_0=b_0$，$a_1=b_1$。

第五章　根 轨 迹 法

由上一章的分析可知，反馈控制系统的稳定性是由其闭环传递函数的极点所决定的，而系统瞬态响应的基本特性也与闭环传递函数的极点有密切关系。因此，可以根据闭环传递函数的零、极点研究控制系统的性能。但对于高阶系统，采用解析法求取系统的闭环极点通常是比较困难的。尤其是当系统的某些参数（如开环增益）变化时，又需要重新计算，这就给系统的分析带来很大不便。

1948 年，伊凡思（W. R. Evans）根据反馈控制系统的开环传递函数与闭环传递函数的内在联系，提出了一种非常实用的求解闭环特征方程根的图解方法，这种方法称为根轨迹法。它是开环系统某一参数从零变到无穷时，闭环系统特征方程的根在 s 平面的变化轨迹。利用根轨迹法，不仅能够分析闭环系统的稳定性、动态性能以及参数变化对系统性能的影响，而且可以根据对系统瞬态性能的要求调整参数，确定开环零、极点的位置。除此之外，用根轨迹法求解高阶代数方程的根，比用其他近似求根法更为简便。

由于根轨迹法简单、实用，既适用于线性定常连续控制系统，也适用于线性定常离散系统，因而它在控制工程中得到了广泛的应用，并成为经典控制理论的基本分析方法之一。

本章主要介绍根轨迹法的基本概念、绘制根轨迹的一般法则，以及应用根轨迹分析控制系统的性能。

第一节　根轨迹法的基本概念

一、根轨迹的概念

为了具体说明根轨迹的概念，首先来看一个例子。

设控制系统结构如图 5-1 所示，其闭环传递函数为

$$\Phi(s)=\frac{C(s)}{R(s)}=\frac{2K}{s^2+2s+2K}$$

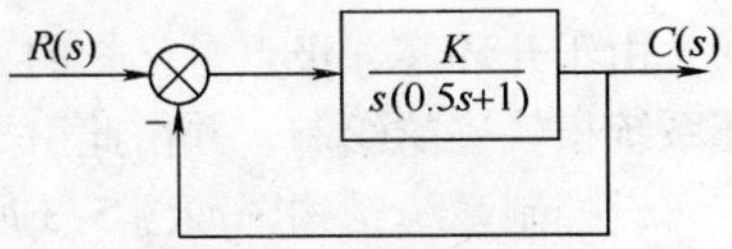

图 5-1　系统结构图

特征方程为　　$s^2+2s+2K=0$

特征方程的根为　$s_1=-1+\sqrt{1-2K}$,　　$s_2=-1-\sqrt{1-2K}$

如果令开环增益 K 从零变到无穷，可以用解析的方法求出闭环极点的全部数值。

如　$K=0$,　　$s_1=0$,　　$s_2=-2$

$K=0.5$,　　$s_1=-1$,　　$s_2=-1$

$K=1$,　　$s_1=-1+\mathrm{j}$,　　$s_2=-1-\mathrm{j}$

$K=\infty$,　　$s_1=-1+\mathrm{j}\infty$,　　$s_2=-1-\mathrm{j}\infty$

将这些数值标注在 s 平面上，并连成光滑的粗实线，即得当 K 由 $0\to\infty$ 变化时，闭环特征根在 s 平面上变化的轨迹，如图 5-2 所示。图中，“×”表示系统的极点，粗实线称为系统的根轨迹，箭头表示随着 K 值的增加，根轨迹的变化趋势，而标注的数值则代表与闭环极点位置相应的开环增益 K 的数值。

二、用根轨迹图分析系统的性能

依据根轨迹图，就可以分析系统的性能随参数变化的规律。

1. 稳定性

当开环增益 K 从零变到无穷时，上例的根轨迹不会越过虚轴进入右半 s 平面，因此，系统对所有的 K 值都是稳定的。如果系统的根轨迹越过虚轴进入右半 s 平面，则根轨迹与虚轴交点处的 K 值就是临界开环增益，相应 K 值下系统是不稳定的。

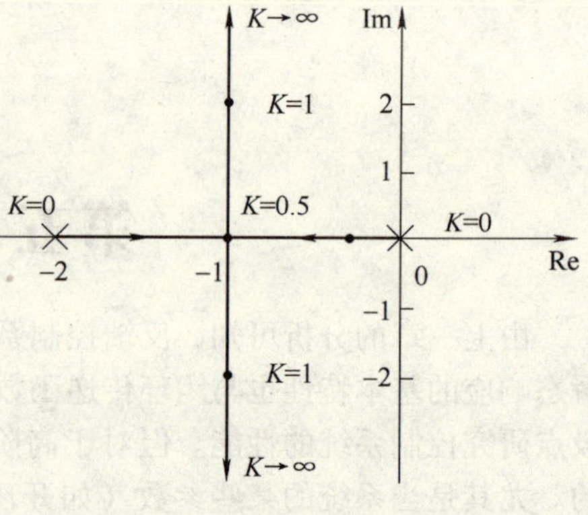

图 5-2　系统的根轨迹图

2. 稳态性能

由图 5-2 可见，开环系统在坐标原点有一个极点，所以系统属于Ⅰ型系统，因而根轨迹上的 K 值就是静态速度误差系数 K_v。如果给定系统的稳态误差要求，则由根轨迹图可以确定闭环极点位置的允许范围。在一般情况下，根轨迹图上标注出来的参数不是开环增益，而是所谓根轨迹增益。下面的内容将指出，开环增益和根轨迹增益之间，仅相差一个比例常数，很容易换算。

3. 动态性能

由图 5-2 可见，当 $0<K<0.5$ 时，所有闭环极点位于实轴上，系统为过阻尼系统，单位阶跃响应为非周期过程，没有超调；当 $K=0.5$ 时，两个闭环实数极点重合，系统为临界阻尼系统，单位阶跃响应仍为非周期过程，但系统响应速度较 $0<K<0.5$ 时快；当 $K>0.5$ 时，闭环极点为复数极点，系统为欠阻尼系统，单位阶跃响应为阻尼振荡过程，且超调量将随着 K 值的变化而变化，但调节时间的变化不会显著。

上述分析表明，根轨迹与系统性能之间有着密切的联系。利用根轨迹可以分析当系统参数（如开环增益 K）增大时系统动态性能的变化趋势。但用解析的方法逐点描画，绘制系统的根轨迹是很麻烦的。通常希望能有简便的图解方法，可以根据已知的开环传递函数迅速绘制出闭环系统的根轨迹。为此，需要研究闭环系统零、极点与开环零、极点之间的关系。

三、闭环零、极点与开环零、极点之间的关系

由于开环零、极点是已知的，因此，建立开环零、极点与闭环零、极点之间的关系有助于闭环系统根轨迹的绘制，并由此引导出根轨迹方程。

设控制系统结构图如图 5-3 所示，其闭环传递函数为

$$\Phi(s)=\frac{G(s)}{1+G(s)H(s)} \tag{5-1}$$

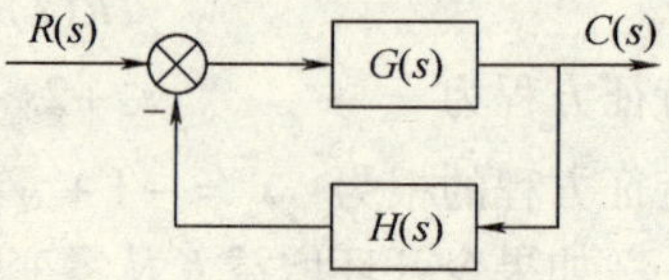

图 5-3　控制系统结构图

在一般情况下，前向通路传递函数 $G(s)$ 和反馈通路传递函数 $H(s)$ 可分别表示为

$$G(s)=\frac{K_G(\tau_1 s+1)(\tau_2^2 s^2+2\zeta_1\tau_2 s+1)\cdots}{s^v(T_1 s+1)(T_2^2 s^2+2\zeta_2 T_2 s+1)\cdots}$$

$$=K_G^*\frac{\prod_{i=1}^{f}(s-z_i)}{\prod_{i=1}^{q}(s-p_i)} \tag{5-2}$$

和

$$H(s) = K_H^* \frac{\prod_{j=1}^{l}(s-z_j)}{\prod_{j=1}^{h}(s-p_j)} \tag{5-3}$$

式中，K_G为前向通路增益，K_G^*为前向通路根轨迹增益，K_H^*为反馈通路根轨迹增益。不难看出，K_G和K_G^*之间有着如下关系：

$$K_G^* = K_G \frac{\tau_1 \tau_2^{\ 2} \cdots}{T_1 T_2^2 \cdots} \tag{5-4}$$

系统的开环传递函数可表示为

$$G(s)H(s) = K^* \frac{\prod_{i=1}^{f}(s-z_i)\prod_{j=1}^{l}(s-z_j)}{\prod_{i=1}^{q}(s-p_i)\prod_{j=1}^{h}(s-p_j)} \tag{5-5}$$

式中，$K^* = K_G^* K_H^*$称为开环系统根轨迹增益，它与开环增益K之间的关系仅相差一个比例常数，类似于式（5-4）。

对于有m个开环零点和n个开环极点的系统，必有$f+l=m$，$q+h=n$。将式（5-2）、式（5-5）代入式（5-1），得

$$\Phi(s) = \frac{K_G^* \prod_{i=1}^{f}(s-z_i)\prod_{j=1}^{h}(s-p_j)}{\prod_{i=1}^{n}(s-p_i) + K^* \prod_{j=1}^{m}(s-z_j)} \tag{5-6}$$

比较式（5-5）、式（5-6），可以得出以下结论：

1）闭环系统根轨迹增益等于开环系统前向通路根轨迹增益；对于单位反馈系统，闭环系统根轨迹增益就等于开环系统根轨迹增益。

2）闭环零点由开环前向通路传递函数的零点和反馈通路传递函数的极点所组成，对于单位反馈系统，闭环零点就是开环零点。

3）闭环极点与开环零点、开环极点及根轨迹增益K^*均有关。

根轨迹法的基本任务在于：如何由已知的开环零、极点的分布及根轨迹增益，通过图解的方法找出闭环极点。一旦确定闭环极点后，闭环传递函数的形式便不难确定，因为闭环零点可由式（5-6）直接得到。

四、相角条件和幅值条件

根轨迹是系统所有闭环极点的集合。闭环系统特征方程为

$$1 + G(s)H(s) = 0 \tag{5-7}$$

由式（5-6）可见，当系统有m个开环零点，n个开环极点时，式（5-7）可表示为

$$K^* \frac{\prod_{j=1}^{m}(s-z_j)}{\prod_{i=1}^{n}(s-p_i)} = -1 \tag{5-8}$$

式中，z_j为已知的开环零点，p_i为已知的开环极点，K^*可以从零变到无穷。

满足式（5-8）的点，都必定是根轨迹上的点，故把式（5-8）称为根轨迹方程。

根轨迹方程实质上是一个复数向量方程，两个向量相等的条件是相角、幅值分别相等。向量

（-1）的相角和幅值分别为

$$\angle(-1)=\pm(2k+1)\pi \qquad k=0,1,2,\cdots$$

$$|-1|=1$$

因此，式（5-8）可用如下两个方程描述：

相角条件
$$\sum_{j=1}^{m}\angle(s-z_j)-\sum_{i=1}^{n}\angle(s-p_i)=\pm(2k+1)\pi \qquad k=0,1,2,\cdots \tag{5-9}$$

幅值条件
$$K^*=\frac{\prod_{i=1}^{n}|s-p_i|}{\prod_{j=1}^{m}|s-z_j|} \tag{5-10}$$

式（5-9）和式（5-10）是根轨迹上的点应该同时满足的两个条件。根据这两个条件，可以完全确定 s 平面上的根轨迹及根轨迹上对应的 K^* 值。应当指出，由式（5-9）和式（5-10）可以看出，幅值条件与 K^* 有关，而相角条件与 K^* 无关，因此，把满足相角条件的 s 值代入到幅值条件中，一定能求得一个与之相对应的 K^* 值。也就是说，凡是满足相角条件的点必然也同时满足幅值条件。反之，满足幅值条件的点未必都能满足相角条件。对此，举例说明如下。

若单位负反馈控制系统开环传递函数为

$$G(s)H(s)=\frac{4K}{s+3}$$

由根轨迹的幅值条件得
$$\left|\frac{4K}{s+3}\right|=1 \tag{5-11}$$

令 $s=\sigma+j\omega$，则式（5-11）可写为

$$(\sigma+3)^2+\omega^2=(4K)^2 \tag{5-12}$$

式（5-12）表明，系统的等增益轨迹是一簇同心圆，如图 5-4 所示。显然，对于某一个确定的 K 值，对应圆周上的无穷多个 s 值都能满足式（5-11），但其中只有同时满足相角条件的 s 值才是方程式的根。例如，图中 $s=-5$ 的点，由于相角 $\angle(s+3)=\pi$，因而满足根轨迹的相角条件，说明该点是根轨迹上的一个点。至于该 s 值所对应的 K 值，可根据式（5-11）去确定，可求得 $K=0.5$。不难看出，图中实轴上 $-3\sim-\infty$ 的 s 值均能满足相角条件，因而该线段是本系统的根轨迹，如图中粗实线段所示。

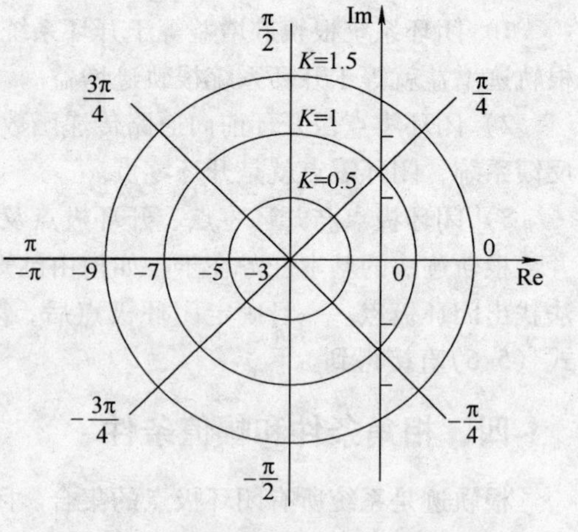

图 5-4　系统的等增益轨迹和根轨迹

综上所述，根轨迹就是 s 平面上满足相角条件的点的集合。也就是说，相角条件是确定 s 平面上根轨迹的充要条件。因此，绘制根轨迹时，只需要使用相角条件，找出 s 平面上满足要求的点，并把它们连成曲线；而当需要确定根轨迹上各点的 K^* 值时，才使用幅值条件。

直接应用相角条件和幅值条件，只能绘制出简单系统的根轨迹。

例如，已知开环传递函数为

$$G(s)H(s)=\frac{K^*(s-z_1)}{s(s-p_2)(s-p_3)}$$

其零、极点分布如图 5-5 所示。

为了寻找闭环系统的根轨迹，可以在 s 平面上任意取 s_1 点，画出从各开环零、极点到 s_1 点的

向量，然后根据相角条件检验 s_1 点是否属于根轨迹上的点，若下式成立

$$\varphi_1-(\theta_1+\theta_2+\theta_3)=\pm(2k+1)\pi \quad (k=0,\ 1,\ 2,\ \cdots)$$

则 s_1 是根轨迹上的一点。上式中，φ_1 代表向量 $\overrightarrow{z_1s_1}$ 与正实轴的夹角，而 $\theta_i(i=1,\ 2,\ 3)$ 代表各开环极点到 s_1 点的向量与正实轴的夹角。当确定 s_1 点是根轨迹上的一点时，其对应的根轨迹增益可按幅值条件算出

$$K^*=\frac{BCD}{E}$$

式中，B、C 和 D 代表各开环极点到 s_1 点的向量幅值，E 代表向量 $\overrightarrow{z_1s_1}$ 的幅值。

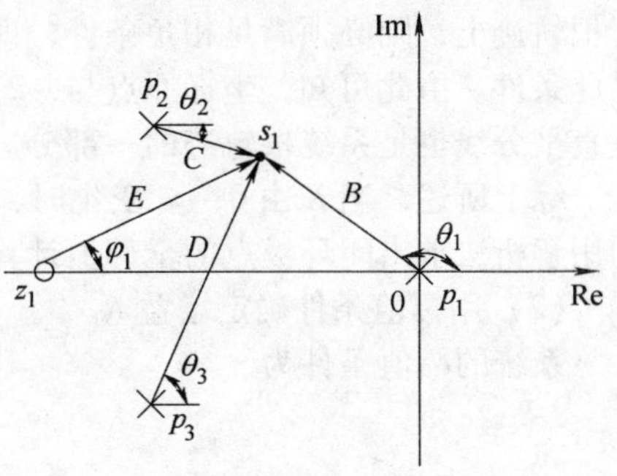

图 5-5　系统的零、极点分布图

于是，在已知开环零、极点分布的条件下，根轨迹基本画法包括以下两步：

1）在 s 平面上找出所有满足相角条件的 s_i 点，将这些点连成光滑曲线，即是根轨迹增益 K^* 从零变到无穷时的闭环系统根轨迹。

2）针对开环传递函数中给出的 K 值或 K^* 值，在根轨迹上找出满足幅值条件的 s_j 点（$j=1,\ 2,\ \cdots,\ n$），它们就是要求的闭环极点。

例 5-1　仍以图 5-1 所示系统为例，求 K 从 $0\to\infty$ 变化时，闭环特征方程根的轨迹。

解：（1）用相角条件绘制根轨迹。

由于系统开环传递函数为

$$G(s)=\frac{K}{s(0.5s+1)}=\frac{2K}{s(s+2)}$$

因而根轨迹的相角条件表示为

$$-[\angle s+\angle(s+2)]=\pm(2k+1)\pi \qquad k=0,\ 1,\ 2,\ \cdots$$

根据上式，用试探的方法找出满足上述相角条件的 s 点。

1）在正实轴上任取一点 s_1，由于 $\angle s_1=0$，$\angle(s_1+2)=0$，故该点不满足相角条件，因此，右半实轴不是根轨迹。

2）在（-2，0）之间的实轴上任选一点 s_2，由于 $\angle s_2=\pi$，$\angle(s_2+2)=0$，因此，该点满足相角条件。故（-2，0）间的实轴段是该系统的根轨迹。

3）在 -2 点左侧实轴上任取一点 s_3，由于 $\angle s_3=\pi$，$\angle(s_3+2)=\pi$，因而该点不满足相角条件。因此，-2 点左侧的实轴上不存在该系统的根轨迹。

4）在实轴之外的平面上任取一点 s_4，如图 5-6a 所示，则 $\angle s_4=\theta_1$，$\angle(s_4+2)=\theta_2$。若 s_4 位

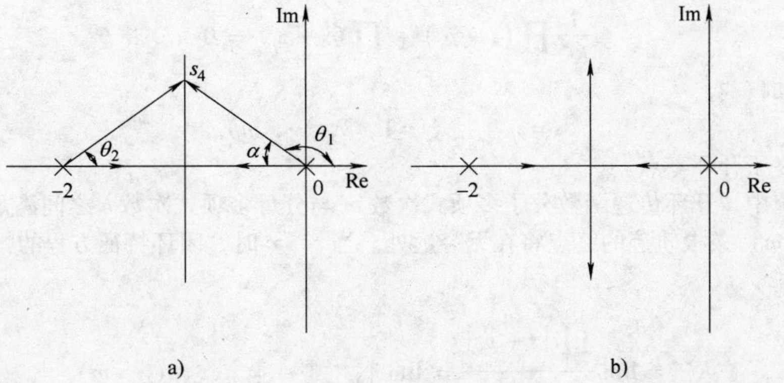

图 5-6　用试探法确定根轨迹

于根轨迹上，则必须满足相角条件，即 $\theta_1+\theta_2=\pi$，显然，只有当 $\theta_2=\alpha$，$\theta_1=\pi-\alpha$ 时，才能满足此条件。由此可知，坐标原点与 -2 间线段的垂直平分线上的点均能满足相角条件，因而，该垂直平分线也是系统根轨迹的一部分。

综上所述，当 K 由 $0\to\infty$ 变化时，该系统完整的根轨迹如图 5-6b 所示。显然，这与前面讲的用解析法求出闭环极点的全部值计算所画出的根轨迹是相同的。

（2）用幅值条件确定增益 K。

系统的幅值条件为

$$K=\frac{1}{2}|s||s+2|$$

由上式可以求得根轨迹上各点所对应的 K 值。例如，对应于根轨迹上的点（$-1+\mathrm{j}$），$K=\frac{1}{2}\times\sqrt{2}\times\sqrt{2}=1$，$K^*=2$。

由例 5-1 可知，用试探法绘制系统的根轨迹既麻烦又费时，不便于实际应用。因此，伊凡思提出了用图解法绘制根轨迹的一些基本法则，应用这些法则，就能较方便地绘制出闭环系统根轨迹的概略图形，并为根轨迹图形的进一步精确绘制指出了试探的方向。绘制出根轨迹图，就可以得到系统运动的基本信息，进而分析系统的性能，根据对系统的要求完成系统的设计。

第二节　绘制根轨迹的基本法则

在下面的讨论中，假定所研究的变化参数是根轨迹增益 K^*，但是当可变参数为系统的其他参数时，这些基本法则仍然适用。

法则 1　根轨迹的起点和终点

根轨迹起于开环极点，终于开环零点。

根轨迹起点是指根轨迹增益 $K^*=0$ 的根轨迹点，而终点是指 $K^*\to\infty$ 的根轨迹点。设闭环传递函数为式（5-6），可得闭环系统特征方程为

$$\prod_{i=1}^{n}(s-p_i)+K^*\prod_{j=1}^{m}(s-z_j)=0 \tag{5-13}$$

当 $K^*=0$ 时，有　　$s=p_i\quad(i=1,\ 2,\ \cdots,\ n)$

这说明当 $K^*=0$ 时，闭环特征方程式的根就是开环传递函数 $G(s)H(s)$ 的极点，所以，根轨迹必起于开环极点。

将式（5-13）改写为如下形式

$$\frac{1}{K^*}\prod_{i=1}^{n}(s-p_i)+\prod_{j=1}^{m}(s-z_j)=0$$

当 $K^*\to\infty$ 时，有

$$s=z_j\qquad(j=1,\ 2,\ \cdots,\ m)$$

所以根轨迹必终于开环零点。

在实际系统中，开环传递函数分子多项式次数 m 与分母多项式次数 n 之间满足不等式 $m\leqslant n$，因此，有（$n-m$）条根轨迹的终点将在无穷远处。当 $s\to\infty$ 时，闭环特征方程的幅值关系可以表示为

$$K^*=\lim_{s\to\infty}\frac{\prod_{i=1}^{n}|s-p_i|}{\prod_{j=1}^{m}|s-z_j|}=\lim_{s\to\infty}|s|^{n-m}\to\infty\qquad(n>m)$$

如果把有限数值的零点称为有限零点，而把无穷远处的终点称为无限零点，则根轨迹的终点有 m 个有限零点，$(n-m)$ 个无限零点。

法则 2　根轨迹的分支数和对称性

根轨迹的分支数与开环有限零点数 m 和有限极点数 n 中的大者相等，它们是连续的并且对称于实轴。

根据定义，根轨迹是开环系统某一参数从零变到无穷时，闭环特征方程的根在 s 平面上的变化轨迹。因此，根轨迹的分支数必与闭环特征方程的根的数目相一致。由特征方程可见，闭环特征方程的根的数目就等于 m 和 n 中的大者，所以，根轨迹的分支数必与开环有限零、极点数中的大者相同。

由于闭环特征方程中的某些系数是根轨迹增益 K^* 的函数，所以当 K^* 从零到无穷连续变化时，特征方程中的某些系数也会随之连续变化。根据代数方程式的性质，当代数方程式的某些系数连续变化时，其根也连续变化，故根轨迹是连续的。

因为闭环传递函数为有理分式函数，所以，闭环特征方程式的根只有实数和复数两种，实数根在实轴上，复数根必共轭，共轭复根对称于实轴，而根轨迹是根的集合，因此，根轨迹对称于实轴。

法则 3　实轴上的根轨迹

实轴上的某一区域，若其右边开环实数零、极点个数之和为奇数，则该区域必为根轨迹。或将实轴上的零、极点从右到左编号，奇数到偶数之间是根轨迹，偶数到奇数之间不是根轨迹。

此法则可以用在实轴上任取一点 s_0，作各开环零、极点到该点的向量，用相角条件证明。

证明： 设系统的零、极点分布如图 5-7 所示。图中，s_0 是实轴上的点，$\varphi_i(i=1,2,3)$ 是各开环零点到 s_0 点的向量的相角，$\theta_j(j=1,2,3,4)$ 是各开环极点到 s_0 点的向量的相角。由图 5-7 可见，复数共轭极点到实轴上任意一点（包括 s_0 点）的向量相角之和为 2π。对复数共轭零点，情况同样如此。因此，在确定实轴上的根轨迹时，可以不考虑开环复数零、极点的影响。在图 5-7 中，s_0 点左边的开环实数零、极点到 s_0 点的向量相角均为零，而 s_0 点右边的开环实数零、极点到 s_0 点的向量相角均为 π，故只有落在 s_0 点右方实轴上的开环实数零、极点，才有可能对 s_0 点的相角条件造成影响，且这些开环零、极点提供的相角均为 π。如果令 $\Sigma\varphi_i$ 代表 s_0 点右边所有开环实数零点到 s_0 点的向量相角之和，$\Sigma\theta_i$ 代表 s_0 点右边所有开环实数极点到 s_0 点的向量相角之和，那么，s_0 点位于根轨迹上的充分必要条件是：

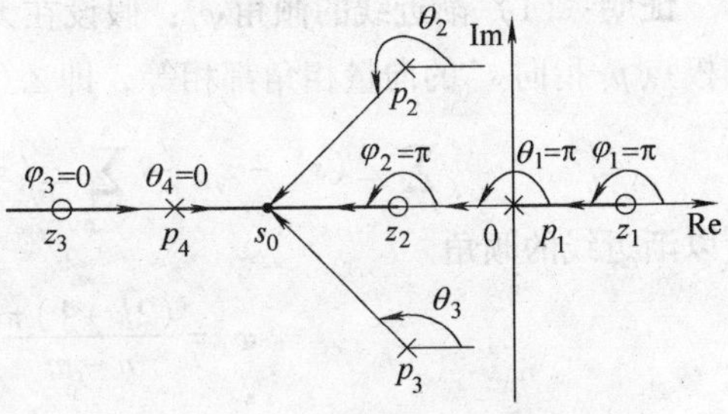

图 5-7　实轴上的根轨迹

$$\sum_{i=1}^{m_0}\varphi_i-\sum_{j=1}^{n_0}\theta_j=(2k+1)\pi \qquad (k=0,\ \pm1,\ \pm2,\ \cdots)$$

由于 π 与 $-\pi$ 表示的方向相同，于是等效有

$$\sum_{i=1}^{m_0}\varphi_i+\sum_{j=1}^{n_0}\theta_j=(2k+1)\pi \qquad (k=0,\ \pm1,\ \pm2,\ \cdots)$$

式中，m_0、n_0 分别表示在 s_0 点右侧实轴上的开环零点和极点个数。

以上两式中，$(2k+1)$ 为奇数，于是本法则得证。

不难判断，在图 5-7 所示实轴上，区段 $[p_1,z_1]$，$[p_4,z_2]$ 以及 $(-\infty,z_3]$ 均为实轴上的根轨迹。

例如，系统的传递函数为

$$G(s)=\frac{K(s+0.5)}{s^2(s+1)(s+1.5)(s+4)}$$

则系统开环零、极点分布及实轴上的根轨迹如图 5-8 所示。

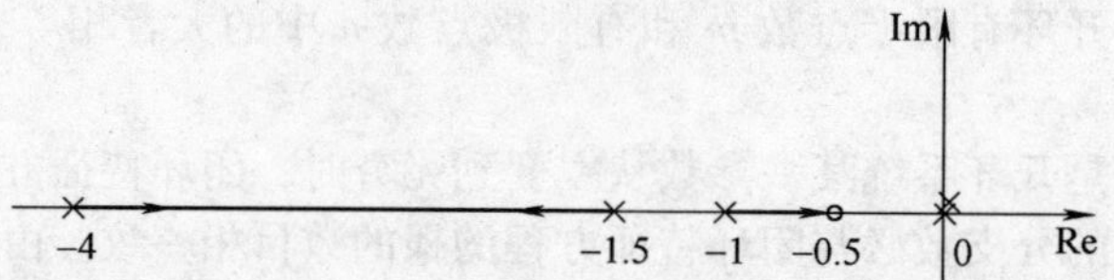

图 5-8　实轴上的根轨迹

法则 4　根轨迹的渐近线

当开环有限极点数 n 大于有限零点数 m 时，有 $n-m$ 条根轨迹分支沿着与实轴交角为 φ_a、交点为 σ_a 的一组渐近线趋向无穷处，且有

$$\varphi_a=\frac{(2k+1)\pi}{n-m}\qquad (k=0,\ 1,\ 2,\ \cdots,\ n-m-1) \tag{5-14}$$

$$\sigma_a=\frac{\sum_{i=1}^{n}p_i-\sum_{j=1}^{m}z_j}{n-m} \tag{5-15}$$

证明：(1) 渐近线的倾角 φ_a：假设在无穷远处有闭环极点 s^*，则 s 平面上所有从开环零点 z_j 和极点 p_i 指向 s^* 的向量相角都相等，即 $\angle(s^*-z_j)=\angle(s^*-p_i)=\varphi_a$，代入式 (5-9)，得

$$\sum_{j=1}^{m}\angle(s^*-z_j)-\sum_{i=1}^{n}\angle(s^*-p_i)=m\varphi_a-n\varphi_a=(2k+1)\pi$$

所以渐近线的倾角

$$\varphi_a=\frac{(2k+1)\pi}{n-m}\qquad (k=0,\ 1,\ 2,\ \cdots)$$

说明：因为根轨迹的渐近线对称于实轴，$\varphi_a=\frac{(2k+1)\pi}{n-m}$ ($k=0,\ 1,\ 2,\ \cdots,\ n-m-1$) 和 $\varphi_a=-\frac{(2k+1)\pi}{n-m}$ ($k=0,\ 1,\ 2,\ \cdots,\ n-m-1$) 计算出的渐近线倾角相同，为计算简单，用 $\varphi_a=\frac{(2k+1)\pi}{n-m}$。

(2) 渐近线与实轴的交点 σ_a：假设在无穷远处有闭环极点 s^*，则 s 平面上所有开环零点 z_j 和极点 p_i 到 s^* 的向量长度都相等。可以认为，对于无穷远闭环极点 s^* 而言，所有开环零、极点都汇集在一起，其位置即 σ_a。当 $K^*\to\infty$ 和 $s^*\to\infty$ 时，可以认为 $z_j=p_i=\sigma_a$，由式 (5-8) 可得

$$\frac{\prod_{i=1}^{n}(s-p_i)}{\prod_{j=1}^{m}(s-z_j)}=(s-\sigma_a)^{n-m}=-K^* \tag{5-16}$$

式 (5-16) 右端展开式为

$$(s-\sigma_a)^{n-m}=s^{n-m}-\sigma_a(n-m)s^{n-m-1}+\cdots$$

而式 (5-16) 左端用综合除法处理为

$$\frac{\prod_{i=1}^{n}(s-p_i)}{\prod_{j=1}^{m}(s-z_j)} = s^{n-m} - \left(\sum_{i=1}^{n}p_i - \sum_{j=1}^{m}z_j\right)s^{n-m-1} + \cdots$$

当 $s\to\infty$ 时，只保留前两项，并比较第二项系数可得

$$\sigma_a = \frac{\sum_{i=1}^{n}p_i - \sum_{j=1}^{m}z_j}{n-m}$$

本法则得证。

可见，由于渐近线就是 s 值很大时的根轨迹，因此，渐近线也一定对称于实轴。

例 5-2　系统的传递函数为

$$G(s) = \frac{K}{s(s+1)(s+5)}$$

试确定其根轨迹的渐近线。

解：根据 $n=3$，可知有 3 条根轨迹。由于 $m=0$，开环传递函数没有有限零点，所以 3 条根轨迹的终点都在无穷远处，其渐近线与实轴的交点为

$$\sigma_a = \frac{\sum_{i=1}^{n}p_i}{n-m} = \frac{0-1-5}{3-0} = -2$$

交角为

$$\varphi_a = \frac{(2k+1)\pi}{n-m} = 60° \quad (k=0)$$

$$\varphi_a = \frac{(2k+1)\pi}{n-m} = 180° \quad (k=1)$$

$$\varphi_a = \frac{(2k+1)\pi}{n-m} = 300° \quad (k=2)$$

根轨迹的渐近线如图 5-9 所示。

法则 5　根轨迹的会合点和分离点

若干条根轨迹在复平面上的某一点相遇后又分开（或分开后又相遇），称该点为根轨迹的分离点（或会合点）。常见的分离点和会合点出现在实轴上，但也有可能以共轭形式成对出现在复平面中。当根轨迹分支在实轴上相交后走向复平面时，该相交点称为根轨迹的分离点，如图 5-10a 所示的 s_1 点；反之，当根轨迹分支由复平面走向实轴时，它们在实轴上的交点称为根轨迹的会合点，如图 5-10b 所示的 s_2 点。

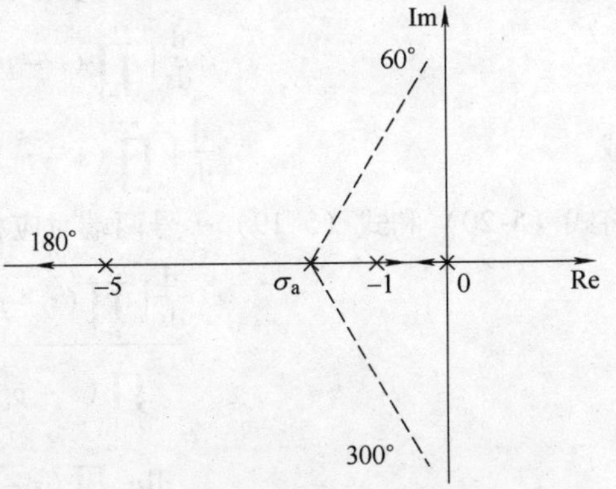

图 5-9　根轨迹的渐近线

实轴上分离点和会合点的判别：如果实轴上相邻开环极点之间是根轨迹，则相邻开环极点之间必有分离点；如果实轴上相邻开环零点之间是根轨迹（其中一个可为无穷远），则相邻开环零点之间必有会合点。如果实轴上根轨迹在开环零点与极点之间，则它们中可能既无分离点也无会合点，也可能既有分离点也有会合点。

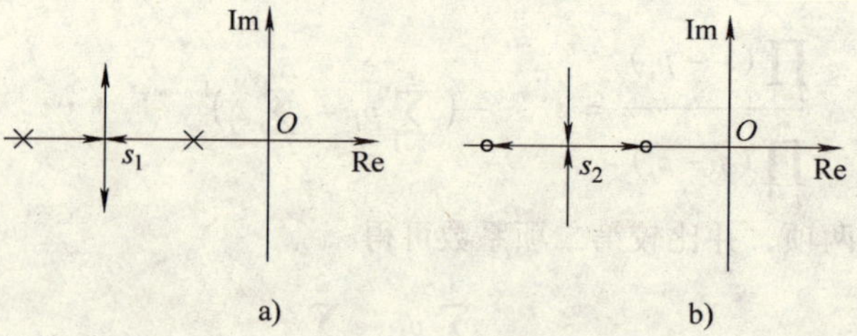

图 5-10 实轴上根轨迹的分离点和会合点

在分离点或会合点上，根轨迹进入分离点的切线方向和离开分离点的切线方向的夹角称为分离角。

1. 分离角 θ_d 的计算

当 l 条根轨迹分支进入并立即离开分离点时，分离角 θ_d 为

$$\theta_d = (2k+1)\pi/l \qquad (k=0,\ 1,\ 2,\ \cdots,\ l-1) \tag{5-17}$$

显然，当 $l=2$ 时，分离角必为直角。

2. 分离点位置的计算

分离点的坐标 d 是下列方程的解：

$$\sum_{j=1}^{m}\frac{1}{d-z_j}=\sum_{i=1}^{n}\frac{1}{d-p_i} \tag{5-18}$$

式中，z_j 是各开环零点的数值；p_i 是各开环极点的数值。

证明：由式（5-6）可知，闭环特征方程为

$$\prod_{i=1}^{n}(s-p_i)+K^*\prod_{j=1}^{m}(s-z_j)=0$$

或

$$\prod_{i=1}^{n}(s-p_i)=-K^*\prod_{j=1}^{m}(s-z_j) \tag{5-19}$$

根轨迹在 s 平面上相遇，表明闭环特征方程有重根出现，由高等代数理论可知，重根条件为

$$\frac{\mathrm{d}}{\mathrm{d}s}\left[\prod_{i=1}^{n}(s-p_i)+K^*\prod_{j=1}^{m}(s-z_j)\right]=0$$

或

$$\frac{\mathrm{d}}{\mathrm{d}s}\left[\prod_{i=1}^{n}(s-p_i)\right]=-\frac{\mathrm{d}}{\mathrm{d}s}\left[K^*\prod_{j=1}^{m}(s-z_j)\right] \tag{5-20}$$

将式（5-20）和式（5-19）等号两端对应相除，得

$$\frac{\dfrac{\mathrm{d}}{\mathrm{d}s}\left[\prod_{i=1}^{n}(s-p_i)\right]}{\prod_{i=1}^{n}(s-p_i)}=\frac{\dfrac{\mathrm{d}}{\mathrm{d}s}\left[\prod_{j=1}^{m}(s-z_j)\right]}{\prod_{j=1}^{m}(s-z_j)}$$

即

$$\frac{\mathrm{d}\ln\prod_{i=1}^{n}(s-p_i)}{\mathrm{d}s}=\frac{\mathrm{d}\ln\prod_{j=1}^{m}(s-z_j)}{\mathrm{d}s}$$

又

$$\ln\prod_{i=1}^{n}(s-p_i)=\sum_{i=1}^{n}\ln(s-p_i)$$

$$\ln\prod_{j=1}^{m}(s-z_j)=\sum_{j=1}^{m}\ln(s-z_j)$$

于是，有

$$\sum_{i=1}^{n}\frac{\mathrm{d}\ln(s-p_i)}{\mathrm{d}s}=\sum_{j=1}^{m}\frac{\mathrm{d}\ln(s-z_j)}{\mathrm{d}s}$$

即
$$\sum_{i=1}^{n}\frac{1}{s-p_i}=\sum_{j=1}^{m}\frac{1}{s-z_j}$$
满足上式的 s 值就是系统闭环特征方程的重根，也就是分离点 d，本法则得证。

因为分离点方程往往是高阶方程，解析法求解不便，考虑到实际应用时，分离点的大致位置是知道的，故可用试探法求解。

求分离点也可用下列方法求解，因为分离点和会合点实际都是特征方程式重根所对应的点，因而通常采用求重根的方法确定它们的位置。

设系统开环传递函数为
$$G(s)H(s)=\frac{K^*B(s)}{A(s)}$$
则闭环特征方程为
$$D(s)=A(s)+B(s)K^*=0 \tag{5-21}$$
式中，$A(s)$ 和 $B(s)$ 为不含 K^* 的 s 的多项式。如果方程 $D(s)=0$ 具有重根 s_1，则必然同时满足 $D(s)=0$ 和 $D'(s)=0$，因此，特征方程可由下列联立方程求解
$$\begin{cases}A(s)+K^*B(s)=0\\A'(s)+K^*B'(s)=0\end{cases}$$
消去 K^*，得
$$A(s)B'(s)-A'(s)B(s)=0 \tag{5-22}$$
即
$$\frac{\mathrm{d}[G(s)H(s)]}{\mathrm{d}s}=0 \tag{5-23}$$
利用式（5-23）即可求出特征方程的重根。另外，由式（5-21）得
$$K^*=-\frac{A(s)}{B(s)} \tag{5-24}$$
将式（5-24）对 s 求导，得
$$\frac{\mathrm{d}K^*}{\mathrm{d}s}=-\frac{A'(s)B(s)-A(s)B'(s)}{B^2(s)} \tag{5-25}$$
考虑到式（5-22），得
$$\frac{\mathrm{d}K^*}{\mathrm{d}s}=0 \tag{5-26}$$
因此，闭环特征方程的二重根除满足特征方程外，还应满足式（5-26），即求分离点与会合点也可用 $\frac{\mathrm{d}K^*}{\mathrm{d}s}=0$ 求得。特别是当开环传递函数无零点时，用此方法求解更简单。

应当指出，上述两种求解分离点或会合点的方法都是非充分性的，也就是说，满足式（5-18）或式（5-26）的根并不一定都是分离点或会合点。只有那些位于根轨迹上的点才是分离点或会合点。因此，求出重根之后，还需用试探法确定重根是否为分离点或会合点。或者求出重根后代入特征方程中，求出对应的 K^*。用 K^* 的正、负判断是否为分离点或会合点，满足 K^* 为正的那些根才是真正的分离点或会合点，使 K^* 为负的根则不是分离点或会合点。

根轨迹上也可能出现三条根轨迹会合的情况，对应于特征方程具有三重根的情形，三重根除了满足式（5-26）外，还应满足 $\frac{\mathrm{d}^2K^*}{\mathrm{d}s^2}=0$。

例 5-3　已知单位反馈系统开环传递函数 $G(s)=\frac{K^*}{s(s+1)(s+2)}$，求系统的闭环根轨迹的分离点。

解：由系统的开环传递函数可知，系统无开环零点，开环极点为
$$p_1=0,\qquad p_2=-1,\qquad p_3=-2$$

根据式（5-18）求分离点 d，得

$$\frac{1}{d}+\frac{1}{d+1}+\frac{1}{d+2}=0$$

整理，得

$$3d^2+6d+2=0$$

解出

$$d_1=-1.577,\qquad d_2=-0.427$$

由传递函数可知，$-1<d<0$，故舍去 $d_1=-1.577$，因此，分离点为

$$d=-0.427$$

或者用下列方法求解分离点：由于系统的闭环特征方程为

$$D(s)=s(s+1)(s+2)+K^*=0$$

即

$$K^*=-(s^3+3s^2+2s)$$

令

$$\frac{dK^*}{ds}=-(3s^2+6s+2)=0$$

解得

$$s_1=-1.577,\qquad s_2=-0.427$$

由于将 $s_1=-1.577$ 代入特征方程，解出的 K^* 为负，故舍去；将 $s_2=-0.427$ 代入特征方程，解出的 K^* 为正，故为分离点。或者，根据根轨迹在实轴上的分布可知，$s_2=-0.427$ 是根轨迹的实际分离点，而 $s_1=-1.577$ 不是根轨迹上的点，应当舍去。

例 5-4　系统结构图如图 5-11 所示，试绘制其概略根轨迹。

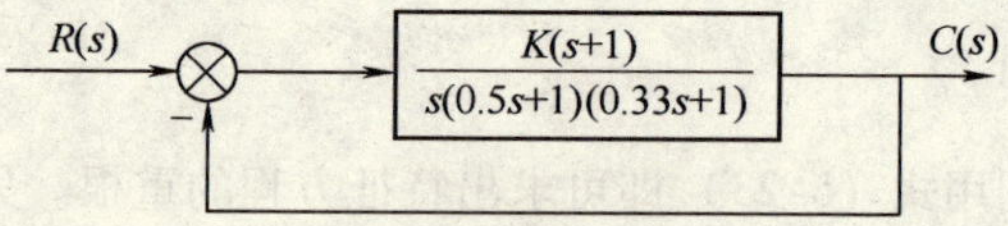

图 5-11　系统结构图

解：先将开环传递函数标准化为

$$G(s)=\frac{K^*(s+1)}{s(s+2)(s+3)},\qquad K^*=6K$$

开环零、极点分布如图 5-12 所示，且可确定出实轴上的根轨迹。有两条终于无穷远处的根轨迹，其渐近线与实轴的交角为

$$\varphi_a=\frac{(2k+1)\pi}{n-m}=90^\circ\qquad(k=0)$$

$$\varphi_a=\frac{(2k+1)\pi}{n-m}=270^\circ\qquad(k=1)$$

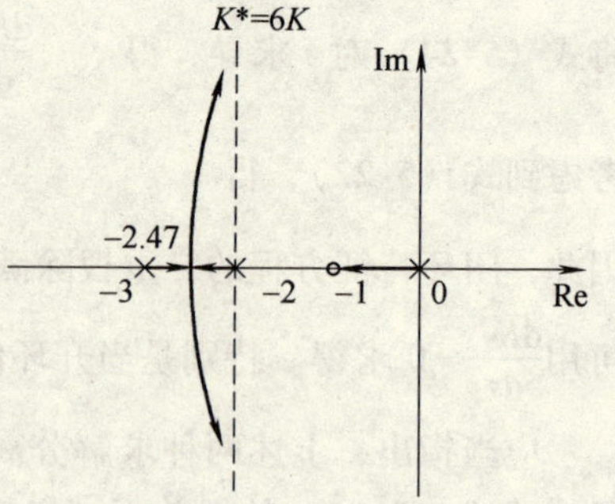

图 5-12　系统的根轨迹图

交点坐标

$$\sigma_a=\frac{\sum_{i=1}^{3}p_i-\sum_{j=1}^{1}z_j}{n-m}$$

$$=\frac{(0-2-3)-(-1)}{2}=-2$$

实轴区域［-2，-3］必有一个根轨迹的分离点 d，它满足

$$\sum_{j=1}^{1}\frac{1}{d-z_j}=\sum_{i=1}^{3}\frac{1}{d-p_i}$$

即

$$\frac{1}{d+1}=\frac{1}{d}+\frac{1}{d+2}+\frac{1}{d+3}$$

考虑到 d 在 -2 和 -3 之间，即 $-3<d<-2$，用试探法解。

取 $d=-2.5$ 时，左边 = -0.67，右边 = -0.4

取 $d=-2.4$ 时，左边 = -0.714，右边 = -1.25

取 $d=-2.47$ 时，左边 = -0.68，右边 = -0.65

故 $d=-2.47$

分离角
$$\theta_d=\frac{(2k+1)\pi}{n-m}=90^\circ \quad (k=0)$$
$$\theta_d=\frac{(2k+1)\pi}{n-m}=270^\circ \quad (k=1)$$

概略的根轨迹如图5-12所示。

法则6　根轨迹的起始角与终止角

1）起始角：根轨迹离开开环复数极点处的切线与正实轴的夹角，称为起始角，以θ_{p_i}标志。

2）终止角：根轨迹进入开环复数零点处的切线与正实轴的夹角，称为终止角，以φ_{z_i}标志。这些角度可以按如下关系式求出：

$$\theta_{p_i}=(2k+1)\pi+\Big(\sum_{j=1}^{m}\varphi_{z_jp_i}-\sum_{\substack{j=1\\ j\neq i}}^{n}\theta_{p_jp_i}\Big) \qquad k=0,\ \pm1,\ \pm2,\ \cdots \tag{5-27}$$

$$\varphi_{z_i}=(2k+1)\pi-\Big(\sum_{\substack{j=1\\ j\neq i}}^{m}\varphi_{z_jz_i}-\sum_{n}\theta_{p_jz_i}\Big) \qquad k=0,\ \pm1,\ \pm2,\ \cdots \tag{5-28}$$

证明：设开环系统有m个有限零点，n个有限极点。在十分靠近待求起始角（或终止角）的复数极点（或复数零点）的根轨迹上，取一点s_1。由于s_1无限接近求起始角的复数极点p_i（或求终止角的复数零点z_i），因此，除p_i（或z_i）外，所有开环零、极点到s_1点的向量相角$\varphi_{z_js_1}$和$\theta_{p_js_1}$都可以用它们到p_i（或z_i）的向量相角$\varphi_{z_jp_i}$（或$\varphi_{z_jz_i}$）和$\theta_{p_jp_i}$（或$\theta_{p_jz_i}$）来代替，而p_i（或z_i）到s_1点的向量相角即为起始角θ_{p_i}（或终止角φ_{z_i}）。根据s_1点必满足相角条件，应有

$$\sum_{j=1}^{m}\varphi_{z_jp_i}-\sum_{\substack{j=1\\ j\neq i}}^{n}\theta_{p_jp_i}-\theta_{p_i}=-(2k+1)\pi$$

$$\sum_{\substack{j=1\\ j\neq i}}^{m}\varphi_{z_jz_i}+\varphi_{z_i}-\sum_{j=1}^{n}\theta_{p_jz_i}=(2k+1)\pi$$

移项后，立即得到式（5-27）和式（5-28）。应当指出，在根轨迹的相角条件中，$(2k+1)\pi$与$-(2k+1)\pi$是等价的，所以为了便于计算，在上面最后两式的右端有的用$-(2k+1)\pi$表示。

例5-5　设系统开环传递函数为

$$G(s)=\frac{K^*(s+1.5)(s+2+\mathrm{j})(s+2-\mathrm{j})}{s(s+2.5)(s+0.5+\mathrm{j}1.5)(s+0.5-\mathrm{j}1.5)}$$

试绘制其概略根轨迹。

解：开环零、极点分布如图5-13所示。

（1）确定实轴上的根轨迹。

实轴上［0, -1.5］和［-2.5, -∞］为根轨迹。

（2）确定根轨迹的渐近线。

$n=4$，$m=3$，故只有一条渐近线，其

$$\varphi_a=\frac{(2k+1)\pi}{4-3}=180^\circ$$

它正好与实轴上的根轨迹区域［-2.5, -∞］重合，所以，在$n-m=1$的情况下，不必再去确定根轨迹的渐近线。

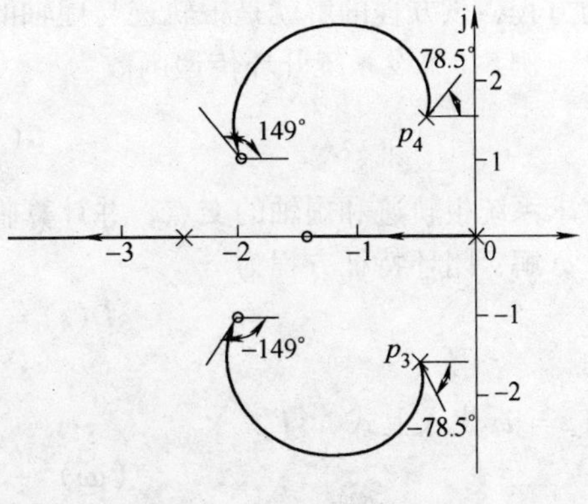

图5-13　系统的根轨迹图

（3）确定分离点。

一般来说，如果根轨迹位于实轴上一个开环极点和一个开环零点（有限零点或无限零点）之间，则在这两个相邻的零、极点之间，或者不存在任何分离点，或者同时存在离开实轴和进入实轴的两个分离点。本例无分离点。

（4）确定起始角与终止角。

求起始角：作各开环零、极点到复数极点 $p_4=(-0.5, +\mathrm{j}1.5)$ 的向量，并量测出相应角度如图 5-14 所示，则有

$$\begin{aligned}\theta_{p_4} &= 180° + (\varphi_1+\varphi_2+\varphi_3) - (\theta_1+\theta_2+\theta_3)\\ &= 180° + \angle(p_4-z_1) + \angle(p_4-z_2) + \angle(p_4-z_3)\\ &\quad - \angle(p_4-p_1) - \angle(p_4-p_2) - \angle(p_4-p_3)\\ &= 78.5°\end{aligned}$$

根据对称性，根轨迹在复数极点 $p_3=(-0.5, -\mathrm{j}1.5)$ 处的起始角为 $-78.5°$。

用类似的方法可算出终止角为 $\pm 149.5°$。

系统的根轨迹如图 5-13 所示。

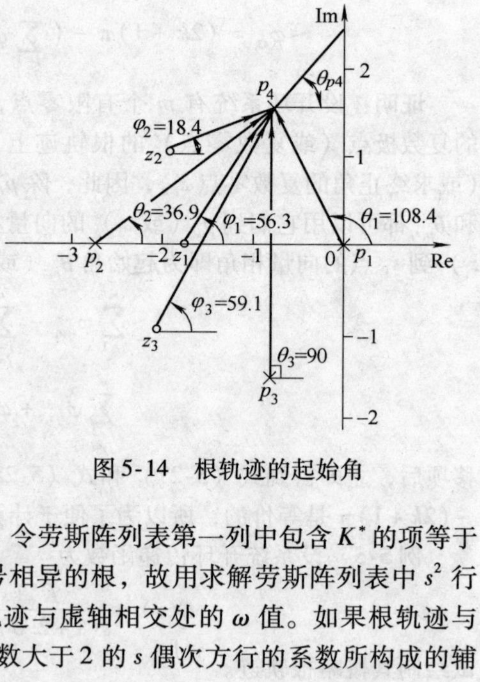

图 5-14　根轨迹的起始角

法则 7　根轨迹与虚轴的交点

根轨迹与虚轴相交，意味着特征方程式含有纯虚根 $s=\mathrm{j}\omega$，系统处于临界稳定状态。因此，将 $s=\mathrm{j}\omega$ 代入特征方程中，得

$$1+G(\mathrm{j}\omega)H(\mathrm{j}\omega)=0$$

或 $\quad \mathrm{Re}\left[1+G(\mathrm{j}\omega)H(\mathrm{j}\omega)\right]+\mathrm{Im}\left[1+G(\mathrm{j}\omega)H(\mathrm{j}\omega)\right]=0$

即

$$\begin{cases}\mathrm{Re}\left[1+G(\mathrm{j}\omega)H(\mathrm{j}\omega)\right]=0\\ \mathrm{Im}\left[1+G(\mathrm{j}\omega)H(\mathrm{j}\omega)\right]=0\end{cases}$$

由上式可解出角频率 ω 的实数值，即为根轨迹与虚轴交点的坐标，还可解出与该坐标所对应的临界 K^* 值。

也可以用劳斯稳定判据确定交点上的 K^* 值和 ω 值。令劳斯阵列表第一列中包含 K^* 的项等于零，求得临界 K^* 值。因为一对纯虚根是数值相同、符号相异的根，故用求解劳斯阵列表中 s^2 行的系数构成的辅助方程求出虚根的数值。该值即为根轨迹与虚轴相交处的 ω 值。如果根轨迹与正虚轴有一个以上的交点，则应采用解劳斯阵列表中指数大于 2 的 s 偶次方行的系数所构成的辅助方程，该方程的解就是根轨迹与虚轴的多个交点。

例 5-6　设系统开环传递函数为

$$G(s)=\frac{K^*}{s(s+1)(s+2)}$$

试求系统根轨迹和虚轴的交点，并计算临界增益。

解：闭环特征方程为

$$D(s)=s(s+1)(s+2)+K^*=0$$

即

$$s^3+3s^2+2s+K^*=0$$

将 $s=\mathrm{j}\omega$ 代入上式，得

$$(\mathrm{j}\omega)^3+3(\mathrm{j}\omega)^2+2(\mathrm{j}\omega)+K^*=0$$

将上式分解为实部和虚部，并令其分别等于零，即

$$\begin{cases}K^*-3\omega^2=0\\2\omega-\omega^3=0\end{cases}$$

解得　$\omega=0,\ \pm\sqrt{2}$，相应 $K^*=0,\ 6$。

$K^*=0$ 为根轨迹的起点，$K^*=6$ 时，根轨迹和虚轴相交，交点坐标为 $\pm j\sqrt{2}$。

$K^*=6$ 为临界根轨迹增益，可以计算临界开环增益为

$$K=K^*\frac{1}{p_1p_2}=6\times\frac{1}{1\times2}=3$$

也可以用劳斯稳定判据确定 K^* 和 ω 值。列出劳斯阵列表：

$$\begin{array}{lll}s^3 & 1 & 2\\ s^2 & 3 & K^*\\ s^1 & (6-K^*)/3 & \\ s^0 & K^* & \end{array}$$

当 s^1 行等于零时，特征方程出现共轭虚根，令 $\frac{6-K^*}{3}=0$，得 $K^*=6$。共轭虚根可由 s^2 行的辅助方程求得

$$3s^2+K^*=0$$

即　$$3s^2+6=0,\quad 得\ s=\pm j\sqrt{2}$$

法则 8　根之和与根之积

若系统开环传递函数为

$$G(s)=\frac{K^*(s^m+b_1s^{m-1}+\cdots+b_m)}{s^n+c_1s^{n-1}+\cdots+c_n}\qquad(n\geqslant m)$$

则有
$$\begin{aligned}D(s)&=(s^n+c_1s^{n-1}+\cdots+c_n)+K^*(s^m+b_1s^{m-1}+\cdots+b_m)\\&=s^n+a_1s^{n-1}+\cdots+a_n\\&=(s-s_1)(s-s_2)\cdots(s-s_n)\end{aligned}$$

若开环极点数比开环零点数多两个以上，即 $n-m\geqslant2$，则 $a_1=c_1$，即 a_1 与 K^* 无关。

因为 $\sum_{i=1}^{n}s_i=-a_1$，所以，各根之和为常数，即随 K^* 的变化，一部分根往右跑，一部分根往左去。对应于任一 K^* 值，闭环极点之和不变，且有 $(-1)^n\prod_{i=1}^{n}s_i=a_n$，所以，对于某一 K^* 值，若已知某些极点，用根之和与根之积就可以确定其余的根。

综上所述，在给出开环零、极点的情况下，利用以上法则可以迅速确定根轨迹的大致形状。为准确地绘制出系统的根轨迹，可根据相角条件采用试探法确定若干点。一般来说，靠近虚轴和原点附近的根轨迹是比较重要的，应尽可能精确绘制。

例 5-7　已知系统开环传递函数为

$$G(s)=\frac{K}{s(0.33s+1)(0.5s^2+s+1)}$$

试绘制该系统的根轨迹图。

解：先将开环传递函数化为如下标准形式：

$$G(s)=\frac{K}{s(0.33s+1)(0.5s^2+s+1)}=\frac{K^*}{s(s+3)(s^2+2s+2)},\quad K^*=6K$$

（1）由于 $n=4$，$m=0$，因此，有4条根轨迹都趋向无穷远处。

（2）开环极点为 $p_1=0$，$p_2=-3$，$p_3=-1+\mathrm{j}$，$p_4=-1-\mathrm{j}$ 均为根轨迹的起点。

（3）实轴上的根轨迹为 $[-3,0]$。

（4）求根轨迹的渐近线

$$\sigma_{\mathrm{a}}=\frac{-3-1-1}{4}=-1.25$$

$$\varphi_{\mathrm{a}}=\frac{(2k+1)\pi}{4}$$

得

$$\varphi_{\mathrm{a}}=\pm 45°,\quad \pm 135°$$

（5）求分离点

$$\frac{1}{d}+\frac{1}{d+3}+\frac{1}{d+1-\mathrm{j}}+\frac{1}{d+1+\mathrm{j}}=0$$

用试探法解得

$$d=-2.35$$

（6）求起始角 θ_3

$$\begin{aligned}\theta_3&=180°-\angle(p_3-p_1)-\angle(p_3-p_2)-\angle(p_3-p_4)\\&=180°-135°-26.6°-90°\\&=-71.6°\end{aligned}$$

同理，计算出起始角

$$\theta_4=71.6°$$

（7）求与虚轴的交点

特征方程为

$$D(s)=s^4+5s^3+8s^2+6s+K^*=0$$

列劳斯阵列表：

$$\begin{array}{llll} s^4 & 1 & 8 & K^* \\ s^3 & 5 & 6 & \\ s^2 & 6.8 & K^* & \\ s^1 & \dfrac{6.8\times 6-5K^*}{6.8} & & \\ s^0 & K^* & & \end{array}$$

令

$$\frac{6.8\times 6-5K^*}{6.8}=0$$

解得

$$K^*=8.16$$

辅助方程

$$6.8s^2+K^*=0$$

即

$$6.8(\mathrm{j}\omega)^2+8.16=0$$

解得

$$\omega=\pm 1.1$$

由以上计算结果并根据根轨迹对称于实轴及根之和为常数（一部分根往右跑，一部分根往左跑）绘制的根轨迹如图5-15所示。

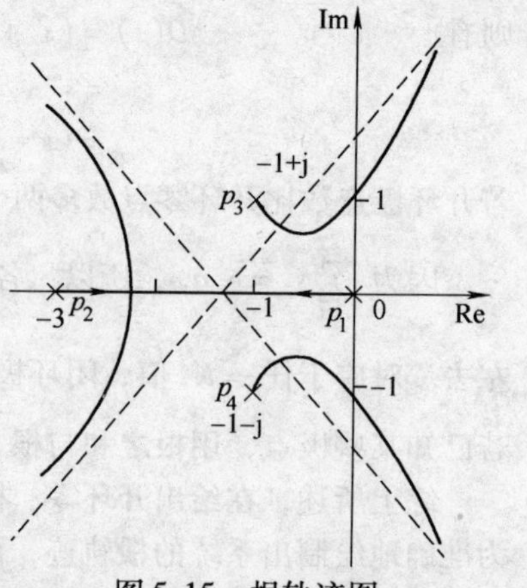

图5-15　根轨迹图

第三节　系统闭环零、极点的分布与性能指标

根轨迹分析法是根据系统的结构和参数绘制出系统的根轨迹图，然后利用根轨迹图对系统进行性能分析。它主要包括：

1）由给定参数确定闭环系统零、极点的位置，以确定系统的稳定性。

2）计算系统的动态性能和稳态性能。

3）根据性能要求确定系统的参数等。

一、系统瞬态响应表达式

典型反馈系统的传递函数为

$$\frac{C(s)}{R(s)} = \frac{G(s)}{1+G(s)H(s)} = K^* \frac{\prod_{i=1}^{m}(s-z_i)}{\prod_{j=1}^{n}(s-p_j)}$$

单位阶跃输入的瞬态响应为

$$C(s) = \frac{K^*}{s} \frac{\prod_{i=1}^{m}(s-z_i)}{\prod_{j=1}^{n}(s-p_j)}$$

对上式进行拉氏反变换得

$$c(t) = L^{-1}[C(s)] = A_0 + \sum_{j=1}^{n} A_j e^{p_j t}$$

式中，A_0、A_j（$j=1,2,\cdots,n$）分别是 $C(s)$ 在原点、闭环极点处的留数，有

$$A_0 = [C(s)s]_{s=0}$$
$$A_j = [C(s)(s-p_j)]_{s=p_j}$$

二、闭环零、极点分布与阶跃响应的定性关系

对于一个控制系统，人们总是希望它的输出尽可能地复现给定输入量，且要求动态过程的快速性、平稳性要好一些。这样就对闭环零、极点的分布提出了一定的要求。

1）为了保证系统稳定，闭环极点 p_j 都必须在 s 左半平面上。

2）如果要求系统快速性好，应使阶跃响应式中的每一个分量 $A_j e^{p_j t}$ 都衰减得较快，即闭环极点应远离虚轴。若要求系统平稳性好，则复数极点最好设在 s 平面中与负实轴成 ±45°夹角线附近。因为从二阶系统的分析得知，共轭复数极点位于 ±45°线上对应的阻尼比（$\zeta=0.707$）为最佳阻尼比，这时系统的平稳性与快速性都比较理想。超过45°线，则阻尼比减小，振荡性加剧。

3）远离虚轴的闭环极点（或零点）对瞬态响应的影响很小。一般情况下，若某一极点离虚轴比其他极点远4～6倍时，则它对瞬态响应的影响可略去不计。

4）要求动态过程尽快消失，则必须使 A_j 小，而

$$A_j = \frac{K^* \prod_{i=1}^{m}(p_j - z_i)}{p_j \prod_{\substack{i=1 \\ i\neq j}}^{n}(p_j - p_i)}$$

故应使分母大、分子小。即闭环极点间的间距（$p_j - p_i$）要大，零点 z_i 应靠近极点 p_j。

因为离虚轴最近的极点所对应的瞬态分量 $A_j e^{p_j t}$ 衰减最慢，如果能使某一零点靠近 p_j，则系数 A_j 值很小，甚至可以趋向零，$A_j e^{p_j t}$ 分量即可忽略不计。由于零点的个数总是少于极点的个数，故零点应该靠近离虚轴近的极点。这样，对动态过程起决定作用的极点让位于离虚轴次近的极点，使系统的快速性得到提高。

一对靠得很近的闭环零、极点称为偶极子。偶极子概念对控制系统的综合设计是很有用的。

通常可以有意识地在系统中加入适当的零点，以抵消对动态过程影响较大的不利极点，使系统的动态过程获得改善。

三、利用主导极点估算系统性能指标

如前所述，那些远离虚轴的零、极点和偶极子对瞬态响应的影响很小，可以忽略不计。而那些离虚轴近又不构成偶极子的零、极点则起主导作用，决定了瞬态响应性能。把这些极点称为主导极点；同样，离虚轴很近又不能构成偶极子的零点也是主导零点。因此，在计算性能指标时，在一定条件下，就可以只考虑瞬态分量中主导极点所对应的分量，将高阶系统近似看做一、二阶系统进行分析。

例 5-8　系统闭环传递函数为 $\Phi(s)=\dfrac{1}{(0.67s+1)(0.01s^2+0.16s+1)}$，试利用根轨迹计算系统的动态性能指标。

解：闭环传递函数有三个极点，即 $s_1=-1.5$，$s_{2,3}=-8\pm6\mathrm{j}$，根据根的分布，极点 s_1 离虚轴最近，故极点 s_1 为主导极点，$s_{2,3}$ 可以略去不计。这时系统可近似看成一阶系统，有

$$\Phi(s)=\frac{1}{0.67s+1}$$

故系统无超调，$\sigma\%=0$，调节时间 $t_s=3T=2\text{s}$。

例 5-9　闭环传递函数 $\Phi(s)=\dfrac{0.59s+1}{(0.67s+1)(0.01s^2+0.08s+1)}$，试估算系统的动态性能指标。

解：闭环极点 $s_1=-1.5$，$s_{2,3}=-4\pm9.2\mathrm{j}$，闭环零点 $z_1=-1.7$，极点 s_1 与零点 z_1 构成偶极子，故 $s_{2,3}$ 为主导极点。

则系统可近似为二阶系统

$$\Phi(s)=\frac{1}{0.01s^2+0.08s+1}$$

$$\zeta=0.4,\qquad \omega_n=10$$

对应的性能指标　　$\sigma\%=\mathrm{e}^{-\pi\zeta/\sqrt{1-\zeta^2}}\times100\%=25.4\%$，　$t_s=\dfrac{3}{\zeta\omega_n}=0.75\text{s}$

四、增加开环零点或开环极点对根轨迹的影响

根轨迹直接与开环传递函数的极点和零点有关，所以增加一个开环零点或极点必然会使根轨迹移动，从而使闭环极点的位置发生变化。用根轨迹的方法对系统进行校正，实际上就是为校正装置传递函数选择合适的极点和零点，以使闭环系统的极点位于希望的位置。

例 5-10　给定开环传递函数为

$$G_1(s)=\frac{K}{(s+1)(s+3)},\quad G_2(s)=\frac{K(s+4)}{(s+1)(s+3)},\quad G_3(s)=\frac{K}{(s+1)(s+3)(s+4)}$$

试画出它们的根轨迹，并说明增加一个零点或一个极点对根轨迹的影响。

解：(1) $G_1(s)$ 有两个开环实数极点 -1 和 -3，所以实轴上的根轨迹在 $(-3,-1)$ 区间内。根轨迹有两条与实轴垂直的渐近线，渐近线与实轴的交点坐标为 -2，其根轨迹如图 5-16 所示。

(2) $G_2(s)$ 有两个开环实数极点 -1 和 -3，一个开环零点 -4，故实轴上的根轨迹在 $(-\infty,-4)$ 和 $(-3,-1)$ 范围内。计算出实轴上的分离点和汇合点的坐标分别为 -2.27 和 -5.73，其根轨迹如图 5-17 所示。

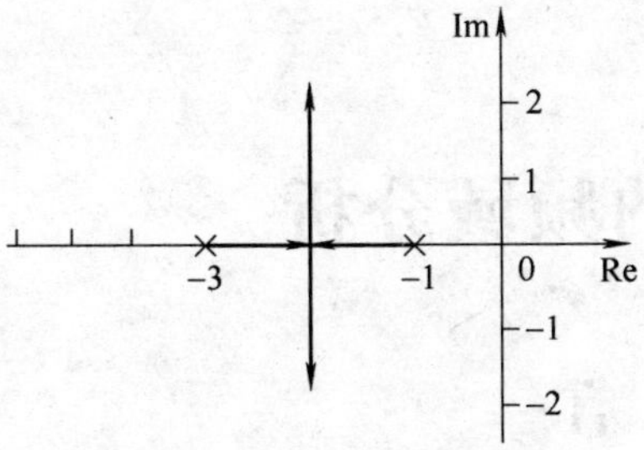

图 5-16　$G_1(s)$ 的根轨迹

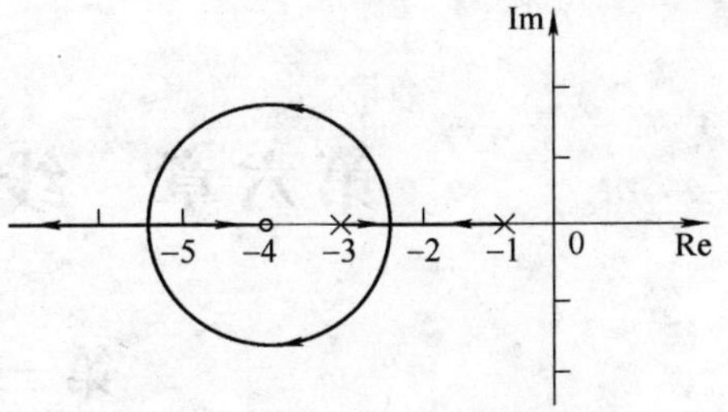

图 5-17　$G_2(s)$ 的根轨迹

（3）$G_3(s)$ 有三个开环实数极点 -1、-3 和 -4，所以实轴上的根轨迹在（$-\infty$，-4）和（-3，-1）范围内。三条根轨迹趋向无穷远处，三条根轨迹渐近线方向为 ±60°，180°。渐近线与实轴的交点坐标为 -2.27，实轴上分离点的坐标为 -1.785，其根轨迹如图 5-18 所示。

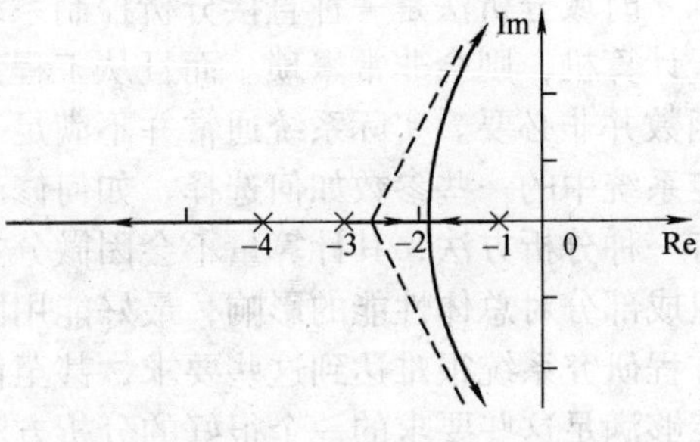

图 5-18　$G_3(s)$ 的根轨迹

（4）对照 $G_1(s)$、$G_2(s)$ 与 $G_3(s)$ 的根轨迹可以发现，增加一个开环零点后，根轨迹向左移动，提高了系统的稳定性，有利于改善系统的动态性能。进一步研究可以发现，开环负实数零点离虚轴越近，这种作用越显著。若增加的开环零点和某个开环极点重合，或距离很近，构成偶极子时，则二者作用相互抵消。因此，可以通过加入开环零点的方法，抵消有损于系统性能的极点的影响。而增加一个开环极点后，根轨迹向右移动，降低了系统的稳定性，不利于改善系统的动态性能。而且，开环负实数极点离虚轴越近，这种作用越显著。因此，合理选择校正装置参数，设置开环零、极点位置，就可以改善系统的动态性能。

习　题

5-1　已知单位反馈系统的开环传递函数如下，试概略绘出系统根轨迹。

（1）$G(s)=\dfrac{K}{s(0.2s+1)(0.5s+1)}$　（2）$G(s)=\dfrac{K^*(s+5)}{s(s+2)(s+3)}$

（3）$G(s)=\dfrac{K(s+1)}{s(2s+1)}$

5-2　系统的开环传递函数为

$$G(s)H(s)=\frac{K^*}{(s+1)(s+2)(s+4)}$$

试证明点 $s_1=-1+\mathrm{j}\sqrt{3}$ 在根轨迹上，并求出相应的根轨迹增益 K^* 和开环增益 K。

5-3　已知系统的开环传递函数为

$$G(s)=\frac{K^*}{s(s^2+3s+9)}$$

试用根轨迹法确定使闭环系统稳定的开环增益 K 的范围。

5-4　已知单位反馈开环传递函数如下，试概略绘出相应的闭环根轨迹（要求确定分离点的坐标）。

（1）$G(s)=\dfrac{K}{s(0.2s+1)(0.5s+1)}$　（2）$G(s)=\dfrac{K(s+1)}{s(2s+1)}$

（3）$G(s)=\dfrac{K^*(s+5)}{s(s+2)(s+3)}$

5-5　已知单位反馈控制系统开环传递函数如下，试概略画出相应的闭环根轨迹（求出点的起始角）。

（1）$G(s)=\dfrac{K^*(s+2)}{(s+1+\mathrm{j}2)(s+1-\mathrm{j}2)}$　（2）$G(s)=\dfrac{K^*(s+20)}{s(s+10+\mathrm{j}10)(s+10-\mathrm{j}10)}$

第六章　线性系统的频域分析

第一节　引　　言

时域分析法是一种直接分析控制系统的方法，比较直观，但分析高阶系统时，若不借助于计算机，则会非常繁琐。而且从工程角度来看，直接从微分方程准确解出控制系统的运动函数并非必要。实际系统通常并不满足于简单地计算出一个既定对象的运动，而往往需要确定系统中的一些参数如何选择、如何修改其结构，以便能获得更好的运动性能。人们期望能有一种分析方法，其计算量不会因微分方程阶次的升高而增加太多，且较容易分析系统各个组成部分对总体性能的影响，最好能用图形直观地表示系统性能的主要特性。而直接用微分方程研究系统很难达到这些要求，甚至做不到。本章将要讲述的线性系统的频域分析法正是能够满足这些要求的一个很好的分析方法。频域分析法又称为频率响应法或频率法。频域分析法与时域分析法同为控制系统的重要分析方法，它们彼此互相补充、互相渗透。

频域分析法的基本思想是把控制系统中所有变量看成一些信号，而每个信号又是由许多不同频率的正弦信号合成，各个变量的运动就是系统对各个不同频率信号响应的总和。频域分析法的物理意义明确，按照频率响应的思想，一个控制系统的运动无非是信号在各个环节之间依次传递的过程；在传递过程中，合成这些信号的正弦信号振幅和相角依严格的函数关系变化，产生形式多样的运动。与把控制系统抽象地表示成一组微分方程的做法相比，频率法的因果概念更强，更容易理解。其次，从信号传递的角度出发，可以用实验的方法求出对象的数学模型。特别是对于机理复杂或机理不明确而难以列写微分方程的对象，频率响应的观点提供了重要的实验处理方法。这一点在工程上有很大的实用价值。第三，频域分析法的计算量小，它的一部分工作可通过作图完成，因而使它具有较强的直观性，也便于研究参数变化对系统动态性能的影响。而且，还可以根据开环频率特性研究闭环系统的稳定性，而不必解出特征方程的根。同时，应用频域分析法，可以设计出能够满意地抑制某些频率范围里存在噪声的系统。该方法不仅适用于线性定常系统的分析研究，还可以推广到某些非线性控制系统。

由于这些优点，频域分析法有着重要的工程价值和理论价值。本章主要介绍频率响应、频率特性的基本概念、频率特性曲线的绘制、由频率特性曲线求传递函数的方法以及由频率特性分析系统性能的方法。

第二节　频率特性的概念及几何表示

一、频率特性的基本概念

线性控制系统在输入正弦信号时，其稳态输出随频率（$\omega=0\rightarrow\infty$）变化的规律称为该系统的频率响应。为了说明用频率响应法分析控制系统的思路及频率特性的基本概念，首先以图 6-1 所示的一个简单 RC 网络为例。RC 网络的输入和输出之间的关系可由下列微分方

程描述

$$T\frac{\mathrm{d}u_C}{\mathrm{d}t}+u_C=u_r \tag{6-1}$$

式中，$T=RC$ 为时间常数。

设电容 C 的初始电压为 u_{C0}，当系统的输入信号为正弦信号，即 $u_r=A\sin\omega t$ 时，对式（6-1）进行拉氏变换并带入初始条件 $u_C(0)=u_{C0}$，得

$$U_C(s)=\frac{1}{Ts+1}[U_r(s)+Tu_{C0}]=\frac{1}{Ts+1}\left[\frac{A\omega}{s^2+\omega^2}+Tu_{C0}\right]$$

经拉氏反变换，得电容两端的输出电压为

$$u_C(t)=\left(u_{C0}+\frac{A\omega T}{1+\omega^2T^2}\right)\mathrm{e}^{-\frac{t}{T}}+\frac{A}{\sqrt{1+\omega^2T^2}}\sin(\omega t-\arctan\omega T)$$

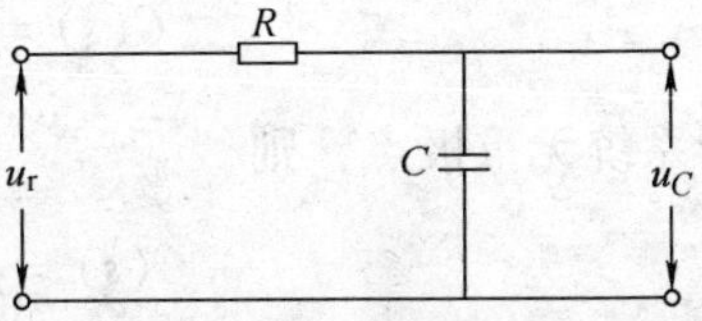

图 6-1　RC 网络

式中，第一项为输出电压的瞬态分量；第二项为稳态分量。由于 $T>0$，随着时间趋于无穷，式中第一项趋于零，于是系统的稳态输出为

$$u_{Cs}(t)=\lim_{t\to\infty}u_C(t)=\frac{A}{\sqrt{1+\omega^2T^2}}\sin(\omega t-\arctan\omega T) \tag{6-2}$$

由式（6-2）可见，网络的稳态输出仍然是正弦电压，其频率和输入电压的频率相同，幅值是输入电压幅值的 $1/\sqrt{1+\omega^2T^2}$ 倍，相角比输入电压的相角延迟 $\arctan\omega T$。很明显，$1/\sqrt{1+\omega^2T^2}$ 和 $-\arctan\omega T$ 都是输入电压频率 ω 的函数，前者称为 RC 网络的幅频特性，后者称为 RC 网络的相频特性。

若令　$A(\omega)=1/\sqrt{1+\omega^2T^2}$，　$\varphi(\omega)=-\arctan\omega T$

则

$$u_{Cs}(t)=\lim_{t\to\infty}u_C(t)=AA(\omega)\sin[\omega t+\varphi(\omega)] \tag{6-3}$$

由于

$$\frac{1}{1+\mathrm{j}\omega T}=\frac{1}{\sqrt{1+\omega^2T^2}}\mathrm{e}^{-\mathrm{j}\arctan\omega T}$$

故函数 $1/(1+\mathrm{j}\omega T)$ 完整地描述了网络在正弦输入电压作用下，系统稳态输出电压随 ω 变化的规律，$1/(1+\mathrm{j}\omega T)$ 就称为网络的频率特性。

注意到 RC 网络的传递函数为

$$G(s)=\frac{1}{Ts+1}$$

将 RC 网络的频率特性和传递函数进行比较，可以发现，只要把传递函数中的 s 以 $\mathrm{j}\omega$ 取代，就可以得到频率特性，即

$$\frac{1}{1+\mathrm{j}\omega T}=\left.\frac{1}{Ts+1}\right|_{s=\mathrm{j}\omega}=\frac{1}{\sqrt{1+\omega^2T^2}}\mathrm{e}^{-\mathrm{j}\arctan\omega T}=A(\omega)\mathrm{e}^{\mathrm{j}\varphi(\omega)}$$

也就是说，RC 网络的幅频特性 $A(\omega)$ 和相频特性 $\varphi(\omega)$ 分别为其传递函数 $G(s)$ 取 $s=\mathrm{j}\omega$ 后的 $G(\mathrm{j}\omega)$ 的幅值 $|G(\mathrm{j}\omega)|$ 和相角 $\angle G(\mathrm{j}\omega)$。

从 RC 网络得到的这一重要结论具有普遍性，对于任何稳定的线性定常系统都是正确的，它反映了 $A(\omega)$ 和 $\varphi(\omega)$ 与系统数学模型的本质关系。因此，在工程上，当输入量为正弦函数时，定义

$$幅频特性 = \frac{输出量的稳态幅值}{输入量的幅值}$$

$$相频特性 = 输出量的稳态相角 - 输入量的相角$$

两者合称为系统的频率特性。在线性定常系统中，频率特性与输入正弦信号的幅值和相位无关。

下面讨论这个结论的一般性。

对于输入为 $r(t)$、输出为 $c(t)$ 的线性定常系统，其传递函数的一般形式为

$$G(s) = \frac{C(s)}{R(s)} = \frac{b_m s^m + b_{m-1} s^{m-1} + \cdots + b_0}{a_n s^n + a_{n-1} s^{n-1} + \cdots + a_0}$$

若系统无重极点，则

$$G(s) = \frac{P(s)}{(s-p_1)(s-p_2)\cdots(s-p_n)} \qquad (n \geqslant m)$$

式中，p_1、p_2、…、p_n 为传递函数的极点。

设输入正弦信号 $r(t) = A\sin\omega t$，则

$$R(s) = \frac{A\omega}{s^2+\omega^2} = \frac{A\omega}{(s+\mathrm{j}\omega)(s-\mathrm{j}\omega)}$$

系统输出量的拉氏变换为

$$C(s) = G(s)R(s) = \frac{P(s)}{(s-p_1)(s-p_2)\cdots(s-p_n)} \frac{A\omega}{(s+\mathrm{j}\omega)(s-\mathrm{j}\omega)}$$

$$= \sum_{i=1}^{n} \frac{A_i}{s-p_i} + \frac{B_1}{s+\mathrm{j}\omega} + \frac{B_2}{s-\mathrm{j}\omega} \tag{6-4}$$

式中，A_i、B_1、B_2（B_1、B_2 互为共轭复数）为待定系数。

对式（6-4）进行拉氏反变换，得

$$c(t) = \sum_{i=1}^{n} A_i \mathrm{e}^{p_i t} + B_1 \mathrm{e}^{-\mathrm{j}\omega t} + B_2 \mathrm{e}^{\mathrm{j}\omega t}$$

对于稳定的系统，极点 p_i（$i=1, 2, \cdots, n$）都位于 s 平面的左半平面，即都具有负实部。因此，当 $t\to\infty$ 时，$c(t)$ 的第一部分瞬态分量将衰减至零，系统输出的稳态响应为

$$c_{\mathrm{ss}}(t) = \lim_{t\to\infty} c(t) = B_1 \mathrm{e}^{-\mathrm{j}\omega t} + B_2 \mathrm{e}^{\mathrm{j}\omega t} \tag{6-5}$$

若系统含有 k 重极点 p_j，则 $c_{\mathrm{ss}}(t)$ 将含有 $t^n \mathrm{e}^{p_j t}$（$n=1, 2, \cdots, k-1$）这样一些项。对于稳定的系统，由于 p_j 的实部为负，t^k 的增长没有 $\mathrm{e}^{p_j t}$ 的衰减快，所以 $t^n \mathrm{e}^{p_j t}$ 的各项随着 $t\to\infty$ 也都趋于零。因此，对于稳定的系统，不管系统是否有重极点，其稳态响应都如式(6-5)所示，式中的待定系数 B_1 和 B_2 可由式（6-4）来确定，即

$$B_1 = G(s) \frac{A\omega}{s^2+\omega^2}(s+\mathrm{j}\omega)\Big|_{s=-\mathrm{j}\omega}$$

$$= -\left|G(\mathrm{j}\omega)\right| \mathrm{e}^{-\mathrm{j}\angle G(\mathrm{j}\omega)} \frac{A}{2\mathrm{j}}$$

$$B_2 = G(s) \frac{A\omega}{s^2+\omega^2}(s-\mathrm{j}\omega)\Big|_{s=\mathrm{j}\omega}$$

$$= G(\mathrm{j}\omega) \frac{A}{2\mathrm{j}}$$

$$= |G(\mathrm{j}\omega)|\mathrm{e}^{\mathrm{j}\angle G(\mathrm{j}\omega)}\frac{A}{2\mathrm{j}}$$

因此，系统输出的稳态响应为

$$\begin{aligned}c_{\mathrm{ss}}(t) &= -A|G(\mathrm{j}\omega)|\mathrm{e}^{-\mathrm{j}\angle G(\mathrm{j}\omega)}\frac{1}{2\mathrm{j}}\mathrm{e}^{-\mathrm{j}\omega t} + A|G(\mathrm{j}\omega)|\mathrm{e}^{\mathrm{j}\angle G(\mathrm{j}\omega)}\frac{1}{2\mathrm{j}}\mathrm{e}^{\mathrm{j}\omega t}\\ &= A|G(\mathrm{j}\omega)|\frac{\mathrm{e}^{\mathrm{j}[\omega t+\angle G(\mathrm{j}\omega)]}-\mathrm{e}^{-\mathrm{j}[\omega t+\angle G(\mathrm{j}\omega)]}}{2\mathrm{j}}\\ &= A|G(\mathrm{j}\omega)|\sin[\omega t+\angle G(\mathrm{j}\omega)]\end{aligned} \tag{6-6}$$

由此可以看出，系统稳态输出量与输入量具有相同的频率，但输出量的振幅和相位与输入量不同。将式（6-6）与式（6-3）比较，得

$$A(\omega) = \frac{A|G(\mathrm{j}\omega)|}{A} = |G(\mathrm{j}\omega)|$$

$$\varphi(\omega) = \angle G(\mathrm{j}\omega)$$

一般稳定的线性定常系统均有类似的性质。系统对正弦输入的稳态响应称为频率响应。当输入正弦信号时，线性系统输出稳定后也是正弦信号，其输出正弦信号的频率与输入正弦信号的频率相同；输出幅值和输出相位的变化是频率 ω 的函数，且与系统数学模型相关。因此，定义正弦输入下，稳态输出的幅值与输入的幅值之比 $A(\omega)$ 为幅频特性，相位之差 $\varphi(\omega)$ 为相频特性，并称其指数表达形式

$$G(\mathrm{j}\omega) = A(\omega)\mathrm{e}^{\mathrm{j}\varphi(\omega)}$$

为系统的频率特性函数。或者定义线性定常系统的频率特性是系统的稳态正弦响应与输入正弦信号的复数比，即

$$G(\mathrm{j}\omega) = \frac{A|G(\mathrm{j}\omega)|\mathrm{e}^{\mathrm{j}\angle G(\mathrm{j}\omega)}}{A\mathrm{e}^{\mathrm{j}0}} = |G(\mathrm{j}\omega)|\mathrm{e}^{\mathrm{j}\angle G(\mathrm{j}\omega)} = A(\omega)\mathrm{e}^{\mathrm{j}\varphi(\omega)}$$

频率特性函数也可以表示为

$$G(\mathrm{j}\omega) = u(\omega) + \mathrm{j}\nu(\omega)$$

其中，$u(\omega)$ 是 $G(\mathrm{j}\omega)$ 的实部，称为实频特性；$\nu(\omega)$ 是 $G(\mathrm{j}\omega)$ 的虚部，称为虚频特性。

频率特性描述了在不同频率下系统（或元件）传递正弦信号的能力。在工程中，以幅频特性 $A(\omega)$ 和相频特性 $\varphi(\omega)$ 表示频率特性最为常见。

频率特性函数可以用以下方法求取：

1）如果已知系统的微分方程，可将输入变量以正弦函数代入，求系统输出变量的稳态解，输出变量的稳态解与输入正弦函数的复数比即为系统的频率特性函数。

2）如果已知系统的传递函数，可将系统传递函数中的 s 以 $\mathrm{j}\omega$ 代之，即得到系统的频率特性函数。

3）可以通过实验的手段求取。

尽管频率特性是一种稳态响应，但系统动态过程的规律也全部寓于其中。因此，和微分方程、传递函数一样，频率特性也能表征系统的运动规律，它也是描述线性控制系统的数学模型形式之一。

二、频率特性的物理意义

为了对频率特性的物理意义有更深刻的理解，还是以图 6-1 的 RC 网络为例进行说明，

其幅频特性为

$$A(\omega) = \frac{1}{\sqrt{1+\omega^2 T^2}}$$

相频特性为

$$\varphi(\omega) = -\arctan \omega T$$

式中，$T = RC$。

由此可以看出：

1）电路参数 R、C 给定后，频率特性就完全确定，即随频率 ω 变化的规律可完全确定。所以频率特性反映了系统（电路）的内在性质，与外界因素无关。

2）频率特性之所以随频率变化，是因为电路中含有储能元件电容。在实际系统中，由于大都存在电容、电感、惯量及弹簧等储能元件，所以输入不同频率的正弦信号，输出量的幅值、相位也都随之变化。

3）从电路的频率特性可以看出，它的幅值 $A(\omega)$ 随着频率的升高而衰减。换句话说，它表示了对不同频率正弦输入信号的“复现能力”或“跟踪能力”。

对于低频信号（即 $\omega T >> 1$）有

$$A(\omega) \approx 1, \qquad \varphi(\omega) \approx 0$$

这表明输出电压 $U_c(t)$ 与输入电压 $U_r(t)$ 幅值几乎相等，相位接近同相。从电路上看，$\omega T << 1$，即 $R << 1/(\omega C)$，说明此时电路的电抗远大于电阻 R，电流在 R 上产生的压降甚微，信号 $U_r(t)$ 几乎无损失地全部输出，而振幅相位无明显变化。此时，电路复现能力较强。

对于高频信号（即 $\omega T >> 1$）有

$$A(\omega) \approx 1/\omega T, \qquad \varphi(\omega) \approx -90°$$

这表明输入信号 $U_r(t)$ 频率很高，输出电压振幅只有输入电压振幅的 $1/(\omega T)$，相位几乎落后 90°。从电路上看，$\omega T >> 1$，即 $R >> 1/(\omega C)$，因此电容 C 两端压降小，即输出电压振幅很小，且输出电压相位比输入电压相位落后 90°。此时，电路复现能力较差。

因此，在频率较低时，输入信号基本上可以在输出端原样地复现出来，而不发生严重失真。而在频率较高的时候，输入信号就被抑制而不能传送出去。对于实际的工程控制系统，虽然形式不同，但一般都具有这样的“低通”滤波器的作用，反映出它们具有不同的跟踪和复现能力。

三、频率特性的几何表示

用频率法分析、设计控制系统时，常常不是从频率特性的函数表达式出发，而是将频率特性绘制成一些曲线，借助这些曲线对系统进行分析。下面介绍几种常见的频率特性曲线。

设系统的频率特性为

$$G(j\omega) = |G(j\omega)| e^{j\angle G(j\omega)} = A(\omega) e^{j\varphi(\omega)} = u(\omega) + j\nu(\omega)$$

1. 幅频特性曲线和相频特性曲线

用横坐标轴表示自变量 ω，纵坐标轴表示幅值 $A(\omega)$，这样所得出的曲线称为幅频特性曲线，它表示频率特性的幅值随频率变化的情况。

用横坐标轴表示自变量 ω，纵坐标轴表示相角 $\varphi(\omega) = \angle G(j\omega)$，这样所得出的曲线称为相频特性曲线，它表示频率特性的相角随频率变化的情况。

2. 幅相频率特性曲线

幅相频率特性曲线又称为奈奎斯特（Nyquist）曲线或极坐标图。以横轴为实轴，纵轴为虚轴，构成复平面。它是把 ω 作为参变量，给出不同的 ω 值，得到相应 $G(j\omega)$ 的幅值和相角，或者 $G(j\omega)$ 的实部和虚部，将其表示在复平面上，这样所得出的曲线称为幅相频率特性曲线。

3. 对数频率特性曲线

对数频率特性曲线又称为伯德（Bode）图，包括对数幅频和对数相频两条曲线，是工程中广泛使用的一组曲线。对数幅频特性曲线的横坐标按 $\lg\omega$ 分度，单位为弧度/秒（rad/s），纵坐标按 $L(\omega)=20\lg|G(j\omega)|=20\lg A(\omega)$线性分度，单位是分贝（dB）。对数相频特性曲线的横坐标按 $\lg\omega$ 分度，单位为弧度/秒（rad/s），纵坐标按 $\varphi(\omega)=\angle G(j\omega)$ 线性分度，单位是度（°）。

对数频率特性曲线采用 ω 的对数分度实现了横坐标的非线性压缩，便于在较大频率范围反映频率特性的变化情况。对数幅频特性采用 $20\lg A(\omega)$ 线性分度，可将幅值的乘除运算化为加减运算，简化曲线的绘制。

4. 对数幅相特性曲线

对数幅相特性曲线又称为尼柯尔斯（Nichols）曲线，其特点是：横坐标为对数相频特性曲线的相角 $\varphi(\omega)$，单位为度（°），纵坐标为对数幅频特性曲线的幅值 $L(\omega)$，单位为分贝（dB），均为线性分度，ω 作为参变量隐含在曲线的各点上。

工程上，用得最多的是奈奎斯特曲线和伯德图。下面详细介绍这两种曲线。

第三节　幅相频率特性曲线

一、幅相频率特性的概念

如前所述，幅相频率特性曲线是将 ω 看成参变量，当给出不同的 ω 值时，就可算出相应的幅值和相角，该幅值和相角在复平面上代表一个矢量，随着 ω 的变化，矢量的矢端就描绘出一条曲线，该曲线就是系统的幅相频率特性曲线。

由于幅频特性为 ω 的偶函数，相频特性为 ω 的奇函数，所以 ω 从零变化到 $+\infty$ 和 ω 从零变化到 $-\infty$ 的幅相频率特性曲线关于实轴对称，因此，一般只绘制 ω 从零变化到 $+\infty$ 的幅相频率特性曲线。在幅相频率特性曲线中，一般用小箭头表示 ω 增大时幅相频率特性曲线的变化方向。

对于图 6-1 所示的 RC 网络，有

$$G(j\omega)=\frac{1}{1+j\omega T}=\frac{1}{\sqrt{1+\omega^2T^2}}e^{-j\arctan\omega T}$$

$$A(\omega)=|G(j\omega)|=\frac{1}{\sqrt{1+(\omega T)^2}}$$

$$\varphi(\omega)=\angle G(j\omega)=-\arctan\omega T$$

当 $\omega=0$ 时　　$A(0)=1,\quad \varphi(0)=0°$

当 $\omega=\frac{1}{T}$时　　$A\left(\frac{1}{T}\right)=\frac{\sqrt{2}}{2}=0.707,\quad \varphi\left(\frac{1}{T}\right)=-45°$

当 $\omega=+\infty$ 时 $A(\infty)=0$， $\varphi(\infty)=-90°$

绘制出的幅相频率特性曲线如图 6-2 所示，图中虚线部分对应 ω 从 $-\infty$ 到 0 的频率特性。

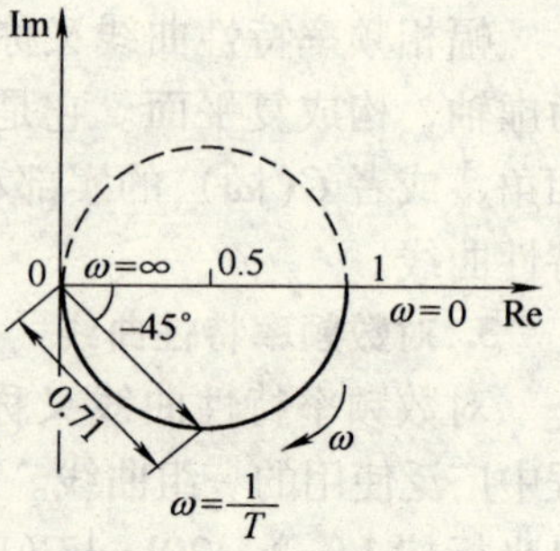

图 6-2 RC 网络的幅相频率特性曲线

幅相频率特性曲线的用途很广泛，因而十分重要。

若系统的开环传递函数为下列一般表达式：

$$G(s)=\frac{b_m s^m+b_{m-1}s^{m-1}+\cdots+b_1 s+b_0}{a_n s^n+a_{n-1}s^{n-1}+\cdots a_1 s+a_0}$$

式中，a_0，…，a_n，b_0，…，b_m 均为实系数，如果将表达式的分子和分母两个多项式分别分解成因式，再将因式分类，即可得典型环节。开环系统的幅相频率特性曲线是系统频域分析的依据，掌握典型环节的幅相频率特性曲线是绘制开环系统幅相频率特性曲线的基础。

下面就着重介绍这些典型环节的幅相频率特性曲线的绘制方法及其特点，并在此基础上介绍一般开环系统幅相频率特性曲线的绘制。

二、典型环节的幅相频率特性曲线

1. 比例环节

比例环节的传递函数为 $G(s)=K$

其频率特性为 $G(j\omega)=K$

显然，频率特性与 ω 无关，所以当 ω 从 $0\to\infty$ 变化时，$G(j\omega)=K$，其幅相频率特性曲线为实轴上的一定点，如图 6-3 所示。

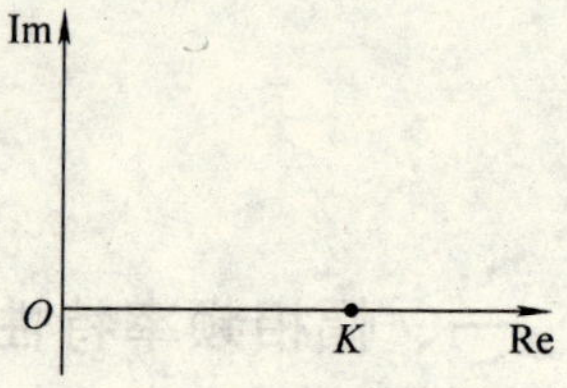

图 6-3 比例环节的 Nyquist 图

2. 积分环节

积分环节的传递函数为 $G(s)=\dfrac{1}{s}$

其频率特性为 $G(j\omega)=\dfrac{1}{j\omega}=\dfrac{1}{\omega}e^{-j\frac{\pi}{2}}$

由于幅频特性与 ω 成反比，相频特性恒为 $-90°$，所以当 ω 从 $0\to\infty$ 变化时，幅相频率特性曲线是一条与负虚轴相重合的直线，如图 6-4 所示。

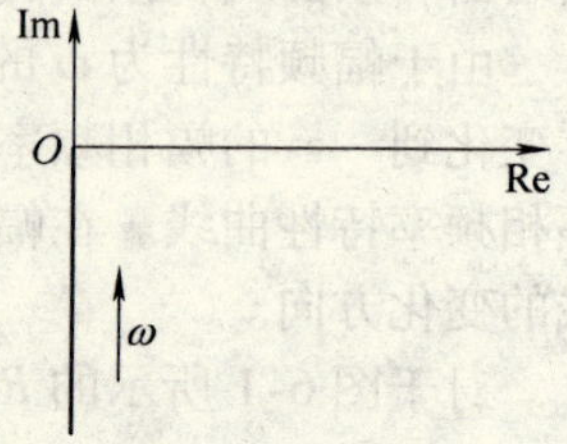

图 6-4 积分环节的 Nyquist 图

3. 微分环节

微分环节的传递函数和频率特性分别为

$$G(s)=s,\qquad G(j\omega)=j\omega=\omega e^{j\frac{\pi}{2}}$$

由于 $\angle G(j\omega)=90°$，而 $|G(j\omega)|=\omega$，随着 ω 的增加，其幅频增大。因此，当 ω 从 $0\to\infty$ 变化时，其幅相频率特性曲线是一条与正虚轴相重合的直线，如图 6-5 所示。

4. 惯性环节

惯性环节的传递函数为 $G(s)=\dfrac{1}{Ts+1}$

其频率特性为

$$G(j\omega)=\frac{1}{1+j\omega T}=\frac{1}{1+T^2\omega^2}-j\frac{T\omega}{1+T^2\omega^2}=u+j\nu$$

其中　$u=\dfrac{1}{1+T^2\omega^2}$，　$\nu=\dfrac{-T\omega}{1+T^2\omega^2}$

从而　$\nu/\mu=-T\omega$，　$\nu^2/\mu^2=T^2\omega^2$

则　$$\mu=\frac{1}{1+\nu^2/u^2}=\frac{\mu^2}{u^2+\nu^2}$$

即　$u^2-u+\nu^2=0$，　$(u-1/2)^2+\nu^2=(1/2)^2$

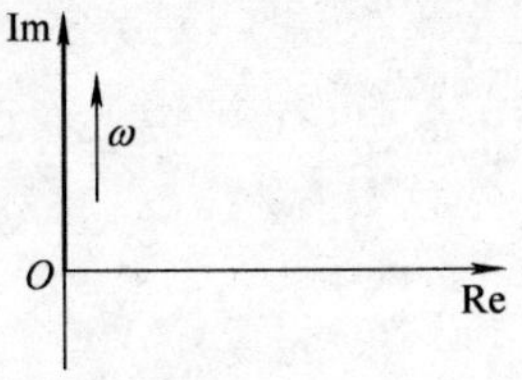

图 6-5　微分环节的 Nyquist 图

又因为 ω 从 $0\to\infty$ 变化时，$\mu\geqslant 0$，$\nu\leqslant 0$，因此惯性环节的幅相频率特性曲线是以（1/2，0）为圆心、以 1/2 为半径的位于第四象限的半圆，如图 6-6 所示。

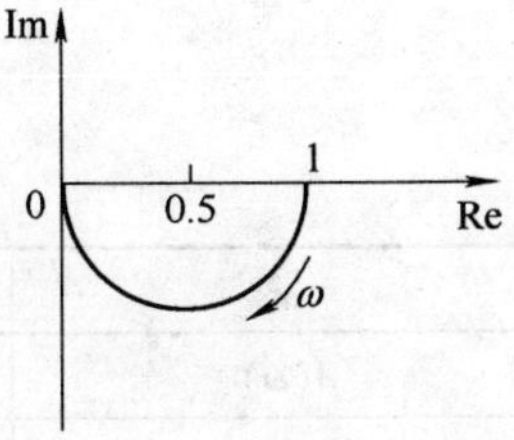

图 6-6　惯性环节的 Nyquist 图

5. 一阶微分环节

一阶微分环节的传递函数为　$G(s)=Ts+1$

频率特性为　$G(j\omega)=1+j\omega T$

由此可见，幅相频率特性曲线的实部恒为 1。

其幅频和相频特性分别为

$$|G(j\omega)|=\sqrt{1+\omega^2T^2},\qquad \angle G(j\omega)=\arctan\omega T$$

当 ω 从 $0\to\infty$ 变化时，$\angle G(j\omega)$ 从 $0°\to 90°$，幅相频率特性曲线如图 6-7 所示。其幅相频率特性曲线只是将纯微分环节的幅相频率特性曲线右移 1。

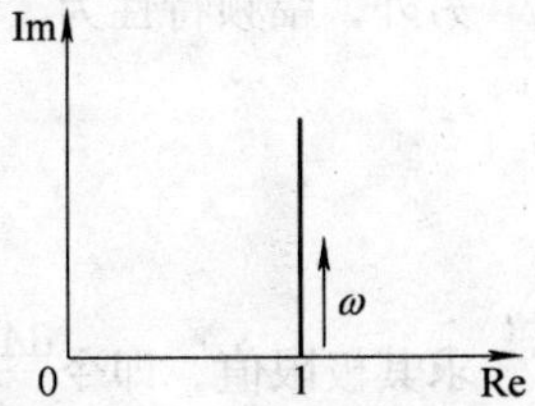

图 6-7　一阶微分环节的 Nyquist 图

6. 二阶振荡环节

二阶振荡环节的传递函数为

$$G(s)=\frac{\omega_n^2}{s^2+2\zeta\omega_n s+\omega_n^2}\qquad (0\leqslant\zeta\leqslant 1)$$

其频率特性为　$$G(j\omega)=\frac{\omega_n^2}{(j\omega)^2+2\zeta\omega_n(j\omega)+\omega_n^2}=\frac{1}{\left(1-\dfrac{\omega^2}{\omega_n^2}\right)+j\dfrac{2\zeta\omega}{\omega_n}}$$

$$A(\omega)=\frac{1}{\sqrt{\left(1-\dfrac{\omega^2}{\omega_n}\right)^2+4\zeta^2\left(\dfrac{\omega}{\omega_n}\right)^2}}$$

$$\varphi(\omega)=\begin{cases}-\arctan\dfrac{2\zeta\dfrac{\omega}{\omega_n}}{1-\dfrac{\omega^2}{\omega_n^2}}, & \omega\leqslant\omega_n\\[2ex] -\left(180°-\arctan\dfrac{2\zeta\dfrac{\omega}{\omega_n}}{\dfrac{\omega^2}{\omega_n^2}-1}\right), & \omega>\omega_n\end{cases}$$

当 ω 从 $0\to\infty$ 变化时，该环节的幅值 $A(\omega)$ 和相角 $\varphi(\omega)$ 见表 6-1，幅相频率特性曲线如图 6-8 所示。

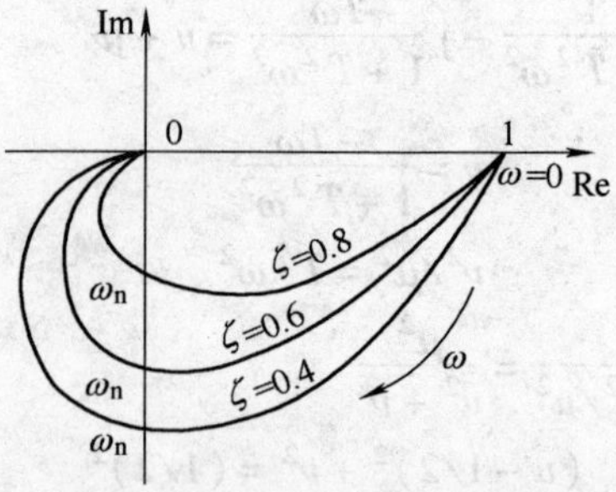

图 6-8　振荡环节的 Nyquist 图

表 6-1　幅值和相角对应表

ω	0	ω_n	∞
$A(\omega)$	1	$1/(2\zeta)$	0
$\varphi(\omega)$	0°	−90°	−180°

可以看出，不论 ζ 值如何，当 $\omega=\omega_n$ 时，均有 $\angle G(j\omega_n)=-90°$，即曲线与负虚轴的交点所对应的频率即为系统的自由振荡频率 ω_n。

另外，幅频特性为

$$A(\omega)=\frac{1}{\sqrt{\left(1-\frac{\omega^2}{\omega_n^2}\right)^2+4\zeta^2\left(\frac{\omega}{\omega_n}\right)^2}} \tag{6-7}$$

求其极限值，即令 $\frac{dA(\omega)}{d\omega}=0$，经化简可得

$$\left[2\left(1-\frac{\omega^2}{\omega_n^2}\right)\left(-2\frac{\omega}{\omega_n^2}\right)+8\zeta^2\frac{\omega}{\omega_n^2}\right]\Bigg|_{\omega=\omega_r}=0$$

得谐振频率为

$$\omega_r=\omega_n\sqrt{1-2\zeta^2}\qquad(0<\zeta\leqslant\sqrt{2}/2) \tag{6-8}$$

将式 (6-8) 代入式 (6-7)，求得谐振峰值为

$$A_{\max}=\frac{1}{2\zeta\sqrt{1-\zeta^2}}\qquad(0<\zeta\leqslant\sqrt{2}/2) \tag{6-9}$$

由此可见，只有 $1-2\zeta^2\geqslant0$ 即 $\zeta\leqslant\sqrt{2}/2$ 时，方存在极限值，式 (6-8) 和式 (6-9) 才有物理意义。

7. 二阶微分环节

二阶微分环节的传递函数为

$$G(s)=\frac{s^2+2\zeta\omega_n s+\omega_n^2}{\omega_n^2}$$

其频率特性为

$$G(j\omega)=\left(1-\frac{\omega^2}{\omega_n^2}\right)+j2\zeta\frac{\omega}{\omega_n}$$

$$A(\omega)=\sqrt{\left(1-\frac{\omega^2}{\omega_n^2}\right)^2+4\zeta^2\left(\frac{\omega}{\omega_n}\right)^2}$$

$$\varphi(\omega)=\arctan\frac{2\zeta\frac{\omega}{\omega_n}}{1-\frac{\omega^2}{\omega_n^2}}=\begin{cases}\arctan\dfrac{2\zeta\frac{\omega}{\omega_n}}{1-\frac{\omega^2}{\omega_n^2}}, & \omega\leqslant\omega_n\\ 180^\circ-\arctan\dfrac{2\zeta\frac{\omega}{\omega_n}}{\frac{\omega^2}{\omega_n^2}-1}, & \omega>\omega_n\end{cases}$$

当 ω 从 $0\to\infty$ 变化时，其幅值 $A(\omega)$ 和相角 $\varphi(\omega)$ 见表 6-2，幅相频率特性曲线如图 6-9 所示。

表 6-2　幅值和相角对应表

ω	0	ω_n	∞
$A(\omega)$	1	2ζ	∞
$\varphi(\omega)$	0°	90°	180°

8. 延迟环节

输出量毫不失真地复现输入量的变化，但在时间上存在恒定延迟的环节，称为延迟环节。延迟环节输出量 $x_o(t)$ 与输入量 $x_i(t)$ 间的关系式是

$$x_o(t)=x_i(t-\tau)\cdot 1(t-\tau) \tag{6-10}$$

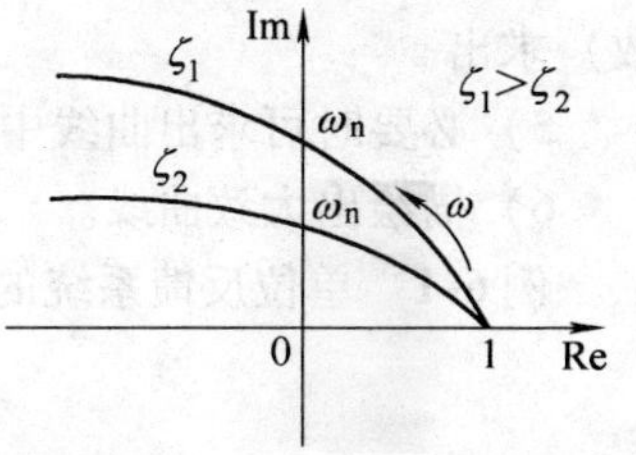

图 6-9　二阶微分环节的 Nyquist 图

式中，τ 是延迟时间。应用拉氏变换实位移定理，对式 (6-10) 进行拉氏变换，得

$$X_o(s)=e^{-\tau s}X_i(s)$$

该环节传递函数为

$$G(s)=e^{-\tau s}$$

频率特性为

$$G(j\omega)=e^{-j\omega\tau}$$

因此，$|G(j\omega)|=1$，$\angle G(j\omega)=-\omega\tau$，其幅相频率特性曲线为单位圆，如图 6-10 所示。

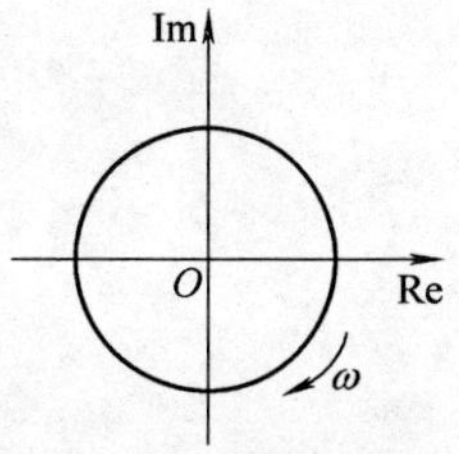

图 6-10　延迟环节的 Nyquist 图

三、开环系统的幅相频率特性曲线

1. 开环系统幅相频率特性曲线绘制的一般方法

绘制开环系统的幅相频率特性曲线，既可以用解析法，也可以用描点法。在实际系统的分析过程中，往往只需要知道幅相频率特性的大致图形即可，并不需要绘制准确曲线。绘制概略的开环幅相频率特性曲线一般都用描点法。这种方法是通过给出不同的 ω 值，求得 $A(\omega)$、$\varphi(\omega)$ 的值，描绘在复平面上，然后连接这些点，即可得幅相频率特性曲线。

系统的开环传递函数可以表示为若干典型环节的串联形式，即

$$G(s)=G_1(s)G_2(s)\cdots G_n(s)$$

对应系统的开环频率特性为

$$G(j\omega)=A_1(\omega)e^{j\varphi_1(\omega)}A_2(\omega)e^{j\varphi_2(\omega)}\cdots A_n(\omega)e^{j\varphi_n(\omega)}=A(\omega)e^{j\varphi(\omega)}$$

于是，可以得到对应的开环幅频特性和开环相频特性，即

$$A(\omega)=A_1(\omega)A_2(\omega)\cdots A_n(\omega)$$

$$\varphi(\omega)=\varphi_1(\omega)+\varphi_2(\omega)+\cdots+\varphi_n(\omega)$$

可见，系统的开环幅频特性等于组成开环系统的各典型环节的幅频特性的乘积；开环相频特性等于组成开环系统各典型环节的相频特性的代数和。因此，只要将组成开环传递函数的各典型环节的频率特性叠加起来，即可得出开环系统的频率特性。

绘制概略开环幅相频率特性曲线一般应反映开环频率特性的三个重要因素：

1）开环幅相频率特性曲线的起点（$\omega=0_+$）和终点（$\omega\to\infty$）。

2）开环幅相频率特性曲线与实轴的交点，交点可利用关系式 $\mathrm{Im}[G(\mathrm{j}\omega)]=0$ 求出，也可以利用关系式 $\angle G(\mathrm{j}\omega)=n\times180°$（其中 n 为整数）求出。

3）开环幅相频率特性曲线的变化范围（象限、单调性）。

开环幅相频率特性曲线的一般作图方法可归纳如下：

1）写出 $|G(\mathrm{j}\omega)|$ 和 $\angle G(\mathrm{j}\omega)$ 表达式。

2）分别求出 $\omega=0$ 和 $\omega\to+\infty$ 的 $G(\mathrm{j}\omega)$。

3）求曲线与实轴的交点，可利用关系式 $\mathrm{Im}[G(\mathrm{j}\omega)]=0$ 或 $\angle G(\mathrm{j}\omega)=n\times180°$（其中 n 为整数）求出。

4）求曲线与虚轴的交点，可利用关系式 $\mathrm{Re}[G(\mathrm{j}\omega)]=0$ 或 $\angle G(\mathrm{j}\omega)=n\times90°$（其中 n 为整数）求出。

5）必要时可求出曲线中间几点。

6）描绘出大致曲线。

例 6-1　单位反馈系统的开环传递函数为

$$G(s)=\frac{3}{s^2+2s+1}$$

试绘制系统概略开环幅相频率特性曲线。

解：系统的开环频率特性为

$$\begin{aligned}G(\mathrm{j}\omega)&=\frac{3}{(\mathrm{j}\omega)^2+2\mathrm{j}\omega+1}\\&=\frac{3}{(1-\omega^2)+2\mathrm{j}\omega}\\&=\frac{3(1-\omega^2)}{(1-\omega^2)^2+4\omega^2}-\mathrm{j}\frac{6\omega}{(1-\omega^2)^2+4\omega^2}\end{aligned}$$

$$|G(\mathrm{j}\omega)|=\frac{3}{\sqrt{(1-\omega^2)^2+4\omega^2}}$$

$$\angle G(\mathrm{j}\omega)=-\arctan\frac{2\omega}{1-\omega^2}$$

当 $\omega=0$ 时，$|G(\mathrm{j}0)|=3$，$\angle G(\mathrm{j}0)=0°$；当 $\omega\to\infty$ 时，$|G(\mathrm{j}\infty)|=0$，$\angle G(\mathrm{j}\infty)=-180°$。

求曲线与实轴的交点，令 $\mathrm{Im}[G(\mathrm{j}\omega)]=0$，得 $\omega=0$，即系统开环幅相频率特性曲线除在 $\omega=0$ 处外与实轴无交点。

求曲线与虚轴的交点，令 $\mathrm{Re}[G(\mathrm{j}\omega)]=0$，即

$$\frac{3(1-\omega^2)}{(1-\omega^2)^2+4\omega^2}=0$$

解出

$$\omega=1$$

当 $\omega=1$ 时，$\mathrm{Im}[G(\mathrm{j}\omega)]=-1.5$，$\angle G(\mathrm{j}\omega)=-90°$。

由此可概略绘制出系统的开环幅相频率特性曲线，如图 6-11 所示。

例 6-2　图 6-12 所示为 RC 超前网络，其传递函数为

$$G(s)=\frac{Ts}{Ts+1}$$

式中　$T=RC$。试绘制其幅相频率特性曲线。

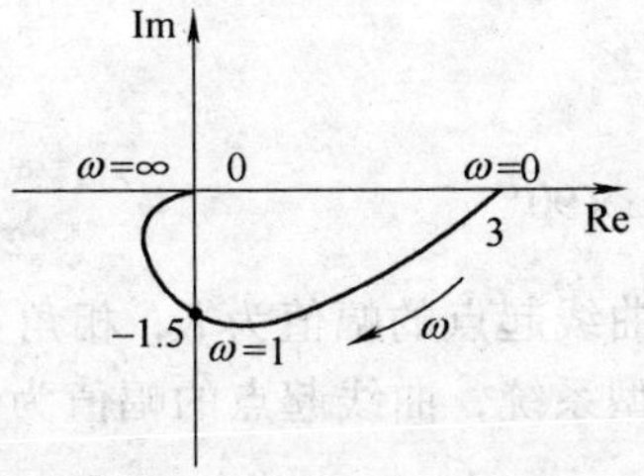

图 6-11　例 6-1 幅相频率特性曲线

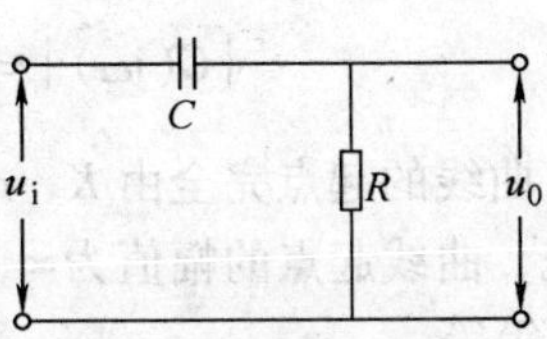

图 6-12　RC 网络

解：该电路的幅相频率特性曲线可以用解析法绘制。

RC 网络的频率特性为

$$G(\mathrm{j}\omega)=\frac{\mathrm{j}\omega T}{\mathrm{j}\omega T+1}=\frac{\omega^2T^2}{1+\omega^2T^2}+\mathrm{j}\frac{\omega T}{1+\omega^2T^2}=u+\mathrm{j}\nu$$

其中

$$u=\frac{\omega^2T^2}{1+\omega^2T^2},\qquad \nu=\frac{\omega T}{1+\omega^2T^2}$$

于是，有

$$u/\nu=\omega T,\qquad u^2/\nu^2=\omega^2T^2$$

则

$$u=\frac{u^2/\nu^2}{1+u^2/\nu^2}=\frac{u^2}{u^2+\nu^2}$$

整理，得

$$u^2-u+\nu^2=0$$

$$(u-1/2)^2+\nu^2=(1/2)^2$$

而且当 ω 从 $0\to\infty$ 变化时，有 $u\geqslant0$，$\nu\geqslant0$。

因此，RC 网络的幅相频率特性曲线是以（1/2，j0）为圆心、以 1/2 为半径，且位于第一象限的半圆，如图 6-13 所示。

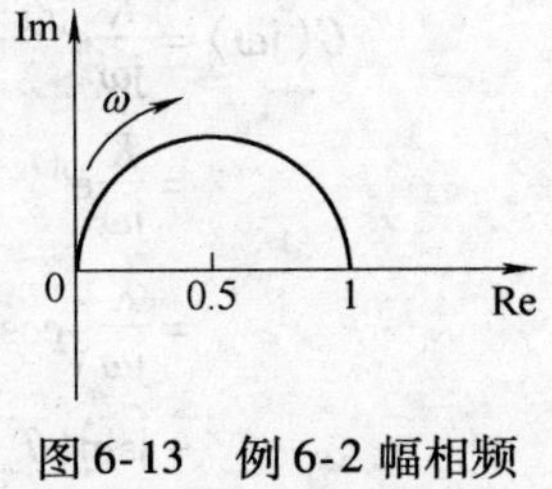

图 6-13　例 6-2 幅相频率特性曲线

2. 开环幅相频率特性曲线绘制的一般规律

通常，为了大致分析开环幅相频率特性曲线的变化趋势和分析曲线在起点（$\omega=0$）和终点（$\omega\to\infty$）附近的形状，需要对频率特性函数进行一般规律性的讨论。

设系统的开环传递函数可写为

$$\begin{aligned}G(s)&=\frac{b_ms^m+b_{m-1}s^{m-1}+\cdots+b_0}{a_ns^n+a_{n-1}s^{n-1}+\cdots+a_0}\qquad(n>m)\\&=\frac{K(1+T_{b_1}s)(1+T_{b_2}s)\cdots(1+T'_{b_1}s+T''_{b_1}s^2)\cdots}{s^\nu(1+T_{a_1}s)(1+T_{a_2}s)\cdots(1+T'_{a_1}s+T''_{a_1}s^2)\cdots}\end{aligned}\tag{6-11}$$

式中，ν 为系统的型别：$\nu=0$，对应的系统为 0 型系统；$\nu=1$，对应Ⅰ型系统；$\nu=2$，对应Ⅱ型系统；依次类推。但是，当 $\nu>2$ 时，使系统稳定是相当困难的，因此Ⅲ型和Ⅲ型以上的系统较少。K 为系统的增益，大于 0。

由于　$T_{b_i}>0$；$T_{a_i}>0$，$T'_{b_i}>0$，$T''_{b_i}>0$，$T'_{a_i}>0$，$T''_{a_i}>0$

故
$$G(j\omega)=\frac{K(1+jT_{b_1}\omega)(1+jT_{b_2}\omega)\cdots(1-T''_{b_1}\omega^2+jT'_{b_1}\omega)\cdots}{(j\omega)^{\nu}(1+jT_{a_1}\omega)(1+jT_{a_2}\omega)\cdots(1-T''_{a_1}\omega^2+jT'_{a_1}\omega)\cdots}$$

对于式（6-11）所示标准形式的传递函数，其幅相频率特性曲线的绘制规律如下。

1）当$\omega=0$时，有
$$G(j\omega)=\frac{K}{(j\omega)^{\nu}}$$

故
$$|G(j\omega)|=\frac{K}{\omega^{\nu}},\qquad \angle G(j\omega)=-\nu\times 90°$$

可见，曲线的起点完全由K、ν决定。对于0型系统，曲线起点的幅值为K，相角为0°；对于Ⅰ型系统，曲线起点的幅值为∞，相角为-90°；对于Ⅱ型系统，曲线起点的幅值为∞，相角为-180°；等等。

对于Ⅰ型系统，当$\omega\to 0$时，幅相频率特性曲线有一条平行于虚轴的渐近线，该直线与实轴的交点坐标u_a（或称为横坐标）可由下式来确定。
$$u_a=u(0)=\lim_{\omega\to 0}\mathrm{Re}\,[G(j\omega)]$$

如
$$G(s)=\frac{K}{s(Ts+1)}$$

则
$$G(j\omega)=\frac{K}{(j\omega)(1+j\omega T)}=-\frac{KT}{1+\omega^2T^2}-j\frac{K}{\omega(1+\omega^2T^2)}$$

故
$$u_a=u(0)=\lim_{\omega\to 0}\left(-\frac{KT}{1+\omega^2T^2}\right)=-KT$$

幅相频率特性曲线和渐近线如图6-14所示。

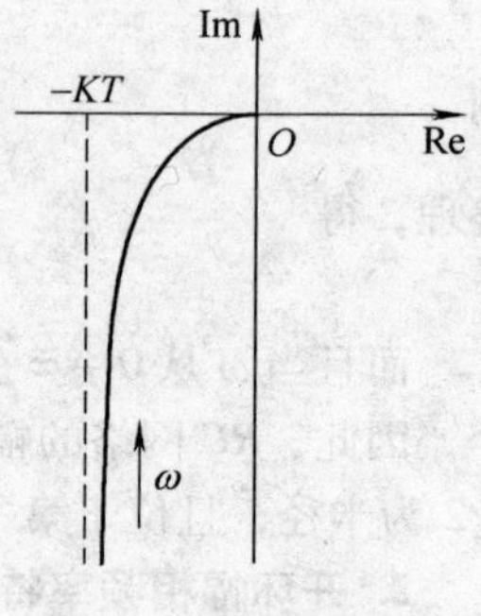

图6-14　幅相频率特性曲线

或者

设
$$G(j\omega)=\frac{K(1+jT_{b_1}\omega)\cdots}{(j\omega)(1+jT_{a_1}\omega)(1+jT_{a_2}\omega)\cdots(1-T''_{a_1}\omega^2+jT'_{a_1}\omega)\cdots}$$

当$\omega\to 0$时，则有
$$\begin{aligned}G(j\omega)&=\frac{K}{j\omega}e^{jT_{b_1}\omega}\cdots e^{-jT_{a_1}\omega}e^{-jT_{a_2}\omega}\cdots e^{-jT'_{a_1}\omega}\cdots\\&=\frac{K}{j\omega}e^{j[T_{b_1}+\cdots-T_{a_1}-T_{a_2}-\cdots-T'_{a_1}-\cdots]\omega}\\&=\frac{K}{j\omega}[\cos(T_{b_1}+\cdots-T_{a_1}-T_{a_2}-\cdots-T'_{a_1}-\cdots)\omega\\&\quad+j\sin(T_{b_1}+\cdots-T_{a_1}-T_{a_2}-\cdots-T'_{a_1}-\cdots)\omega]\\&=\frac{K}{\omega}\sin[(T_{b_1}+\cdots-T_{a_1}-T_{a_2}-\cdots-T'_{a_1}-\cdots)\omega]\\&\quad-j\frac{K}{\omega}\cos[(T_{b_1}+\cdots-T_{a_1}-T_{a_2}-\cdots-T'_{a_1}-\cdots)\omega]\\&=\mathrm{Re}\,G(j\omega)+j\mathrm{Im}G(j\omega)\end{aligned}$$

而
$$\begin{aligned}\mathrm{Re}G(j\omega)\big|_{\omega\to 0}&=\lim_{\omega\to 0}K(T_{b_1}+\cdots-T_{a_1}-T_{a_2}-\cdots-T'_{a_1}-\cdots)\\&\quad\times\frac{\sin[(T_{b_1}+\cdots-T_{a_1}-T_{a_2}-\cdots-T'_{a_1}-\cdots)\omega]}{(T_{b_1}+\cdots-T_{a_1}-T_{a_2}-\cdots-T'_{a_1}-\cdots)\omega}\\&=K(T_{b_1}+\cdots-T_{a_1}-T_{a_2}-\cdots-T'_{a_1}-\cdots)\end{aligned}$$

$$=K(\sum 分子因子一次项系数-\sum 除积分环节外分母因子一次项系数)$$
$$=u_a$$

例如
$$G(s)=\frac{K}{s(T_1s+1)(T_2s+1)}$$
$$u_a=-K(T_1+T_2)$$
$$G(s)=\frac{K(1+\tau s)}{s(1+T_1s)(1+T_2s)}$$
$$u_a=K(\tau-T_1-T_2)$$

2）当 $\omega\to\infty$ 时，对于式（6-11）的传递函数，当 $\omega\to\infty$ 时，其频率特性为
$$G(j\infty)=0\angle(m-n)\times 90°$$
即当 $\omega\to\infty$ 时，幅相频率特性曲线以 $\angle(m-n)\times 90°$ 的相角和原点相切。

3）曲线的中间形状取决于分子的一阶、二阶微分环节的个数及 $G(j\omega)$ 中各因子的系数。传递函数中不包含一阶、二阶微分环节时，幅相频率特性曲线的相角连续地减小，幅值单调地衰减，是一条光滑的曲线；反之，若传递函数中包含一阶、二阶微分环节，曲线的相角就不一定连续减小，幅相频率特性曲线可能会有凹凸。

例 6-3　一个零型反馈控制系统，系统的开环传递函数为
$$G(s)=\frac{K}{(T_1s+1)(T_2s+1)}\qquad (K>0,\ T_1>0,\ T_2>0)$$
试概略绘制系统的开环幅相频率特性曲线。

解：该系统是由两个惯性环节串联而成的。由于惯性环节的相角变化范围为 0°～−90°，故该系统的开环幅相频率特性曲线为

起点：　$A(0)=K,\qquad \varphi(0)=0°$

终点：　$A(\infty)=0,\qquad \varphi(\infty)=2\times(-90°)=-180°$

系统的开环频率特性为
$$G(j\omega)=\frac{K[1-\omega^2T_1T_2-j\omega(T_1+T_2)]}{(1+\omega^2T_1^2)(1+\omega^2T_2^2)}$$

求曲线与实轴的交点，令 $\mathrm{Im}[G(j\omega)]=0$，得 $\omega=0$，即系统开环幅相频率特性曲线除在 $\omega=0$ 处外与实轴无交点。

求曲线与虚轴的交点，令 $\mathrm{Re}[G(j\omega)]=0$，得出 $\omega=1/\sqrt{T_1T_2}$，将 $\omega=1/\sqrt{T_1T_2}$ 代入 $G(j\omega)$ 的虚部表达式，得
$$\mathrm{Im}[G(j\omega)]=\frac{-K}{T_1+T_2}\sqrt{T_1T_2}$$

幅相频率特性曲线的大致形状如图 6-15 所示。

由此例可知，零型系统的开环传递系数为
$$K=|G(j0)|$$
即 K 等于 ω 为零时的幅值。

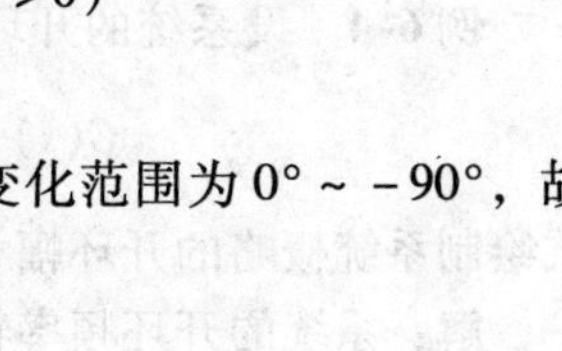

图 6-15　例 6-3 幅相频率特性曲线

显然，如果传递函数包括 n 个惯性环节，则当 $\omega\to\infty$ 时，幅相频率特性曲线趋于 $0\angle -n\times 90°$，图 6-16 绘制了 n 分别为 1～4 四种情况时幅相频率特性曲线的大致形状。

如果零型系统除包含惯性环节和比例环节外，还包含一阶微分环节，则幅相频率特性曲线将可能出现凹凸。

例如函数
$$G(s)=\frac{K(T_1s+1)}{(T_2s+1)(T_3s+1)(T_4s+1)}$$
则
$$G(\mathrm{j}0)=K\angle 0°$$
$$G(\mathrm{j}\infty)=0\angle(1-3)\times 90°=0\angle -180°$$

如果时间常数 T_2 和 T_3 大于 T_1，而 T_1 又大于 T_4 时，则概略的幅相频率特性曲线如图 6-17 所示。

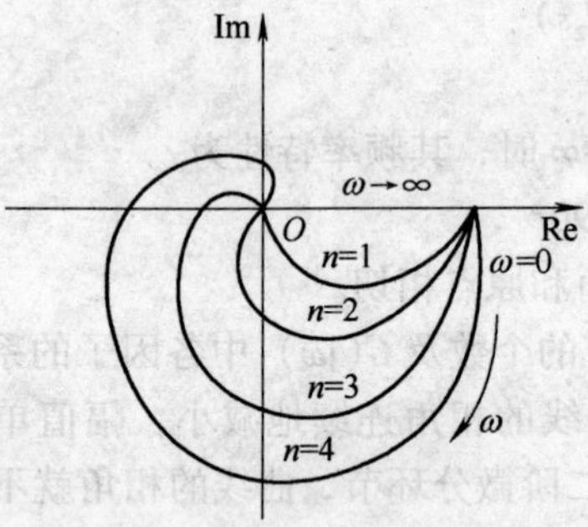

图 6-16　零型系统包含 n 个惯性环节时的幅相频率特性曲线

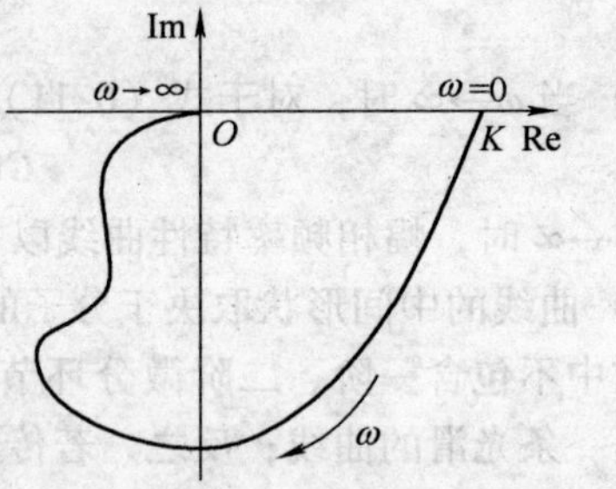

图 6-17　有凹凸的幅相频率特性曲线

例 6-4　设系统的开环传递函数为
$$G(s)=\frac{K}{s(T_1s+1)(T_2s+1)}\qquad (K>0,\ T_1>0,\ T_2>0)$$
试绘制系统概略的开环幅相频率特性曲线。

解：系统的开环频率特性为
$$G(\mathrm{j}\omega)=\frac{K(1-\mathrm{j}\omega T_1)(1-\mathrm{j}\omega T_2)(-\mathrm{j})}{\omega(1+\omega^2T_1^2)(1+\omega^2T_2^2)}$$
$$=\frac{K[-\omega(T_1+T_2)+\mathrm{j}(-1+\omega^2T_1T_2)]}{\omega(1+\omega^2T_1^2)(1+\omega^2T_2^2)}$$
于是，有
$$A(\omega)=|G(\omega)|=\frac{K}{\omega\sqrt{1+\omega^2T_1^2}\sqrt{1+\omega^2T_2^2}}$$
$$\varphi(\omega)=\angle G(\omega)=-90°-\arctan\omega T_1-\arctan\omega T_2$$
曲线起点：　$\omega=0$ 时，$A(0)=\infty$，　$\varphi(0)=-90°$

曲线终点：　$\omega=\infty$ 时，$A(\infty)=0$，　$\varphi(\infty)=-270°$

由于系统为Ⅰ型系统，故在 $\omega=0$ 处有一条平行于虚轴的渐近线，其与实轴的交点为 $u_a=\mathrm{Re}[G(\mathrm{j}0)]=-K(T_1+T_2)$。

由相频特性的表达式可知，其相角范围为 $-90°\sim-270°$，因此，曲线必与负实轴相交。求该交点，可令 $\mathrm{Im}[G(\mathrm{j}\omega)]=0$，得
$$\omega=1/\sqrt{T_1T_2}$$
将 $\omega=1/\sqrt{T_1T_2}$ 代入 $\mathrm{Re}[G(\mathrm{j}\omega)]$ 中，可得曲线与负实轴的交点为
$$G(\mathrm{j}\omega)=\frac{-KT_1T_2}{T_1+T_2}。$$

由此可作出系统的开环幅相频率特性曲线，如图 6-18 中①所示。由于开环幅相频率特性曲线用于系统分析时不需要准确知道渐近线的位置，故一般根据 φ（0）取渐近线为坐标轴，如图

6-18 中曲线②所示。

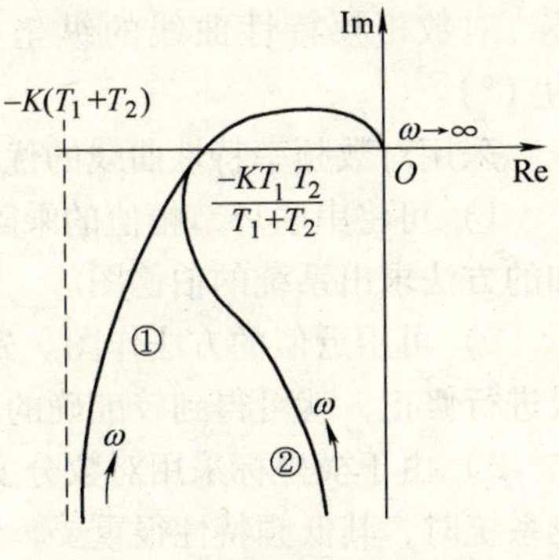

图 6-18　系统概略开环幅相频率特性曲线

本例中系统型别若改为Ⅱ型，即开环传递函数为

$$G(s)=\frac{K}{s^2(T_1s+1)(T_2s+1)}$$

则　$G(\mathrm{j}0)=\infty\angle-180°$,　　$G(\mathrm{j}\infty)=0\angle-360°$

其幅相频率特性曲线如图 6-19 所示，相当于将图 6-18 所示曲线绕原点旋转 −90°。

如果Ⅱ型系统包含一阶微分环节，则幅相频率特性曲线可能出现凹凸。

如　$$G(s)=\frac{K(T_1s+1)}{s^2(T_2s+1)(T_3s+1)(T_4s+1)}$$

则
$$G(\mathrm{j}0)=\infty\angle-180°$$
$$G(\mathrm{j}\infty)=0\angle-360°$$

如果时间常数 $T_1\gg T_2$，$T_1\gg T_3$，$T_1\gg T_4$，则幅相频率特性曲线如图 6-20 所示。

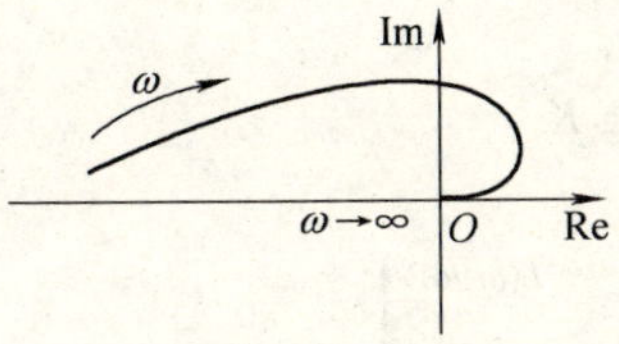

图 6-19　幅相频率特性曲线

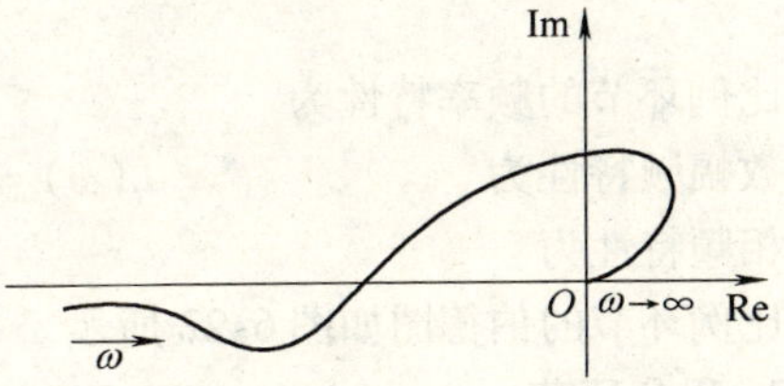

图 6-20　有凹凸的幅相频率特性曲线

第四节　对数频率特性曲线

对数频率特性曲线又称为对数坐标图或伯德（Bode）图。对数坐标图由对数幅频特性图和对数相频特性图组成，分别表示幅频特性和相频特性。Bode 图的横坐标表示频率 ω，但按对数分度，单位是 rad/s，如图 6-21 所示。由图可知，ω 的数值每变化 10 倍，在对数坐标上变化一个单位。即 ω 从任一数值 ω_0 增加到 $\omega_1=10\omega_0$ 时，则 $\lg(\omega_1/\omega_0)=1$，在对数坐标轴上，其频带宽度为一个单位，将该频带宽度称为一个十倍频程，通常以“dec”（decade）表示。当频率变化一倍时，即 $\omega_1=2\omega_0$ 时，则 $\lg(\omega_1/\omega_0)=0.301$，相当于在对数坐标轴上变化了 0.301 个单位。注意，为了方便起见，其横坐标 ω 虽然是对数分度，但习惯上其刻度值不标 $\lg\omega$ 值，而是标 ω 的值。

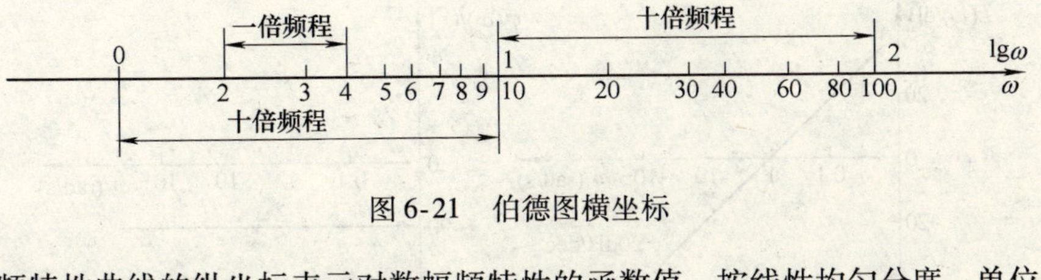

图 6-21　伯德图横坐标

对数幅频特性曲线的纵坐标表示对数幅频特性的函数值，按线性均匀分度，单位是分贝，记为 dB。$G(\mathrm{j}\omega)$ 的对数幅频特性定义如下：

$$L(\omega)=20\lg|G(\mathrm{j}\omega)|$$

对数相频特性曲线的纵坐标表示相频特性的函数值，按线性均匀分度，单位是度，记为（°）。

采用对数频率特性曲线的优点是：

1）可将串联环节幅值的乘除化为幅值的加、减，先分别作出各个环节的伯德图，然后用叠加的方法求出系统的伯德图。

2）可用近似的方法作图。先分段用直线作出对数幅频特性的渐近线，再用修正曲线对渐近线进行修正，就可得到较准确的对数幅频特性曲线，这给作图带来了很大方便。

3）由于横坐标采用对数分度，所以能把较宽频率范围的图形紧凑地表示出来。在分析和研究系统时，其低频特性很重要，而 ω 轴采用对数分度对于突出频率特性的低频段很方便。在运用时，横坐标的起点可根据实际所需的最低频率来决定。

4）将从实验中获得的频率特性画成对数频率特性曲线，能方便地确定频率特性表达式。

一、典型环节的对数频率特性曲线

1. 比例环节

比例环节的频率特性为

$$G(j\omega)=K$$

其对数幅频特性为

$$L(\omega)=20\lg|G(j\omega)|=20\lg K$$

对数相频特性为

$$\varphi(\omega)=0°$$

比例环节的伯德图如图 6-22 所示。

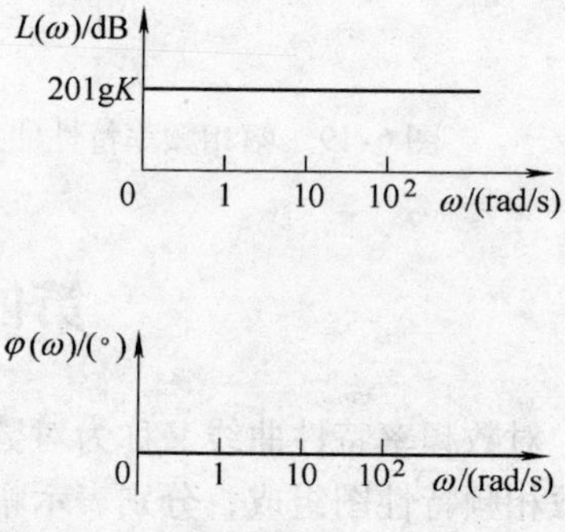

图 6-22　比例环节的伯德图

2. 积分环节

积分环节的频率特性为

$$G(j\omega)=\frac{1}{j\omega}=\frac{1}{\omega}e^{-j90°}$$

其对数幅频特性为

$$L(\omega)=20\lg|G(j\omega)|=20\lg\frac{1}{\omega}=-20\lg\omega$$

对数相频特性为

$$\varphi(\omega)=-90°$$

由此可见，积分环节的对数幅频特性曲线是一条斜率为 -20dB/dec 的直线，且直线和零分贝线相交于 $\omega=1$ 处，即

$$L(\omega)|_{\omega=1}=-20\lg\omega|_{\omega=1}=0$$

积分环节的相频特性曲线为 -90° 的水平直线，与 ω 无关。积分环节的伯德图如图 6-23 所示。

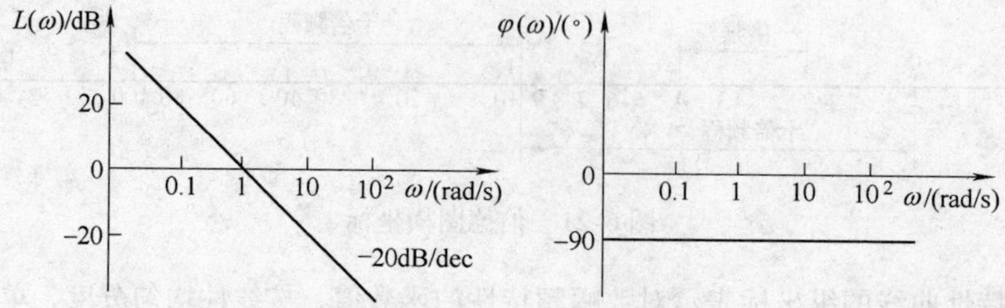

图 6-23　积分环节的伯德图

3. 微分环节

微分环节的频率特性为　$G(\mathrm{j}\omega)=\mathrm{j}\omega=\omega \mathrm{e}^{\mathrm{j}90°}$

其对数幅频特性为　$L(\omega)=20\lg|G(\mathrm{j}\omega)|=20\lg\omega$

对数相频特性为　$\varphi(\omega)=90°$

同样，微分环节的对数幅频特性曲线是一条斜率为 20dB/dec 的直线，且直线和零分贝线相交于 $\omega=1$ 处。

微分环节的伯德图如图 6-24 所示。

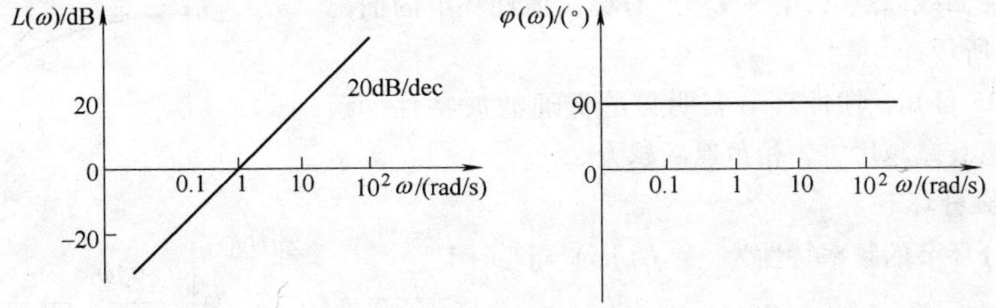

图 6-24　微分环节的伯德图

显然，积分环节和微分环节的对数频率特性曲线关于 ω 轴对称。一般地，若两个传递函数互为倒数，即 $G_1(s)G_2(s)=1$ 存在，则 $L_1(\omega)$ 与 $L_2(\omega)$、$\varphi_1(\omega)$ 与 $\varphi_2(\omega)$ 均以横轴（ω 轴）成镜像对称。

4. 惯性环节

惯性环节的频率特性为

$$G(\mathrm{j}\omega)=\frac{1}{1+\mathrm{j}T\omega}=\frac{1}{\sqrt{1+T^2\omega^2}}\mathrm{e}^{-\mathrm{j}\arctan T\omega}$$

其对数幅频特性为

$$L(\omega)=20\lg|G(\mathrm{j}\omega)|=20\lg\frac{1}{\sqrt{1+T^2\omega^2}}=-20\lg\sqrt{1+T^2\omega^2}=\begin{cases}0, & \omega\ll 1/T\\ -20\lg T\omega, & \omega\gg 1/T\end{cases}$$

上式表明，惯性环节在低频段（$\omega\ll 1/T$）的对数幅频特性曲线为一条 0dB 的水平线，在高频段（$\omega\gg 1/T$）的对数幅频曲线近似为一条直线，其斜率为 -20dB/dec，与零分贝线交于 $\omega T=1$ 即 $\omega=1/T$ 的地方，此频率称为惯性环节的交接频率（或转角频率），记为 ω_T。

因此，惯性环节的对数幅频特性曲线可以用两条直线近似表示，这两条直线称为渐近线。

用渐近线表示的对数幅频特性曲线必然存在误差 $\Delta L(\omega)$，$\Delta L(\omega)$ 可按以下公式计算：

$$\Delta L(\omega)=L(\omega)-L_{\mathrm{a}}(\omega)$$

式中，$L(\omega)$ 表示准确值，$L_{\mathrm{a}}(\omega)$ 表示近似值，于是

$$\Delta L(\omega)=\begin{cases}-20\lg\sqrt{1+T^2\omega^2}, & \omega\ll 1/T\\ -20\lg\sqrt{1+T^2\omega^2}+20\lg\omega T, & \omega\gg 1/T\end{cases}$$

由此式计算的误差值，在交接频率 $\omega=1/T$ 处最大，约为 -3dB，在低于或高于交接频率一倍频程处，即 $\omega=1/(2T)$ 和 $\omega=2/T$ 处，误差均为 -0.97dB，在低于或高于交接频率十倍频程处，误差近似为 -0.04dB。

因此，准确的对数幅频特性曲线可根据渐近线经修正而得。

由于

$$\varphi(\omega)=\angle G(\mathrm{j}\omega)=-\arctan\omega T$$

故有 $\varphi(0)=0°$，$\varphi(\omega_T)=-45°$，$\varphi(\infty)=-90°$。可以证明，对数相频特性曲线以点（ω_T, $-45°$）对称。惯性环节的伯德图如图 6-25 所示。

由图 6-25 可知，惯性环节有明显的低通滤波特性，频率越高，幅值衰减越厉害，相角迟后越大。

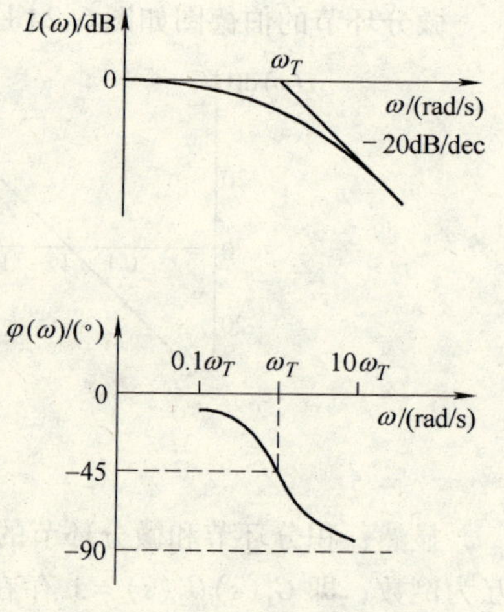

图 6-25　惯性环节的伯德图

5. 一阶微分环节

一阶微分环节的频率特性为　$G(\mathrm{j}\omega)=\mathrm{j}T\omega+1$

其对数幅频特性为　$L(\omega)=20\lg|G(\mathrm{j}\omega)|=20\lg\sqrt{1+T^2\omega^2}$

对数相频特性为　$\varphi(\omega)=\arctan\omega T$

其分析方法与惯性环节的分析类似。由于一阶微分环节与惯性环节的传递函数互为倒数，因此，其对数频率特性曲线与相应的惯性环节的对数频率特性曲线以 ω 轴成镜像对称，如图 6-26 所示。显然，研究惯性环节得到的结论可以类推到一阶微分环节。

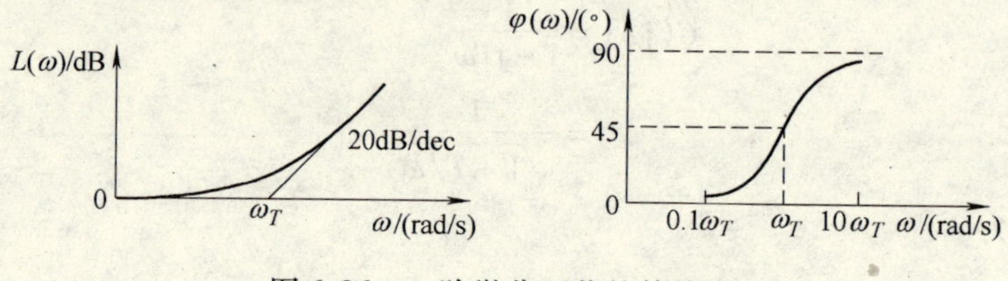

图 6-26　一阶微分环节的伯德图

6. 二阶振荡环节

二阶振荡环节的频率特性函数为

$$G(\mathrm{j}\omega)=\frac{\omega_n^2}{(\mathrm{j}\omega)^2+2\zeta\omega_n\omega\mathrm{j}+\omega_n^2}$$

$$=\frac{1}{1-\dfrac{\omega^2}{\omega_n^2}+\mathrm{j}2\zeta\dfrac{\omega}{\omega_n}}$$

$$=|G(\mathrm{j}\omega)|\mathrm{e}^{\mathrm{j}\varphi(\omega)}$$

$$|G(\mathrm{j}\omega)|=\frac{1}{\sqrt{\left(1-\dfrac{\omega^2}{\omega_n^2}\right)^2+\left(2\zeta\dfrac{\omega}{\omega_n}\right)^2}} \tag{6-12}$$

其对数相频特性为

$$\varphi(\omega)=\begin{cases}-\arctan\dfrac{2\zeta\omega/\omega_n}{1-\omega^2/\omega_n^2}, & \omega\leqslant\omega_n\\ -180^\circ+\arctan\dfrac{2\zeta\omega/\omega_n}{\omega^2/\omega_n^2-1}, & \omega>\omega_n\end{cases} \tag{6-13}$$

对数幅频特性为

$$L(\omega)=20\lg|G(j\omega)|=-20\lg\sqrt{\left(1-\frac{\omega^2}{\omega_n^2}\right)^2+\left(\frac{2\zeta\omega}{\omega_n}\right)^2}$$

$$=\begin{cases}0, & \omega\ll\omega_n\\ -40\lg\dfrac{\omega}{\omega_n}, & \omega\gg\omega_n\end{cases}$$

由上式可知，二阶振荡环节的对数幅频特性的低频段是一条零分贝的水平线，而高频段是一条斜率等于 -40dB/dec 的直线，它和零分贝线相交于横坐标 $\omega=\omega_n$ 处。因此，自然振荡频率 ω_n 称为振荡环节的交接频率（或转角频率）。以上得到的两条渐近线都与阻尼比 ζ 无关。但用渐近线来近似表示对数幅频特性曲线存在一定的误差，误差的大小不仅与 ω 和 ω_n 有关，而且还和 ζ 有关。

误差计算公式为

$$\Delta L(\omega,\zeta)=L(\omega)-L_a(\omega)$$

$$=\begin{cases}-20\lg\sqrt{(1-\omega^2/\omega_n^2)^2+(2\zeta\omega/\omega_n)^2}, & \omega\ll\omega_n\\ -20\lg\sqrt{(1-\omega^2/\omega_n^2)^2+(2\zeta\omega/\omega_n)^2}+20\lg\omega^2/\omega_n^2, & \omega\gg\omega_n\end{cases}$$

据此公式可以绘制出误差曲线。当 ζ 较小时，用渐近线近似表示的对数幅频特性曲线误差较大，且阻尼比 ζ 越小，实际对数幅频特性曲线与渐近线之间的误差也就越大。当 ω 接近 ω_n 时，对数幅频特性有一高峰，称为谐振峰值。ζ 的大小决定了谐振峰值的幅值。二阶振荡环节对数幅频特性修正值见表 6-3。

表 6-3　二阶振荡环节对数幅频特性修正值

ζ \ ω/ω_n	0.1	0.2	0.4	0.6	0.8	1	1.25	1.66	2.5	5	10
0.1	0.086	0.348	1.48	3.728	8.094	13.98	8.094	3.728	1.48	0.348	0.086
0.2	0.08	0.325	1.36	3.305	6.345	7.96	6.345	3.305	1.36	0.325	0.08
0.3	0.071	0.292	1.179	2.681	4.439	4.439	4.439	2.681	1.179	0.292	0.071
0.5	0.044	0.17	0.627	1.137	1.137	0.00	1.137	1.137	0.627	0.17	0.044
0.7	0.001	0.00	-0.08	-0.472	-1.41	-2.92	-1.41	-0.472	-0.08	0.00	0.001
1	-0.086	-0.34	-1.29	-2.76	-4.296	-6.20	-4.296	-2.76	-1.29	-0.34	-0.086

二阶振荡环节对数幅频特性曲线如图 6-27 所示。

下面讨论二阶振荡环节在什么条件下，其幅值会有峰值出现。

对于式（6-12），即

$$|G(j\omega)|=\frac{1}{\sqrt{\left(1-\dfrac{\omega^2}{\omega_n^2}\right)^2+\left(2\zeta\dfrac{\omega}{\omega_n}\right)^2}}$$

令

$$F(\omega)=\left(1-\frac{\omega^2}{\omega_n^2}\right)^2+\left(2\zeta\frac{\omega}{\omega_n}\right)^2 \tag{6-14}$$

显然，如果在某一频率时，$F(\omega)$ 有最小值，则 $|G(\mathrm{j}\omega)|$ 有最大值。将式（6-14）改写为

$$F(\omega)=\left[\frac{\omega^2-\omega_n^2(1-2\zeta^2)}{\omega_n^2}\right]^2+4\zeta^2(1-\zeta^2) \tag{6-15}$$

由式（6-15）可见，当 $\omega=\omega_n\sqrt{1-2\zeta^2}$ 时，$F(\omega)$ 有最小值，即 $|G(\mathrm{j}\omega)|$ 有最大值。这个最大值称为谐振峰值，用 A_{max} 表示。

基于 $F(\omega)$ 的最小值 $4\zeta^2(1-\zeta^2)$，由式（6-12）求得 $|G(\mathrm{j}\omega)|$ 的峰值 A_{max} 为

$$A_{max}=\frac{1}{2\zeta\sqrt{1-\zeta^2}}\qquad 0\leqslant\zeta\leqslant0.707 \tag{6-16}$$

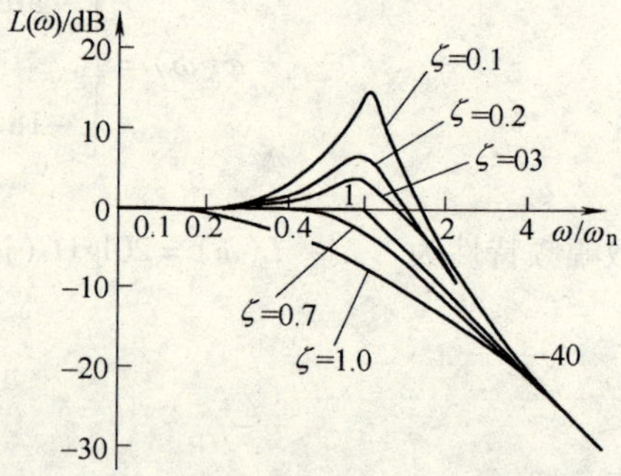

图 6-27　二阶振荡环节对数幅频特性曲线

产生谐振峰值时的频率称为谐振频率，用 ω_r 表示，其值为

$$\omega_r=\omega_n\sqrt{1-2\zeta^2}\qquad 0\leqslant\zeta\leqslant0.707 \tag{6-17}$$

由式（6-17）可见，当 ζ 趋于零时，ω_r 就趋于 ω_n。

当 $0\leqslant\zeta\leqslant0.707$ 时，ω_r 总是小于阻尼自然振荡频率 ω_d。当 $\zeta>0.707$ 时，式（6-14）又可改写为

$$F(\omega)=\left[\frac{\omega^2+\omega_n^2(2\zeta^2-1)}{\omega_n^2}\right]^2+4\zeta^2(1-\zeta^2) \tag{6-18}$$

不难看出，当 $\omega=0$ 时，$F(\omega)$ 有最小值，其值为 1，即

$$|G(\mathrm{j}\omega)|_{max}=1$$

由于 $F(\omega)$ 随着 ω 的增大而增大，因此，$|G(\mathrm{j}\omega)|$ 随着 ω 的增大而单调地减小。这意味着当 $\zeta>0.707$ 时，幅频特性曲线不可能有峰值出现，即不会产生谐振。

二阶振荡环节的对数相频特性曲线由式（6-13）确定，实际曲线随阻尼比的不同而变化，可依据表 6-4 中的数据绘制出不同阻尼比的相频特性曲线，其对数相频特性曲线如图 6-28 所示。

表 6-4　二阶振荡环节相频特性曲线角度值

ζ \ ω/ω_n	0.1	0.2	0.5	1	2	5	10	20
0.1	−1.2°	−2.4°	−7.6°	−90°	−172.4°	−177.6°	−178.8°	−179.4°
0.2	−2.3°	−4.8°	−14.9°	−90°	−165.1°	−175.2°	−177.7°	−178.8°
0.3	−3.5°	−7.1°	−21.8°	−90°	−158.2°	−158.2°	−176.5°	−178.3°
0.5	−5.8°	−11.8°	−33.7°	−90°	−146.3°	−146.3°	−174.2°	−177.1°
0.7	−8.1°	−16.3°	−43.0°	−90°	−137.0°	−137.0°	−171.9°	−176.0°
1	−11.4°	−22.6°	−53.1°	−90°	−126.9°	−126.9°	−168.6°	−174.0°

相频特性 $\varphi(\omega)$ 是 ω 和 ζ 的函数。当 $\omega=0$ 时，相角等于 0°；而当 $\omega=\omega_n$ 时，不管 ζ 值的大小，相角总是等于 −90°。当 $\omega\to\infty$ 时，相角等于 −180°。相频特性曲线对于 $\varphi(\omega)=-90°$ 的弯曲点即点（ω_n, −90°）而言是斜对称的。

7. 二阶微分环节

二阶微分环节的频率特性为

$$G(\mathrm{j}\omega)=\frac{(\mathrm{j}\omega)^2+2\zeta\omega_n(\mathrm{j}\omega)+\omega_n^2}{\omega_n^2}$$

该环节与二阶振荡环节传递函数互为倒数，因而它们的对数幅频特性和对数相角特性与上述振荡环节都只差一个符号，故对数频率特性曲线以 ω 轴与二阶振荡环节对数频率特性曲线成镜像对称，其伯德图如图 6-29 所示。

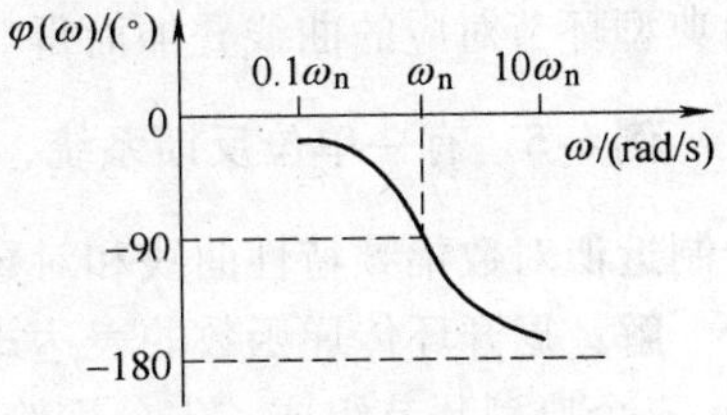

图 6-28　二阶振荡环节对数相频特性曲线

8. 延迟环节

延迟环节的频率特性为

$$G(j\omega) = e^{-j\omega\tau}$$

其对数幅频特性为　$L(\omega) = 20\lg\ |e^{-j\omega\tau}| = 20\lg 1 = 0$

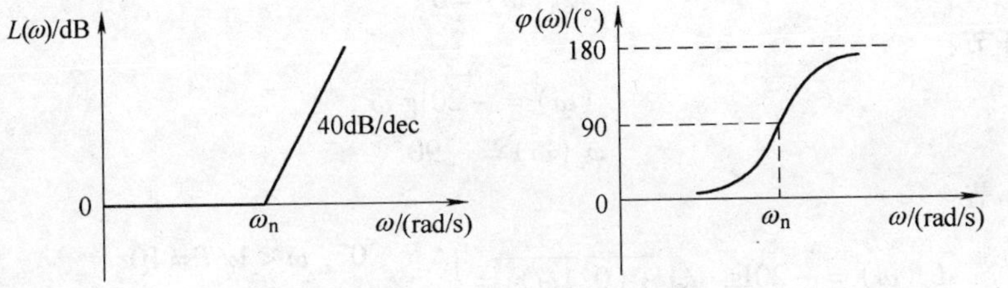

图 6-29　二阶微分环节的伯德图

对数相频特性为　$\varphi(\omega) = -\omega\tau$

可见，延迟环节的对数幅频特性曲线为零分贝线，而相角与频率 ω 成线性关系。其伯德图如图 6-30 所示。若用线性坐标表示，则其相频特性为一条直线。反之，如果某环节的相频特性在线性坐标上是一条直线，则该环节为延迟环节。

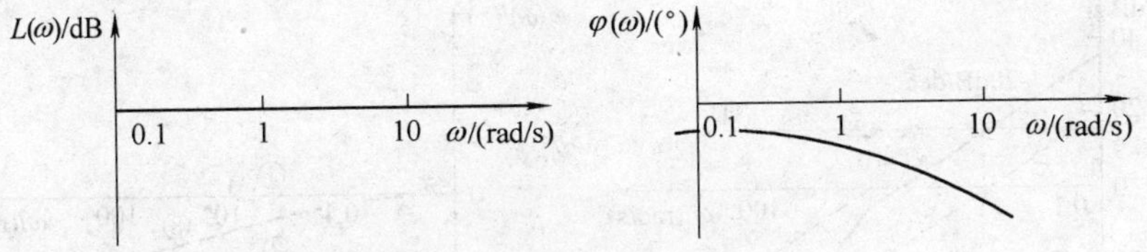

图 6-30　延迟环节的伯德图

二、开环系统的对数频率特性曲线

假定开环系统的传递函数 $G(s)$ 由 n 个典型环节串联而成，即

$$G(s) = \prod_{i=1}^{n} G_i(s)$$

其频率特性为

$$G(j\omega) = \prod_{i=1}^{n} G_i(j\omega)$$

则

$$|G(j\omega)| = \prod_{i=1}^{n} |G_i(j\omega)|$$

$$\angle G(j\omega) = \sum_{i=1}^{n} \angle G_i(j\omega)$$

其对数幅频特性为　$L(\omega) = 20\lg\ |G(j\omega)| = \sum_{i=1}^{n} 20\lg\ |G_i(j\omega)|$

其对数相频特性为　$\varphi(\omega) = \angle G(j\omega) = \sum_{i=1}^{n} \angle G_i(j\omega) = \sum_{i=1}^{n} \varphi_i(\omega)$

由此可见，由 n 个典型环节串联而成的系统，其对数幅频特性曲线和对数相频特性曲线均可

由典型环节对应的曲线叠加而得。

例 6-5　有一单位反馈系统，其开环传递函数为 $G(s)=\dfrac{K}{s(Ts+1)}$，其中 $K=7$，$T=0.1\text{s}$，试绘制近似对数幅频特性曲线和对数相频特性曲线。

解：据开环传递函数的表达式可知，$G(s)$ 由比例环节 K、积分环节 $1/s$ 和惯性环节 $1/(Ts+1)$ 三个典型环节组成。先分别绘制每个典型环节的对数频率特性曲线。

1）比例环节：

$$L_1(\omega)=20\lg K=20\lg 7\text{dB}=16.9\text{dB}$$
$$\varphi_1(\omega)=0°$$

2）积分环节：

$$L_2(\omega)=-20\lg\omega$$
$$\varphi_2(\omega)=-90°$$

3）惯性环节：

$$L_3(\omega)=-20\lg\sqrt{1+(0.1\omega)^2}=\begin{cases}0\ ,\ \omega<1/T=10\\ -20\lg 0.1\omega\ ,\ \omega\geqslant 1/T=10\end{cases}$$
$$\varphi_3(\omega)=-\arctan 0.1\omega$$

绘制各环节的对数幅频特性曲线和对数相频特性曲线，如图 6-31 中虚线所示。图中，①为比例环节的对数频率特性曲线，②为积分环节的对数频率特性曲线，③为惯性环节的对数频率特性曲线。将各环节的频率特性曲线叠加，即可得系统的开环对数频率特性曲线，如图 6-31 中实线所示。

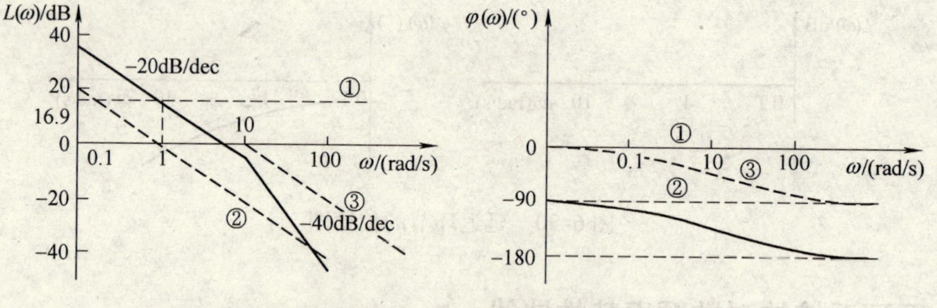

图 6-31　近似对数坐标图

分析上述近似开环对数幅频特性曲线，可发现曲线有以下特点：

1）最左端直线的斜率为 -20dB/dec，这一斜率完全由 $G(s)$ 的积分环节数决定。

2）当 $\omega=1$ 时，曲线的分贝值等于 $20\lg K$，最左端直线和零分贝线的交点频率在数值上恰好等于 K。

3）在惯性环节交接频率 10rad/s 处，斜率从 -20dB/dec 变为 -40dB/dec。

因此，由上例可以推知，一般的近似对数幅频特性曲线具有如下特点：

1）最左端直线斜率为 -20νdB/dec，这里 ν 是积分环节数。

2）当 $\omega=1$ 时，最左端直线或其延长线（当 $\omega<1$ 的频率范围内有交接频率时）的分贝值等于比例环节的分贝值（$20\lg K$）；最左端直线（或其延长线）与零分贝线的交点频率，在数值上等于 K 的 ν 分之一次方。

3）在交接频率点，曲线斜率发生改变，改变多少视典型环节种类而定。如在惯性环节交接频率点后，斜率减少 20dB/dec，而在振荡环节交接频率点之后，斜率减少 40dB/dec。在一阶、二阶微分环节的交接频率点之后，斜率分别增加 20dB/dec 和 40dB/dec。

例 6-6　试绘制传递函数为 $G(s)=\dfrac{10(s+3)}{s(s+2)(s^2+s+2)}$ 的近似对数幅频特性曲线。

解：绘制对数频率特性曲线时，应先将 $G(s)$ 化成由典型环节串联而成的标准形式，即

$$G(s)=\frac{10(s+3)}{s(s+2)(s^2+s+2)}$$

$$=\frac{7.5\left(\dfrac{s}{3}+1\right)}{s\left(\dfrac{s}{2}+1\right)\left[\left(\dfrac{s}{\sqrt{2}}\right)^2+\dfrac{s}{2}+1\right]}$$

然后可按以下步骤绘制近似对数幅频特性曲线。

1）求 $20\lg K$。

$$20\lg K=20\lg 7.5\text{dB}=17.5\text{dB}$$

2）画最左端直线。根据积分环节数 $\nu=1$ 可知，最左端直线斜率为 −20dB/dec，且直线过 (1，17.5) 这一点。或者在零分贝线上找到频率为 $K^{1/\nu}=7.5$ 的点，过此点作斜率为 −20dB/dec 的直线，也得到最左端直线。

3）根据交接频率直接绘制近似对数幅频特性曲线。由于振荡环节、惯性环节和一阶微分环节的交接频率分别是 1.4、2 和 3，所以当 $\omega=1.4$ 时，对数幅频特性曲线斜率由 −20dB/dec 变为 −60dB/dec；当 $\omega=2$ 时，直线斜率由 −60dB/dec 变为 −80dB/dec；最后当 $\omega=3$ 时，直线斜率又由 −80dB/dec 变为 −60dB/dec。

因此，系统的对数幅频特性曲线如图 6-32 所示。

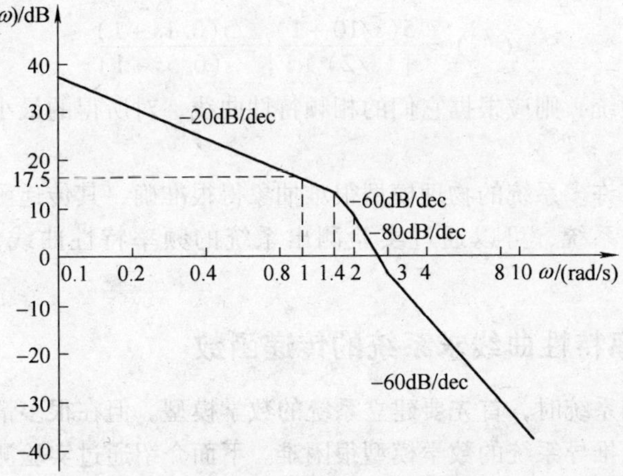

图 6-32　近似的对数幅频特性曲线

三、最小相位（角）系统和非最小相位（角）系统

极点或零点在右半 s 平面的典型环节称为“非最小相位”环节。

如果系统开环传递函数中有在右半 s 平面上的极点或零点，或者包含延迟环节，则称此系统为“非最小相位系统”；否则称为“最小相位系统”。在系统的开环频率特性中，最小相位系统相角变化量的绝对值相对最小，而且其对数幅频特性与对数相频特性之间存在唯一的对应关系，可以相互确定，而非最小相位系统则不具备这种性质。因此，在系统分析中应当注意区分和正确

处理非最小相位系统。

对于最小相位系统，根据对数幅频特性曲线就可以完全确定相应的对数相频特性和传递函数；反之亦然。由于对数幅频特性曲线容易绘制，所以在分析最小相位系统时，通常只画其对数幅频特性曲线，对数相频特性曲线一般不需要绘制。而对于非最小相位系统，必须将对数幅频特性曲线、对数相频特性曲线同时绘制出来，才能完整表达其频率特性。

例 6-7　已知某最小相位系统的对数幅频特性曲线如图 6-33 所示，求系统所对应的传递函数。

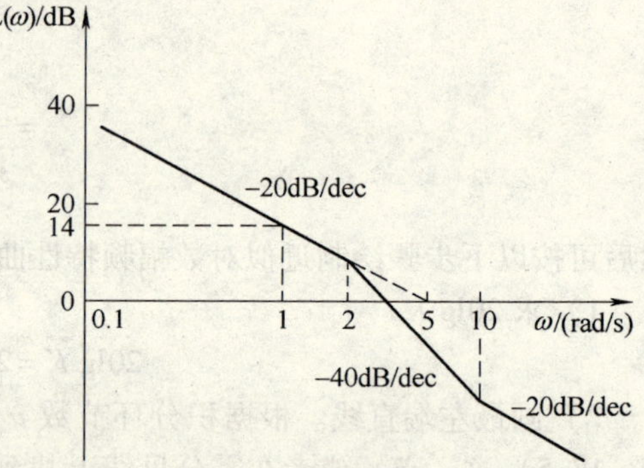

图 6-33　某最小系统对数幅频特性曲线

解：由曲线的最左端开始。

1）由于最左端曲线斜率为 −20dB/dec，因此，系统包含一个积分环节 $1/s$。

2）当 $\omega=1$ 时，最左端直线纵坐标为 14dB，可求出系统的比例环节 K，即 $20\lg K=14$，解出 $K=5$。或者延长最左端直线，其与零分贝线的交点频率为 5，即 $K=5$。

3）第一个转角频率为 2，且斜率由 −20dB/dec 变成 − 40dB/dec，说明系统含有因子 $\dfrac{1}{(s/2)+1}$；

4）第二个转角频率为 10，曲线斜率由 −40dB/dec 变成 −20dB/dec，因此，系统含有因子 $[(s/10)+1]$。

于是系统的传递函数为

$$G(s)=\frac{5(s/10+1)}{s[(s/2)+1]}=\frac{5(0.1s+1)}{s(0.5s+1)}$$

对于非最小相位系统，则应根据它们的相频特性曲线，对所得的最小相位系统的传递函数进行零极点位置修正。

在工程实际中，有许多系统的物理模型很难抽象得很准确，其传递函数也很难用纯数学分析的方法求出。对于这类系统，可以通过实验测出系统的频率特性曲线，进而求出系统的传递函数。

四、由对数频率特性曲线求系统的传递函数

在分析和设计控制系统时，首先要建立系统的数学模型。但在很多情况下，由于实际系统的复杂性，完全从理论上推导系统的数学模型很困难。下面介绍通过实验测出系统的频率特性曲线来确定系统传递函数的方法。

1. 由伯德图确定系统传递函数的实验方法

首先，在可能涉及的频率范围内，测量出系统在足够多的频率上的幅值和相角，并由测得的实验数据画出系统的伯德图。其次，在伯德图上画出实验曲线的渐近线，且渐近线的斜率必须是 ±20dB/dec 的倍数。将各段渐近线组合起来就构成了整个系统的近似对数幅频特性曲线。通过对一些转角频率的试算，通常可以得到比较满意的渐近线。最后，由渐近线来确定系统的传递函数。

2. 由伯德图确定系统传递函数的步骤

（1）系统环节的确定　根据系统对数幅频特性曲线斜率的变化，确定系统包含的环节。例

如，如果在 ω_1 处渐近线斜率变化了 -20dB/dec，说明传递函数中包含一个惯性环节 $1/\left(1+\mathrm{j}\dfrac{\omega}{\omega_1}\right)$；如果在 ω_2 处渐近线斜率变化了 -40dB/dec，则说明传递函数中包含一个振荡环节 $1/\left[(\mathrm{j}\dfrac{\omega}{\omega_2})^2+2\zeta(\mathrm{j}\dfrac{\omega}{\omega_2})+1\right]$，无阻尼自然频率就等于转角频率 ω_2，阻尼比 ζ 可通过测量曲线在 ω_2 附近的谐振峰值来确定。

（2）系统增益的确定　系统的增益可由实验测出的对数幅频特性的低频渐近线来确定。由于在 ω 趋于零这样低的频率上，有

$$L(\omega)=20\lg K-20\nu\lg\omega$$

式中，ν 为系统中积分环节的个数，它直接影响低频渐近线的斜率。对于 0 型系统，有

$$G_0(\mathrm{j}\omega)=\frac{K_0(\mathrm{j}\omega\tau_1+1)(\mathrm{j}\omega\tau_2+1)\cdots}{(\mathrm{j}\omega T_1+1)(\mathrm{j}\omega T_2+1)\cdots}$$

在低频时，有

$$G_0(\mathrm{j}\omega)\approx K_0,\qquad |G_0(\mathrm{j}0)|=K_0$$
$$L(\omega)=20\lg K_0$$

可见，0 型系统对数幅频特性曲线在低频处的高度为 $20\lg K_0$，渐近线是一条高度为 $20\lg K_0$dB 的水平线，故 K_0 值可由该水平线的高度求出，如图 6-34 所示。

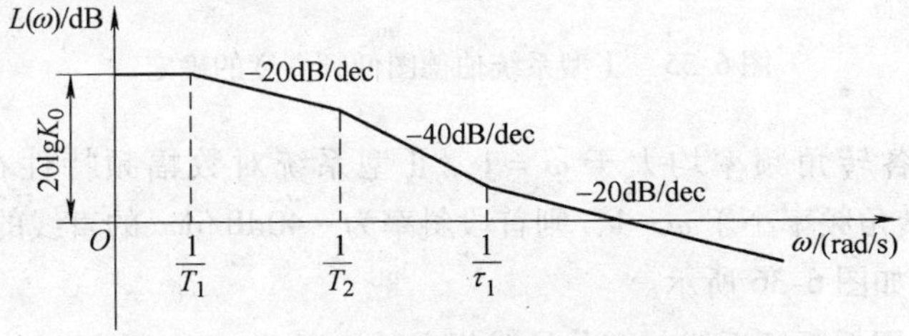

图 6-34　0 型系统伯德图低频高度的确定

对于Ⅰ型系统，有

$$G_1(\mathrm{j}\omega)=\frac{K_1(\mathrm{j}\omega\tau_1+1)(\mathrm{j}\omega\tau_2+1)\cdots}{\mathrm{j}\omega(\mathrm{j}\omega T_1+1)(\mathrm{j}\omega T_2+1)\cdots}$$

在低频时，有

$$G_1(\mathrm{j}\omega)\approx\frac{K_1}{\mathrm{j}\omega},\qquad |G_1(\mathrm{j}1)|\approx K_1$$
$$L(\omega)=20\lg K_1-20\lg\omega$$

可见，如果系统各转角频率均大于 $\omega=1$，Ⅰ型系统对数幅频特性曲线在 $\omega=1$ 处的高度为 $20\lg K_1$；如果系统有转角频率小于 $\omega=1$，则首段斜率为 -20dB/dec 的直线的延长线与 $\omega=1$ 线的交点高度为 $20\lg K_1$，如图 6-35 所示。

当 $L(\omega)=0$ 时，即低频渐近线与零分贝线相交时，有 $K_1=\omega$，因此，增益 K_1 在数值上等于低频渐近线或其延长线与零分贝线交点处的频率 ω 的值，如图 6-35 所示。

对于Ⅱ型系统，有

$$G_2(\mathrm{j}\omega)=\frac{K_2(\mathrm{j}\omega\tau_1+1)(\mathrm{j}\omega\tau_2+1)\cdots}{(\mathrm{j}\omega)^2(\mathrm{j}\omega T_1+1)(\mathrm{j}\omega T_2+1)\cdots}$$

在低频时，有

$$G_2(\mathrm{j}\omega)\approx\frac{K_2}{(\mathrm{j}\omega)^2},\qquad |G_2(\mathrm{j}1)|=K_2$$

$$L(\omega)=20\lg K_2-40\lg\omega$$

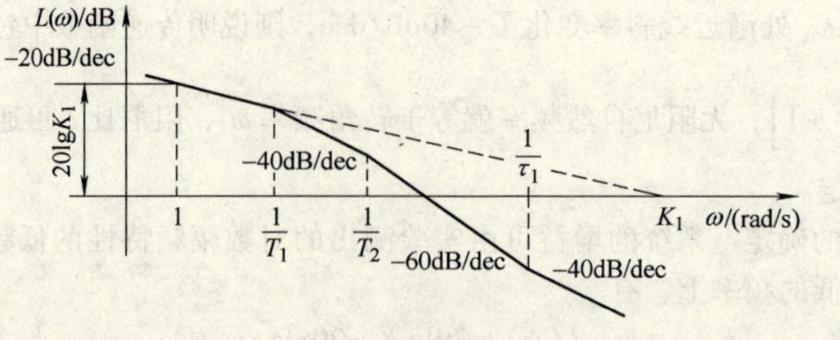

a)

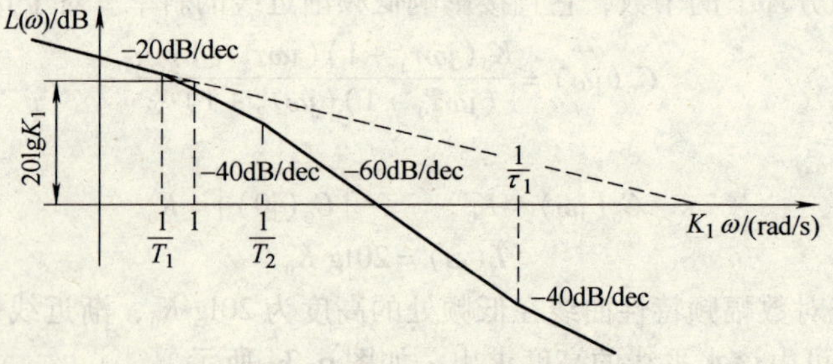

b)

图 6-35　Ⅰ型系统伯德图低频高度的确定

可见，如果系统各转角频率均大于 $\omega=1$，Ⅱ型系统对数幅频特性在 $\omega=1$ 处的高度为 $20\lg K_2$；如果系统有转角频率小于 $\omega=1$，则首段斜率为 -40dB/dec 的直线的延长线与 $\omega=1$ 线的交点高度为 $20\lg K_2$，如图 6-36 所示。

当 $L(\omega)=0$ 时，即低频渐近线与零分贝线相交时，有 $K_2=\omega^2$，因此，增益 K_2 在数值上等于低频渐近线或其延长线与零分贝线相交处频率 ω 的二次方，如图 6-36 所示。

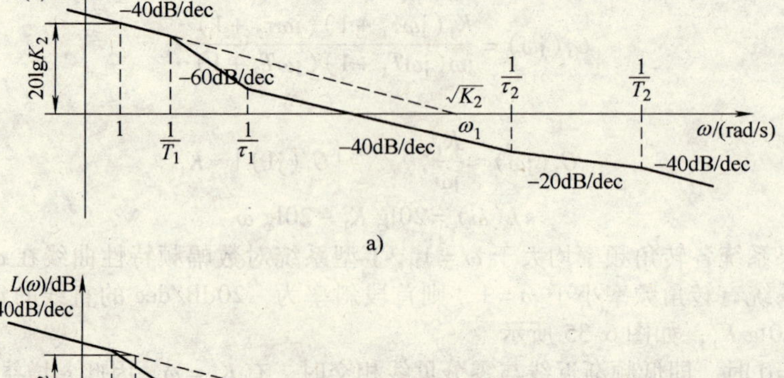

a)

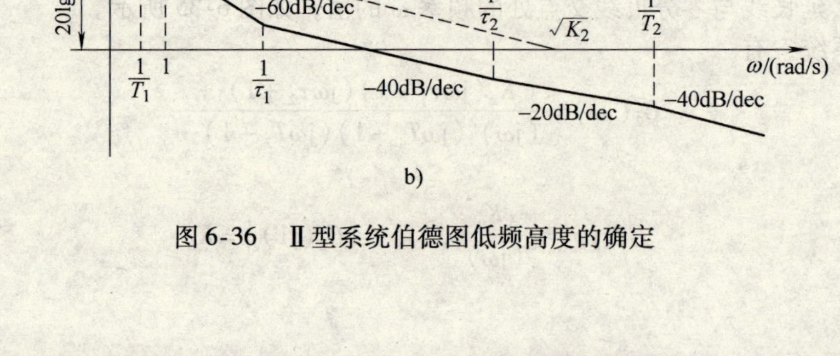

b)

图 6-36　Ⅱ型系统伯德图低频高度的确定

环节和增益确定后，应该说系统的传递函数就初步确定了。但还必须用实验得到的相频特性曲线来检验已确定的传递函数。对于最小相位系统，实验所得的相频特性曲线与根据确定的传递函数所绘制出的相频特性曲线在一定程度上相等，且在低频段和高频段应当严格一致。如果实验所得的相角在高频时不等于 $-90°(n-m)$，其中 n、m 分别为传递函数分母和分子的阶次，那么被测系统必定是一个非最小相位系统，如传递函数中可能包含延迟环节等。

例 6-8　图 6-37 中的实线是某系统用实验测出的频率特性曲线，试求该系统的传递函数。

解：用折线作为渐近线逼近幅频特性曲线，首段折线以 $\omega=0$ 附近的切线斜率为准；末段折线以 $\omega\to\infty$ 附近的切线斜率为准；中间各段渐近线的斜率应该以 ±20dB/dec 的倍数逼近。由频率特性曲线低频段可见，该系统为 0 型系统，且 $K_0=1$。

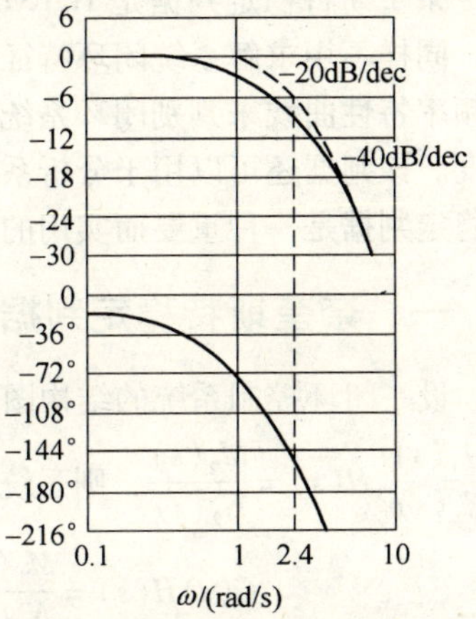

图 6-37　由实验曲线求传递函数

其高频段斜率为 -40dB/dec，两个转角频率分别为

$$\omega_1=1\text{rad/s},\qquad \omega_2=2.4\text{rad/s}$$

由上可知，该系统为二阶系统，则有

$$T_1=\frac{1}{\omega_1}=1\text{s},\qquad T_2=\frac{1}{\omega_2}=0.417\text{s}$$

对于最小相位系统，二阶系统的相频特性不会小于 $-180°$，但系统的相频特性曲线呈现不断下降的趋势，且与理论相频特性曲线之差在高频时变化率为一常数，故可断定该系统存在延迟环节，系统频率特性有如下形式

$$G(j\omega)=\frac{e^{-j\omega\tau}}{(j\omega+1)(j0.417\omega+1)}$$

按照转角频率确定各环节的时间常数后只有参数 τ 尚未确定，该参数可通过相频特性的关系式求出。对于实验数据，可由多点求出的平均值作为该参数值。该例以两点平均求出。

由图 6-37 可见，$\varphi(1)=-85°$，故

$$\varphi(1)=-\tau_1\times1\times180°/\pi-\arctan 1-\arctan 0.417=-85°$$

解之，得

$$\tau_1=0.303\text{s}$$

另，由图 6-37 可见，$\varphi(2.4)=-155°$，故

$$\varphi(2.4)=-\tau_2\times2.4\times180°/\pi-\arctan 2.4-\arctan(0.417\times2.4)=-155°$$

解之，得

$$\tau_2=0.310\text{s}$$

取其平均值为

$$\tau=\frac{\tau_1+\tau_2}{2}=\frac{0.303+0.310}{2}\text{s}=0.307\text{s}$$

因此，有

$$G(j\omega)=\frac{e^{-j0.307\omega}}{(j\omega+1)(j0.417\omega+1)}$$

则系统的传递函数为

$$G(s)=\frac{e^{-0.307s}}{(s+1)(0.417s+1)}$$

第五节　频域稳定判据

在第四章中，已经讨论了闭环控制系统稳定性的定义、稳定的充要条件及劳斯稳定判据。本节将介绍判别系统稳定性的另一种方法——奈奎斯特稳定判据（简称奈氏判据）。

奈奎斯特稳定判据是 H. Nyquist 于 1932 年提出的，它是频域分析法的重要内容。应用该判据，同样不用求解系统闭环特征方程式的根，就能判别系统的稳定性。该判据是根据系统开环幅相频率特性曲线来判别闭环系统的稳定性，是一种几何判据，并可由曲线直观地了解系统的稳定程度。该判据还可以用于分析系统的动态性能以及指出改善系统性能指标的途径。因此，奈奎斯特稳定判据是一种重要而实用的稳定性判据，在工程上应用十分广泛。

一、奈奎斯特稳定判据的数学基础

设一闭环控制系统的结构图如图 6-38 所示，如果 $G(s)$ 和 $H(s)$ 无极点和零点对消，且 $G(s)=\dfrac{M_1(s)}{N_1(s)}, H(s)=\dfrac{M_2(s)}{N_2(s)}$，则系统的开环传递函数为

$$G(s)H(s)=\frac{M_1(s)M_2(s)}{N_1(s)N_2(s)}$$

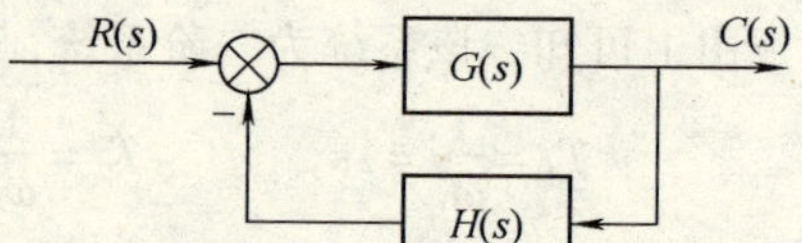

图 6-38　闭环系统结构图

闭环传递函数为

$$\Phi(s)=\frac{G(s)}{1+G(s)H(s)}=\frac{M_1(s)N_2(s)}{N_1(s)N_2(s)+M_1(s)M_2(s)}$$

1. 辅助函数

奈氏判据是从研究闭环和开环特征多项式之比这一函数着手的，该函数仍是复变量 s 的函数，称之为辅助函数，记作 $F(s)$，即

$$F(s)=\frac{N_1(s)N_2(s)+M_1(s)M_2(s)}{N_1(s)N_2(s)}$$

辅助函数 $F(s)$ 和开环传递函数有如下简单关系：

$$F(s)=1+G(s)H(s)$$

考虑到物理系统中开环传递函数分子的最高次幂必小于分母的最高次幂，故 $F(s)$ 的分子和分母的最高次幂一样，$F(s)$ 可改写为

$$F(s)=\frac{\prod_{i=1}^{n}(s-z_i)}{\prod_{i=1}^{n}(s-p_i)} \tag{6-19}$$

式中，z_i 和 p_i 分别为 $F(s)$ 的零点和极点。

由式（6-19）可知，辅助函数 $F(s)$ 具有如下特点：

1）$F(s)$ 的零点和极点分别是闭环传递函数和开环传递函数的极点。

2）$F(s)$ 的零点和极点个数相等。

3）$F(s)$ 和 $G(s)H(s)$ 只差常数 1。其几何意义如图 6-39 所示。

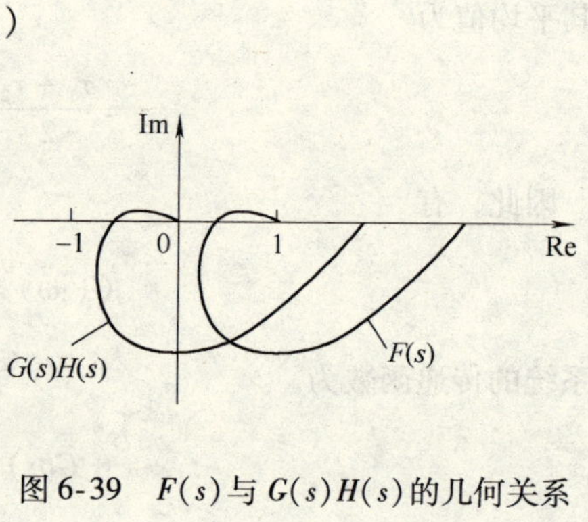

图 6-39　$F(s)$ 与 $G(s)H(s)$ 的几何关系

2. 辐角原理

在 s 平面上任选一个复数 s，通过复变函数 $F(s)$ 的映射关系，在 $F(s)$ 平面上可以找到相应的一点与之对应。在 s 平面上任选一条闭合曲线 Γ_s，且不通过 $F(s)$ 的任一零点和极点，如图 6-40a 所示。若在封闭曲线 Γ_s 上任选一点 A，使 s 从 A 点开始顺时针依封闭曲线 Γ_s 转一周回到 A，则相应地，$F(s)$ 从 B 点出发，又回到 B 点，也描出一条封闭曲线 Γ_F。假设封闭曲线 Γ_s 中包含了一个 $F(s)$ 的零点 z_k，s 随 Γ_s 变化时，$F(s)$ 相角的变化为 $\delta\angle F(s)$，则由式（6-19）可得

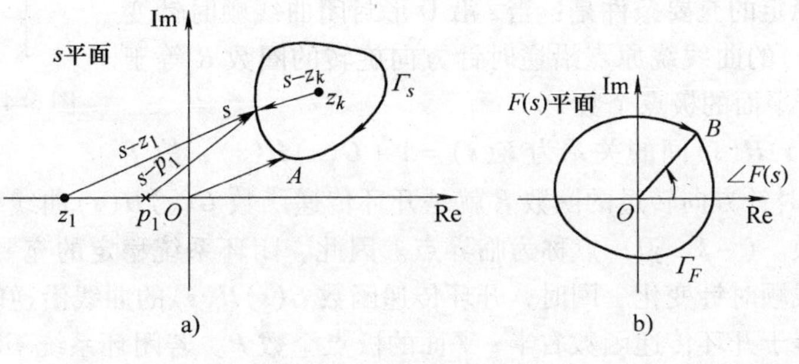

图 6-40　s 和 $F(s)$ 的映射关系

a）$F(s)$ 的极点、零点分布和封闭曲线 Γ_s　b）$F(s)$ 曲线示意图

$$\begin{aligned}\delta\angle F(s) = &\delta\angle(s-z_1)+\delta\angle(s-z_2)+\cdots+\delta\angle(s-z_n)\\ &-\delta\angle(s-p_1)-\delta\angle(s-p_2)-\cdots-\delta\angle(s-p_n)\end{aligned} \tag{6-20}$$

式中，$\delta\angle(s-z_j)(j=1,\cdots,n)$ 表示 s 依 Γ_s 变化时，复数（即向量）$(s-z_j)$ 相角的变化；$\delta\angle(s-p_j)(j=1,\cdots,n)$ 的含义类似。由图 6-40a 可知，除 $\delta\angle(s-z_k)$ 外，式（6-20）中右端其他各项都为零。由于 z_k 被 Γ_s 包围，故按复平面向量的相角定义，逆时针旋转为正，顺时针旋转为负，有

$$\delta\angle F(s) = \delta\angle(s-z_k) = -2\pi \tag{6-21}$$

式（6-21）表明，当 s 随 Γ_s 沿顺时针方向旋转一圈时，在 $F(s)$ 平面上，$F(s)$ 曲线从 B 点开始，绕着原点沿顺时针方向旋转一圈。同理，当 Γ_s 内包含一个 $F(s)$ 的极点 p_i 时，则当 s 随 Γ_s 沿顺时针方向旋转一圈时，$\delta\angle F(s) = -\delta\angle(s-p_i) = 2\pi$，即在 $F(s)$ 平面上，$F(s)$ 曲线绕原点沿逆时针方向旋转一圈。

由以上分析，可推得以下辐角原理：

设 $F(s)$ 为一单值有理复变函数，在 s 平面上任取一条封闭曲线 Γ_s，如果封闭曲线 Γ_s 内有 Z 个 $F(s)$ 的零点，P 个 $F(s)$ 的极点，则 s 依 Γ_s 顺时针转一圈时，在 $F(s)$ 平面上，$F(s)$ 曲线绕原点沿逆时针方向转过的圈数 R 为 P 与 Z 之差，即

$$R = P - Z \tag{6-22}$$

若 R 为负，则表示 $F(s)$ 曲线绕原点沿顺时针方向转过的圈数。

式（6-22）即为辐角原理表达式。

二、奈奎斯特稳定判据

1. 奈奎斯特稳定判据的内容

为了研究整个右半复平面上 $F(s)$ 的零、极点分布情况，在复平面上构造如下的封闭曲线 Γ_s：它的一部分是整个虚轴，另一部分是虚轴右侧半径为 ρ 的无穷大半圆。如图 6-41 所示。这

个封闭曲线 Γ_s 包括了整个右半 s 平面，由于它的形状像字母 D，常称之为 D 形封闭曲线。现在对函数 $F(s)$ 和 D 形封闭曲线应用辐角原理，辐角原理表达式（6-22）中的 P 和 Z 分别表示辅助函数 $F(s)$ 位于右半 s 平面的极点和零点个数，即开环传递函数在右半 s 平面的极点数和闭环传递函数在右半 s 平面的极点数。

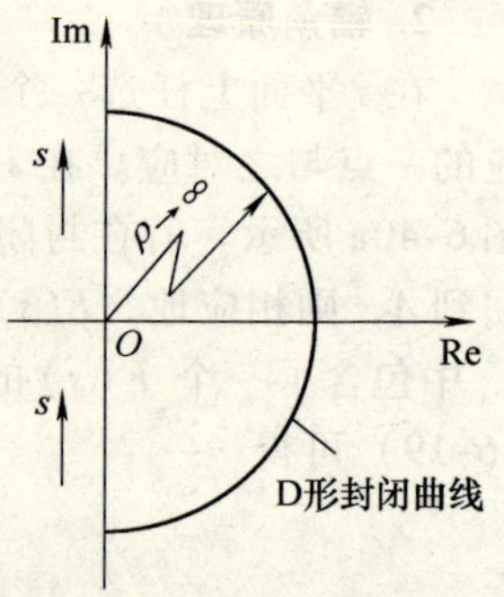

图 6-41　D 形封闭曲线

根据系统稳定的充要条件，即闭环传递函数的极点应全部位于复平面的左半平面。因此，要使系统稳定，必须使 $Z=0$，即 $R=P$。也就是说，闭环系统稳定的充要条件是：当 s 沿 D 形封闭曲线顺时针变化一圈时，函数 $F(s)$ 的曲线绕原点沿逆时针方向旋转的圈数 R 等于开环传递函数右半 s 平面的极点个数 P。

由于 $F(s)$ 与 $G(s)H(s)$ 间的关系为 $F(s)=1+G(s)H(s)$，故 $F(s)$ 曲线绕原点沿逆时针方向转过的圈数 R 就是开环传递函数 $G(s)H(s)$ 曲线绕（-1, j0）点沿逆时针方向转过的圈数。（-1，j0）点称为临界点。因此，闭环系统稳定的充要条件又可叙述为：当 s 沿 D 形封闭曲线顺时针变化一圈时，开环传递函数 $G(s)H(s)$ 的曲线沿逆时针方向绕（-1，j0）点转的圈数 R 等于开环传递函数右半 s 平面的极点个数 P。若闭环系统不稳定，则闭环系统正实部特征根的个数 $Z=P-R$。

上述根据开环传递函数判别闭环系统稳定性的方法称为奈奎斯特稳定判据。

因此，用奈奎斯特稳定判据判别闭环系统是否稳定，只需要做到：

1）知道开环传递函数 $G(s)H(s)$ 在复平面右半平面的极点个数 P。

2）画出当 s 沿 D 形封闭曲线顺时针变化一圈时，开环传递函数的幅相曲线。

为了有效地应用奈奎斯特稳定判据，再补充说明几点：

1）在许多情况下，开环传递函数 $G(s)H(s)$ 在复平面的右半平面上没有极点，即 $P=0$，则此时闭环系统稳定的充要条件是：当 s 沿 D 形封闭曲线顺时针变化一圈时，开环幅相频率特性曲线不包围（-1，j0）点。

2）在现实的控制系统中，绝大多数情况下，开环传递函数是 s 的严格有理真分式，即其分母多项式 s 的次幂高于分子多项式 s 的次幂。因此，当 $s\to\infty$ 时，总有 $G(s)H(s)\to 0$。换言之，当 s 沿 D 形封闭曲线的无穷大半圆变化时，通过 $G(s)H(s)$ 映射到 $G(s)H(s)$ 平面的像是原点，即曲线总是停留在原点不动，这恰好是 s 平面虚轴无穷远点映射到 $G(s)H(s)$ 平面的像。因此，绘制当 s 沿 D 形封闭曲线顺时针变化一圈，开环传递函数 $G(s)H(s)$ 的幅相频率特性曲线时，只需要考虑 s 沿虚轴变化的情况，即令 ω 从 $-\infty$ 变化到 $+\infty$，绘制出 $G(j\omega)H(j\omega)$ 的轨迹即可。

3）由于当 $G(s)H(s)$ 是有理函数时，其图像关于复平面的实轴对称，所以绘制 $G(j\omega)H(j\omega)$ 曲线时，只需画出 ω 取正值时的频率特性曲线，利用对称性补画出 ω 取负值时的频率特性曲线，而无需另行计算。

例 6-9　有一单位反馈系统，其开环传递函数为 $G(s)=\dfrac{2}{s-1}$，试用奈氏判据判断系统的稳定性。

解：系统开环频率特性为

$$G(j\omega)=\frac{2}{j\omega-1}$$

当 ω 从 $0\to\infty$ 变化时，开环幅相频率特性曲线如图 6-42 中实线所示，以实轴为对称轴，即可得 ω 从 $-\infty\to 0$ 变化时的幅相频率特性曲线，如图 6-42 中虚线所示。

由图 6-42 中曲线可知，当 ω 从 $-\infty\to+\infty$ 变化时，曲线沿逆时针方向包围临界点（-1，j0）旋转一圈，即 $R=1$。又知开环传递函数右半 s 平面的极点数 $P=1$，故系统稳定。

2. 含有积分环节的开环幅相频率特性曲线

当系统中串联积分环节时，开环传递函数 $G(s)H(s)$ 有位于 s 平面坐标原点处的极点，即有位于 D 形封闭曲线上的极点，为了保证 D 形封闭曲线不通过 $G(s)H(s)$ 的极点，但仍能包围整个右半复平面，可以对 D 形封闭曲线稍作修改。具体做法是：s 沿 D 形封闭曲线变化，经过坐标原点时，在坐标原点的右侧画一个半径为无穷小的半圆绕过原点，如图 6-43 所示。由于半圆的半径是无穷小的，所以可以认为修改后的 D 形封闭曲线仍然把复平面的整个右半平面包含在内，这时开环传递函数在 s 右半平面上的极点数已不再包含原点处的极点。

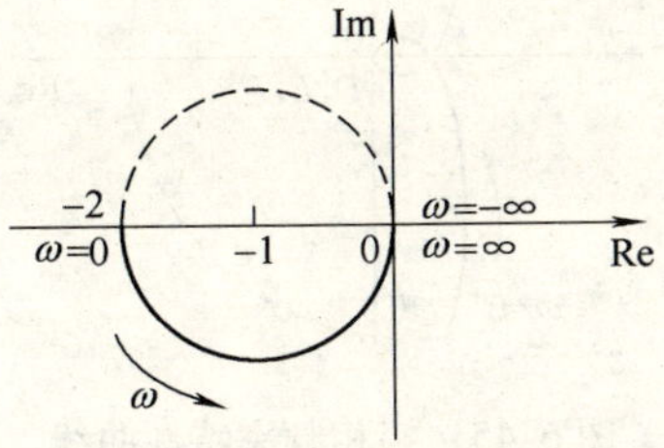

图 6-42　幅相频率特性曲线

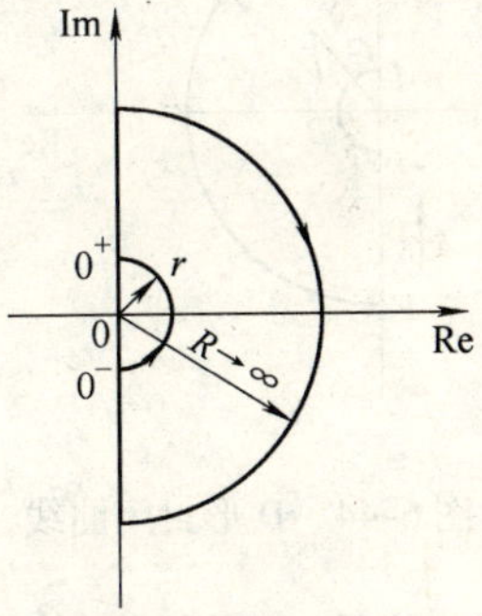

图 6-43　含有积分环节的 D 形封闭曲线

设开环传递函数为

$$G(s)H(s)=\frac{K\prod_{j=1}^{m}(T_js+1)}{s^{\nu}\prod_{i=1}^{n-\nu}(T_is+1)}$$

式中，ν 为系统中所串联积分环节的个数。当 s 沿无穷小半圆逆时针方向移动时，有

$$s=\lim_{r\to0}re^{j\theta}$$

映射到［GH］平面上的 Nyquist 轨迹为

$$G(s)H(s)\big|_{s=\lim\limits_{r\to0}re^{j\theta}}=\left.\frac{K\prod_{j=1}^{m}(T_js+1)}{s^{\nu}\prod_{i=1}^{n-\nu}(T_is+1)}\right|_{s=\lim\limits_{r\to0}re^{j\theta}}=\lim_{r\to0}\frac{K}{r^{\nu}}e^{-j\nu\theta}$$

因此，当 s 沿无穷小半圆从 $\omega=0^-$ 变化到 $\omega=0^+$ 时，θ 从 $-\pi/2$ 经 0 变化到 $\pi/2$，这时［GH］平面上的 Nyquist 轨迹将沿无穷大半径沿顺时针方向从 $\pi\nu/2$ 转到 $-\pi\nu/2$。

若虚轴上有其他非原点处的开环极点时，其 Nyquist 轨迹请读者自行思考。

例 6-10　设单位反馈系统的开环传递函数为

$$G(s)=\frac{K}{s(0.1s+1)(s+1)}$$

其中 $K=2$，试用奈奎斯特稳定判据判断闭环系统的稳定性。

解：本例开环传递函数中有一个积分环节，即在原点处有一个极点，故 D 形封闭曲线应绕过该原点，如图 6-44 所示。

绘制 $G(\mathrm{j}\omega)H(\mathrm{j}\omega)$ 的幅相频率特性曲线。先画出 D 形封闭曲线中 CD 所对应的映射，即 ω 从 $0^+\to+\infty$ 变化的映射，如图 6-45 中实线 $C'D'$ 所示，且可以求出曲线与负实轴的交点坐标为 $-2/11$。根据对称于实轴的特性，可画出 FA 所对应的映射，如图 6-45 中虚线 $F'A'$ 所示。求 D 形封闭曲线中无穷小半圆 ABC 的映射，可设 $s=re^{j\theta}$，其中 $r\to0$。则

$$G(s)=G(re^{j\theta})=\frac{2}{re^{j\theta}(re^{j\theta}+1)(0.1re^{j\theta}+1)}\approx\frac{2}{r}\mathrm{e}^{-j\theta}$$

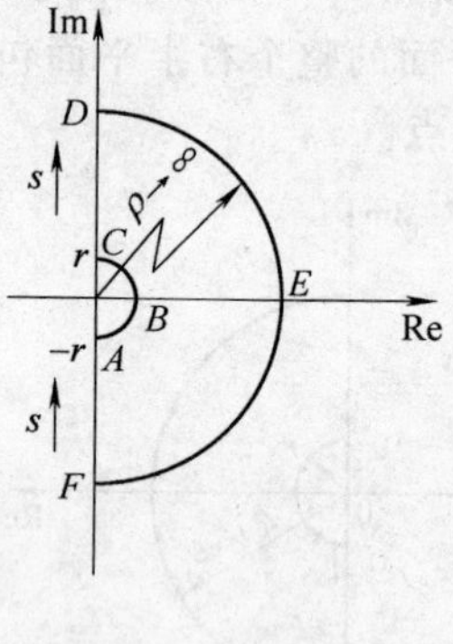

图 6-44　D 形封闭曲线

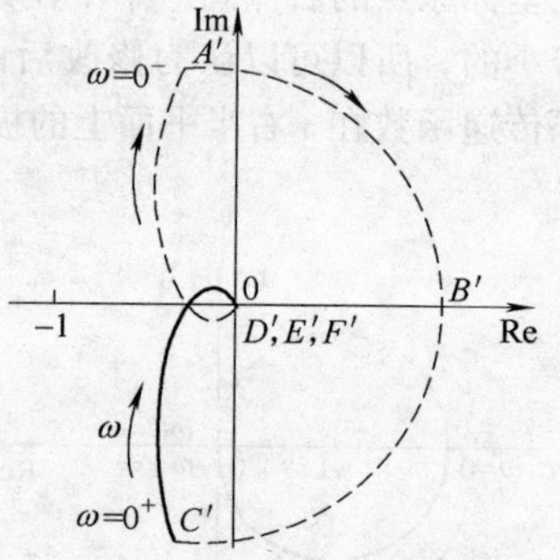

图 6-45　幅相频率特性曲线

显然，这是一条圆弧，其半径为 $2/r$，即为无穷大，当 θ 从 $-90°$ 连续增大到 $+90°$ 时，$G(s)$ 曲线的相角从 $+90°$ 连续地减小到 $-90°$，即图 6-45 中的无穷大半圆 $A'B'C'$。最后，D 形封闭曲线中的无穷大半圆 DEF 的映射为图 6-45 中的原点。因此，当 s 沿 D 形封闭曲线顺时针变化一圈时，系统的幅相频率特性曲线如图 6-45 所示。由图可知，曲线并不包围（-1，j0）点，而开环传递函数也无右半 s 平面的极点。因此，闭环系统是稳定的，如果 K 值增加，则曲线有可能包围（-1，j0）点，从而使闭环系统变得不稳定。

又如图 6-46 为 $P\neq0$ 的开环幅相频率特性曲线，开环传递函数为

$$G(s)H(s)=\frac{\frac{3}{2}(s+3)}{s(s-1)}$$

因 $G(s)H(s)$ 在 s 平面的右半平面有一个极点，为 $s=1$，所以 $P=1$。当 ω 从 $-\infty$ 变到 $+\infty$ 时，由于开环幅相频率特性曲线沿逆时针方向包围（-1，j0）点旋转一圈，所以，闭环系统仍是稳定的。显然，此时的开环系统是非最小相位系统。

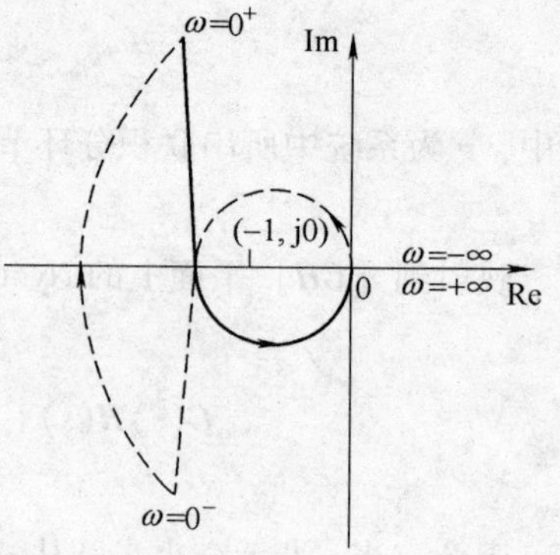

图 6-46　系统的开环 Nyquist 图

本例中，在 s 平面上，当 ω 由 $-\infty$ 变到 $+\infty$，经过 $\omega=0$ 时，由于 $G(s)H(s)$ 的分母中含有一个积分环节，所以映射到 $G(s)H(s)$ 平面就是半径为无穷大沿顺时针方向从 $-\pi/2$ 转到 $+\pi/2$ 的圆弧。

例 6-11　设系统的开环传递函数为

$$G(s)H(s)=\frac{(4s+1)}{s^2(s+1)(2s+1)}$$

试判断闭环系统的稳定性。

解：系统为最小相位系统，故其右半 s 平面内无极点，即 $P=0$。

绘制系统的开环幅相频率特性曲线，当 $\omega=0$ 时，$\angle G(j\omega)H(j\omega)=-180°$；当 $\omega=\infty$ 时，$\angle G(j\omega)H(j\omega)=-270°$。

由于系统包含一阶微分环节，故幅相频率特性曲线将有可能穿越负实轴。求曲线与负实轴的交点，令 $\angle G(j\omega)H(j\omega)=-180°$，即

$$\arctan 4\omega-180°-\arctan\omega-\arctan 2\omega=-180°$$

得

$$\omega=\sqrt{2}/4$$

将 $\omega=\sqrt{2}/4$ 带入幅值表达式，得

$$|G(j\omega)H(j\omega)|_{\omega=1/2\sqrt{2}}=10.6$$

因此开环幅相频率特性曲线如图 6-47 所示。由于开环系统有两个积分环节，所以当 ω 从 0^- 变到 0^+ 时，开环幅相频率特性曲线沿顺时针以无穷大半径从相角 π 转到 $-\pi$。

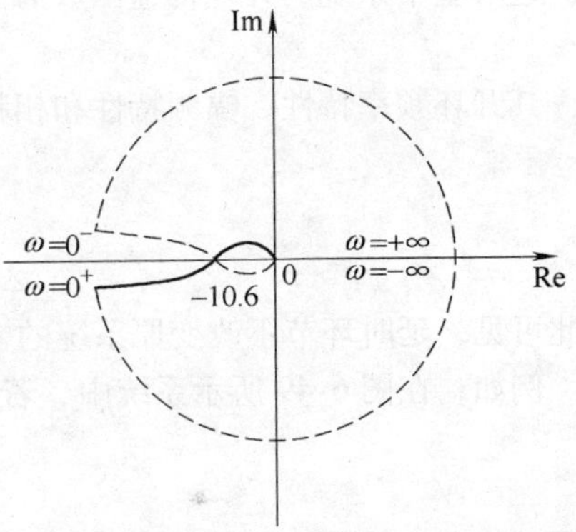

图 6-47　系统的开环 Nyquist 图

由图 6-47 可知，当 ω 由 $-\infty$ 变化到 $+\infty$ 时，开环幅相频率特性曲线沿顺时针包围（-1，j0）点旋转两圈，即 $R=-2$，因此，由奈氏判据知，$Z=P-R=0-(-2)=2\neq0$，即闭环系统不稳定，右半 s 平面有两个闭环极点。

3. 奈氏曲线包围临界点时圈数 R 的计算

用奈氏稳定判据判断闭环系统的稳定性时，一般只需绘制 ω 从 0 变到 ∞ 时的开环幅相频率特性曲线，然后按其包围临界点的圈数 N（逆时针方向包围时，N 为正；顺时针方向包围时，N 为负）和开环传递函数在右半 s 平面上的极点数 P，根据公式 $Z=P-2N$ 确定闭环特征方程正实部根的个数。如果 Z 为零，则闭环系统稳定；否则闭环系统不稳定。

其中，N 为开环幅相频率特性曲线穿越（-1，j0）点左侧负实轴的次数，且有

$$N=N_+-N_-$$

式中，N_+ 表示正穿越（从上向下穿越）的次数，N_- 表示负穿越（从下向上穿越）的次数。

从负实轴区间（$-\infty$，-1）开始的向上穿越为半次负穿越，即 $N_-=1/2$；从负实轴区间（$-\infty$，-1）开始的向下的穿越为半次正穿越，即 $N_+=1/2$。

如果开环传递函数 $G(s)H(s)$ 包含积分环节，且假设积分环节个数为 ν，则绘制开环幅相频率特性曲线后，应从与 $\omega=0^+$ 处对应的点开始，沿逆时针方向补画 $\nu/4$ 个半径为无穷大的圆。在计算 N 的过程中，应将补画的曲线考虑在内。

例 6-12　有一单位反馈系统，其开环传递函数 $G(s)=\dfrac{K}{s^2(1+Ts)}$，试用奈氏稳定判据判断系统的稳定性。

解：系统的开环幅相频率特性曲线如图 6-48 所示，开环传递函数中包含两个积分环节，即 $\nu=2$。故应在幅相频率特性曲线上从 $\omega=0^+$ 处沿逆时针方向补画 $2/4=1/2$ 个半径为无穷大的圆。

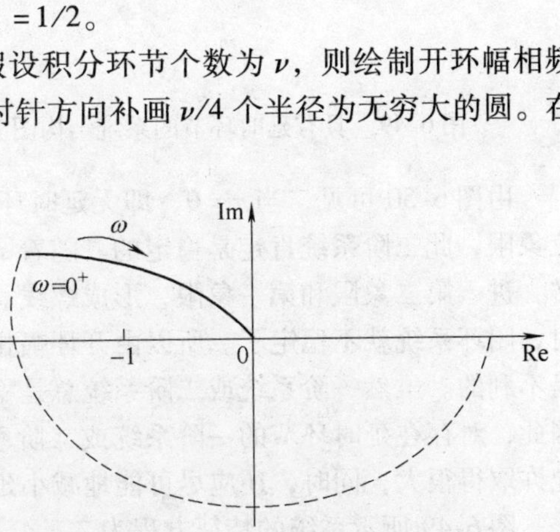

图 6-48　开环幅相频率特性曲线

由系统的开环幅相频率特性曲线可知，$N_+=0$，

$N_- = 1$，所以，$N = N_+ - N_- = -1$，即曲线沿顺时针方向包围（-1，j0）点旋转一圈，而开环传递函数右半 s 平面的极点数为零，即 $P = 0$。因此，闭环特征方程正实部根的个数 $Z = P - 2N = 0 - 2 \times (-1) = 2 \neq 0$，故闭环系统不稳定，右半 s 平面有两个根。

4. 具有延时环节系统稳定性的分析

在机械工程的许多系统中存在着延时环节，延时环节的存在将给系统的稳定性带来不利影响。通常，延时环节串联在闭环系统的前向通道或反馈通道中，由于延时环节的传递函数为 $e^{-\tau s}$，因此，系统的闭环传递函数为一超越方程，劳斯稳定判据不再适用。这时，应用奈氏稳定判据能较方便地判断系统的稳定性。

图 6-49 所示为一具有延时环节的系统结构图，其中 $G_1(s)$ 是除延时环节以外的开环传递函数。这时整个系统的开环传递函数为

$$G(s) = G_1(s)e^{-\tau s}$$

其开环频率特性、幅频特性和相频特性分别为

$$G(j\omega) = G_1(j\omega)e^{-j\tau\omega}$$

$$|G(j\omega)| = |G_1(j\omega)|$$

$$\angle G(j\omega) = \angle G_1(j\omega) - \tau\omega$$

由此可见，延时环节不改变原系统的幅频特性，而仅仅使相频特性发生变化。

例如，在图 6-49 所示系统中，若

$$G_1(s) = \frac{1}{s(s+1)}$$

则开环传递函数和开环频率特性分别为

$$G(s) = \frac{1}{s(s+1)}e^{-\tau s}, \qquad G(j\omega) = \frac{1}{j\omega(j\omega+1)}e^{-j\tau\omega}$$

其开环幅相频率特性曲线如图 6-50 所示。

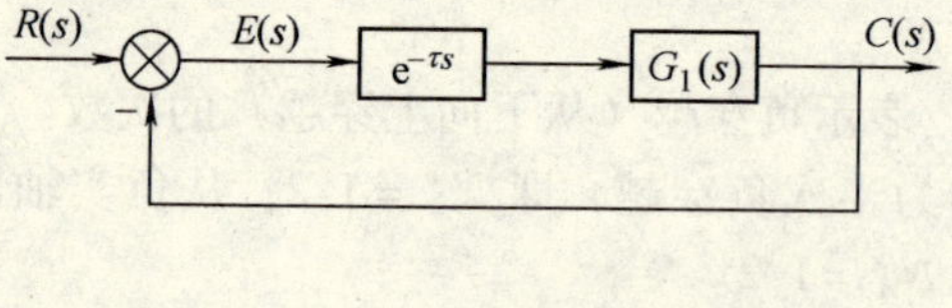

图 6-49　具有延时环节的系统结构图

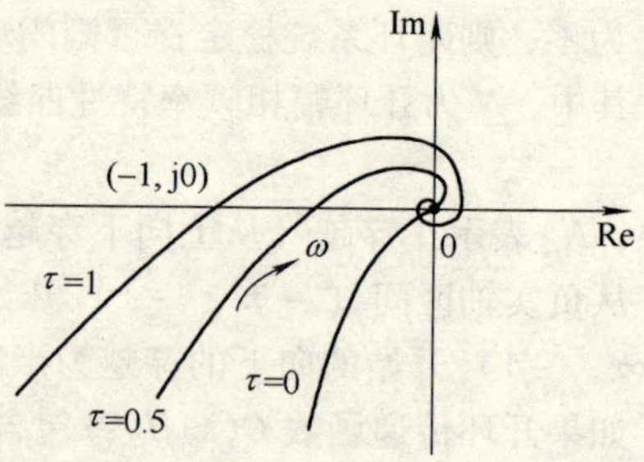

图 6-50　具有延时环节的 Nyquist 图

由图 6-50 可见，当 $\tau = 0$，即无延时环节时，Nyquist 轨迹的相位不超过 $-180°$，只局限在第三象限，此二阶系统肯定是稳定的。随着 τ 值增加，相位也越小，幅相频率特性曲线向左上方偏转，进入第二象限和第一象限，形成螺线。当 τ 增加到使幅相频率特性曲线包围（-1，j0）点时，闭环系统就不稳定了。所以由开环幅相频率特性曲线可以明显看出，串联延时环节对稳定性是不利的。虽然一阶系统或二阶系统总是稳定的，但若存在延时环节，系统也可能变得不稳定。因此，对存在延时环节的一阶系统或二阶系统，为了保证系统的稳定性，其开环放大倍数 K 不允许取得很大，同时，还应尽可能地减小延时时间 τ。

图 6-49 所示系统的特征方程为

$$1 + G_1(s)e^{-\tau s} = 0$$

当 $G_1(s)e^{-\tau s}=-1$ 时，系统处于临界稳定状态，故有

$$|G_1(j\omega)|=1 \tag{6-23}$$

$$\angle G_1(j\omega)-\tau\omega=-\pi \tag{6-24}$$

由式（6-23）可解出 $\omega=0.786$，代入式（6-24），得 $\tau=1.15$。所以，当 $\tau<1.15$ 时，闭环系统稳定，$\tau>1.15$ 时，闭环系统不稳定。

三、对数频率稳定判据

由伯德图判断系统的稳定性，实际上是奈奎斯特稳定判据的另一种形式，即利用开环系统的伯德图来判别闭环系统的稳定性，而伯德图又可通过实验获得，因此，该方法在工程上获得了广泛的应用。下面将奈奎斯特稳定判据从幅相频率特性曲线转换到对数频率特性曲线上，即在伯德图上得出 $G(j\omega)H(j\omega)$ 轨迹是否包围（-1，j0）点，以及包围的次数。

图 6-51 所示为最小相位系统的开环奈奎斯特曲线，其中系统 1 是稳定的，系统 2 是不稳定的，图中还画出了单位圆。奈氏曲线与单位圆交点处的频率为 ω_c，该频率被称为增益交界频率或剪切频率；而曲线与负实轴（$-\pi$ 线）交点处的频率为 ω_p，该频率被称为相位交界频率。由图 6-51 可见：

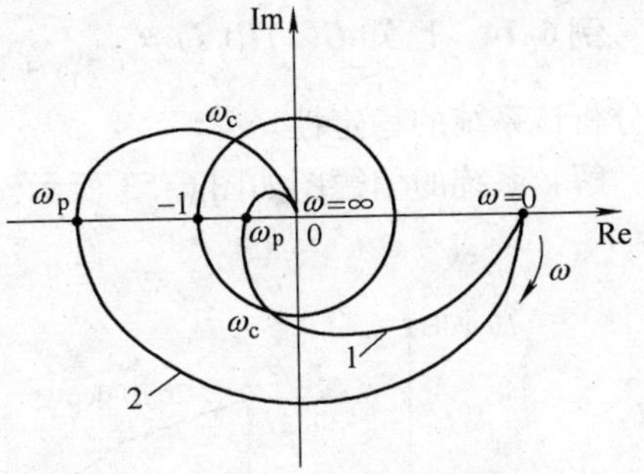

图 6-51　系统的奈奎斯特曲线

1）奈氏曲线与单位圆交点 ω_c 处的幅值为 1，对应于伯德图上的对数幅频为 0dB，即 $L(\omega_c)=0$。

2）奈氏曲线 $A(\omega)>1$（单位圆外）的区域，就相当于开环伯德图 $L(\omega)>0$dB 区域。

3）奈氏曲线 $A(\omega)<1$（单位圆内）的区域，就相当于开环伯德图 $L(\omega)<0$dB 区域。

4）奈氏曲线上负实轴具有 $-180°$ 相位，它对应于开环伯德图相频特性曲线上的 $-180°$ 线（$-\pi$ 线）。

根据正负穿越的概念，在奈奎斯特曲线上穿越（$-\infty$，-1）的次数，在伯德图上对应转换为：在对数幅频特性曲线 $L(\omega)>0$ 的范围内，对数相频特性曲线 $\varphi(\omega)$ 穿越 $-\pi$ 线的次数，且有自上而下穿越 $-\pi$ 线（$\varphi(\omega)$减小）为负穿越，自下而上穿越为正穿越。自 $-\pi$ 线开始的向下穿越为半次负穿越，自 $-\pi$ 线开始的向上穿越为半次正穿越。

通过上面的分析可得，对数频率稳定判据如下：

对于一个反馈控制系统，其闭环特征方程正实部根的个数 Z，可以由开环传递函数右半 s 平面极点的个数 P，以及开环对数幅频特性为正值的所有频率范围内对数相频特性曲线与 $-180°$ 线的正负穿越数之差 $N=N_+-N_-$ 确定，即

$$Z=P-2N$$

若 $Z=0$，表明闭环系统稳定；若 $Z\neq0$，则闭环系统不稳定。

同样，当开环传递函数 $G(s)H(s)$ 包含 ν 个积分环节时，在相应的对数相频特性曲线上 ω 为 0^+ 的地方应该向上补画一条从相角 $\angle G(j0^+)H(j0^+)+\nu\times90°$ 到 $\angle G(j0^+)H(j0^+)$ 的虚线。计算正负穿越时，应将补画的虚线看成对数相频特性曲线的一部分参与计算。

例 6-13　有一反馈控制系统，其开环传递函数为

$$G(s)H(s)=\frac{K}{s^2(Ts+1)}$$

试用对数频率稳定判据判断系统的稳定性。

解：系统的伯德图如图 6-52 所示。由于 $G(s)H(s)$ 有两个积分环节，故在对数相频特性曲线上 ω 为 0^+ 处，补画一条 0°～－180°的虚线，作为对数相频特性曲线的一部分。显然，在对数幅频大于零的频率范围内，对数相频特性曲线穿越－180°线一次，即 $N_+=0$，$N_-=1$，则

$$N=N_+-N_-=0-1=-1$$

而系统开环传递函数右半 s 平面无极点，即

$$P=0$$

于是 $$Z=P-2N=0-2\times(-1)=2$$

因此，闭环系统不稳定，其右半 s 平面有两个根。

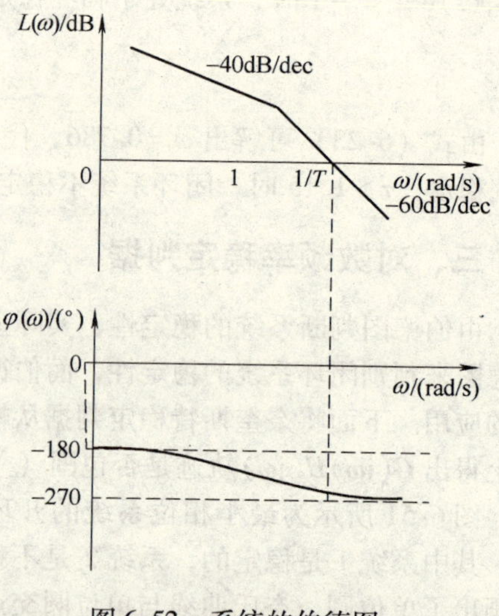

图 6-52　系统的伯德图

例 6-14　已知 $G(s)H(s)=\dfrac{K}{(T_1s+1)(T_2s+1)}$，试分析该系统的稳定性。

解：系统的伯德图如图 6-53 所示。

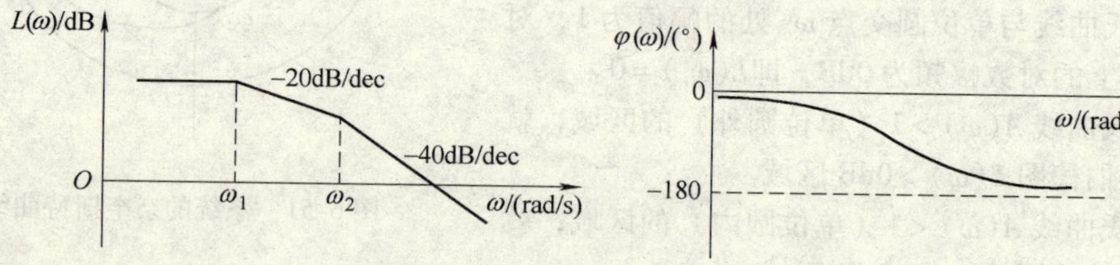

图 6-53　例 6-14 开环伯德图

可以看出，$\varphi(\omega)$ 曲线与－180°线永无交点，且 $\varphi(\omega)$ 曲线上的点均在－180°线之上，故闭环系统总是稳定的。

例 6-15　已知 $G(s)H(s)=\dfrac{K}{s(Ts+1)}$，试分析相应闭环系统的稳定性。

解：作开环系统的伯德图，如图 6-54 所示。

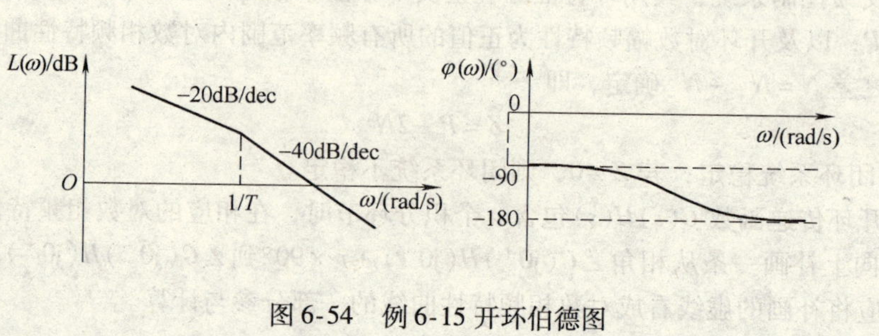

图 6-54　例 6-15 开环伯德图

由于开环系统含有一个积分环节，因此，补画一条 0°～－90°的虚线，由图可见 $\varphi(\omega)$ 曲线 ＞－180°，且不随 K 值变化，因此增大 K 值不会引起闭环系统不稳定。

例 6-16　已知 $G(s)H(s)=\dfrac{K}{s(T_1s+1)(T_2s+1)}$，试分析相应闭环系统的稳定性。

解：作开环伯德图，且在对数相频特性曲线上补画一条 0° ~ −90°的虚线，如图 6-55 所示。由图 6-55 可以看出，尽管 K 值发生变化，$\varphi(\omega)$ 曲线不变，但 K 值增大时，可使 A 点右移，从而使 $\varphi(A)<-180°$，从而引起闭环系统不稳定；相反地，K 值减小，A 点左移，可使 $\varphi(A)>-180°$，闭环系统稳定。

例 6-17　已知 $G(s)H(s)=\dfrac{K(0.4s+1)^2}{s(2.8s+1)^2(0.024s+1)}$，试分析相应闭环系统的稳定性。

解：作开环伯德图，且在对数相频特性曲线上补画一条从 0° ~ −90°的虚线，如图 6-56 所示。

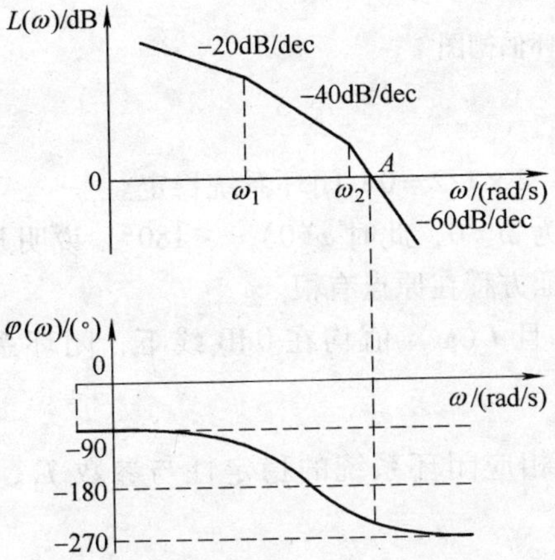

图 6-55　例 6-16 开环伯德图

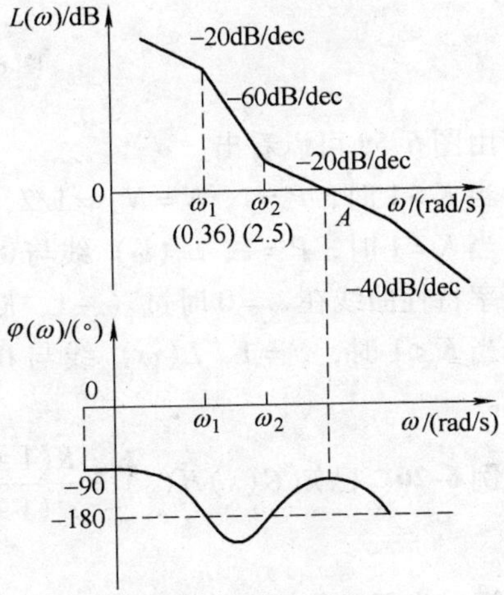

图 6-56　例 6-17 开环伯德图

由图 6-56 可知，K 在某些取值范围内会使 A 点处于（ω_1，ω_2）之间，此时 $\varphi(A)<-180°$，闭环系统不稳定。

例 6-18　已知 $G(s)H(s)=\dfrac{K}{s^2(Ts+1)}$，试分析相应闭环系统的稳定性。

解：作开环伯德图，在对数相频特性曲线上补画一条 0° ~ −180°的虚线，如图 6-57 所示。显然，$N=N_+-N_-=-1$，而 $P=0$，则 $Z=2$，闭环系统不稳定。

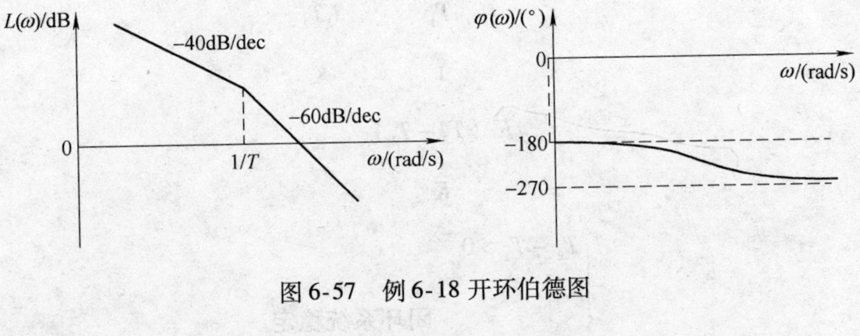

图 6-57　例 6-18 开环伯德图

例 6-19　已知 $G(s)H(s)=\dfrac{K}{s-1}$，试分析闭环系统的稳定性。

解：作开环伯德图如图 6-58 所示。

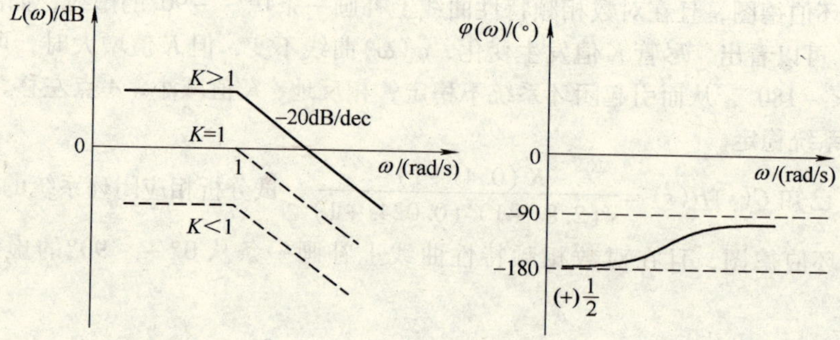

图 6-58　例 6-19 开环伯德图

由图 6-58 可以看出：

当 $K>1$ 时，$P=1$，$N=N_+=1/2$，$Z=P-2N=1-2\times1/2=0$，闭环系统稳定。

当 $K=1$ 时，$P=1$，$L(\omega)$ 线与 0dB 线交点频率为 $\omega=0$，此时 $\varphi(0)=-180°$，说明开环幅相频率特性曲线在 $\omega=0$ 时过（−1，j0）点，闭环特征方程在原点有根。

当 $K<1$ 时，$P=1$，$L(\omega)$ 线与 0dB 线无交点，且 $L(\omega)$ 值均在 0dB 线下，闭环系统不稳定。

例 6-20　已知 $G(s)H(s)=\dfrac{K(1+T_2s)}{s^2(1+T_1s)}$，试分析相应闭环系统的稳定性与参数 T_1、T_2 的关系。

解：为便于分析比较，现以不同方法讨论此题。

1）用劳斯稳定判据，则有

$$\Phi(s)=\frac{G(s)}{1+G(s)H(s)}$$

故闭环特征方程为

$$D(s)=s^2(1+T_1s)+K(1+T_2s)=T_1s^3+s^2+KT_2s+K=0$$

列劳斯表为

$$\begin{array}{lll} s^3 & T_1 & KT_2 \\ s^2 & 1 & K \\ s^1 & K(T_2-T_1) & \\ s^0 & K & \end{array}$$

故有

$$\begin{cases} T_2-T_1>0 \\ \qquad\qquad 闭环系统稳定 \\ K>0 \end{cases}$$

$$\begin{cases} T_2 = T_1 \\ & \text{闭环系统临界稳定} \\ K > 0 \end{cases}$$

$$\begin{cases} T_2 - T_1 < 0 \\ & \text{闭环系统不稳定} \\ K > 0 \end{cases}$$

2）用奈奎斯特稳定判据，则有

$$\begin{aligned} G(j\omega)H(j\omega) &= \frac{K(1 + jT_2\omega)}{(j\omega)^2(1 + jT_1\omega)} \\ &= A(\omega)e^{j\angle G(j\omega)H(j\omega)} \\ &= u(\omega) + j\nu(\omega) \end{aligned}$$

式中

$$u(\omega) = -\frac{K(1 + T_1T_2\omega^2)}{\omega^2 + \omega^4 T_1^2}$$

$$\nu(\omega) = -\frac{K\omega(T_2 - T_1)}{\omega^2 + \omega^4 T_1^2}$$

$$A(\omega) = \frac{K\sqrt{1 + T_2^2\omega^2}}{\omega^2\sqrt{1 + T_1^2\omega^2}}$$

$$\angle G(j\omega)H(j\omega) = \arctan T_2\omega - 180° - \arctan T_1\omega$$

当 $T_1 < T_2$ 时，ω 从 $0 \to +\infty$，则 $u \leqslant 0$，$\nu \leqslant 0$，开环幅相频率特性曲线由 $-180° \to -180°$ 在第Ⅲ象限，（-1，j0）点在曲线运动方向的左侧，故相应的闭环系统稳定。

当 $T_1 = T_2$ 时，ω 从 $0 \to +\infty$，则 $u \leqslant 0$，$\nu \equiv 0$，$G(s)H(s)$ 中零、极点对消，开环幅相频率特性曲线为负实轴，过（-1，j0）点，闭环系统处于临界稳定状态。

当 $T_1 > T_2$ 时，ω 从 $0 \to +\infty$，则 $u \leqslant 0$，$\nu \geqslant 0$，开环幅相频率特性曲线在第Ⅱ象限，（-1，j0）点在其运动方向的右侧，闭环系统不稳定。

上述几条开环幅相频率特性曲线如图 6-59 所示。

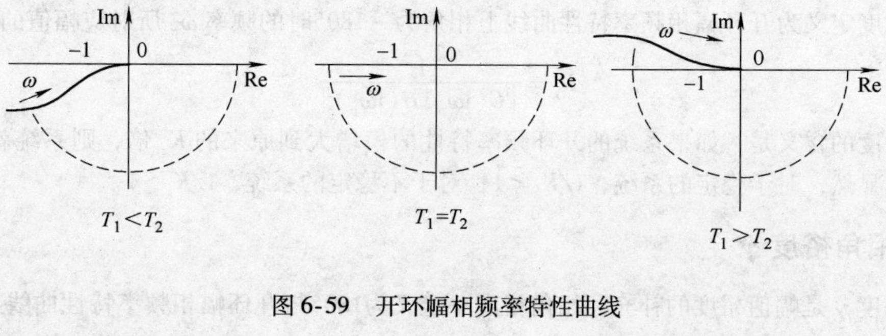

图 6-59　开环幅相频率特性曲线

3）用对数频率稳定判据。作各种情况的开环伯德图，如图 6-60 所示。

由图 6-60 可见，$T_2>T_1$ 时，$N=0$，闭环系统稳定；$T_2=T_1$ 时，开环伯德图的相频特性曲线恒为 −180°，闭环系统临界稳定；$T_2<T_1$ 时，$N=-1$，闭环系统不稳定。

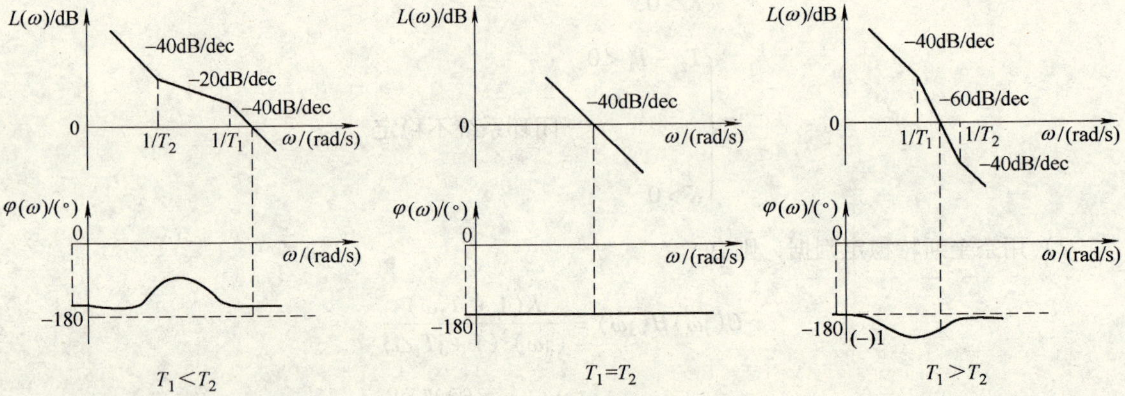

图 6-60　开环伯德图

第六节　控制系统的相对稳定性——稳定裕度

根据奈奎斯特稳定判据可知，闭环系统的稳定性与开环传递函数在右半 s 平面的极点数 P 和开环幅相频率特性曲线包围（−1，j0）点的圈数有关。当开环传递函数的某些参数发生变化时，曲线包围（−1，j0）点的情况也随之改变，有可能由稳定系统变为不稳定系统。由于不能对各参数可能发生变化的一切组合逐一判断系统是否稳定，而是希望一个已经判断为稳定的系统本身就具有这样一种性质，即当参数有某种程度的改变时，系统仍能保持稳定。由此就提出了“稳定裕度”的概念。衡量闭环系统相对稳定性的方法是通过开环频率特性 $G(\mathrm{j}\omega)H(\mathrm{j}\omega)$ 曲线与临界点（−1，j0）的接近程度来表征。开环幅相频率特性曲线越是接近临界点，系统的稳定裕度就越差。因此，开环幅相频率特性曲线相对于临界点的位置，即偏离临界点的程度，反映了系统的相对稳定性。如果开环幅相频率特性曲线的各段都远离（−1，j0）点，则当幅相频率特性曲线的模等于 1 时，它的相角必远离 −180°；而当它的相角等于 −180°时，它的模必远离 1。根据这个关系，工程上通常把一个系统的稳定裕度分为幅值裕度和相角裕度。

本节就来介绍这两个表征系统稳定程度的指标：幅值裕度 K_g 和相角裕度 γ。

一、幅值裕度 K_g

幅值裕度定义为开环幅相频率特性曲线上相角为 −180°时的频率 ω_p 所对应幅值的倒数，即

$$K_g=\frac{1}{|G(\mathrm{j}\omega_p)H(\mathrm{j}\omega_p)|}$$

幅值裕度的含义是：如果系统的开环频率特性的模增大到原来的 K_g 倍，则系统就处于临界稳定状态。显然，对于稳定的系统，$1/K_g<1$；对于不稳定的系统，$1/K_g>1$。

二、相角裕度 γ

相角裕度 γ 是幅值裕度的补充。相角裕度 γ 定义为180°与开环幅相频率特性曲线上幅值为 1

这一点的相角之和，即

$$\gamma = 180° + \angle G(j\omega_c)H(j\omega_c)$$

式中，ω_c 为幅相频率特性曲线与单位圆交点所对应的频率，称为系统的增益交界频率或剪切频率。

相角裕度 γ 的含义是：对于闭环稳定的系统，如果开环相频特性再滞后 γ，则闭环系统将处于临界稳定状态。当 $\gamma > 0°$时，闭环系统稳定；当 $\gamma \leqslant 0°$时，闭环系统不稳定。

如图6-61所示，γ 即为奈氏曲线与单位圆的交点 A 与负实轴的相位差。对于稳定系统，A 点必在极坐标图负实轴以下；反之，对于不稳定系统，A 点必在极坐标图负实轴以上。

幅值裕度 K_g 的分贝值 $20\lg K_g$ 和相角裕度 γ 也可从对数幅频特性曲线和对数相频特性曲线求取，如图6-62所示。

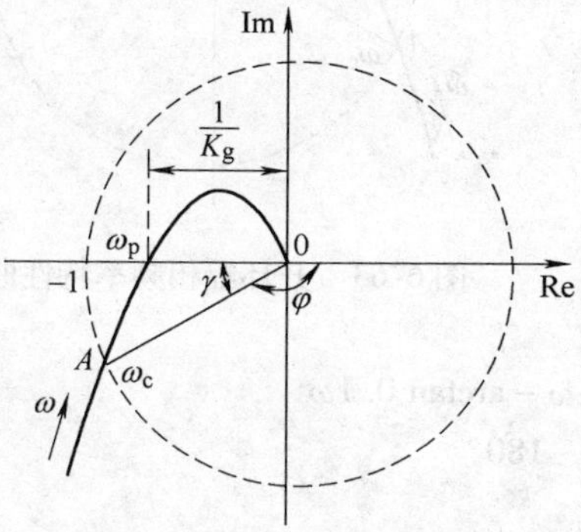

图6-61 开环幅相频率特性曲线及 $1/K_g$ 和 γ 值

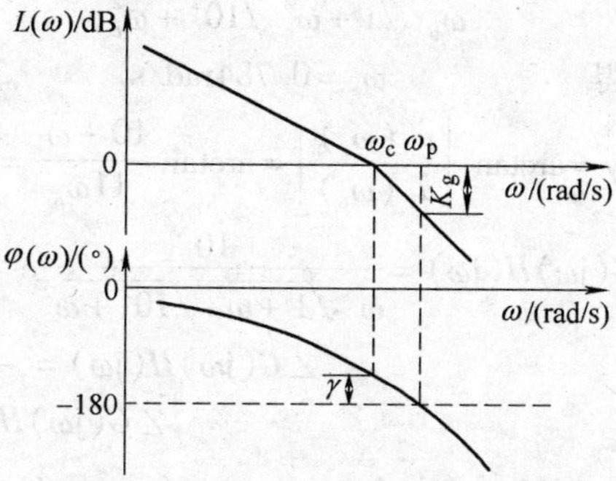

图6-62 对数频率特性曲线及 K_g 和 γ 值

在伯德图上，幅值裕度可用分贝值表示为

$$20\lg K_g = 20\lg \frac{1}{|G(j\omega_p)H(j\omega_p)|} = -20\lg |G(j\omega_p)H(j\omega_p)|$$

从图上读得 $20\lg |G(j\omega_p)H(j\omega_p)|$，将其取负值即为 $20\lg K_g$ 的值，图中以 K_g(dB) 标出。对于稳定的闭环系统，K_g(dB) 必在0dB线以下，此时称为正幅值裕度；对于不稳定的系统，K_g(dB) 必在0dB线以上，此时称为负幅值裕度。

在伯德图上，当 $\omega = \omega_c$ 时，($\omega_c > 0$)，相频特性曲线与 $-180°$线的相位差 γ 称为相角裕度。对于稳定系统，$\angle G(j\omega_c)H(j\omega_c)$必在伯德图的 $-180°$线以上，这时称为正相角裕度，对于不稳定系统，$\angle G(j\omega_c)H(j\omega_c)$必在伯德图的 $-180°$线以下，这时称为负相角裕度。

因此，计算 γ、K_g 值，既可以利用奈氏曲线，也可以利用伯德图。

在工程实践中，为使系统有满意的稳定储备，一般希望

$$\gamma = 30° \sim 60°$$

$$K_g > 2\text{，或}\quad 20\lg K_g > 6\text{dB}$$

仅用相角裕度或幅值裕度，往往不足以说明系统的稳定程度。所以一般应同时求出相角裕度和幅值裕度。但对于相频特性在增益交界频率附近变化平缓的系统，可仅用 γ 估算系统的相对稳定性。

例6-21 已知 $G(s)H(s) = \dfrac{10}{s(s+1)(s+10)}$，试求系统的幅值裕度和相角裕度。

解：由于

$$G(j\omega)H(j\omega)=\frac{10}{j\omega(1+j\omega)(10+j\omega)}$$
$$=\frac{-110}{\omega^4+101\omega^2+100}-j\frac{10(10-\omega^2)}{\omega(\omega^4+101\omega^2+100)}$$
$$=u(\omega)+j\nu(\omega)$$

其开环幅相频率特性曲线如图 6-63 所示。

令 $\nu(\omega)=0$，得　$\omega_p=\sqrt{10}\text{rad/s}=3.16\text{rad/s}$

代入 $\mu(\omega)$ 中，得 $K_g=\dfrac{1}{|u(\omega_p)|}=11$

又令　$|G(j\omega)H(j\omega)|_{\omega=\omega_c}=1$

即　$$\frac{10}{\omega_c\sqrt{1+\omega_c^2}\sqrt{10^2+\omega_c^2}}=1$$

解之，得　$\omega_c=0.784\text{rad/s}$

则　$$\gamma=\arctan\left|\frac{\nu(\omega_c)}{u(\omega_c)}\right|=\arctan\frac{10-\omega_c}{11\omega_c}=47°25'$$

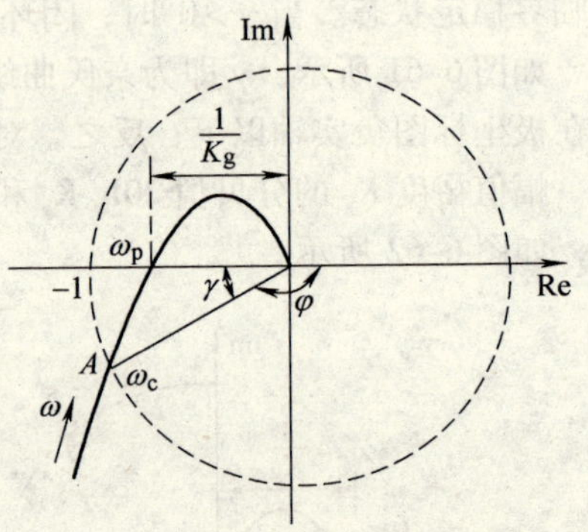

图 6-63　开环幅相频率特性曲线

或者　$$G(j\omega)H(j\omega)=\frac{10}{\omega\sqrt{1+\omega^2}\sqrt{10^2+\omega^2}}e^{j\angle G(j\omega)H(j\omega)}$$

其中　$\angle G(j\omega)H(j\omega)=-90°-\arctan\omega-\arctan 0.1\omega$

令　$\angle G(j\omega)H(j\omega)|_{\omega=\omega_p}=-180°$

得　$\omega_p=3.16\text{rad/s}$

代入 $|G(j\omega)H(j\omega)|$ 中，得

$$K_g=\frac{1}{|G(j\omega_p)H(j\omega_p)|}=11$$

则　$K_g(\text{dB})=20\lg K_g=20.8\text{dB}$

又令　$|G(j\omega)H(j\omega)|_{\omega=\omega_c}=1$

得　$\omega_c=0.784(\text{rad/s})$

故　$\gamma=180°+\angle G(j\omega_c)H(j\omega_c)=47°25'$

对于高阶系统，一般难以准确计算增益交界频率 ω_c，在工程设计和分析时只要求粗略估计系统的相角裕度，故一般可根据对数幅频特性曲线确定增益交界频率 ω_c，即取 ω_c 满足 $L(\omega_c)=0$，再由相频特性曲线确定相角裕度 γ。

例 6-22　设单位反馈系统的开环传递函数为 $G(s)=\dfrac{5}{s(s+1)(0.1s+1)}$，试求系统的幅值裕度 $K_g(\text{dB})$ 和相角裕度 γ。

解：首先，做出系统的开环对数幅频特性曲线和对数相频特性曲线，如图 6-64 所示。由图可知，在 $L(\omega)=0$ 处的 ω_c 对应的相频特性中的相角与 $-180°$ 线的差值即为相角裕度 γ，图中 $\gamma\approx12°$。在相频特性曲线

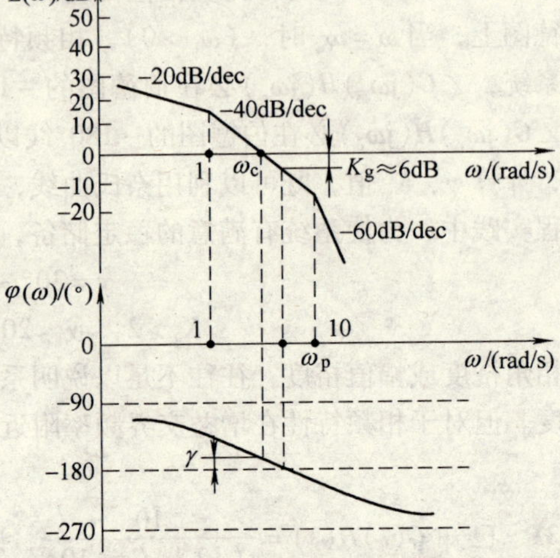

图 6-64　开环对数频率特性曲线

中，与 $-180°$线交点处的频率 ω_p 对应的对数幅频特性值，取负后即为 K_g 的分贝值，图中 $K_g \approx 6\text{dB}$。

第七节　利用开环对数幅频特性分析系统的性能

对数频率特性在控制工程中得到了广泛的应用。实际系统的开环对数幅频特性 $L(\omega)$ 一般都符合图 6-65 所示的特征，即左端（频率较低的部分）高，右端（频率较高的部分）低。将 $L(\omega)$ 人为地分为三个频段：低频段、中频段和高频段。低频段指第一个转折频率以左的频段，中频段指增益交界频率 ω_c 附近的频段，高频段指频率远大于 ω_c 的频段。这三个频段包含了闭环系统性能不同方面的信息，下面分别进行讨论。

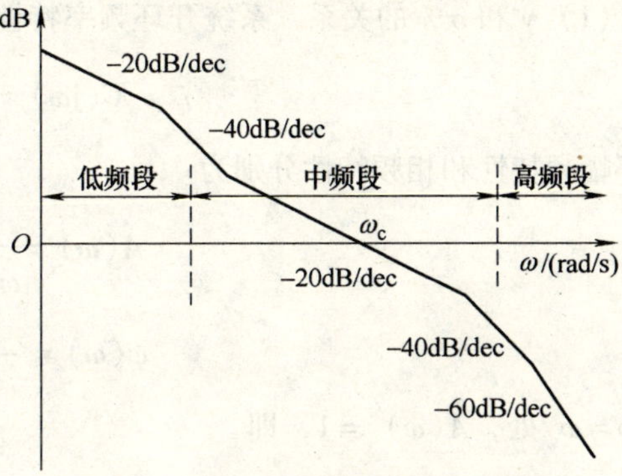

图 6-65　对数幅频特性三频段的划分

一、$L(\omega)$ 低频段特性与系统稳态误差的关系

低频段的特性完全由积分环节和开环增益决定。设低频段对应的传递函数为

$$G(s)=\frac{K}{s^{\nu}}$$

则低频段的对数幅频特性为

$$20\lg|G(\mathrm{j}\omega)|=20\lg\frac{K}{\omega^{\nu}}=20\lg K-20\nu\lg\omega$$

可以看出，低频段曲线位置越高，对应的开环增益 K 越大，低频段曲线斜率越小（负数项的绝对值越大），对应的积分环节数目越多。在闭环系统稳定的条件下，其稳态误差越小，稳态精度越高。因此，根据 $L(\omega)$ 低频段可确定系统型别 ν 和开环增益 K，进一步可以求出系统的稳态误差。

二、$L(\omega)$ 中频段特性与系统动态性能的关系

中频段特性集中反映了闭环系统动态响应的平稳性和快速性。

一般来说，$\varphi(\omega)$ 的大小与对应频率下 $L(\omega)$ 的斜率有密切关系，$L(\omega)$ 斜率越小，则 $\varphi(\omega)$ 越小（负数的绝对值越大）。在 ω_c 处，$L(\omega)$ 曲线的斜率对相角裕度 γ 的影响最大，越远离 ω_c 处，$L(\omega)$ 曲线的斜率对 γ 的影响就越小。定性来讲，如果 $L(\omega)$ 曲线的中频段斜率为 -20dB/dec，并且占据较宽的频率范围，则相角裕度 γ 就较大（接近 $90°$），系统的超调量就很小；反之，如果中频段的斜率是 -40dB/dec，且占据较宽的频率范围，则相角裕度 γ 就很小（接近 $0°$），系统的平稳性和快速性会变得很差。因此，为保证系统具有满意的动态性能，常希望 $L(\omega)$曲线以 -20dB/dec 的斜率穿越 0dB 线，并且保持较宽的中频段范围。闭环系统的动态性能主要取决于开环对数幅频特性曲线中频段的形状。

1. 二阶系统

典型二阶系统的结构图如图 6-66 所示，其开环传递函数为

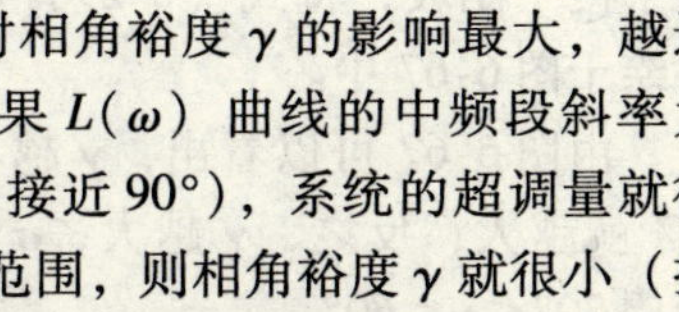

图 6-66　典型二阶系统结构图

$$G(s)=\frac{\omega_n^2}{s(s+2\zeta\omega_n)}\quad(0<\zeta<1)$$

相应的闭环传递函数为

$$\Phi(s)=\frac{\omega_n^2}{s^2+2\zeta\omega_n s+\omega_n^2}$$

（1）γ 和 $\sigma\%$ 的关系　系统开环频率特性为

$$G(j\omega)=\frac{\omega_n^2}{j\omega(j\omega+2\zeta\omega_n)}\tag{6-25}$$

开环幅频特性和相频特性分别为

$$A(\omega)=\frac{\omega_n^2}{\omega\sqrt{\omega^2+(2\zeta\omega_n)^2}}$$

$$\varphi(\omega)=-\frac{\pi}{2}-\arctan\frac{\omega}{2\zeta\omega_n}$$

在 $\omega=\omega_c$ 处，$A(\omega)=1$，即

$$A(\omega_c)=\frac{\omega_n^2}{\omega_c\sqrt{\omega_c^2+(2\zeta\omega_n)^2}}=1$$

亦即
$$\omega_c^4+4\zeta^2\omega_n^2\omega_c^2-\omega_n^4=0$$

解之，得
$$\omega_c=\omega_n\sqrt{\sqrt{1+4\zeta^4}-2\zeta^2}\tag{6-26}$$

当 $\omega=\omega_c$ 时，有
$$\varphi(\omega_c)=-\frac{\pi}{2}-\arctan\frac{\omega_c}{2\zeta\omega_n}$$

由此可得系统的相角裕度为

$$\gamma=180°+\varphi(\omega_c)=90°-\arctan\frac{\omega_c}{2\zeta\omega_n}=\arctan\frac{2\zeta\omega_n}{\omega_c}\tag{6-27}$$

将式（6-26）代入式（6-27），得

$$\gamma=\arctan\frac{2\zeta}{\sqrt{\sqrt{1+4\zeta^4}-2\zeta^2}}\tag{6-28}$$

根据式（6-28）可以画出 γ 和 ζ 的函数关系曲线，如图6-67所示。

典型二阶系统的超调量为

$$\sigma\%=e^{-\pi\zeta/\sqrt{1-\zeta^2}}\times100\%\tag{6-29}$$

为了便于比较，将式（6-29）的函数关系也一并绘于图6-67中。

由图6-67可以看出，γ 越小（即 ζ 越小），$\sigma\%$ 就越大；反之，γ 越大，$\sigma\%$ 就越小。通常希望 $30°\leqslant\gamma\leqslant60°$。

（2）γ、ω_c 与 t_s 的关系　由时域分析法可知，典型二阶系统的调节时间（取系统误差为0.05时）为

$$t_s=\frac{3.5}{\zeta\omega_n}\quad(0.4\leqslant\zeta\leqslant0.8)\tag{6-30}$$

将式（6-30）与式（6-26）相乘，得

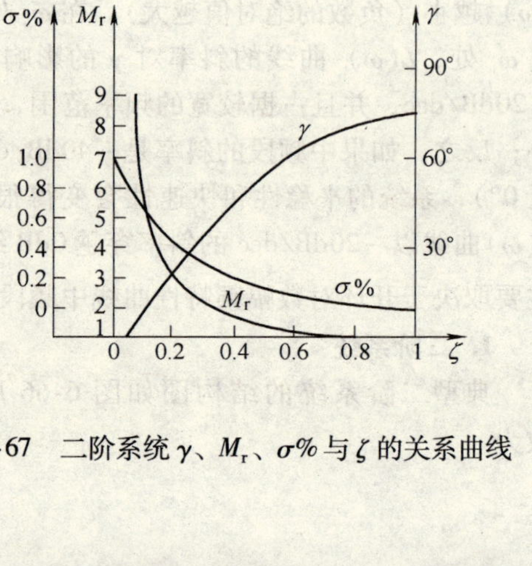

图6-67　二阶系统 γ、M_r、$\sigma\%$ 与 ζ 的关系曲线

$$t_s\omega_c = \frac{3.5}{\zeta}\sqrt{\sqrt{1+4\zeta^4}-2\zeta^2} \tag{6-31}$$

再根据式（6-28）和式（6-31）可得

$$t_s\omega_c = \frac{7}{\tan\gamma} \tag{6-32}$$

将式（6-32）的函数关系绘制成曲线，如图6-68所示。可见，调节时间 t_s 与相角裕度 γ 和增益交界频率 ω_c 都有关。当 γ 确定时，t_s 与 ω_c 成反比。换言之，如果两个典型二阶系统的相角裕度 γ 相同，那么它们的超调量也相同（见图6-67），这样，对于 ω_c 较大的系统，其调节时间 t_s 必然短（见图6-68）。

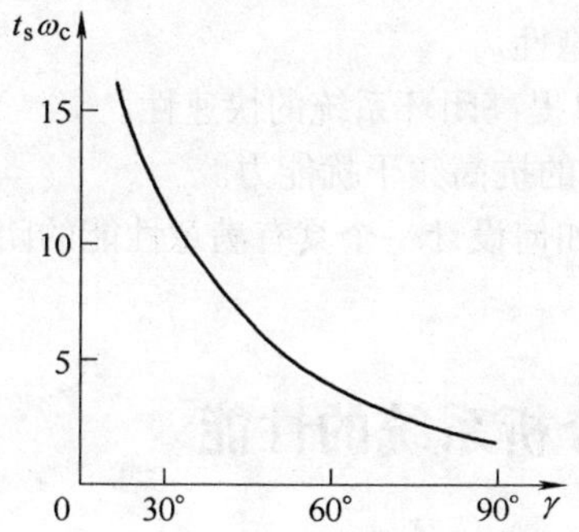

图6-68　二阶系统 γ 与 $t_s\omega_c$ 的关系曲线

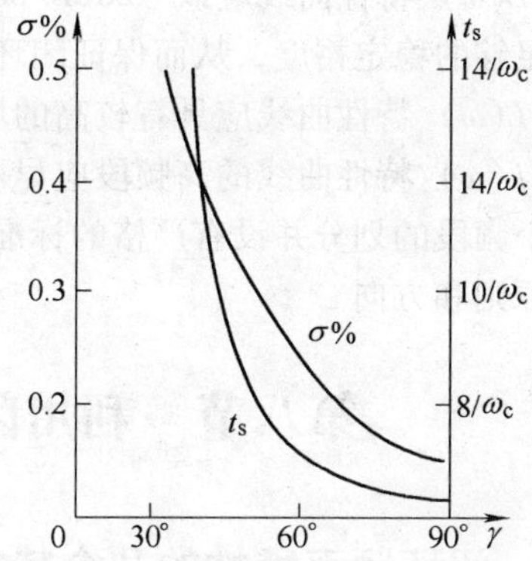

图6-69　高阶系统 γ 与 t_s、$\sigma\%$ 的关系曲线

2. 高阶系统

对于一般三阶或三阶以上的高阶系统，要准确推导出开环频域特征量（γ 和 ω_c）与时域指标（$\sigma\%$ 和 t_s）之间的关系是很困难的，即使推导出这样的关系式，使用起来也不方便，因而实用意义不大。在分析与设计控制工程时，通常采用下面两个从工程实践中总结出来的近似公式，即由 γ 和 ω_c 估算系统的动态性能指标：

$$\sigma\% = \left[0.16 + 0.4\left(\frac{1}{\sin\gamma}-1\right)\right]\times 100\% \qquad (35°\leqslant\gamma\leqslant 90°) \tag{6-33}$$

$$t_s = \frac{\pi}{\omega_c}\left[2+1.5\left(\frac{1}{\sin\gamma}-1\right)+2.5\left(\frac{1}{\sin\gamma}-1\right)^2\right] \qquad (35°\leqslant\gamma\leqslant 90°) \tag{6-34}$$

图6-69所示的两条曲线是根据式（6-33）和式（6-34）绘制而成的。图中曲线表明，当 ω_c 一定时，随着 γ 的增加，高阶系统的超调量 $\sigma\%$ 和调节时间 t_s 都会降低。

三、$L(\omega)$ 高频段特性与系统抗高频干扰能力的关系

$L(\omega)$ 的高频段特性是由较小时间常数的环节构成的，其转折频率均远离增益交界频率 ω_c，所以对系统的动态性能影响不大。但是，从系统抗干扰能力的角度出发，研究高频段的特性是具有实际意义的。

对于单位反馈系统，开环频率特性 $G(j\omega)$ 和闭环频率特性 $\Phi(j\omega)$ 的关系为

$$\Phi(j\omega) = \frac{G(j\omega)}{1+G(j\omega)}$$

在高频段，一般有 $20\lg|G(j\omega)| \ll 0$，即 $|G(j\omega)| \ll 1$，因此，有

$$|\Phi(j\omega)|=\frac{|G(j\omega)|}{|1+G(j\omega)|}\approx|G(j\omega)|$$

即在高频段，闭环幅频特性近似等于开环幅频特性。

因此，$L(\omega)$ 特性曲线高频段的幅值直接反映出系统对输入端高频信号的抑制能力，高频段的分贝值越低，说明系统对高频信号的衰减作用越大，即系统的抗高频干扰能力越强。

综上所述，通常希望开环对数幅频特性应具有如下特点：

1）如果要求具有一阶或二阶无差度（即系统在阶跃或斜坡作用下无稳态误差），则 $L(\omega)$ 特性曲线的低频段应具有 -20dB/dec 或 -40dB/dec 的斜率。为保证系统的稳态精度，低频段应有较高的分贝值。

2）$L(\omega)$ 特性曲线应以 -20dB/dec 的斜率穿过 0dB 线，且具有一定的中频宽度。这样，系统就有足够的稳定裕度，从而保证闭环系统具有较好的平稳性。

3）$L(\omega)$ 特性曲线应具有较高的增益交界频率 ω_c，以提高闭环系统的快速性。

4）$L(\omega)$ 特性曲线的高频段应尽可能低，以增强系统的抗高频干扰能力。

三个频段的划分并没有严格的标准，但三频段理论为如何设计一个具有满意性能的闭环系统指出了原则和方向。

第八节　利用闭环频率特性分析系统的性能

一、闭环频率特性的几个特征量

利用闭环频率特性也可以间接反映系统的性能。闭环系统的幅频特性主要可用以下几个特征量来描述，如图 6-70 所示。

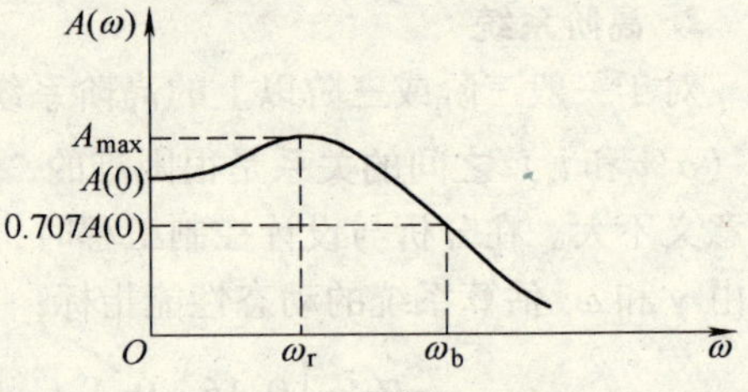

图 6-70　闭环频域特征量

1. 零频值 $A(0)$

零频值 $A(0)$ 表示在频率趋于零时，系统稳态输出与输入的比值，对于单位反馈系统，有

$$\Phi(j\omega)=\frac{G(j\omega)}{1+G(j\omega)}$$

设

$$G(j\omega)=\frac{KG_0(j\omega)}{(j\omega)^\nu}$$

其中，$G_0(j\omega)$为不含积分环节和放大环节的开环传递函数部分，ν 为开环频率特性中积分环节的个数。

当 $\nu=0$ 时，　　$A(0)=|\Phi(j0)|=K/(1+K)<1$

当 $\nu=1$ 时，　　$A(0)=|\Phi(j0)|=1$

可见，$A(0)$ 反映了系统的稳态误差，若 $A(0)=1$，则意味着当阶跃函数作用于系统时，系统响应的稳态值与输入值一致，即此时系统的稳态误差为0。$A(0)$值越接近1，系统稳态输出越接近输入，稳态误差越小。

2. 谐振频率 ω_r 及相对谐振峰值 M_r

幅频特性 $A(\omega)$ 的最大值 A_{max} 称为谐振峰值，在谐振峰值处的频率称为谐振频率 ω_r，谐振峰值 A_{max} 与零频值 $A(0)$ 之比称为相对谐振峰值 M_r，即 $M_r=A_{max}/A(0)$。当 $A(0)=1$ 时，M_r 与 A_{max} 在数值上相同。

M_r 反映了系统的相对稳定性。一般而言，M_r 值越大，表明系统对某个频率的正弦输出信号反映越强烈，有振荡的趋向，系统的相对稳定性也越差，系统的阶跃响应会有较大的超调量。谐振频率 ω_r 在一定程度上反映了系统瞬态响应的快速性。一般来说，ω_r 与上升时间 t_r 成反比，ω_r 越大，瞬态响应越快；反之，则系统瞬态响应越慢。

3. 截止频率 ω_b 和带宽

截止频率 ω_b 是闭环幅频特性 $A(\omega)$ 由 $A(0)$ 降低到其零频值的70.7%时所对应的频率，也就是对于 $A(0)=1$ 的系统，当其对数幅频特性幅值下降 -3dB时的频率。频率带 $0\sim\omega_b$ 称为系统的截止带宽（简称带宽），它表示超过此频率后，系统输出就会急剧衰减，输出跟不上输入，形成系统响应的截止状态。截止带宽表征系统响应的快速性，也反映了系统对噪声的滤波性能。带宽大，高频信号分量容易通过系统到达输出端，系统上升时间短，响应速度快，使其跟踪或复现输入信号的精度提高，但同时对高频噪声的过滤性会降低，使系统抗干扰性能减弱。因此，必须综合考虑，从而选择合适的带宽范围。

二、闭环频域指标与时域指标的关系

用闭环频率特性分析、设计系统时，通常以相对谐振峰值 M_r 和截止频率 ω_b（或谐振频率 ω_r）作为依据，这就是闭环频域指标。M_r、ω_b 与时域指标 $\sigma\%$、t_s 之间也存在某种关系，这种关系在二阶系统中是准确的，在高阶系统中是近似的。

1. 二阶系统

典型二阶系统的闭环传递函数为

$$\Phi(s)=\frac{\omega_n^2}{s^2+2\zeta\omega_n s+\omega_n^2} \tag{6-35}$$

（1）M_r 和 $\sigma\%$ 的关系　由对二阶振荡环节幅相频率特性的讨论可知，典型二阶系统的谐振频率 ω_r 和相对谐振峰值 M_r 分别为

$$\omega_r=\omega_n\sqrt{1-2\zeta^2}\qquad(0\leqslant\zeta\leqslant0.707) \tag{6-36}$$

$$M_r=\frac{1}{2\zeta\sqrt{1-\zeta^2}}\qquad(0\leqslant\zeta\leqslant0.707) \tag{6-37}$$

将式（6-37）所描述的 M_r 与 ζ 的函数关系一并绘于图6-67中，得 $M_r=f(\zeta)$。曲线表明，M_r 越小，系统的阻尼性能越好。若 M_r 值较高，则系统的动态过程超调量大、收敛慢，平稳性和快速性都较差。从图6-67还可以看出，当 $M_r=1.2\sim1.5$ 时，对应的 $\sigma\%=20\%\sim30\%$，这时的动态过程有适度的振荡，平稳性及快速性较好。控制工程中常以 $M_r=1.3$ 作为系统设计的依据。若 M_r 过大（如 $M_r>2$），则闭环系统阶跃响应的超调量会大于40%。

（2）M_r、ω_b 与 t_s 的关系　根据带宽的定义，在截止频率 ω_b 处，典型二阶系统闭环频率特性的幅值为

$$A(\omega_b)=\frac{\omega_n^2}{\sqrt{(\omega_n^2-\omega_b^2)^2+(2\zeta\omega_n\omega_b)^2}}=0.707$$

由此解出 ω_b 与 ω_n、ζ 的关系为

$$\omega_b=\omega_n\sqrt{1-2\zeta^2+\sqrt{2-4\zeta^2+4\zeta^4}} \tag{6-38}$$

由时域分析可知，系统的调节时间如式（6-30）所示。将式（6-30）与式（6-38）相乘，得

$$\omega_b t_s=\frac{3.5}{\zeta}\sqrt{1-2\zeta^2+\sqrt{2-4\zeta^2+4\zeta^4}} \tag{6-39}$$

将式（6-39）与式（6-37）联系起来，可求得 $\omega_b t_s$ 与 M_r 的函数关系，由此绘制的曲线如图 6-71 所示。

由图 6-71 可见，对于给定的相对谐振峰值 M_r，调节时间 t_s 与带宽 ω_b 成反比，频带越宽，调节时间越短。

2. 高阶系统

对于高阶系统，闭环频率特性的特征量和时域指标之间没有确切的关系。但是，若高阶系统存在一对共轭复数主导极点时，则可用二阶系统所建立的关系来近似表示。至于一般的高阶系统，则常用两个经验公式估算系统的动态指标，即

$$\sigma\% = [0.16 + 0.4(M_r - 1)] \times 100\% \quad (1 \leqslant M_r \leqslant 1.8) \tag{6-40}$$

$$\begin{aligned} t_s &= \frac{\pi}{\omega_c}[2 + 1.5(M_r - 1) + 2.5(M_r - 1)^2] \\ &= \frac{1.6\pi}{\omega_b}[2 + 1.5(M_r - 1) + 2.5(M_r - 1)^2] \quad (1 \leqslant M_r \leqslant 1.8) \end{aligned} \tag{6-41}$$

实际上，高阶系统特征量相对谐振峰值 M_r、截止频率 ω_b 与开环频率特性中的相角裕度 γ（γ 不太大时）、增益交界频率 ω_c 之间存在如下近似关系：

$$\left.\begin{aligned} \omega_b &= 1.6\omega_c \\ M_r &= \frac{1}{\sin\gamma} \end{aligned}\right\} \tag{6-42}$$

所以，式（6-40）、式（6-41）与式（6-42）本质上是一致的。

式（6-40）、式（6-41）的函数关系如图 6-72 所示，由图 6-72 可以看出，高阶系统的超调量 $\sigma\%$ 随 M_r 的增大而增大。系统的调节时间 t_s 亦随着 M_r 的增大而增大，但却随着 ω_c 的增大而减小。

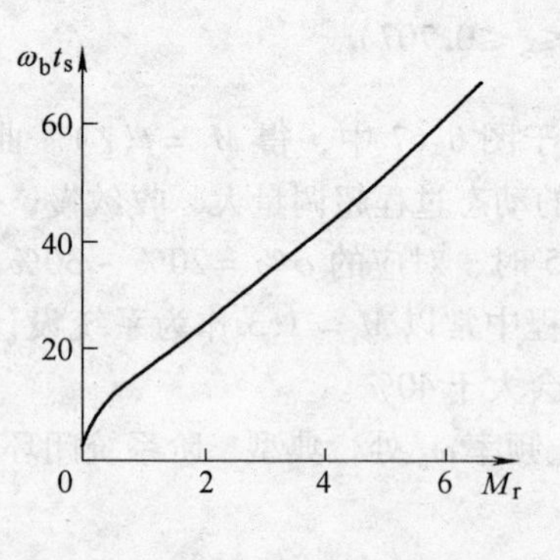

图 6-71　二阶系统的 M_r 与 $\omega_b t_s$ 的关系曲线

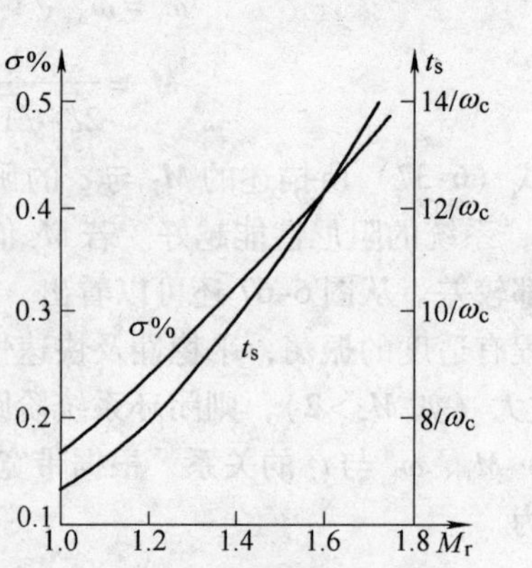

图 6-72　高阶系统的 t_s、$\sigma\%$ 与 M_r 的关系曲线

习　题

6-1　某系统传递函数为 $G(s) = \dfrac{7}{3s+2}$，当输入为 $\dfrac{1}{7}\sin\left(\dfrac{2}{3}t + 45°\right)$ 时，试求系统的稳态输出。

6-2　有一单位负反馈系统，其开环传递函数为

$$G(s)=\frac{10}{s+1}$$

试确定输入信号为 $r(t)=5\cos 2t$ 时系统的稳态输出。

6-3　已知系统的单位阶跃响应为

$$c(t)=1-1.8\mathrm{e}^{-4t}+0.8\mathrm{e}^{-9t},\qquad t\geqslant 0$$

试求系统的频率特性。

6-4　系统的结构图如图 6-73 所示，试根据频率特性的物理意义，求下列输入信号作用下系统的稳态输出 $c_{ss}(t)$。

1）$r(t)=\sin 2t$

2）$r(t)=\sin(t+30°)-2\cos(2t-45°)$

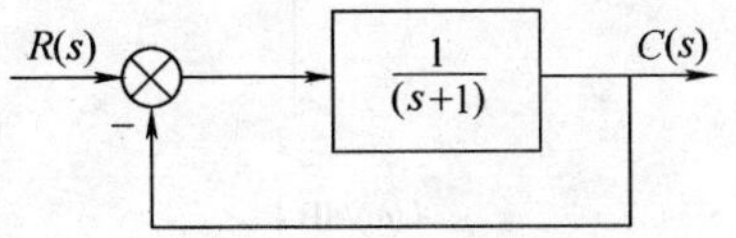

图 6-73　系统结构图

6-5　试绘制下列传递函数的幅相频率特性曲线。

（1）$G(s)=\frac{1}{0.01s+1}$　　（2）$G(s)=\frac{1}{1-0.01s}$

（3）$G(s)=\frac{1}{0.01s-1}$　　（4）$G(s)=\frac{1}{s(1+0.1s)}$

（5）$G(s)=\frac{10}{(2s+1)(0.5s+1)}$　　（6）$G(s)=\frac{1}{s(0.1s+1)(0.5s+1)}$

（7）$G(s)=\frac{0.6s+1}{s^2(4s+1)}$　　（8）$G(s)=\frac{\mathrm{e}^{-0.2s}}{11s+1}$

6-6　作出以下函数的幅相频率特性曲线和伯德图。

（1）$G(s)=\frac{k(T_2s+1)}{T_1s+1}$，　$T_1<T_2$

（2）$G(s)=\frac{k(T_2s+1)}{T_1s+1}$，　$T_1>T_2$

6-7　图 6-74a、b 分别为某Ⅰ型系统和Ⅱ型系统的对数幅频特性曲线，试证明 $K_{\mathrm{I}}=\omega_1$ 和 $K_{\mathrm{II}}=\omega_2^2$。这里 K_{I}、K_{II} 为Ⅰ、Ⅱ型系统传递函数的开环增益。

6-8　绘制下列传递函数的近似对数频率特性曲线。

（1）$G(s)=\frac{200}{s^2(s+1)(10s+1)}$　　（2）$G(s)=\frac{40(s+0.5)}{s(s+0.2)(s^2+s+1)}$

（3）$G(s)=\frac{10(s+0.2)}{s^2(s+0.1)}$

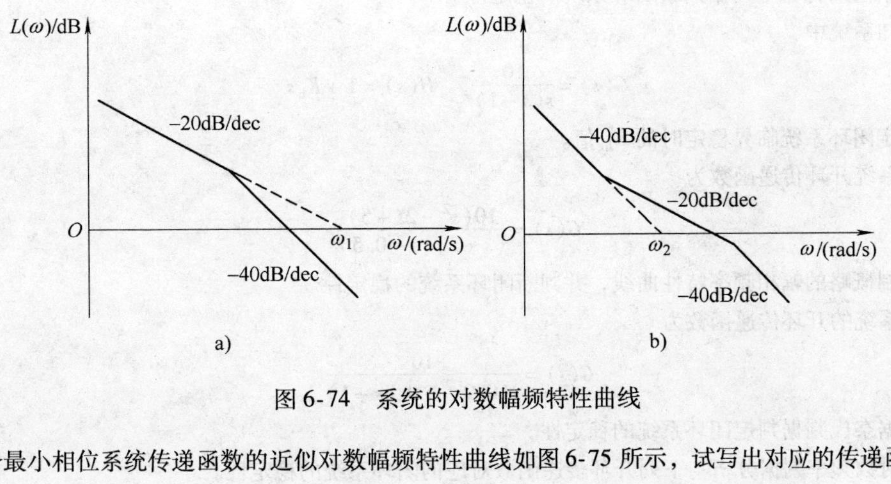

图 6-74　系统的对数幅频特性曲线

6-9　四个最小相位系统传递函数的近似对数幅频特性曲线如图 6-75 所示，试写出对应的传递函数。

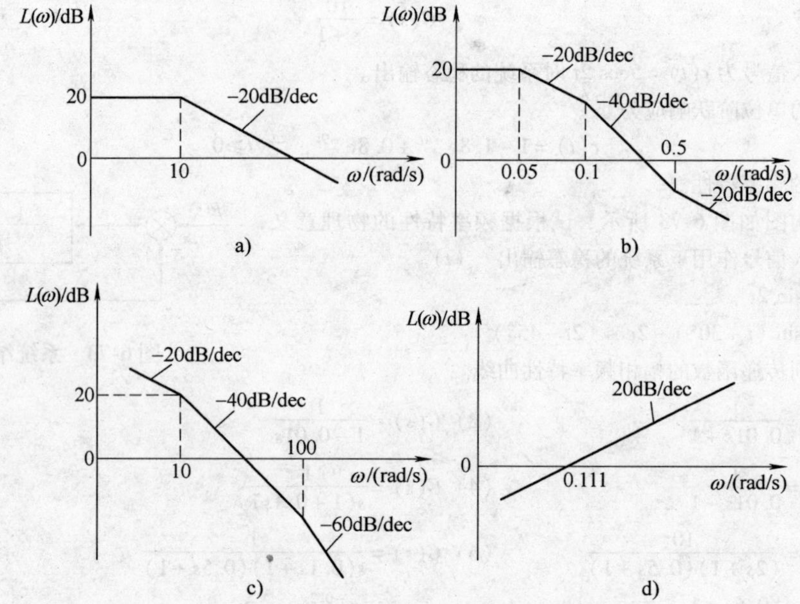

图 6-75　系统的对数幅频特性曲线

6-10　某单位反馈系统的开环传递函数为

$$G(s)=\frac{K}{(s+2)(s+4)(s^2+6s+25)}$$

试确定使系统闭环输出响应为持续振荡时的 K 值及响应的振荡频率。

6-11　图 6-76 是某控制系统的结构图，若系统以 $\omega=5\text{rad/s}$ 的角频率作等幅持续振荡，试确定此时 K 和 τ 的数值。

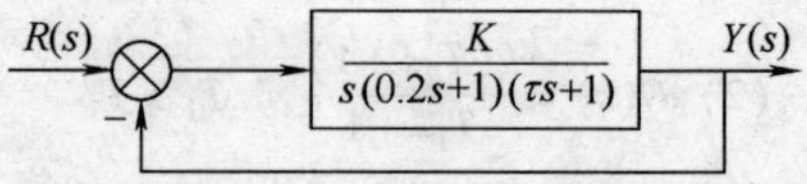

图 6-76　题 6-11 图

6-12　已知单位反馈系统的开环传递函数分别为

(1) $G(s)=\dfrac{100}{s(0.2s+1)}$　　(2) $G(s)=\dfrac{100}{s(0.8s+1)(0.25s+1)}$

(3) $G(s)=\dfrac{s+58}{1-s^2}$　　(4) $G(s)=\dfrac{(1+4s)}{s^2(1+s)(1+2s)}$

试用奈奎斯特稳定判据判断闭环系统的稳定性。

6-13　在已知系统中

$$G(s)=\frac{10}{s(s-1)},\quad H(s)=1+K_{\mathrm{h}}s$$

试确定闭环系统临界稳定时的 K_{h} 值。

6-14　已知系统开环传递函数为

$$G(s)=\frac{10(s^2-2s+5)}{(s+2)(s-0.5)}$$

试绘制概略的幅相频率特性曲线，并判断闭环系统的稳定性。

6-15　已知系统的开环传递函数为

$$G(s)=\frac{10}{s(0.2s^2+0.8s-1)}$$

试根据奈氏判据判定闭环系统的稳定性。

6-16　试用对数频率判据分析与下列开环传递函数对应的闭环系统的稳定性。

（1）$G(s)H(s)=\dfrac{K}{(T_1s+1)(T_2s+1)(T_3s+1)}$；

（2）$G(s)H(s)=\dfrac{K(\tau s+1)}{s(s^2+3s+1)}$，$\tau=0.2$ 和 $\tau=0.5$。

6-17　试用对数频率稳定判据定性分析 $G(s)H(s)=\dfrac{K}{s(Ts+1)}e^{-\tau s}$ 中参数 K、τ 对其闭环系统稳定性的影响。

6-18　已知单位反馈系统的开环传递函数如下：

（1）$G(s)=\dfrac{100}{s(0.2s+1)}$　（2）$G(s)=\dfrac{3}{(1+s)(1+3s)(1+7s)}$

（3）$G(s)=\dfrac{1}{s(s+1)(0.2s+1)}$　（4）$G(s)=\dfrac{10(s+1)}{s^2}$

试求其 K_g、γ 值。

6-19　设单位反馈控制系统的开环传递函数为 $G(s)=\dfrac{as+1}{s^2}$，试确定相角裕度为45°时的 a 值。

6-20　系统的开环传递函数为 $G(s)=\dfrac{K}{s}e^{-\tau s}$，其中，$K>0$，$\tau>0$。求使闭环系统稳定的 K 值范围。

6-21　若单位反馈系统的开环传递函数 $G(s)=\dfrac{Ke^{-0.8s}}{s+1}$，试确定使闭环系统稳定的 K 临界值。

6-22　某最小相位系统的开环对数幅频特性曲线如图 6-77 所示。要求：

1）写出系统开环传递函数；

2）利用相角裕度判断系统的稳定性；

3）将其对数幅频特性曲线向右平移十倍频程，试讨论对系统性能的影响。

6-23　某单位反馈的最小相位系统，其开环对数幅频特性曲线如图 6-78 所示。要求：

1）写出系统的开环传递函数 $G(s)$；

2）计算系统的增益交界频率 ω_c 和相角裕度 γ。

3）当输入信号 $r(t)=1+t/2$ 时，计算系统的稳态误差。

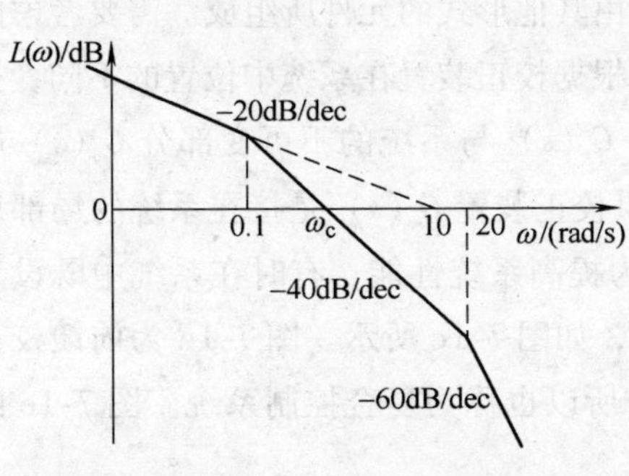

图 6-77　题 6-22 图

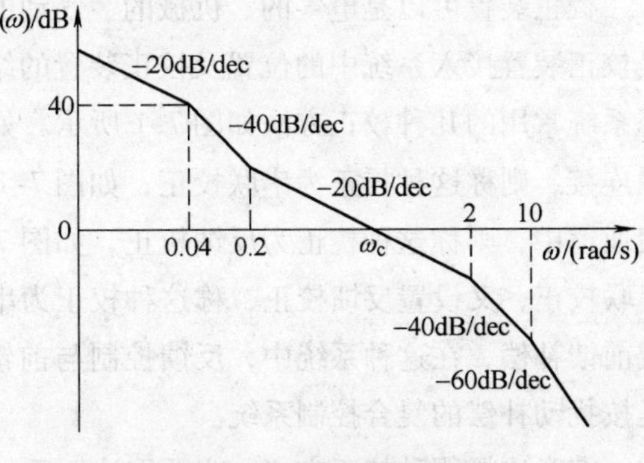

图 6-78　题 6-23 图

6-24　对于典型的二阶系统，试分别确定下列条件下系统的增益交界频率 ω_c 和相角裕度 γ。

1）$\omega_n=3$，$\zeta=0.7$；

2）$\sigma\%=15\%$，$t_s=3s$。

第七章　控制系统的综合与校正

第一节　系统综合与校正的基本概念

前面几章讨论了控制系统的时域分析和频域分析的方法。利用这些方法可以在控制系统结构和参数已确定的条件下计算或估算系统的静态和动态性能。但在工程实际中，常常提出相反的需求，即被控对象是给定的，控制器的结构和参数也有一部分已经初步选定，对控制器的动态性能指标已提出要求，需要设计控制器余下部分的结构和参数，使控制器与被控对象组成的系统的静态和动态性能满足指标要求，这称为系统的综合问题。由控制器的基本组成部分及被控对象组成的反馈控制系统往往不能同时全面满足各项性能指标的要求。这是因为：若要满足稳态精度的要求，就需要增大系统的开环增益；而增大开环增益，必然会导致系统动态性能的恶化，如振荡加剧、超调量增大，甚至会产生不稳定现象。如果通过调整放大器增益后仍不能满足设计指标要求，就需要在系统中增加一些参数及特性可按需要灵活改变的附加装置，以校正原有系统在性能方面的缺陷，从而使系统满足一定的性能指标要求。引入的附加装置称为校正装置。校正装置是控制器的一部分，它与基本组成部分一起构成完整的控制器。在研究系统校正装置时，为了方便，通常将系统中除了校正装置以外的部分称为固有部分或不可变部分。因此，控制系统的校正，就是按给定的固有部分和性能指标设计校正装置。

校正装置可以是电气的、机械的、气动的、液压的或由其他形式的元件所组成。需要考虑的是校正装置接入系统中的位置及校正装置的结构和参数。根据校正装置在系统中位置的不同，控制系统常用的几种校正方法如图 7-1 所示。如果校正装置 $G_c(s)$ 与系统的不可变部分 $G_o(s)$ 串联连接，则称这种校正为串联校正，如图 7-1a 所示。如果校正装置 $G_c(s)$ 是接在系统的局部反馈通道中，则称这种校正为反馈校正，如图 7-1b 所示。为提高系统性能，有时在系统中既设置串联校正，又设置反馈校正，称这种校正为串联反馈校正，如图 7-1c 所示。图 7-1d 为前馈校正或前馈补偿，在这种系统中，反馈控制与前馈控制并用，所以也称为复合控制系统。图 7-1e 则是按扰动补偿的复合控制系统。

究竟选择哪种校正方式，主要取决于系统的结构特点、采用的元件、信号的性质、校正装置的价格及设计者的经验等。一般来说，串联校正比反馈校正简单、易于实现。在进行串联校正时，通常需要附加放大器，以提高系统的增益和（或）提供隔离。这种校正装置一般均设置在前向通道中的能量较低处，以减少功率损耗。反馈校正的信号是从能量较高点向能量较低点传送，故一般不用附加放大器。反馈校正可以减小参数变化和非线性因素对系统性能的影响。然而，由于这种校正装置的设计更依赖于设计者的经验，因此，它的应用远没有串联校正装置广泛。复合控制则适合既要求稳态误差小，又要求暂态响应快速平稳的系统。

因此，控制系统的校正方案不是唯一的，应根据具体情况综合考虑。

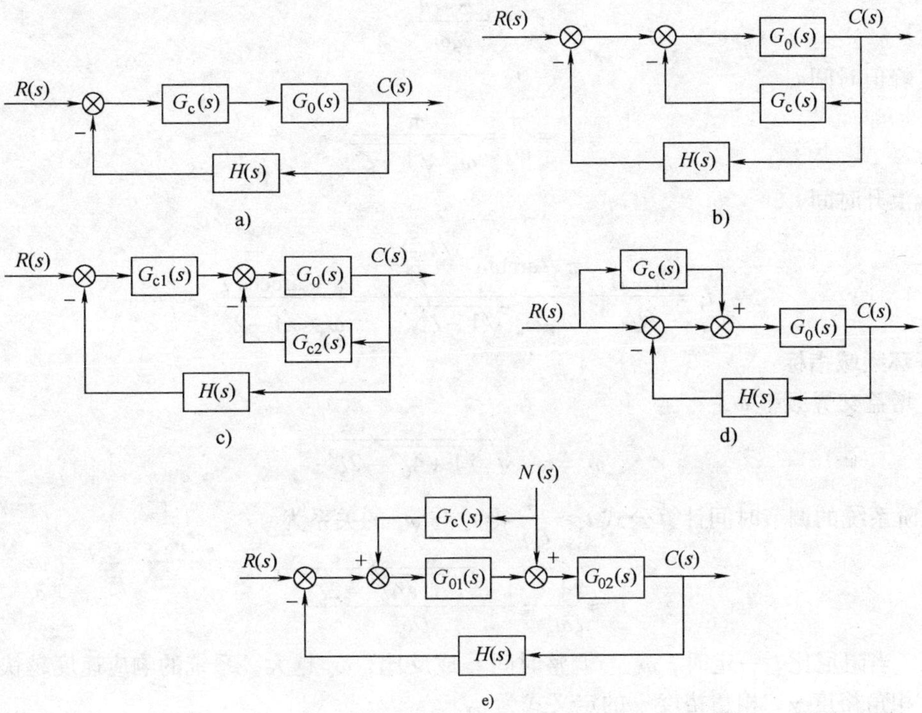

图 7-1　控制系统常用的校正方法

a）串联校正　b）反馈校正　c）串联反馈校正　d）前馈校正　e）扰动补偿

一、系统的性能指标

进行控制系统的校正设计时，除了应知道系统不可变部分的特性与参数外，还需要清楚对系统提出的性能指标要求。长期以来，工程上形成了多种不同的动态性能指标，不同场合下通常采用不同的指标描述系统的动态性能。这些性能指标可归纳为时域指标和频域指标两类。无论时域指标还是频域指标，都在一定程度上综合反映了系统的稳定性、快速性和准确性，只是反映的角度有所不同，所以各种指标之间存在着某种联系。不同的控制系统对性能指标的要求有不同的侧重，例如，调速系统对平稳性和稳态精度要求较高，而随动系统则侧重于快速性要求。

在控制系统的设计中，采用的设计方法一般应依据性能指标的形式而定。如果性能指标以峰值时间、超调量及稳态误差等时域特征量给出，一般采用根轨迹法进行校正；如果性能指标以系统的相角裕度、幅值裕度、相对谐振峰值及闭环带宽等频域特征量给出，一般采用频率法进行校正。目前，工程技术界习惯采用频率法进行校正，通常通过近似公式进行两种指标的互换。

下面列出开环传递函数 $G(s)=\dfrac{\omega_n^2}{s(s+2\zeta\omega_n)}$ 的欠阻尼二阶系统常用的时域指标、频域指标公式以及它们之间的关系。

1. 时域性能指标

（1）超调量 $\sigma\%$

$$\sigma\% = e^{-\pi\zeta/\sqrt{1-\zeta^2}} \times 100\%$$

（2）调节时间 t_s

$$t_s = \frac{3 \sim 4}{\zeta\omega_n}$$

（3）峰值时间 t_p

$$t_p = \frac{\pi}{\omega_d} = \frac{\pi}{\omega_n \sqrt{1-\zeta^2}}$$

（4）上升时间 t_r

$$t_r = \frac{\pi - \beta}{\omega_d} = \frac{\pi - \arctan \frac{\sqrt{1-\zeta^2}}{\zeta}}{\omega_n \sqrt{1-\zeta^2}} = \frac{\pi - \arccos \zeta}{\omega_n \sqrt{1-\zeta^2}}$$

2. 开环频域指标

（1）增益交界频率 ω_c

$$\omega_c = \omega_n \sqrt{\sqrt{1+4\zeta^4} - 2\zeta^2} \tag{7-1}$$

由二阶系统的调节时间计算公式 $t_s \approx \frac{4}{\zeta\omega_n}$ 得 t_s 与 ω_c 的关系为

$$t_s \approx \frac{4}{\zeta\omega_n} = \frac{4\sqrt{\sqrt{1+4\zeta^4} - 2\zeta^2}}{\zeta\omega_c}$$

可见，当阻尼比 ζ 一定时，ω_c 与调整时间 t_s 成反比，ω_c 越大，系统的响应速度越快。

（2）相角裕度 γ　相角裕度 γ 的定义式为

$$\gamma = 180° + \varphi(\omega_c) \tag{7-2}$$

而

$$\varphi(\omega) = \angle G(j\omega) = -90° - \arctan \frac{\omega}{2\zeta\omega_n} \tag{7-3}$$

将式（7-1）代入式（7-3），得

$$\varphi(\omega_c) = -90° - \arctan \frac{\sqrt{\sqrt{1+4\zeta^4} - 2\zeta^2}}{2\zeta} \tag{7-4}$$

将式（7-4）代入式（7-2），得

$$\gamma = \varphi(\omega_c) + 180° = 90° - \arctan \frac{\sqrt{\sqrt{1+4\zeta^4} - 2\zeta^2}}{2\zeta} = \arctan \frac{2\zeta}{\sqrt{\sqrt{1+4\zeta^4} - 2\zeta^2}}$$

（3）幅值裕度 K_g

$$K_g = \frac{1}{|G(j\omega_p)|} = \frac{1}{A(\omega_p)}$$

（4）静态位置误差系数 K_p

$$K_p = \lim_{s \to 0} G(s)H(s)$$

（5）静态速度误差系数 K_ν

$$K_\nu = \lim_{s \to 0} sG(s)H(s)$$

（6）静态加速度误差系数 K_a

$$K_a = \lim_{s \to 0} s^2 G(s)H(s)$$

3. 闭环频域指标

（1）谐振频率 ω_r

$$\omega_r = \omega_n \sqrt{1-2\zeta^2} \qquad (\zeta \leqslant 0.707)$$

$$t_p=\frac{\pi}{\omega_d}=\frac{\pi}{\omega_n\sqrt{1-\zeta^2}}=\frac{\pi}{\omega_r}\sqrt{\frac{1-2\zeta^2}{1-\zeta^2}}$$

$$t_s=\frac{3\sim4}{\zeta\omega_n}=\frac{3\sim4}{\omega_r}\frac{\sqrt{1-2\zeta^2}}{\zeta}$$

由此可见，谐振频率 ω_r 是表征系统响应速度的一个性能指标。ω_r 的值越大，系统的峰值时间 t_p 和调节时间 t_s 越小，因而系统的响应速度越快。

（2）相对谐振峰值 M_r

$$M_r=\frac{1}{2\zeta\sqrt{1-\zeta^2}}$$

相对谐振峰值 M_r 是表征系统相对稳定性的一个性能指标。其值越大，系统的相对稳定性和过渡过程的平稳性越差。

由于相角裕度 γ、相对谐振峰值 M_r 和超调量 $\sigma\%$ 三者都只与阻尼比 ζ 有关，其表达式为

$$\gamma=\arctan\frac{2\zeta}{\sqrt{\sqrt{1+4\zeta^4}-2\zeta^2}}$$

$$M_r=\frac{1}{2\zeta\sqrt{1-\zeta^2}}$$

$$\sigma\%=e^{-\pi\zeta/\sqrt{1-\zeta^2}}\times100\%$$

可见，它们之间存在确定的对应关系，反映了系统的阻尼程度，因此，只要知道其中一个指标，就可求得其余两个指标。

（3）闭环截止频率 ω_b　对于欠阻尼二阶系统，根据截止频率的定义，可以解出

$$\omega_b=\omega_n\sqrt{1-2\zeta^2+\sqrt{2-4\zeta^2+4\zeta^4}}$$

则

$$t_p=\frac{\pi}{\omega_n\sqrt{1-\zeta^2}}=\frac{\pi}{\omega_b}\sqrt{\frac{1-2\zeta^2+\sqrt{2-4\zeta^2+4\zeta^4}}{1-\zeta^2}}$$

$$t_s=\frac{3\sim4}{\zeta\omega_n}=\frac{3\sim4}{\zeta\omega_b}\sqrt{1-2\zeta^2+\sqrt{2-4\zeta^2+4\zeta^4}}$$

因此，闭环截止频率 ω_b 是表征系统响应速度和高频噪声抑制能力的一个性能指标。ω_b 越大，系统的 t_p 和 t_s 越小，因而系统响应速度越快。但是，ω_b 越大，高频噪声就越容易通过系统，因而使系统抑制高频噪声的能力减弱。

（4）复现频率 ω_M　若事先规定一个 Δ 作为反映低频正弦输入信号作用下的允许误差，那么 ω_M 就是闭环系统的幅频特性值与 $A(0)$ 的差第一次到达 Δ 时的频率值，称为复现频率。若频率超过 ω_M，输出就不能“复现”输入，所以，$0\sim\omega_M$ 表示复现低频正弦输入信号的带宽，称为复现带宽，或称为工作带宽，如图 7-2 所示。

4. 综合性能指标（误差准则）

目前使用的综合性能指标有许多种，本书简单介绍误差积分性能指标和误差二次方积分性能指标。

（1）误差积分性能指标　对于一个实际系统，其输入和输出之间总会存在误差。图 7-3a 所示为系统在单位阶跃输入下无超调的过渡过程，图 7-3b 为其误差曲线。

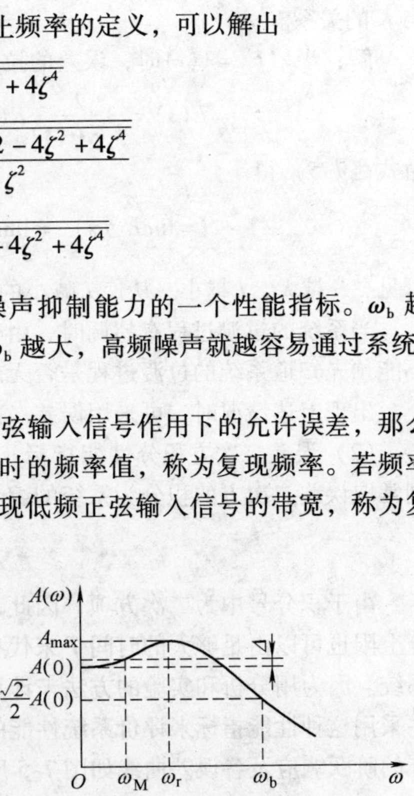

图 7-2　复现频率

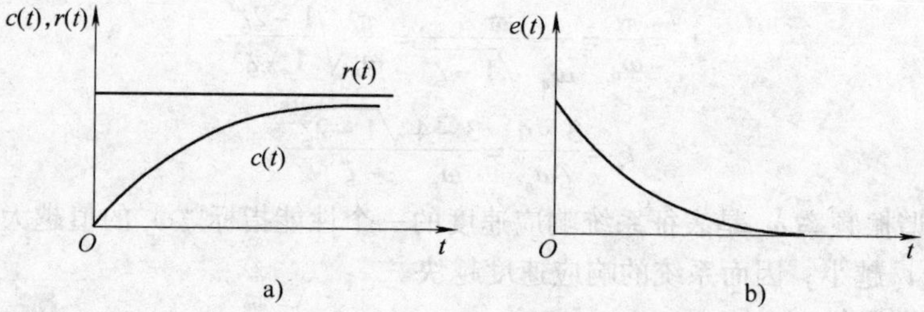

图 7-3 阶跃响应输入曲线及其误差

在无超调的情况下，误差 $e(t)$ 是单调变化的，因此，如果考虑所有时间里误差的总和，那么，系统的综合性能指标可取为

$$I = \int_0^{\infty} e(t)\mathrm{d}t$$

式中，I 代表系统误差的总和。其中，误差为 $e(t) = r(t) - c(t)$

因
$$E(s) = \int_0^{\infty} e(t)\mathrm{e}^{-st}\mathrm{d}t$$

所以有
$$I = \lim_{s \to 0}\int_0^{\infty} e(t)\mathrm{e}^{-st}\mathrm{d}t = \lim_{s \to 0}E(s) \tag{7-5}$$

只要系统在阶跃输入下的过渡过程无超调，就可以根据式（7-5）计算出 I 值，并进一步计算出使 I 值最小的参数。

例 7-1 设单位反馈系统的结构图如图 7-4 所示，其中，开环增益 K 是待定参数，试确定 I 与 K 的关系。

解：当 $r(t) = 1(t)$ 时，误差的拉氏变换为

$$E(s) = \frac{1}{1 + G(s)}R(s) = \frac{1}{s + K}$$

由式（7-5）得

$$I = \lim_{s \to 0}E(s) = \lim_{s \to 0}\frac{1}{s + K} = \frac{1}{K}$$

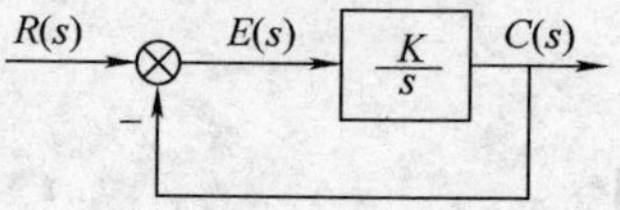

图 7-4 系统结构图

可见，K 越大，I 越小。从使 I 减小的角度看，K 值越大越好。

当系统的过渡过程有超调时，由于误差有正有负，积分后不能反映整个过程误差的大小。若不能预先知道系统的过渡过程是否无超调，就不能用式（7-5）来评价所有时间里误差总和的大小。出现上述情况时，可采用误差二次方积分性能指标来判断系统误差的大小。

（2）误差二次方积分性能指标　若给系统一单位阶跃输入后，其输出过渡过程有振荡时，则常取误差二次方的积分为系统的综合性能指标，即

$$I = \int_0^{\infty} e^2(t)\mathrm{d}t \tag{7-6}$$

由于积分号中为二次方项，因此，在式（7-6）中，$e(t)$ 的正负不会抵消，式（7-6）的积分上限也可以由足够大的时间 T 来代替，因此，式（7-6）积分取极小值的系统就是性能最优的系统。因为用分析和实验的方法来计算式（7-6）右边的积分比较容易，所以在实际应用时，往往采用这种性能指标来评价系统性能的优劣，这也是现代控制理论中二次型性能指标的一种。系统的阶跃响应及各误差曲线如图 7-5 所示。

图 7-5d 为积分式 $\int e^2(t)\mathrm{d}t$ 的曲线，$e^2(t)$ 从 0 到 T 的积分就是曲线 $e^2(t)$ 与坐标轴所包围部

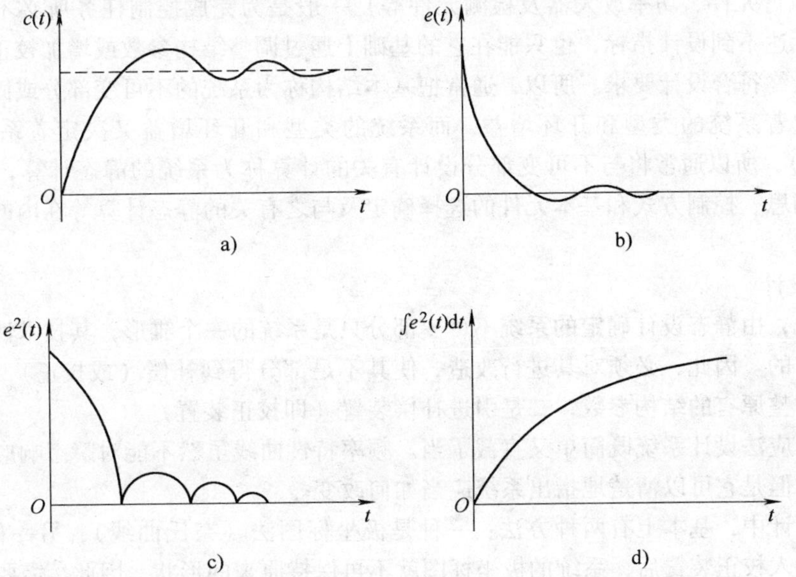

图 7-5　阶跃响应及误差、误差二次方、误差二次方积分曲线

分的总面积。

误差二次方积分性能指标的特点是重视大的误差，忽略小的误差。因为误差大时，其二次方更大，对性能指标 I 的影响较大。所以根据这种指标设计的系统能使大的误差迅速减小，但系统容易产生振荡。

二、系统设计的一般过程

在进行系统综合时，对稳定性、快速性及准确性等方面的要求通常是用一些相应性能指标的具体值来体现的。这些具体的性能指标值是系统综合前就已确定了的，是所设计系统必须达到的标准，因而又称为系统的设计指标。换言之，设计指标是系统设计的依据和技术约束条件，每一项设计指标标志着对系统某一方面品质特性的具体要求。

系统设计指标的高低，不仅直接决定着系统技术品质的优劣，还影响到系统组成元件的数量多少及元件的制造精度等级，从而影响到系统的体积、制造成本、可靠性和寿命等。一般来说，给定的设计指标越严格，系统构成就越复杂，系统技术品质就越好。但经济性会越差。因此，设计指标应根据市场对技术先进性和经济合理性以及可靠性等的认同水平来确定。另外，在许多情况下，系统的稳定性、快速性及准确性三者难以同时得到改善。因此，对这三方面的要求不能同时要求太高，应在深入研究控制对象工作机理、明确控制任务的基础上，分清主次矛盾，适当折中，有所侧重。

系统设计是一项很复杂的工作，往往要经过反复推敲，并辅之以必要的实验研究才能完成。下面介绍其大致过程。

1. 静态设计

系统设计的第一项工作就是确定系统的基本结构、组成元件、数学模型和性能参数，将基本结构的性能指标与设计指标进行对比，判断基本结构是否满足设计要求，如果基本结构的性能指标达不到设计指标要求，就需要对其进行校正。

由于系统的基本结构是根据控制系统的功能要求构思提出来的，不论它是否可行，它所包含的元件（如执行元件、功率放大器及检测元件等）一般是为完成控制任务所必不可少的。即使它的性能指标达不到设计指标，也只能在它的基础上通过调整结构参数或增加校正元件来改善其性能，使之最终符合设计要求。所以，通常把基本结构称为系统的不可变部分或固有部分。因不可变部分决定着系统的类型和开环增益，而系统的类型和开环增益又决定着系统的静态特性（即稳态精度），所以通常将与不可变部分设计有关的计算称为系统的静态计算，将包括不可变部分的方案构思、控制方式和基本元件的选择确定及与之有关的静态计算等在内的整个设计称为静态设计。

2. 动态设计

一般来说，由静态设计确定的系统不可变部分只是系统的一个雏形，其技术性能是不能满足设计指标要求的。因此，必须对其进行改造，使其不足部分得到补偿（或校正），校正的办法有两种：一是调整原有的结构参数，二是引进补偿装置（即校正装置）。

用频率响应法设计系统既简单又直截了当。频率特性曲线虽然不能对瞬态响应特性做出确切的定量预测，但是它可以清楚地指出系统应当如何改变。

在频域设计中，基本上有两种方法：一种是极坐标图法（奈氏曲线），另一种是伯德图法。当给系统中加入校正装置后，系统的极坐标图就不再保持原来的形状，因此，需要重新画极坐标图，这需要花费大量时间，因而不太方便。然而，校正装置的伯德图则可以较容易地叠加到原来的伯德图上，因而画出带校正装置的完整系统的伯德图比较容易。此外，如果改变开环增益，幅值曲线将上升或下降，但不会改变曲线的形状，而相角曲线则保持不变。因此，从设计的角度来讲最好采用伯德图法。

应用伯德图进行设计的常用方法是：首先，调整开环增益，以满足对稳态精度的要求；然后画出未校正开环（开环增益已经调整）系统的对数幅频特性曲线和对数相频特性曲线；如果相角裕度和幅值裕度这两个性能指标不能满足设计时提出的要求，则可通过改变校正装置使之达到要求；最后，如果还需要满足其他要求，则在彼此不产生矛盾的条件下，应力图满足这些要求。

尽管需要校正的系统各种各样，但从伯德图的变化形式来看，大致可分为以下三种基本类型：

1）系统是稳定的，动态响应速度也满足设计指标要求，但稳态精度不足。对于这种情形，反映在伯德图上的校正作用，就是保持对数幅频特性曲线的中频段不变，提高低频段的位置，如图 7-6a 所示。

2）系统具有良好的稳态精度，但稳定性和动态响应速度不满足要求。对于这种情形，反映在伯德图上的校正作用就是保持对数幅频特性曲线的低频段不变，改变中频段的形状和位置，如图 7-6b 所示。

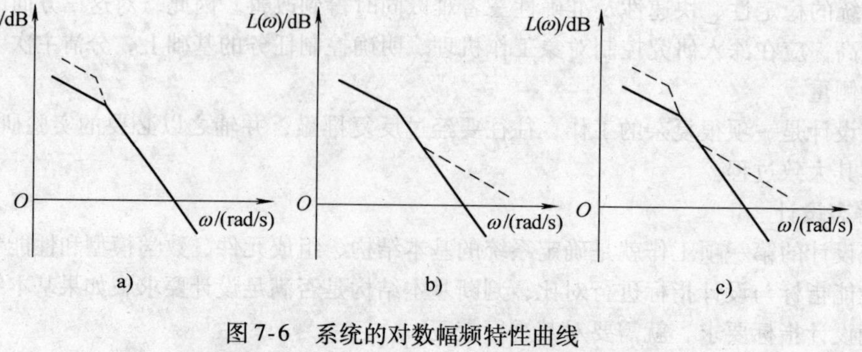

图 7-6　系统的对数幅频特性曲线

a）改变低频特性　b）改变中频特性　c）改变低频和中频特性

3）系统的稳定性、稳态精度和动态响应速度均不满足要求。对于这种情形，反映在伯德图上的校正作用就是同时改变对数幅频特性曲线低频段和中频段的形状和位置，如图 7-6c 所示。

综上所述，系统校正就是以某种方式改造由静态设计确定的系统的基本结构，使改造后的系统满足设计指标要求。通常将校正装置称为系统的可变部分，将与校正方式和校正装置选择有关的分析计算称为动态计算，将包括校正方案的确定和相应动态计算在内的整个校正设计称为动态设计。

校正装置通常是一些具有某种典型环节特性的电网络、运算部件或测量装置，如一些无源或有源微积分电路、速度及加速度传感器等。

三、系统希望的对数幅频特性曲线

用频率法进行控制系统的设计和校正，通常在开环伯德图上进行，由于对系统性能指标的要求最终可归结为对系统开环频率特性的要求，因此，系统设计的实质从某种角度来说就是利用校正装置对系统开环伯德图进行整形。能达到设计指标要求的开环对数幅频特性曲线就是希望的对数幅频特性曲线。绘制希望的对数幅频特性曲线一般采用低频、中频和高频三个频段的分段方法。

通常要求低频段提供尽可能高的增益和较大的斜率，用最小的误差来跟踪输入；开环幅频特性曲线的中频段斜率应限制在 -20dB/dec，并保证足够的带宽，以保证系统的稳定性；开环幅频特性曲线的高频段应尽可能快地衰减，以减小高频噪声对系统的干扰。

下面介绍希望的对数幅频特性曲线的绘制。

1. 低频段特性曲线的绘制

假设校正后系统的开环传递函数为

$$G(s)=\frac{K\prod_{i=1}^{m}\tau_i s+1}{s^{\nu}\prod_{i=1}^{n-\nu}T_i s+1}$$

当 $\omega\to0$ 时，其对数幅频特性的低频渐近线为

$$L(\omega)=20\lg K-20\nu\lg\omega \tag{7-7}$$

当 $\omega=1$ 时，有 $L(\omega)=20\lg K$。

因此，幅频特性的低频段曲线可用其低频渐近线来近似表示。即根据给定的稳态误差或稳态误差系数，确定出系统的开环增益 K。过 $\omega=1$、高度为 $L(\omega)=20\lg K$ 这一点作斜率为 -20ν dB/dec 的直线，一直延长至第一个转折频率 ω_1，即可绘制出低频段特性曲线。

根据式（7-7）确定的低频段特性曲线如图 7-7 所示。

低频段对数幅频特性曲线的斜率大小表征着系统的型别，曲线位置的高低反映了系统开环增益的大小。系统的型别和开环增益决定了系统的稳态精度。在型别已知的情况下，如果开环增益由给定的稳态精度设计指标来确定，那么校正后系统稳态精度必然满足设计指标要求。

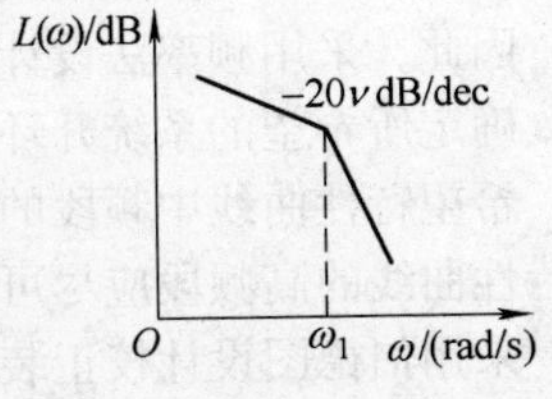

图 7-7　低频段特性曲线

2. 中频段特性曲线的绘制

确定中频段有两个基本要素：增益交界频率 ω_c 和中频渐近线长度 h。根据给定的时域或频域性能指标，确定近似的 ω_c 值，在横坐标过 ω_c 点作斜率为 -20dB/dec 的直线，即为中频段渐近线。中频段渐近线的形状和位置与系统稳定性和动态过渡过程特性有关。为使校正后系统具有足够的相对稳定裕度和较高的响应速度，其开环对数幅频特性曲线的中频段斜率取 -20dB/dec。中频段渐近线长度 h 指中频段渐近线在横轴方向上的长度，即在 ω_c 附近上下延伸覆盖的频程长

度，如图 7-8 所示，且有

$$h=\frac{\omega_3}{\omega_2}$$

其中，ω_2、ω_3 分别为 ω_c 前后的转折频率。

可以证明，h 越大，系统的相对稳定性越好，但抗高频噪声干扰的能力越低。因此，h 的取值应权衡对稳定性和抗噪声干扰能力的要求折中选择。

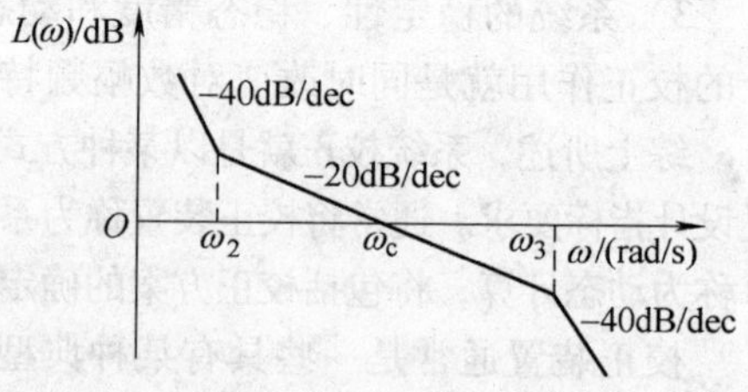

图 7-8　中频段特性曲线

对于调节系统和随动系统，希望对数幅频特性曲线的斜率变化形式常取图 7-8 所示的形式，与之对应的开环传递函数的形式为

$$G(s)=\frac{k(T_2s+1)}{s^2(T_3s+1)}$$

式中

$$T_2=\frac{1}{\omega_2}>T_3=\frac{1}{\omega_3}$$

可以证明，对于Ⅰ型和Ⅱ型系统，其相对谐振峰值 M_r 与中频段渐近线长度 h、转角频率 ω_2、ω_3 及相角裕度 γ 之间存在如下近似关系：

$$h=\frac{M_r+1}{M_r-1}\tag{7-8}$$

$$\omega_2=\frac{M_r-1}{M_r}\omega_c=\frac{2}{h+1}\omega_c\tag{7-9}$$

$$\omega_3=\frac{M_r+1}{M_r}\omega_c=\frac{2h}{h+1}\omega_c\tag{7-10}$$

且

$$M_r\approx\frac{1}{\sin\gamma}\quad 或\quad \gamma\approx\arcsin\frac{1}{M_r}$$

因此，当已知 M_r 和 ω_c 时，将其代入式（7-8）、式（7-9）和式（7-10）即可确定希望对数幅频特性曲线的 h、ω_2 和 ω_3。

3. 高频段的绘制

一般来说，开环对数幅频特性曲线高频段的位置和形状只与系统抗高频噪声干扰的能力有关，与其他性能指标关系不大。因此，对曲线的高频段一般不提出特别要求，只要它具有适当大的衰减特征即可。通常，为使校正装置尽可能简单，就以系统固有特性的高频部分作为希望对数幅频特性曲线的高频渐近线。如果做不到这一点，至少它们的斜率应当相同。

因此，采用频率法设计校正装置主要是通过伯德图进行的。设计时，需根据给定的性能指标大致确定所希望的系统开环对数幅频特性曲线。希望特性曲线低频段的增益应满足稳态误差的要求；希望特性曲线中频段的斜率一般应为 −20dB/dec，并且具有所要求的增益交界频率 ω_c；希望特性曲线的高频段应尽可能迅速衰减，以抑制噪声的不良影响。

采用伯德图设计校正装置后，还需要检验性能指标是否满足。

第二节　串联校正

串联校正指校正环节 $G_c(s)$ 串联在原系统结构图的前向通道中，如图 7-9 所示。为了减少功率消耗，串联校正环节一般都放在前向通道的前端，即低功率部分。串联校正按校正环节 $G_c(s)$ 的性质可分为增益调

图 7-9　串联校正

整校正、相位超前校正、相位滞后校正和相位滞后－超前校正。下面分别介绍这四种校正的特性及其在系统中的作用。

一、增益调整校正

若一个系统的开环增益为 K_1，假设其开环传递函数的伯德图如图 7-10 所示，由图可知，对应的幅值穿越频率为 ω_{c1}，相角裕度为 γ_1。由于相角裕度 γ_1 为正，所以系统是稳定的。如果系统的开环增益增加到 K_2，其对数幅频特性曲线将向上平移，而对数相频特性曲线则保持不变。由于幅值穿越频率由 ω_{c1} 增加到 ω_{c2}，相角裕度由 γ_1 减小为 γ_2，虽然相角裕度仍为正，但 $\gamma_2 < \gamma_1$，因此稳定性储备量减小；由于 $K_2 > K_1$，所以系统稳定精度提高，幅值穿越频率 ω_{c2} 较 ω_{c1} 增加，导致瞬态响应速度加快。若再使系统的开环增益增加到 K_3，对数幅频特性曲线将继续向上平移，幅值穿越频率变为 ω_{c3}，相角裕度 γ_3 已经变为负值，显然，系统失去了稳定性。由此可见，通过改变增益 K 的值，可以改变系统性能。

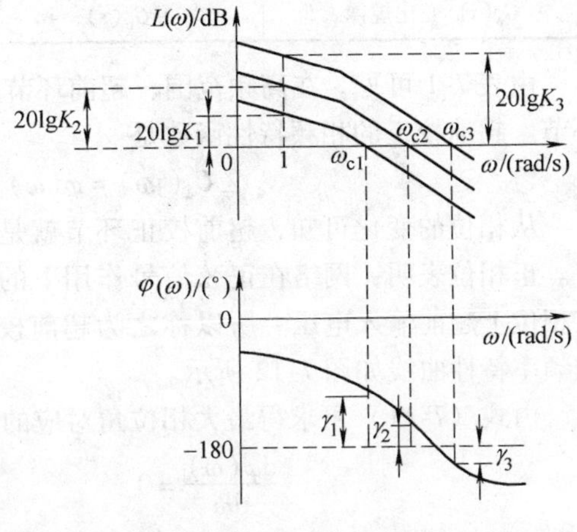

图 7-10　增益对系统性能的影响

从以上分析可知，增益调整校正的实现比较简单。增加系统的开环增益可以减小系统的稳态误差，使系统的开环频率特性 $G_K(j\omega)$ 的幅值穿越频率 ω_c 变大，其结果是加大了系统的带宽 ω_b，提高了系统的响应速度，但同时系统的相对稳定性也随之下降。所以，仅仅调整增益难以同时满足系统的静态性能和动态性能，其校正作用是有限的。

二、相位超前校正

由增益调整校正可知，增加系统的开环增益可以提高系统的响应速度，同时也减小了相角裕度，从而使系统的稳定性下降。所以，要预先在相位穿越频率的附近和比它还要高的频率范围内使相位提前一些，这样相角裕度增大了，再增加增益就不会使稳定性下降了。基于这一思想，为了既能提高系统的响应速度，又能保证系统的其他特性不变坏，就需要对系统进行相位超前校正。

超前校正的基本原理是利用超前校正网络的相角特性去增大系统的相角裕度。因此，在设计串联校正装置时，应使最大的超前相位角尽可能出现在校正后系统的增益交界频率 ω_c 处。

常用的相位超前校正环节的传递函数为

$$G_c(s) = a\frac{Ts+1}{aTs+1} \qquad (0<a<1, T>0)$$

这种环节可以用图 7-11 电路来实现。由复阻抗的概念知

$$G_c(s) = \frac{U_o(s)}{U_i(s)} = a\frac{Ts+1}{aTs+1}$$

其中
$$a = \frac{R_2}{R_1+R_2}, \qquad T = R_1C$$

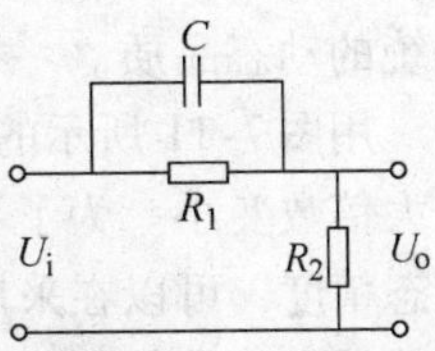

图 7-11　RC 电路

超前校正环节的特点见表 7-1。

表 7-1 超前校正环节的特点

$s=j\omega$ 变化范围	$\|\omega\|\ll 1$	$\|\omega\|<1$	$\|\omega\|\gg 1$
$G_c(s)$ 变化规律	$G_c(s)\approx a$	$G_c(s)=a(Ts+1)$	$G_c(s)\approx 1$

由表 7-1 可见，在高频范围，超前环节 $G_c(s)$ 对系统不产生影响，故称 $G_c(s)$ 为高通滤波环节。超前校正的相频特性函数是

$$\angle G_c(j\omega)=\varphi(\omega)=\arctan T\omega-\arctan a\omega T>0 \tag{7-11}$$

从相位的变化可知，超前校正环节就是正相位校正环节。正相位表明：网络在正弦信号作用下的稳态输出电压在相位上超前输入电压。所以称之为超前校正网络。其对数频率特性曲线如图 7-12 所示。

由式（7-11）可求得最大相位角对应的频率，即令

$$\frac{d\varphi(\omega)}{d\omega}=0$$

求得最大相位超前角对应的频率 ω_m 为

$$\omega_m=\frac{1}{\sqrt{a}\cdot T} \tag{7-12}$$

对式（7-12）取对数后，有

$$\lg\omega_m=\frac{1}{2}\left(\lg\frac{1}{aT}+\lg\frac{1}{T}\right)$$

可见，ω_m 正好出现在两个转折频率 $\frac{1}{T}$ 和 $\frac{1}{aT}$ 的几何中心。将式（7-12）代入式（7-11）便可得到最大相位超前角为

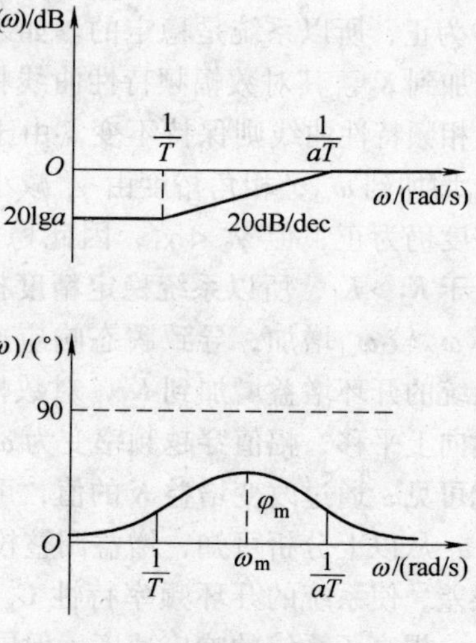

图 7-12 超前校正网络的对数频率特性曲线

$$\varphi_m=\arctan\frac{1-a}{2\sqrt{a}}=\arcsin\frac{1-a}{1+a} \tag{7-13}$$

$$a=\frac{1-\sin\varphi_m}{1+\sin\varphi_m} \tag{7-14}$$

式（7-13）表明，最大相位超前角 φ_m 仅与 a 有关，与 T 无关。随着 a 的减小，输出相位超前越多，但系统的开环增益下降。a 值越小，输出信号幅值衰减越严重。所以，为了满足稳态精度要求，需要保持系统有一定的开环增益。相位超前环节的衰减损失必须用提高放大器的增益来补偿。选择 a 值时还需要考虑系统的高频噪声，相位超前校正具有高通滤波的特性，a 越小，对于抑制高频噪声越不利，所以在实用中 a 的取值不应小于 0.07，通常取 $a=0.1$。

相位超前校正的作用主要是产生正的相位角，补偿系统开环频率特性在幅值穿越频率 ω_c 处的相位滞后，以增加系统的相角裕度，提高系统的稳定性，改善系统的动态品质。

用图 7-11 所示的网络进行串联超前校正时，将使系统的开环放大倍数变小。为了不减小系统的开环放大倍数，不影响系统的稳态精度，可以在采用这个校正网络的同时串接一个比例放大器，并使放大倍数等于 $1/a$。

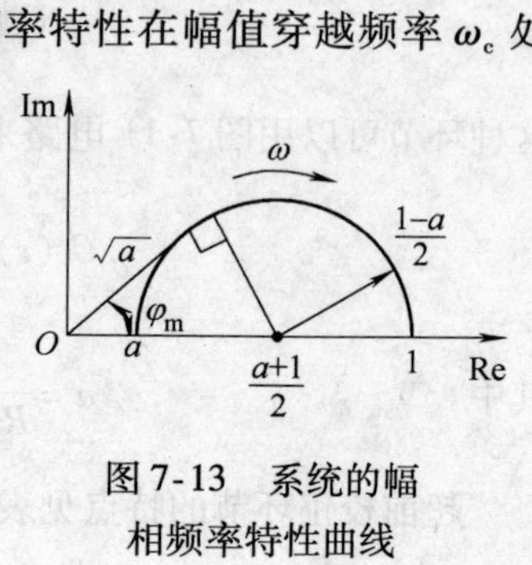

图 7-13 系统的幅相频率特性曲线

求最大相位超前角 φ_m 也可以从系统的幅相频率特性曲线中得到。用解析法绘制系统的幅相频率特性曲线，如图 7-13 所示。相

位超前校正网络的幅相频率特性曲线是以$\left(\dfrac{a+1}{2},\ \mathrm{j}0\right)$为圆心，以$\dfrac{1-a}{2}$为半径，过（1，j0）和（$a$，j0）点的半圆。

将圆周上的点同原点连线，它与实轴的夹角即为系统的相位角。显然，相位角的最大值$\angle G_c(\mathrm{j}\omega_m)=\varphi_m$为正实轴与通过圆点所作半圆切线的夹角。因此，最大相位角φ_m与圆的参数间的关系为

$$\sin\varphi_m=\frac{\dfrac{1-a}{2}}{\dfrac{1+a}{2}}=\frac{1-a}{1+a}$$

例7-2　已知某机床进给系统的开环传递函数为$G(s)=\dfrac{K}{s(0.5s+1)}$，系统的结构图如图7-14所示。试设计校正装置$G_c(s)$，使校正后的系统满足如下指标：

1）系统的稳态误差为$e_{ssv}=0.05$；

2）相角裕度为$\gamma\geqslant50°$；

3）幅值裕度为$20\lg K_g\geqslant10\text{dB}$。

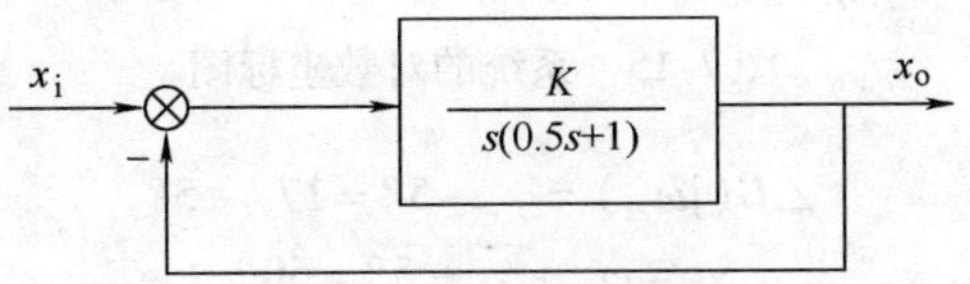

图7-14　系统结构图

解：(1) 由系统的稳态误差确定系统的开环增益。系统为Ⅰ型系统，在单位斜坡函数输入下，稳态误差为$e_{ssv}=1/K=0.05$，所以得$K=20$。

(2) 作出$G(\mathrm{j}\omega)$的对数坐标图。

当$\omega=1$时，$L(\omega)=20\lg20\text{dB}=26\text{dB}$，最左端直线斜率为$-20\text{dB/dec}$，$\omega_{T1}=2$。

$$20\lg|G(\mathrm{j}\omega)|=20\lg20-20\lg\sqrt{(0.5\omega)^2+1}-20\lg\omega$$

$$\angle G(\mathrm{j}\omega)=-90°-\arctan0.5\omega$$

可以计算出系统的增益交界频率为$\omega_{c1}=6.168$，因此，原系统的相角裕度$\gamma_1\approx17°$，系统稳定，但不符合要求。系统的对数坐标图如图7-15所示。

如果减小K值，可使对数幅频特性曲线下移，使ω_c减小，从而使γ增大，但会使$e_{ssv}>0.05$，不满足设计要求。因此，仅靠改变K值已不能达到设计指标要求，此时，需要加入校正装置。

(3) 进行相位超前校正。

取

$$G_c(\mathrm{j}\omega)=K_a\frac{\mathrm{j}T\omega+1}{\mathrm{j}aT\omega+1}$$

为了充分利用超前校正环节的相位超前校正作用，希望在φ_m处为新的幅频穿越点ω_{c2}，即$\omega_m=\omega_{c2}$。

在新的穿越点ω_{c2}处，系统的相角裕度由两部分叠加而得，即

$$\gamma_2=\varphi_m+\angle G(\mathrm{j}\omega_{c2})$$

由于加入相位超前校正环节后，$\omega_{c2}>\omega_{c1}$，从而使原系统的

$$\angle G(\mathrm{j}\omega_{c2})<\angle G(\mathrm{j}\omega_{c1})=\gamma_1=17°$$

若粗略估计按相位差5°计算，即

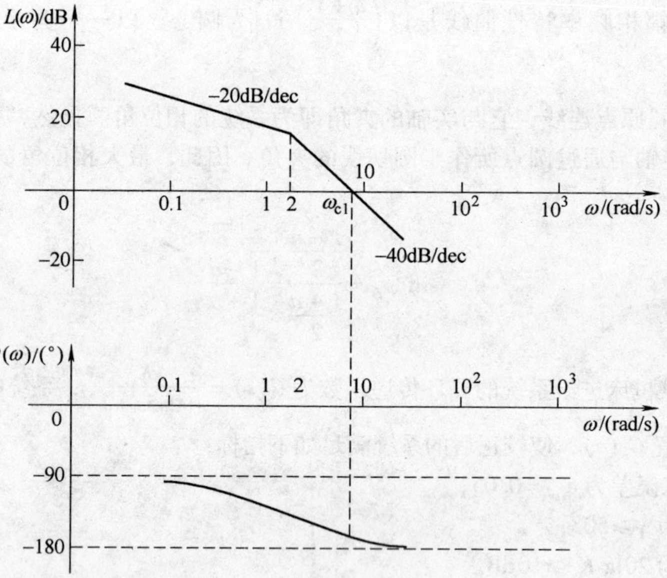

图 7-15　系统的对数坐标图

$$\angle G(j\omega_{c2}) = \gamma_1 - 5° = 17° - 5°$$

则有
$$\gamma_2 = \varphi_m + \gamma_1 - 5° = 50°$$

得
$$\varphi_m = 50° - 17° + 5° = 38°$$

由
$$\sin\varphi_m = \frac{1-a}{1+a}$$

得
$$a = 0.24$$

由
$$\omega_m = \frac{1}{\sqrt{a}T}$$

得
$$T\omega_m = \frac{1}{\sqrt{a}} = 2.04$$

为保证校正后的系统稳态误差不变，取 $K_a = 1$。

在 ω_m 点校正环节的对数幅频为

$$20\lg|G_c(j\omega_m)| = 20\lg\frac{\sqrt{(T\omega_m)^2+1}}{\sqrt{(aT\omega_m)^2+1}} = 20\lg\frac{\sqrt{2.04^2+1}}{\sqrt{(0.24\times2.04)^2+1}}\text{dB} = 6.2\text{dB}$$

由于 $\omega_m = \omega_{c2}$，故校正后系统在 ω_{c2} 处有

$$20\lg|G(j\omega_{c_2})||G_c(j\omega_m)| = 0$$

即
$$20\lg|G(j\omega_{c2})| + 20\lg|G_c(j\omega_m)| = 0$$

故
$$20\lg|G(j\omega_{c2})| = -6.2$$

即
$$20\lg\frac{20}{\omega_{c2}\sqrt{(0.5\omega_{c2})^2+1}} = -6.2$$

解得
$$\omega_{c2} = 8.925$$

于是
$$\omega_m = \omega_{c2} = \frac{1}{\sqrt{a}T} = 8.925$$

得
$$T = 0.23,\qquad aT = 0.055$$

这样校正环节中的所有参数都确定了。校正环节为

$$G_c(s)=\frac{0.23s+1}{0.055s+1}$$

校正后新系统的开环传递函数为

$$\bar{G}(s)=G(s)G_c(s)=\frac{20}{s(0.5s+1)}\frac{0.23s+1}{0.055s+1}$$

（4）绘制校正后系统 $\bar{G}$（jω）的对数坐标图，如图7-16所示。

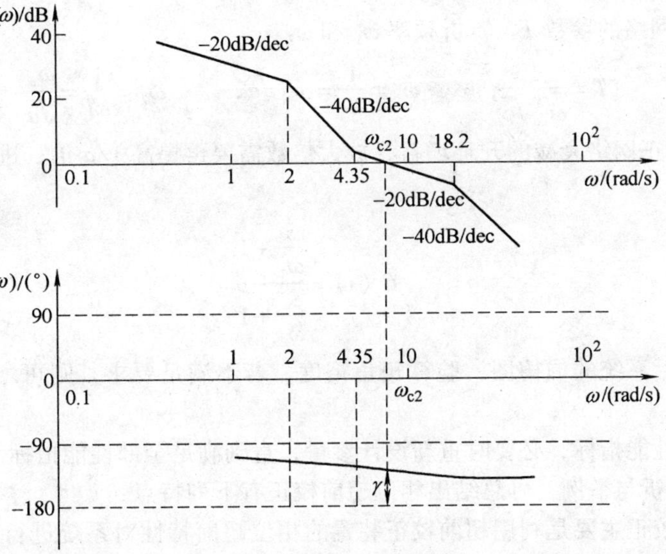

图7-16　校正后的系统伯德图

计算出各转折频率处的相角，见表7-2。

表7-2　各转折频率处的相角

ω/(rad/s)	2	4.35	8.925	18.2
φ(ω)/(°)	−116.6	−123.8	−129.5	−142

（5）检查、验算系统是否满足稳定裕度要求，若不满足要求，重新校正。

$$\begin{aligned}\gamma_2&=180°+\angle G_c(j\omega_{c2})G(j\omega_{c2})\\&=180°-90°-\arctan(0.5\times8.925)+\arctan(0.23\times8.925)-\arctan(0.055\times8.925)\\&=90°-77.4°+64°-26.1°\\&=50.5°\end{aligned}$$

可见，满足设计要求。若不满足，可把粗略估计时的相位差5°加大，然后重新设计、计算，直到满足要求。

通过上例可以总结出应用频率法进行相位超前校正的一般步骤如下：

1）根据静态指标要求，确定开环放大倍数 K。

2）绘制出在确定的 K 值下未经校正系统的伯德图，求出相角裕度 γ_g。

3）根据给定的相角裕度 γ，计算出需增加的相位超前量 φ，即

$$\varphi=\gamma-\gamma_g+\varepsilon$$

式中，ε 是考虑到校正装置对增益交界频率位置的影响而增加的相角裕度。当未校正系统中频段

斜率为 -40dB/dec 时，取 $\varepsilon=5°$；当中频段斜率为 -60dB/dec 时，取 $\varepsilon=15°\sim20°$。

4）令校正装置的最大相位超前角 $\varphi_m=\varphi$，并由式（7-14）计算出校正网络的系数 a，即

$$a=\frac{1-\sin\varphi_m}{1+\sin\varphi_m}$$

若 φ_m 大于60°，则应考虑采用滞后－超前校正。

5）校正网络在 ω_m 处的幅值为 $10\lg\frac{1}{a}$。显然，未校正系统在幅值为 $-10\lg\frac{1}{a}$处的频率即为校正后系统的交界频率 ω_c，即 $\omega_c=\omega_m$。

6）计算校正网络的参数 T、转折频率 ω_1 和 ω_2。

$$T=\frac{1}{\omega_m\sqrt{a}},\qquad \omega_1=\frac{1}{T}=\omega_m\sqrt{a},\qquad \omega_2=\frac{1}{aT}=\frac{\omega_m}{\sqrt{a}}$$

为补偿超前校正网络衰减的开环增益，放大倍数需要再提高 $1/a$ 倍，进而校正环节的传递函数为

$$G_c(s)=\frac{\frac{s}{\omega_1}+1}{\frac{s}{\omega_2}+1}$$

7）画出校正后系统的伯德图，验算相角裕度。若不满足要求，则可增大 ε，并从第3）步起重新计算。

8）校验其他性能指标，必要时重新设计参量，直到满足全部性能指标。

基于上述的分析与举例，可总结出相位超前校正有下列特点：

1）相位超前校正主要是利用超前校正装置的相位超前特性对系统进行校正，使校正后系统的开环对数幅频特性曲线中频段渐近线的斜率为 -20dB/dec，并有足够的带宽。

2）相位超前校正会使系统瞬态响应的速度变快。由例 7-2 可知，校正后系统的增益交界频率 ω_c 由未校正前的 6.168 增大到 8.925，这意味着校正后系统的频带变宽，瞬态响应的速度变快。

3）相位超前校正虽能有效地改善系统的动态性能，但当未校正系统的相频特性曲线在增益交界频率 ω_c 附近急剧下降时，若用单级超前校正网络去校正，一般收效不大。这是因为校正后系统的增益交界频率会向高频段移动，在新的增益交界频率处，由于未校正系统的相角滞后量过大，所以用单级的超前校正网络难以获得所要求的相角裕度。

超前校正的作用可进一步用图 7-17 进行说明。

设单位负反馈系统原有的开环对数幅频特性曲线和相频特性曲线如图 7-17 中①所示。可以看出，对数幅频特性曲线在中频段增益交界频率 ω_{c1} 附近为 -40dB/dec 斜率的直线，并且占有频率范围较宽。且在 $1/T_2$ 处，其斜率变为 -80dB/dec。再对照相频特性，在 $L(\omega)>0$ 的范围内，相频特性对 -180°线负穿越一次，相角裕度为负值，故原系统不稳定。

现给原系统串入相位超前校正网络，校正环节的转折频率 $1/T$ 和 $1/(aT)$ 分别设在原交界频率 ω_{c1} 的两侧，并将系统的开环增益提高 $1/a$ 倍，使加入串联校正环节后系统总的开环增益与原系统一致，则校正后系统的开环对数频率特性曲线如图 7-17 中曲线②所示。由于正斜率的作用，对数幅频特性中频段斜率变为 -20dB/dec，而且增益交界频率增大到 ω_{c2}。校正后系统的相频特性曲线如图中曲线②所示。对照相频特性曲线①和②，由于正移相的作用，使增益交界频率附近的相位明显上升，具有较大的稳定裕度。因此，串入相位超前校正网络后，既改善了原系统的稳定性，又提高了原系统的增益交界频率，获得了足够的快速性。

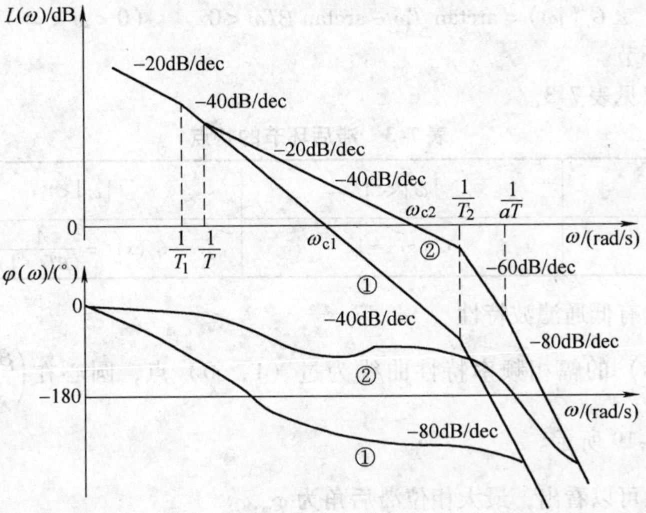

图 7-17　系统增加相位超前校正环节前后的伯德图

因此，相位超前校正的主要作用是产生超前相角，可以用它部分地补偿系统“固有”部分在增益交界频率 ω_c 附近的相角滞后，以提高相角稳定裕度，改善系统的动态特性。

但相位超前校正一般不改善原系统的低频特性，如果进一步提高开环增益，使低频段上移，则系统的稳定性将有所下降，幅频特性过分上移，还会削弱系统抗高频干扰的能力。所以，相位超前校正对提高系统稳态精度的作用是很小的，如果主要是为了使系统的响应快、超调小，则可采用相位超前校正。但当未校正系统的相角在增益交界频率附近急剧减小时，采用相位超前校正往往效果不大。或当需要较大的相位超前量时，校正网络的 a 值则需选得很小，这将使系统的频带过宽，高频噪声影响变大，甚至导致系统难以稳定运行，对此，使用时应特别注意。

综上所述，相位超前校正环节增大了系统的相角裕度，增加了系统的增益交界频率 ω_c，加大了带宽 ω_b。这意味着提高了系统的相对稳定性，加快了系统的响应速度，使过渡过程得到显著改善。但由于系统的增益和型别都未变，所以稳态精度提高较小。

三、相位滞后校正

设计系统时，有可能会碰到系统的动态性能较为满意，但稳定精度达不到要求的情形，这时可采用简单的增大系统开环增益的校正方法。此外，也有可能遇到系统的稳定性差，且稳态精度也达不到要求的情形，这时就需要在增加开环增益的同时，引入校正网络，使其在高频段衰减，以使系统获得充分的相角裕度。串联相位滞后校正装置，就可以达到上述目的。

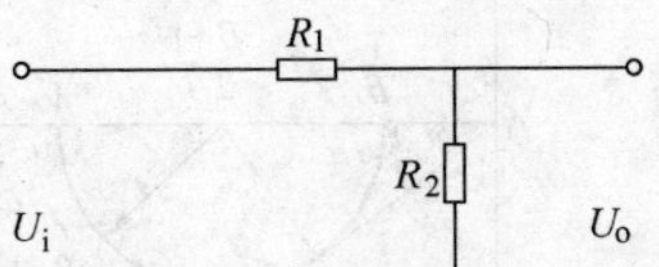

图 7-18　*RC* 网络

图 7-18 所示为滞后 *RC* 网络。由复阻抗的概念知，其传递函数为

$$G_c(s)=\frac{U_o(s)}{U_i(s)}=\frac{R_2+\dfrac{1}{Cs}}{R_1+R_2+\dfrac{1}{Cs}}=\frac{R_2Cs+1}{(R_1+R_2)Cs+1}=\frac{R_2Cs+1}{\dfrac{R_1+R_2}{R_2}R_2Cs+1}=\frac{Ts+1}{\beta Ts+1}$$

式中

$$T=R_2C,\qquad \beta=\frac{R_1+R_2}{R_2}>1$$

又　$$\angle G_c(j\omega) = \arctan T\omega - \arctan \beta T\omega < 0 \qquad (0<\omega<\infty)$$
故得名为滞后校正环节。

滞后环节的特点见表7-3。

表7-3　滞后环节的特点

$s=j\omega$ 变化范围	$\|\omega\| \ll 1$	$\|\omega\| < 1$	$\|\omega\| \gg 1$
$G_c(s)$ 变化规律	$G_c(s) \approx 1$	$G_c(s) = \frac{1}{(\beta Ts+1)}$	$G_c(s) \approx \frac{1}{\beta}$

可见，此环节具有低通滤波特性。

容易证明，$G_c(s)$ 的幅相频率特性曲线为过（1，j0）点，圆心在$\left(\frac{\beta+1}{2\beta}, \text{j}0\right)$点，半径为$\frac{\beta-1}{2\beta}$的半圆，如图7-19所示。

由图中几何关系可以看出，最大相位滞后角为 φ_m。

$$\sin\varphi_m = \frac{\frac{\beta-1}{2\beta}}{\frac{\beta+1}{2\beta}} = \frac{\beta-1}{\beta+1}$$

$$\varphi_m = \arcsin\frac{\beta-1}{\beta+1}$$

$G_c(s) = \frac{Ts+1}{\beta Ts+1}$对应的对数坐标图如图7-20所示。

或对$\angle G_c(j\omega) = \arctan T\omega - \arctan \beta T\omega$ 求导，并令$[\angle G_c(j\omega)]'=0$，得最大的相位滞后角及其所对应的频率为

$$\varphi_m = \arcsin\frac{\beta-1}{\beta+1}$$

$$\omega_m = \frac{1}{T\sqrt{\beta}}$$

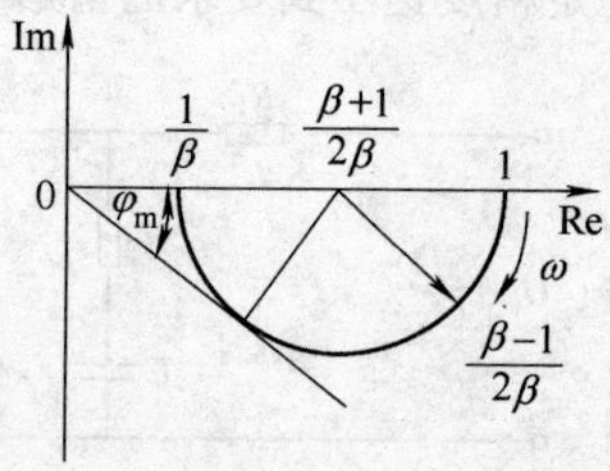

图7-19　滞后校正环节的幅相频率特性曲线

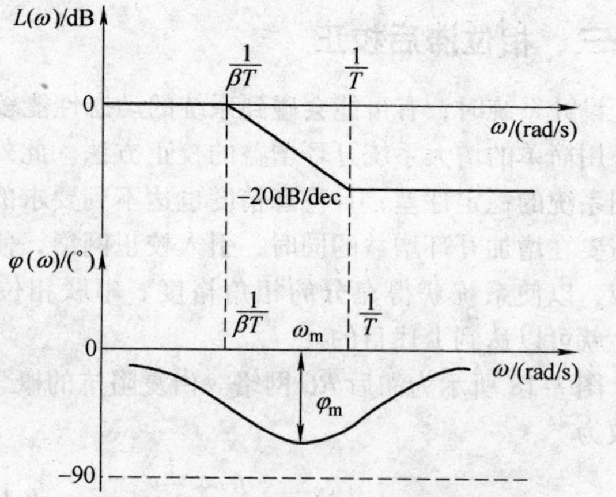

图7-20　滞后校正环节的对数坐标图

从而　$$\omega_m^2 = \frac{1}{T}\cdot\frac{1}{\beta T}$$

$$\lg \omega_m = \frac{1}{2}\left(\lg \frac{1}{T} + \lg \frac{1}{\beta T}\right)$$

说明 ω_m 正好是$\frac{1}{T}$和$\frac{1}{\beta T}$的几何平均值，即对数坐标图上的几何中点。

与相位超前校正环节相反，相位滞后校正环节具有低通滤波特性，当β值较大时，它相当于比例 + 积分控制。

相位滞后校正对系统性能的影响如下：

设单位反馈系统原有的开环对数幅频特性曲线与相频特性曲线如图 7-21 中曲线①所示。可以看出，中频段增益交界频率 ω_{c1} 附近为斜率 -60dB/dec 的直线，故系统动态响应的稳定性很差。对照相频特性曲线可知，系统接近临界稳定。

在原系统中串联相位滞后校正装置，校正环节的转折频率$\frac{1}{\beta T}$和$\frac{1}{T}$均设置在 ω_{c1} 前面一段距离处，则校正后系统的开环对数频率特性曲线如图 7-21 中曲线②所示。由于校正装置幅频特性曲线负斜率的作用，显著减小了带宽，但由此使新的交界频率 ω_{c2} 附近具有 -20dB/dec 的斜率段，提高了系统的相角裕度，保证系统具有足够的稳定性。也就是说，这种校正以牺牲系统的快速性（减小带宽）来换取稳定性。从相频特性曲线看，校正虽然带来了负移相，但是处于频率较低的部位，对系统的稳定裕度不会有很大影响。也就是说，相位滞后校正并不是利用相角滞后的作用来使系统稳定的，而是利用相位滞后校正的幅值衰减作用使系统稳定的，即使 ω_c 左移，来改善系统的动态性能的。为了尽量减小相位滞后对 γ 值的影响，应使$\frac{1}{T}$点远离 ω_{c2} 点，工程上一般取 $\frac{1}{T}$ = （0.1 ~0.2） ω_{c2}。

另外，相位滞后校正并没有改变原系统最低频段的特性，故对系统的稳态精度不起破坏作用。

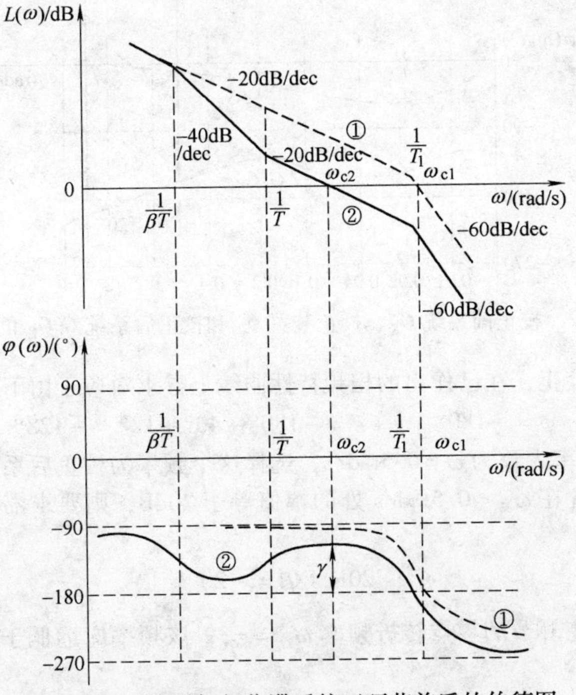

图 7-21　系统增加相位滞后校正环节前后的伯德图

相反，往往还允许适当提高开环增益，甚至将分母改为纯积分环节进一步改善系统的稳态精度。

对于快速性要求不高的系统，常采用相位滞后校正。

例 7-3　设一单位反馈系统的开环传递函数为

$$G_K(s) = \frac{K}{s(0.5s+1)(s+1)}$$

现需要对系统进行校正，要求校正后系统具有下列性能指标：相角裕度 $\gamma \geqslant 40°$，幅值裕度的分贝值 $20\lg K_g \geqslant 10\text{dB}$，静态速度误差系数 $K_v \geqslant 5$。

解：1）确定增益 K，使之满足静态速度误差系数的要求。由于

$$G_K(s) = \frac{K}{s(0.5s+1)(s+1)}$$

因而

$$K_v = \lim_{s \to 0} sG_K(s) = K = 5$$

2）未校正系统的开环频率特性为

$$G_K(j\omega) = \frac{K}{j\omega(0.5j\omega+1)(j\omega+1)}$$

相应的伯德图如图 7-22 所示。由图 7-22 可见，未校正系统的相角裕度约等于 $-20°$，幅值裕度为 $20\lg K_g = -8\text{dB}$，系统是不稳定的。

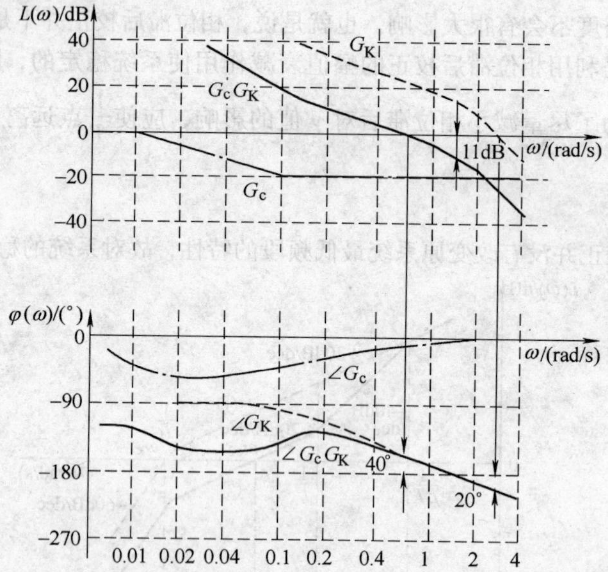

图 7-22　校正前系统 G_K、校正装置 G_c 和校正后系统 G_cG_K 的伯德图

3）采样相位滞后校正，在已作出的相频特性曲线上寻求对应于由下式确定相角的频率，即

$$\varphi = -180° + \gamma + \varepsilon = -180° + 40° + 12° = -128°$$

对应于这个相角 φ 的频率大致为 $\omega = 0.5\text{rad/s}$，选择这个频率为校正后系统的增益交界频率 ω_{c2}。

4）基于未校正系统在 $\omega_{c2} = 0.5\text{rad/s}$ 处的幅值等于 20dB，则要求滞后校正装置在该频率上必须衰减 -20dB，即

$$20\lg 1/\beta = -20$$

得 $\beta = 10$。相位滞后校正环节的零点转折频率 $\omega_{T2} = \frac{1}{T}$，该频率应远低于已校正系统的增益交界频率 ω_{c2}。取 $\frac{1}{T} = \frac{\omega_{c2}}{5} = 0.1\text{rad/s}$，则校正环节的极点转折频率 $\omega_{T1} = \frac{1}{\beta T} = 0.01\text{rad/s}$。于是所求的

相位滞后校正装置的频率特性为

$$G_c(j\omega)=\frac{1+j\omega T}{1+j\beta\omega T}=\frac{1+j10\omega}{1+j100\omega}$$

$G_c(j\omega)$的伯德图如图7-22中的点画线所示。

5）校验系统的性能指标。校正后系统的传递函数为

$$G(s)=G_c(s)G_K(s)=\frac{5(10s+1)}{s(0.5s+1)(s+1)(100s+1)}$$

对应的伯德图如图7-22中的实线所示。由图可知，校正后系统的相角裕度约为40°，幅值裕度约为11dB，静态速度误差系数$K_v=5$。这表明校正后系统既能满足稳态性能的要求，又能满足相对稳定性的要求。但由于校正后开环系统的增益交界频率ω_c由约为2rad/s降低到0.5rad/s，闭环系统的带宽也随之下降，所以，这种校正会使系统的响应速度降低。

用频率法对系统进行相位滞后校正的一般步骤可归纳如下：

1）根据给定的系统稳态精度要求，确定系统的开环增益K。

2）绘制出未校正系统$G_K(j\omega)$的伯德图，并求出相应的相角裕度和幅值裕度。

3）根据对相角裕度的要求，在已作出的相频特性曲线上找出这样一个频率，要求在该频率处开环频率特性的相角为

$$\varphi=-180°+\gamma+\varepsilon$$

式中，γ为系统所要求的相角裕度，ε是为了补偿由滞后校正装置在ω_{c2}处所产生的滞后角，通常取$\varepsilon=10°\sim15°$。选择这一频率作为校正后系统的增益交界频率ω_{c2}。

4）确定未校正系统在新ω_{c2}处的幅值衰减到0dB时所需要的衰减量，这个衰减量是由相位滞后校正装置的高频段来实现，其值为$-20\lg\beta$。据此，求得β值。

5）为了减小相位滞后校正装置在ω_{c2}处所产生滞后角的不利影响，它的零、极点配置必须明显小于增益交界频率ω_{c2}。一般取校正装置的一个转折频率［$G_c(s)$的零点］$\omega_{T2}=\frac{1}{T}=\left(\frac{1}{5}\sim\frac{1}{10}\right)\omega_{c2}$，则另一个转折频率［$G_c(s)$的极点］为$\omega_{T1}=\frac{1}{\beta T}$。

6）根据已确定的T值和β值，求得相位滞后校正装置的传递函数$G_c(s)=\dfrac{\frac{s}{\omega_{T2}}+1}{\frac{s}{\omega_{T1}}+1}$。

7）画出校正后系统的伯德图，并检验它的相角裕度是否满足要求；如果不满足，则应改变T值，重新进行设计。

根据上述的分析与举例，可总结出相位滞后校正有如下特点：

1）相位滞后校正是利用相位滞后校正装置的高频衰减特性，而不是它的相位滞后特性。

2）为了既要使相位滞后校正装置在希望的闭环主导极点处所产生的滞后角小于5°，又要使它的零点与极点的比值较大，则其零、极点只能配置于靠近坐标原点，且使零点和极点的比值β略大于所要增加静态误差系数的倍数。

3）由于相位滞后校正装置的高频幅值衰减作用，使校正后系统的增益交界频率向低频移动，以满足相角裕度的要求。然而由于相位滞后校正装置降低了系统的带宽，导致系统的瞬态响应变得缓慢，这是这种校正的不足之处。

4）基于相位滞后校正装置对输入信号有积分效应，它的作用近似于一个比例积分控制器，使系统的稳定性有降低的倾向。为了防止这种情况发生，相位滞后校正装置的时间常数T应当取

得比系统的最大时间常数大一些。

下面对相位超前校正与相位滞后校正作一简单的比较：

1）相位超前校正是利用超前网络和相角超前的特性，而相位滞后校正是利用滞后网络的高频幅值衰减特性。

2）当采用无源校正网络时，相位超前校正要求一定的附加增益，而相位滞后校正一般不需要附加增益。

3）相位超前校正的系统带宽大于相位滞后校正的系统带宽。带宽越大，系统响应速度越高，但同时系统越容易受到噪声干扰的影响。因此，在对系统的快速性要求不高而对抗高频干扰要求较高的情况下，一般不宜选用相位超前校正，而应考虑采用相位滞后校正。

综上所述，单纯采用相位超前校正或相位滞后校正只能改善系统动态或稳态一个方面的性能，如果对校正后系统的稳态和动态性能都有较高要求时，最好是采用相位滞后 - 超前校正。

四、相位滞后 - 超前校正

如前所述，相位超前校正的主要作用是增加相角稳定裕度使系统频带增宽，以改善系统的动态特性。相位滞后校正的主要作用则是增加幅值稳定裕度，使稳态特性获得较大改善，但会引起系统带宽降低，响应速度变慢。如果把这两种校正结合起来，形成相位滞后 - 超前校正，就有可能同时实现相位滞后校正和相位超前校正的功能，从而兼顾系统的动态特性和静态特性。

图 7-23 为相位滞后 - 超前校正环节，其传递函数可由复阻抗的概念直接求得，即

$$G_c(s)=\frac{U_o(s)}{U_i(s)}=\frac{R_2+\dfrac{1}{C_2s}}{\dfrac{R_1\dfrac{1}{C_1s}}{R_1+\dfrac{1}{C_1s}}+R_2+\dfrac{1}{C_2s}}$$

$$=\frac{(T_1s+1)(T_2s+1)}{T_1T_2s^2+(T_1+T_2+T_3)s+1}$$

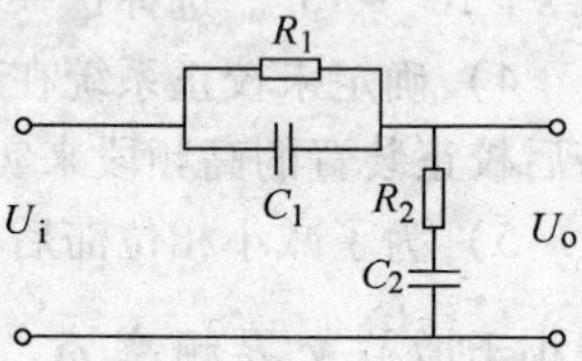

图 7-23 相位滞后 - 超前校正环节

式中，$T_1=R_1C_1$，$T_2=R_2C_2$，$T_3=R_1C_2$。

系统的特征方程为 $T_1T_2s^2+(T_1+T_2+T_3)s+1=0$

可见，系统有两个不相等的负实根。

这是因为 T_1、T_2、T_3 均大于 0，故

$$(T_1+T_2+T_3)^2>(T_1+T_2)^2$$

又 $$(T_1+T_2)^2-4T_1T_2\geqslant 0$$

所以 $$(T_1+T_2+T_3)^2>4T_1T_2$$

即 $$(T_1+T_2+T_3)^2-4T_1T_2>0$$

因此，系统有两个不相等的负实根。

设 $$T_1T_2s^2+(T_1+T_2+T_3)s+1=(T_as+1)(T_bs+1)$$

式中 $$T_1T_2=T_aT_b \tag{7-15}$$

$$T_1+T_2+T_3=T_a+T_b \tag{7-16}$$

则 $$G_c(s)=\frac{(T_1s+1)(T_2s+1)}{(T_as+1)(T_bs+1)}$$

若 $$T_a>T_b$$

且选
$$T_2 > T_1$$
由式（7-16）得
$$T_a + T_b > T_1 + T_2$$
则
$$(T_a + T_b)^2 - 4T_aT_b > (T_1 + T_2)^2 - 4T_aT_b = (T_1 + T_2)^2 - 4T_1T_2$$
即
$$(T_a - T_b)^2 > (T_2 - T_1)^2$$
从而
$$T_a - T_b > T_2 - T_1 \tag{7-17}$$
将式（7-16）与式（7-17）相加，得 $2T_a > 2T_2 + T_3 > 2T_2$

所以
$$T_a > T_2$$
令
$$\frac{T_a}{T_2} = \frac{T_1}{T_b} = \beta > 1$$
则
$$G_c(s) = \frac{(T_2s+1)(T_1s+1)}{(T_as+1)(T_bs+1)} = \frac{T_2s+1}{\beta T_2s+1}\,\frac{T_1s+1}{\frac{T_1s}{\beta}+1} \tag{7-18}$$

这相当于相位滞后环节与相位超前环节串联而成，故得名为相位滞后－超前环节。其对数坐标图如图 7-24 所示。

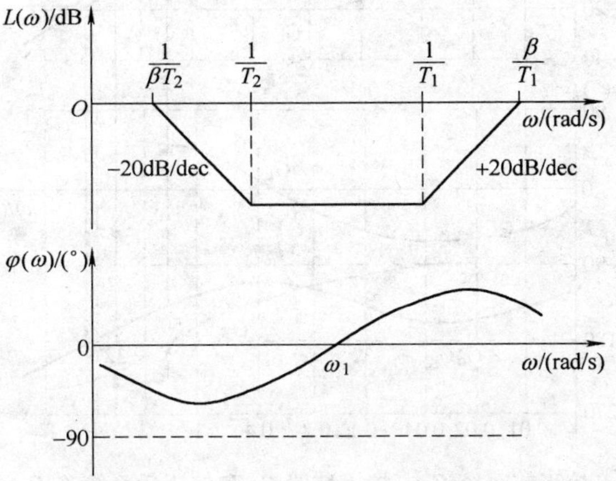

图 7-24　相位滞后－超前环节伯德图

由图 7-24 可见，在 $\omega < \omega_1$ 的频段，校正装置具有相位滞后特性；而在 $\omega > \omega_1$ 的频段，校正装置变为具有相位超前的特性。根据式（7-18）可以很容易地确定 $G_c(s)$ 相位过零时的频率为 $\omega_1 = 1/\sqrt{T_1T_2}$

可以证明，最大相位滞后角和最大相位超前角的值相等，均为
$$\varphi_m = \arcsin\frac{T_3}{2T_1 + 2T_2 + T_3} = \arcsin\frac{\beta-1}{\beta+1}\,\frac{T_2 - (T_1/\beta)}{T_2 + (T_1/\beta)} < \arcsin\frac{\beta-1}{\beta+1}$$

相位滞后－超前校正的实质是综合利用超前网络的相位超前特性和滞后网络的幅值衰减特性来改善系统的性能。即利用相位滞后－超前校正装置的超前部分来增大系统的相角裕度，以改善其动态性能；利用它的滞后部分来改善系统的稳定性。下面用一个实例说明设计相位滞后－超前校正装置的具体步骤。

例 7-4　设一单位反馈系统的开环传递函数为
$$G_K(s) = \frac{K}{s(s+1)(s+2)}$$
要求校正后系统具有下列性能指标：相角裕度 $\gamma = 50°$，幅值裕度 $20\lg K_g \geqslant 10\text{dB}$，静态速度误差

系数 $K_v \geqslant 10$。试设计一相位滞后－超前校正装置。

解：1）根据对静态速度误差系数的要求，确定系统的开环增益 K。有

$$K_v = \lim_{s\to 0} sG_K(s) = \lim_{s\to 0} s\frac{K}{s(s+1)(s+2)} = \frac{K}{2} = 10$$

即

$$K = 20$$

2）画出增益调整后未校正系统的伯德图，如图7-25中点画线所示。由图可见，未校正系统的相角裕度等于－32°，这表示系统不稳定。在这种情况下，如果采用相位超前校正，系统的增益交界频率必然会增大，这样不仅用单级超前网络难以满足相角裕度的要求，而且校正后的系统将对高频噪声十分敏感。因此，应选择相位滞后－超前校正装置。

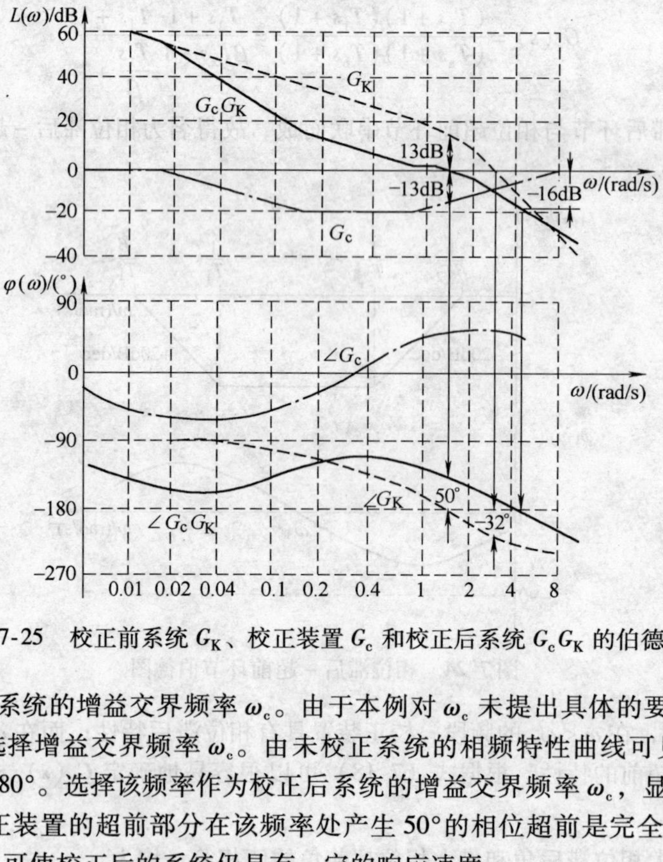

图7-25　校正前系统 G_K、校正装置 G_c 和校正后系统 G_cG_K 的伯德图

3）确定校正后系统的增益交界频率 ω_c。由于本例对 ω_c 未提出具体的要求，因而可以根据相角裕度的要求来选择增益交界频率 ω_c。由未校正系统的相频特性曲线可见，当 $\omega = 1.5\text{rad/s}$ 时，$\angle G_K(j\omega) = -180°$。选择该频率作为校正后系统的增益交界频率 ω_c，显然较为合理。因为相位滞后－超前校正装置的超前部分在该频率处产生50°的相位超前是完全能实现的，且 $\omega_c = 1.5\text{rad/s}$ 也不算小，可使校正后的系统仍具有一定的响应速度。

4）确定相位滞后－超前校正装置的转折频率。当 ω_c 确定后，就可以确定 $G_c(s)$ 相位滞后部分的转折频率了。设相位滞后－超前校正环节的传递函数为

$$G_c(s) = \frac{(T_1s+1)(T_2s+1)}{\left(\dfrac{T_1s}{\beta}+1\right)(\beta T_2s+1)}$$

式中，$T_1 > 0$，$T_2 > 0$，$T_2 > T_1$，$\beta > 1$。

各环节的转折频率分别为

$$\omega_{T1} = \frac{1}{\beta T_2},\ \omega_{T2} = \frac{1}{T_2},\ \omega_{T3} = \frac{1}{T_1},\ \omega_{T4} = \frac{\beta}{T_1}$$

选择滞后环节的零点转折频率 ω_{T2} 远低于 ω_c，即取 $\omega_{T2} = 1/T_2 = \omega_c/10 = 0.15\text{rad/s}$，其用意是

使滞后部分在 ω_c 处产生的滞后角非常小。

在超前校正装置中，最大相位超前角 φ_m 是由下式确定的，即

$$\sin\varphi_m=\frac{1-(1/\beta)}{1+(1/\beta)}=\frac{\beta-1}{\beta+1}$$

若令 $\beta=10$，则由上式求得 $\varphi_m=54.9°$。基于要求的相角裕度为 50°，故选 $\beta=10$ 已能满足要求。据此，求得滞后部分的另一个转折频率 $\omega_{T1}=1/(\beta T_2)=0.015\text{rad/s}$，于是所求校正装置滞后部分的传递函数为

$$\frac{s+0.15}{s+0.015}=10\times\frac{1+6.67s}{1+66.7s}$$

超前部分的转折频率可以用下述的方法确定：由图 7-25 可见，未校正系统在 $\omega=1.5\text{rad/s}$ 处的幅值为 13dB，为实现该频率成为校正后系统的增益交界频率，必须使该频率点的开环幅值降到 0dB，为此要求 $G_c(s)$ 的超前部分在 $\omega=1.5\text{rad/s}$ 处产生 −13dB 的幅值。即通过点（−13dB，1.5rad/s）作一条斜率为 20dB/dec 的直线，该直线与 0dB 线和 −20dB 的水平线的交点，就是超前部分的两个转折频率，它们分别为 $\omega_{T3}=1/T_1=0.7\text{rad/s}$，$\omega_{T4}=\beta/T_1=7\text{rad/s}$。于是求得 $G_c(s)$ 超前部分的传递函数为

$$\frac{s+0.7}{s+7}=\frac{1}{10}\times\frac{1+1.43s}{1+0.143s}$$

5）把所求校正装置的滞后部分和超前部分组合在一起，就得到相位滞后－超前校正装置的传递函数，即

$$G_c(s)=\frac{(s+0.7)(s+0.15)}{(s+7)(s+0.015)}=\frac{(1+1.43s)(1+6.67s)}{(1+0.143s)(1+66.7s)}$$

校正后系统的开环传递函数为

$$G(s)=G_c(s)G_K(s)=\frac{20(s+0.7)(s+0.15)}{s(s+1)(s+2)(s+7)(s+0.015)}$$

$$=\frac{10(1+1.43s)(1+6.67s)}{s(1+s)(1+0.5s)(1+0.143s)(1+66.7s)}$$

其伯德图如图 7-25 中的实线所示。

由图 7-25 可见，校正后系统的相角裕度约为 50°，幅值裕度约为 16dB，静态速度误差系数 $K_v=10$，它们均满足设计要求。

因此，相位滞后－超前校正是利用超前部分的相角超前特性使校正后的系统相角裕度满足指标要求；利用滞后部分使校正后系统的开环增益不变，保证系统精度指标满足要求。

五、相位超前校正、相位滞后校正和相位滞后－超前校正的特点

根据前面对相位超前校正、相位滞后校正和相位滞后－超前校正环节的介绍，现将它们的特点总结如下：

1）相位超前校正是通过相位超前效应获得满意性能的；而相位滞后校正则是通过高频衰减特性获得所需结果的。

2）相位超前校正增大了系统的相角裕度和带宽，从而使系统的超调量减小，过渡过程时间变短，响应速度加快。因此，这种校正方式适用于动态性能不佳的场合。但是带宽的增大将使系统对高频干扰信号变得敏感，因而会使系统抗干扰的能力下降。

3）相位超前校正需要有一个附加的增益增量，以补偿超前网络本身的衰减。

4）相位滞后校正可以改善系统的稳定精度，利用其低通滤波特性造成的高频衰减，降低系

统的增益交界频率，增大相角裕度。但会使系统的带宽减小，如果带宽过分减小，则过渡过程时间将会增大，系统的响应速度将变慢。

5）相位滞后－超前校正可以使系统既获得满意的快速响应特性，又具有良好的稳态精度。

第三节　反馈校正

为了改善控制系统的性能，除了可采用串联校正外，反馈校正也是一种广泛应用的校正方式。系统采用反馈校正后，除了可以得到与串联校正相同的校正效果，还可以获得某些改善系统性能的特殊功能。

一、反馈校正的原理

反馈校正的典型结构图如图 7-26 所示。它是从系统的固有部分引出反馈信号，设置反馈校正装置 $G_c(s)$。由 $G_2(s)$ 和 $G_c(s)$ 构成的回路称为局部闭环或内环，而局部闭环与 $G_1(s)$ 相串联后构成的闭环称为主闭环或外环。

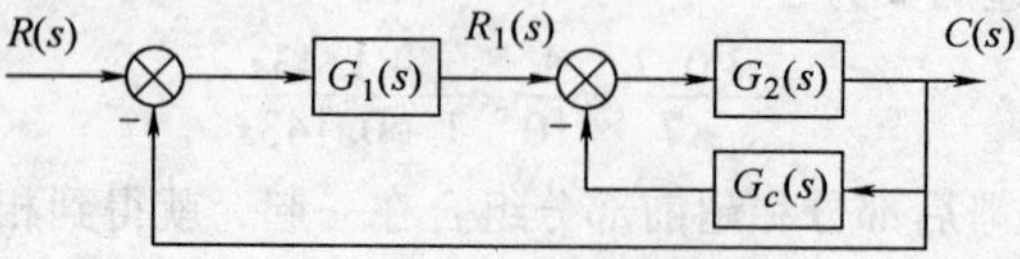

图 7-26　反馈校正结构图

为了说明局部反馈的校正作用，现求出系统局部闭环传递函数为

$$G_L(s)=\frac{G_2(s)}{1+G_2(s)G_c(s)} \tag{7-19}$$

如果在对系统动态性能起主要影响的频率范围内，有

$$|G_2(j\omega)G_c(j\omega)|>>1 \tag{7-20}$$

则称该频率段为强负反馈频率段。式（7-19）在强负反馈频率段上可表示为

$$G_L(s)\approx\frac{1}{G_c(s)}$$

上式表明反馈校正后系统的特性几乎与被反馈校正装置包围的环节 $G_2(s)$ 无关；反之，假设在某个频率段上有 $|G_2(j\omega)G_c(j\omega)|<<1$，则称该频率段为弱负反馈频率段。式（7-19）在弱负反馈频率段上可表示为

$$G_L(s)\approx G_2(s)$$

上式表明反馈校正后系统的特性与 $G_c(s)$ 几乎无关，已校正系统与待校正系统特性一致。因此，适当选取反馈校正装置 $G_c(s)$ 的参数，可以使已校正系统的特性发生期望的变化。

反馈校正的基本原理是：用反馈校正装置包围待校正系统中对动态性能改善有重大妨碍作用的某些环节，形成一个局部反馈回路，在局部反馈回路的开环幅值远大于 1 的条件下，局部反馈回路的特性主要取决于反馈校正装置，而与被包围的部分无关；适当选择反馈校正装置的形式和参数，可以使校正系统的性能满足给定指标的要求。

据此，局部反馈的设计思路是：在局部反馈回路中采用高增益，以便在关键的频率段上实现强负反馈，从而将被控制对象的传递函数“改造”得具有希望的动态特性。

在进行控制系统的初步设计时，常常把式（7-20）简化为

$$|G_2(j\omega)G_c(j\omega)|>1$$

这样做的结果会产生一定的误差，特别是在$|G_2(j\omega)G_c(j\omega)|=1$的附近，可以证明，此时的最大误差不超过3dB，在工程允许误差范围之内。

二、反馈校正的特点

反馈校正具有以下特点：

1）削弱系统中所不希望的非线性等特性的影响。图7-26中的$G_2(s)$是系统固有部分的传递函数，一般在选定后，其性能很难再改变，而获得的它的特性和参数由于种种原因可能并不精确，因而以它为依据设计的控制系统未必准确。而局部反馈回路中的$G_c(s)$则是由设计者自主确定的，可以设计得比较准确，从而把$G_2(s)$改造为$1/G_c(s)$的效果也会比较准确和可靠。换句话说，只要局部反馈回路设计得合理，控制系统的动态性能受被控对象本身的摄动影响就小，固有部分$G_2(s)$中的某些饱和、摩擦及间隙等非线性因素的影响也能得到改善。因此，反馈校正有降低被包围环节非线性特性影响的功能，可减弱系统对参数变化的敏感性。

2）负反馈可以减弱参数变化对系统性能的影响。为了说明这一点，分别考虑图7-27所示的两个系统。图7-27a为没加入反馈校正的系统，其传递函数为

$$G(s)=\frac{C(s)}{R(s)}$$

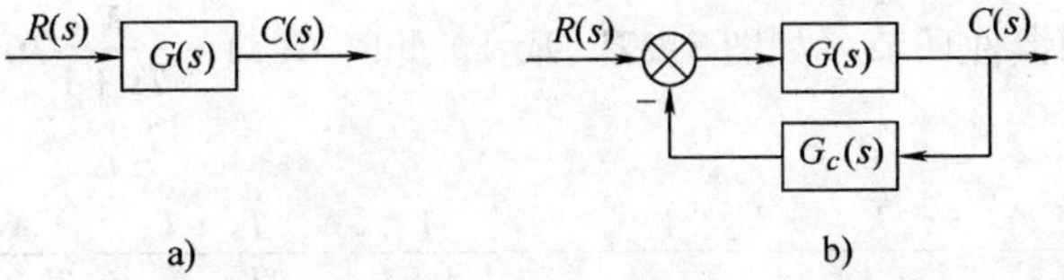

图7-27　系统结构图

假定$R(s)$不变，由于系统$G(s)$参数变化，从而引起输出$C(s)$也随之变化，即

$$dC(s)=R(s)dG(s)$$

或

$$dC(s)=\frac{C(s)}{G(s)}dG(s) \tag{7-21}$$

可以看出，输出量$C(s)$的变化与系统$G(s)$环节参数的变化有关。

图7-27b为加入校正的系统，其输出为

$$C(s)=\frac{G(s)}{1+G(s)G_c(s)}R(s) \tag{7-22}$$

假设$R(s)$、$G_c(s)$不变，对上式求微分，有

$$dC(s)=\frac{dG(s)}{[1+G(s)G_c(s)]^2}R(s) \tag{7-23}$$

合并式（7-22）和式（7-23），并消去$R(s)$，得

$$dC(s)=\frac{1}{1+G(s)G_c(s)}\frac{C(s)}{G(s)}dG(s) \tag{7-24}$$

比较式（7-21）和式（7-24）可以看出，引入反馈校正装置后，由$G(s)$中参数变化而引起的输出变化$dC(s)$减为原来的$\frac{1}{1+G(s)G_c(s)}$。

因此，精心设计反馈校正环节$G_c(s)$的参数，可使系统的特性基本不受工作条件改变的影响，从而降低系统对参数变化的敏感性。

3）减小系统的时间常数。在图7-26中，设

$$G_2(s)=\frac{K_1}{T_1 s+1}$$

由于其时间常数 T_1 较大，从而影响了系统的响应速度。如果采用反馈校正装置 $G_c(s)=K_h$ 包围 $G_2(s)$，则这种反馈方式称为位置反馈，K_h 被称为位置反馈系数。这时局部反馈回路的传递函数为

$$\frac{C(s)}{R_1(s)}=\frac{K_1'}{T_1's+1} \tag{7-25}$$

其中，$K_1'=\dfrac{K_1}{1+K_1K_h}$，$T_1'=\dfrac{T_1}{1+K_1K_h}$

式（7-25）表明，位置反馈包围惯性环节后，等效环节仍为惯性环节，但其传递系数和时间常数都减小为原来的 $1/(1+K_1K_h)$，而且负反馈越强（即 K_h 越大），减小的幅度就越大。这里重要的是时间常数的减小。时间常数的减小有助于加快整个系统的响应速度，这表明比例负反馈削弱了被控对象原有的惯性。至于传递系数的减小，因为很容易用外加放大器补偿，所以不是很重要。

三、典型反馈校正分析

（1）比例反馈包围惯性环节　如图 7-27b 所示，此时 $G(s)=\dfrac{K}{Ts+1}$，$G_c(s)=K_h$，则闭环传递函数为

$$\frac{C(s)}{R(s)}=\frac{K}{1+KK_h}\frac{1}{\dfrac{T}{1+KK_h}s+1}=\frac{1}{1+KK_h}\frac{Ts+1}{\dfrac{T}{1+KK_h}s+1}\frac{K}{Ts+1}$$

$$=\frac{1}{K'}\frac{Ts+1}{\dfrac{T}{K'}s+1}G(s)$$

式中，$K'=1+KK_h$。

上式表明，比例反馈包围惯性环节使被包围的惯性环节时间常数得以减小，同时也降低了开环增益，但增益可通过提高未被包围环节的增益来补偿。

可以看出，比例反馈包围惯性环节等效于串联相位超前校正，即等效于前向串联了环节 $G_c(s)=\dfrac{1}{K'}\dfrac{Ts+1}{\dfrac{T}{K'}s+1}$。

（2）比例微分反馈包围积分环节和惯性环节串联组成的元件　如图 7-27b 所示，此时 $G(s)=\dfrac{K}{s(Ts+1)}$，$G_c(s)=K_hs$，则闭环传递函数为

$$\frac{C(s)}{R(s)}=\frac{K}{1+KK_h}\frac{1}{s\left(\dfrac{T}{1+KK_h}s+1\right)}=\frac{1}{1+KK_h}\frac{Ts+1}{\dfrac{T}{1+KK_h}s+1}\frac{K}{s(Ts+1)}$$

$$=\frac{1}{K'}\frac{Ts+1}{\dfrac{T}{K'}s+1}G(s)$$

式中，$K'=1+KK_h$。

上式表明，比例微分环节包围积分环节和惯性环节串联组成的元件后，其传递函数的形式与

反馈校正前 $G(s)$ 形式相同，即仍包含一个积分环节，因而不改变系统的型号，但开环增益系数与时间常数同时下降为原来的 $1/(1+KK_h)$。

可以看出，该反馈系统等效于串联超前校正的作用，即等效前向串联了 $G_c(s)=\frac{1}{K'}\frac{Ts+1}{\frac{T}{K'}s+1}$。

由于机电系统中的微分反馈通常是将位置控制系统中相当于位移量微分后的速度信号用于反馈，故常称为速度反馈。速度反馈的应用极为广泛，例如，伺服电动机的传递函数为

$$G(s)=\frac{K_m}{s(T_m s+1)}$$

通常采用传递函数为 $G_c(s)=K_t s$ 的测速发电机作为反馈装置，这种反馈称为速度反馈或称为软反馈。值得注意的是：有时由于系统动态性能的限制，速度反馈造成的增益下降无法全部得到补偿。因此，采用速度反馈校正就会影响到系统的稳态精度。

(3) 一阶微分和二阶微分反馈包围由积分环节和振荡环节串联组成的元件　如图 7-27b 所示，此时 $G(s)=\frac{K}{s(\frac{s^2}{\omega^2}+\frac{2\zeta}{\omega}s+1)}$，$G_c(s)=bs+cs^2$，则闭环传递函数为

$$\frac{C(s)}{R(s)}=\frac{K}{1+Kb}\frac{1}{s\left(\frac{s^2}{\omega_1^2}+\frac{2\zeta_1}{\omega_1}s+1\right)}$$

式中，阻尼比 $\zeta_1=\frac{\zeta}{\sqrt{1+Kb}}+\frac{Kc}{2\sqrt{1+Kb}}$，固有频率 $\omega_1=\omega\sqrt{1+Kb}$。

上式表明，其中的一阶微分反馈提高了振荡环节的固有频率，但降低了阻尼比；二阶微分反馈增加了阻尼比，这种组合的反馈校正在工程中也得到了实际的应用。

第四节　复合校正

串联校正和反馈校正是控制系统中常用的两种校正方法。在一定程度上可以使已校正的系统满足给定的性能指标要求。然而，如果系统的稳态精度和响应速度要求很高，或者控制系统中存在较强的扰动，特别是低频强扰动，则一般的反馈控制校正方法将难以满足要求，这时可以考虑采用一种把前馈控制和反馈控制有机结合起来的校正方法，即复合控制校正。复合校正中的前馈装置是按不变性原理进行设计的，可分为按输入补偿和按扰动补偿两种方式。

一、按输入补偿的复合校正

设按输入补偿的复合控制系统如图 7-28 所示。图中，$G(s)$ 为反馈系统的开环传递函数，$G_r(s)$ 为前馈补偿装置的传递函数。系统的输出量为

图 7-28　按输入补偿的复合控制系统

$$C(s)=\frac{[1+G_r(s)]G(s)}{1+G(s)}R(s) \tag{7-26}$$

如果选择前馈补偿装置的传递函数

$$G_r(s)=\frac{1}{G(s)} \tag{7-27}$$

则式（7-26）变为 $C(s)=R(s)$

这表明在式（7-27）成立的条件下，系统的输出量在任何时刻都可以完全无误地复现输入量，使得系统既没有动态误差，也没有稳态误差，并可把系统看成是一个无惯性系统。

对于系统的稳定性来说，式（7-26）表明复合控制系统的特征方程和没有前馈控制时的闭环控制系统的特征方程完全一致，表明系统的稳定性与前馈控制无关，并不会因为在系统中增加了补偿通道而使系统的稳定性受到影响。因此，复合校正控制系统很好地解决了一般反馈控制系统在提高控制精度与确保稳定性之间的矛盾。

为了说明前馈补偿装置能够完全消除误差的物理意义，求出系统中误差的表达式，即

$$E(s)=R(s)-C(s)=\frac{[1-G_r(s)G(s)]}{1+G(s)}R(s)$$

上式表明，在式（7-27）成立的条件下，恒有 $E(s)=0$；前馈补偿 $G_r(s)$ 的存在相当于在系统中增加了一个输入信号 $G_r(s)R(s)$，其产生的误差信号与原输入信号 $R(s)$ 产生的误差信号相比，大小相等而方向相反，故式（7-27）称为对输入信号的误差全补偿条件，也称为绝对不变性条件。

由于 $G(s)$ 一般均具有比较复杂的形式，故全补偿条件的物理实现相当困难。在工程实践中，大多采用满足跟踪精度要求的部分补偿条件，或者在对系统性能起主要影响的频段内实现近似全补偿，以使 $G_r(s)$ 的形式简单并易于物理实现。从式（7-26）不难看出，加入 $G_r(s)$ 的效果等于将原来的闭环系统传递函数乘以 $[1+G_r(s)]$。如果取 $G_r(s)=Ks$，就相当于引入输入量的微分信号，它显然有加快响应过程的作用，有利于改善系统的动态品质，这是采用前馈控制的实际益处。

二、按扰动补偿的复合校正

设按扰动补偿的复合控制系统如图 7-29 所示。图中，$N(s)$ 为可测量的扰动，$G_1(s)$ 和 $G_2(s)$ 为反馈部分的前向通路传递函数，$G_n(s)$ 为前馈补偿装置传递函数。复合校正的目的是通过恰当的选择 $G_n(s)$，使扰动 $N(s)$ 经过 $G_n(s)$ 对系统输出 $C(s)$ 产生补偿作用，以抵消扰动 $N(s)$ 通过 $G_2(s)$ 对输出 $C(s)$ 的影响。由图 7-29 可知，扰动作用下的输出为

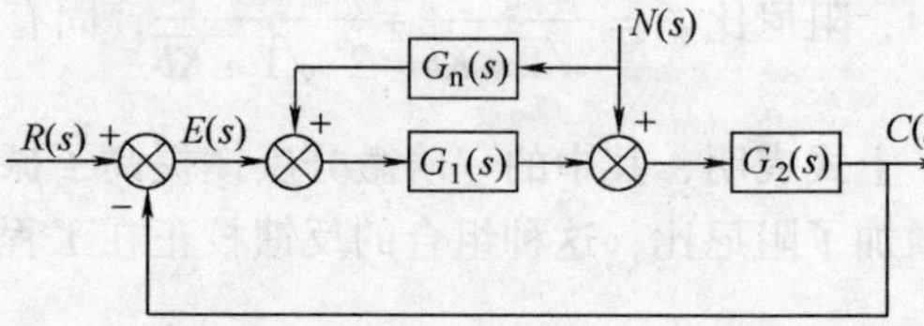

图 7-29 按扰动补偿的复合控制系统

$$C(s)=\frac{G_2(s)[1+G_1(s)G_n(s)]}{1+G_1(s)G_2(s)}N(s) \tag{7-28}$$

扰动作用下的误差为

$$E(s)=-\frac{G_2(s)[1+G_1(s)G_n(s)]}{1+G_1(s)G_2(s)}N(s) \tag{7-29}$$

若能使扰动作用下的输出为零，则干扰对输出的影响就可消除，令

$$G_2(s)[1+G_1(s)G_n(s)]=0$$

得出前馈补偿装置的传递函数为

$$G_n(s)=-\frac{1}{G_1(s)} \tag{7-30}$$

由式（7-29）可知，此时必有 $E(s)=0$。因此，式（7-30）称为对扰动误差全补偿的条件，或称为对扰动的不变性条件。

从结构上看，就是利用双通道原理，一条是干扰信号直接到达结构图上的信号相加点，另一

条是干扰信号经过 $G_n(s)$ 和 $G_1(s)$ 到达此信号相加点。两条通道的信号，在此点相加，正好大小相等，方向相反，从而实现了对干扰的全补偿。

然而，该 $G_r(s)$ 不是真有理函数，因此，在实际中不可能实现。在实际应用时，选择可实现的 $G_r(s)$ 进行近似全补偿，或者采用稳态全补偿，以使前馈装置易于物理实现，也能加速响应过程，减小动态误差或静态误差。

从补偿原理来看，由于前馈补偿实际上是采用开环控制方式去补偿可测量的扰动信号，因此，前馈控制并不改变反馈控制系统的特性。从抑制扰动的角度看，前馈控制可以减轻反馈控制的负担，所以反馈控制系统的增益可以取得小一些，以有利于系统的稳定性。

例 7-5　设按扰动补偿的复合校正系统如图 7-30 所示。图中，K_1 为综合放大器的传递函数，$1/(T_1s+1)$为滤波器的传递函数，$K_m/s(T_ms+1)$ 为伺服电动机的传递函数，$N(s)$ 为负载转矩扰动。试设计前馈补偿装置 $G_n(s)$，使系统输出不受扰动影响。

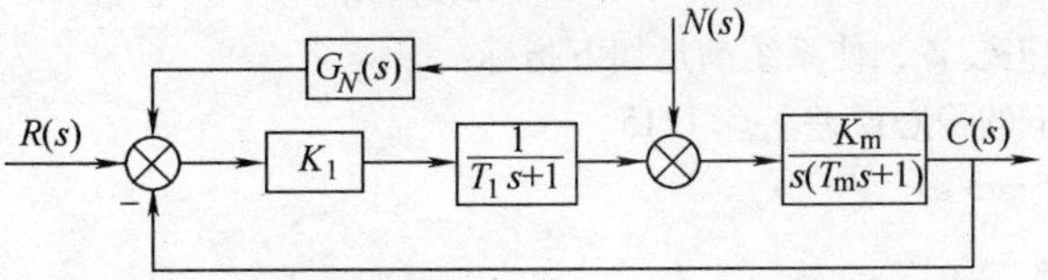

图 7-30　带前馈补偿的控制系统

解：由图 7-30 可见，扰动对系统输出的影响由下式描述

$$C(s)=\frac{\dfrac{K_m}{s(T_ms+1)}\left[1+\dfrac{K_1}{T_1s+1}G_n(s)\right]}{1+\dfrac{K_1}{T_1s+1}\dfrac{K_m}{s(T_ms+1)}}N(s)$$

令

$$G_n(s)=-\frac{1}{K_1}(T_1s+1)$$

系统输出便可不受负载转矩扰动的影响。但由于 $G_n(s)$ 的分子次数高于分母次数，故不便于物理实现。若令

$$G_n(s)=-\frac{1}{K_1}\frac{T_1s+1}{T_2s+1},\quad T_1 \gg T_2$$

则 $G_n(s)$ 在物理上能够实现，且达到近似全补偿要求，即在扰动信号作用的主要频段内进行了全补偿。此外，若取

$$G_n(s)=-\frac{1}{K_1}$$

则由扰动对输出影响的表达式可知，在稳态时，系统输出完全不受扰动的影响。这就是所谓稳态全补偿，它在物理上更易于实现。

由以上分析可知，采用前馈控制补偿扰动对系统输出的影响，是提高控制精度的有效方法。但是，首先要求扰动信号是可以测量的，其次要求前馈补偿装置在物理上是可实现的，并力求简单。在实际应用中，多采用近似全补偿或稳态全补偿的方法。一般来说，主要扰动引起的误差，由前馈控制进行全部或部分补偿；次要扰动引起的误差，由反馈控制予以抑制。这样，在不提高开环增益的情况下，各种扰动引起的误差均可得到补偿，有利于同时兼顾提高系统的稳定性和减小稳态误差。

习　题

7-1　设有一单位反馈的火炮指挥仪伺服系统，其开环传递函数为

$$G(s)=\frac{K}{s(0.2s+1)(0.5s+1)}$$

若要求系统最大输出速度为2r/min，输出位置的允许误差小于2°，试求：

1）确定满足上述指标的最小K值，计算该K值下系统的相角裕度和幅值裕度。

2）在前向通路中串接超前校正网络$G_c(s)=\frac{0.4s+1}{0.08s+1}$，计算校正后系统的相角裕度和幅值裕度，并说明超前校正对系统动态性能的影响。

7-2　设一单位反馈系统的开环传递函数为

$$G(s)=\frac{K}{s(s+1)}$$

试设计一串联超前校正装置，使系统满足如下指标：

1）在单位斜坡输入下的稳态误差$e_{ss}<1/15$。

2）截止频率$\omega_c\geqslant7.5\text{rad/s}$。

3）相角裕度$\gamma\geqslant45°$。

7-3　已知一单位反馈系统的开环传递函数为

$$G(s)=\frac{K}{s(0.1s+1)(0.01s+1)}$$

试设计串联校正装置，使校正后系统的相角裕度$\gamma\geqslant30°$，截止频率$\omega_c\geqslant45\text{rad/s}$，静态速度误差系数$K_v\geqslant100$。

7-4　已知一单位反馈系统的开环传递函数为

$$G(s)=\frac{K}{s(s+1)(0.5s+1)}$$

试设计串联校正装置，使系统的相角裕度$\gamma\geqslant40°$，幅值裕度$K_g\geqslant10\text{dB}$，静态速度误差系数$K_v\geqslant5$。

7-5　一单位反馈系统的开环传递函数为

$$G(s)=\frac{200}{s(0.1s+1)}$$

为了满足要求的稳态特性指标，试设计一个无源校正网络，使已校正系统的相角裕度$\gamma\geqslant45°$，截止频率$\omega_c\geqslant50\text{rad/s}$。

7-6　设单位反馈系统的开环传递函数为

$$G(s)=\frac{40}{s(0.2s+1)(0.0625s+1)}$$

1）若要求校正后系统的相角裕度为30°，幅值裕度为10～12dB，试设计串联超前校正装置。

2）若要求校正后系统的相角裕度为50°，幅值裕度为30～40dB，试设计串联滞后校正装置。

7-7　某单位反馈系统校正前的开环传递函数为

$$G_1(s)=\frac{100}{s(0.04s+1)(0.01s+1)}$$

校正后开环传递函数为

$$G_2(s)=\frac{100(0.5s+1)}{s(5s+1)(0.04s+1)(0.01s+1)}$$

1）试求校正前后的相角裕度。说明校正前后系统是否稳定？

2）说明校正后闭环时域指标（单位阶跃输入时）t_s和$\sigma\%$及闭环频域指标ω_r和M_r大致为多少？

3）校正装置的传递函数为多少？试设计相应的无源校正网络。

第八章　离散控制系统

第一节　离散系统的基本概念

前几章研究的系统，其信号均为连续的时间函数，即这些信号在全部时间上都是已知的，这样的系统称为连续时间系统，简称连续系统。如果控制系统中有一处或几处信号是一串脉冲或数码，换句话说，这些信号仅定义在离散时间上，则将这样的系统称为离散时间系统，简称离散系统。通常把系统中信号是脉冲序列形式的离散系统称为采样控制系统或脉冲控制系统；而把信号是数字序列形式的离散系统称为数字控制系统或计算机控制系统。在理想采样及忽略量化误差的情况下，数字控制系统近似于采样控制系统，因此，将它们统称为离散系统。

离散控制系统的输入信号为连续的模拟量，而控制装置为离散的脉冲控制器或数字控制器，它只能接受和输出离散的脉冲序列或数码信号，被控对象的物理量往往又是连续的模拟量，因此，在采样控制系统中，不仅要考虑如何实现由连续信号到离散信号的转换问题，而且也要考虑由离散信号到连续信号的转换问题。通常，为了使两种信号在系统中能相互传递，在连续信号和脉冲序列之间要用采样器（或称采样开关），而在脉冲序列和连续信号之间要用保持器，以实现两种信号的转换。采样器和保持器是采样控制系统中的两个特殊环节。

为与连续变量区别，离散变量通常用英文字母附带右上角标符号“＊”来表示，如 $x^*(t)$，$e^*(t)$等。

一、采样控制系统

采样控制系统的结构形式多种多样，典型的采样控制系统结构图如图 8-1 所示。

图 8-1　典型的采样控制系统结构图

图中，S 为采样开关，采样开关每隔时间 T 开闭一次，每次闭合的时间为 τ，且 $\tau \ll T$。把 T 称为采样周期，τ 称为采样时间。$f_s = 1/T$ 表示采样频率，单位为 Hz；$\omega_s = 2\pi f_s = 2\pi/T$ 表示采样角频率，单位为 rad/s。把连续信号转变为脉冲序列的过程称为采样过程，简称采样。在图 8-1 中，脉冲控制器与连续系统中的调节放大器相对应，完成系统校正所需的运算和信号放大，输出脉冲序列。把脉冲序列转变为连续信号的过程称为信号复现过程，实现复现过程的装置称为保持器。采用保持器不仅因为需要实现两种信号之间的转换，也是因为采样器输出的是脉冲信号 $e^*(t)$，如果不经滤波将其恢复成连续信号，则 $e^*(t)$ 中的高频分量相当于给系统中的连续部分加入了噪声，不但会影响控制质量，严重时会加剧机械部件的磨损。因此，需要在采样器后面串联一个信号复现滤波器，以使脉冲信号 $e^*(t)$ 复原成连续信号。最简单的复现滤波器由保持器实现，它可以把脉冲信号 $e^*(t)$ 复现为阶梯信号 $e_h(t)$，如图 8-2 所示。

由图 8-2 可见，当采样频率足够高时，离散信号就接近了连续信号。在实际应用中，往往可以省去保持器，利用系统和被控对象自身的低通滤波特性滤去离散序列中的高频分量，从而得到连续的输出信号。

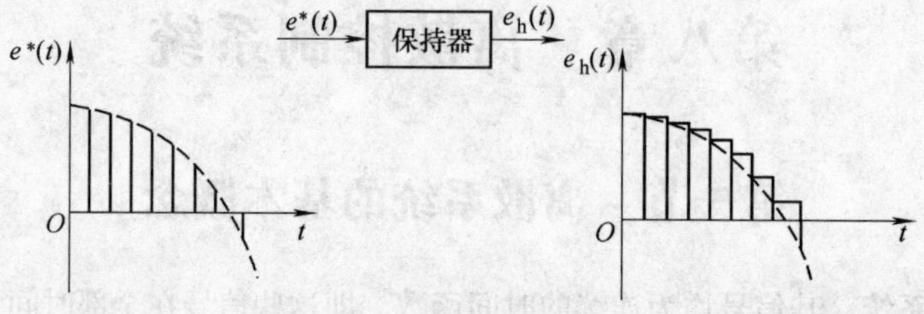

图 8-2　保持器的输入与输出信号

二、数字控制系统

数字控制系统是以数字计算机为控制器去控制具有连续工作状态的被控对象的闭环控制系统。计算机作为系统的控制器，其输入和输出只能是二进制编码的数字信号，即在时间上和幅值上都是离散的信号，而系统中被控对象和测量元件的输入和输出都是连续信号，所以在计算机控制系统中，需要应用 A－D 和 D－A 转换器来实现两种信号的转换。数字控制系统的典型结构图如图 8-3 所示。因此，A－D 和 D－A 转换器是数字控制系统中的两个特殊环节。

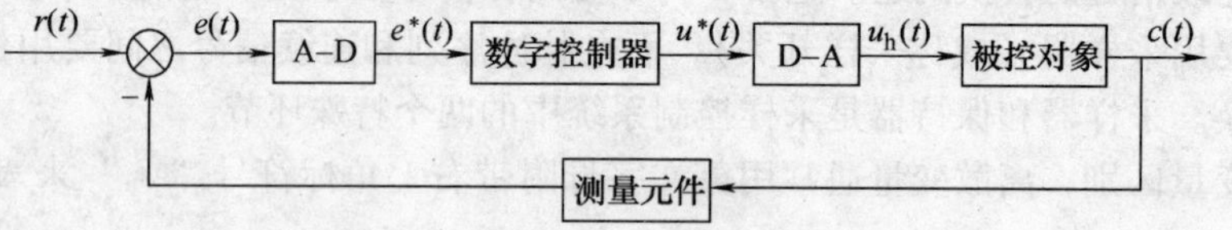

图 8-3　数字控制系统典型结构图

1. A－D 转换器

A－D 转换器是把连续的模拟信号转换为数字信号的装置。A－D 转换包括两个过程：①采样过程，即每隔时间 T 对连续信号 $e(t)$ 进行一次采样，得到采样后的离散信号为 $e^*(t)$，如图 8-4a、b 所示。② 量化过程，A－D 转换的最小二进制单位，称为量化单位。把采样获得的信号转换成量化单位整数倍的过程称为整量化。在计算机中，任何数值的离散信号必须表示成最小位二进制的整数倍，成为数字信号，才能进行运算。采样信号 $e^*(t)$ 经量化后变成数字信号 $\overline{e^*}(t)$ 的过程，也称为编码过程，如图 8-4c 所示。

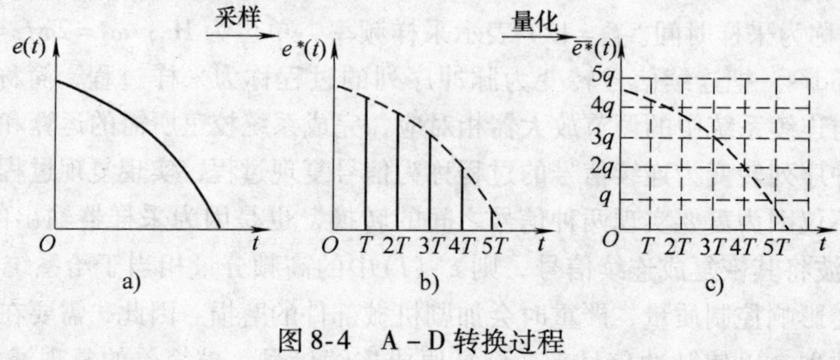

图 8-4　A－D 转换过程

通常，A－D 转换器有足够的字长来表示数码，且量化单位足够小，故由量化引起的误差可以忽略不计。例如，字长为 16 位的 A－D 转换器，若输入模拟量的最大幅值为 5V，则量化单位

$q=5/65536\text{V}=0.0763\text{mV}$，故由量化引起的误差可以忽略。此外，若认为采样编码（量化）过程是瞬时完成的，并可以用一个周期为 T 的采样开关代替 A－D 转换器，该采样开关在各采样时刻的输出脉冲强度等于同一时刻 A－D 转换器输出的数字量，则可将数字信号看成脉冲信号，A－D转换器就可以用一个每隔时间 T 瞬时闭合一次的理想采样开关表示。

2. D－A 转换器

D－A 转换器是把离散的数字信号转换为连续模拟信号的装置。D－A 转换也经历两个过程：① 解码过程，把离散的数字信号 $u^*(t)$ 转换为离散的模拟信号。② 复现过程，因为离散的模拟信号无法直接控制连续的被控对象，因此需要经过保持器将离散的模拟信号复现为连续的模拟信号。D－A 转换过程如图 8-5 所示。

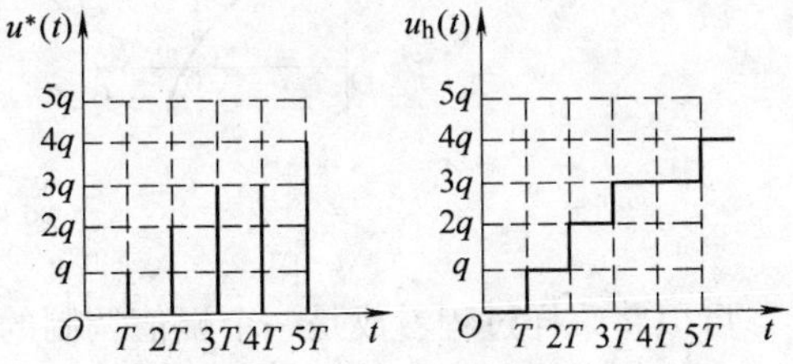

图 8-5　D－A 转换过程

计算机的输出寄存器和解码网络起到了信号保持器的作用。显然，经过信号保持器后的 $u_h(t)$ 只是一个阶梯信号，但是当采样频率足够高时，$u_h(t)$ 将趋于连续信号。

三、离散控制系统的特点

采样（脉冲）控制理论形成于20世纪50年代，随着计算机控制技术的发展，在控制领域中的应用越来越广泛。离散控制系统与相应的连续控制系统相比，具有如下优点：

1）采样信号，特别是数字信号的传递，可以有效地抑制噪声，提高系统的抗干扰能力。

2）由于采用计算机作为系统的控制器，因而离散系统不仅能完成对复杂过程或对象的最优控制，而且还易于实现修改控制器的结构和参数，以满足工程实际的需要。

3）可用一台计算机分别控制若干个系统，提高设备的利用率，有较高的经济性。

4）允许采用高灵敏度的控制元件，以提高系统的控制精度。

四、离散系统的研究方法

离散控制系统也是一种动态系统，因而和连续控制系统一样，它的性能也是由稳态性能和动态性能两个部分组成。由于在离散系统中存在脉冲或数字信号，如果仍然沿用连续系统中的拉氏变换法来建立系统各个环节的传递函数，则在运算过程中将会出现复变量 s 的超越函数。为了克服这个障碍，需要用 z 变换法建立离散系统的数学模型。通过 z 变换处理后的离散系统，可以把用于连续系统中的许多方法（如稳定性分析、稳态误差计算、时间响应分析及系统校正方法等）经过适当改变后直接应用于离散系统的分析和设计之中。

第二节　采样过程与采样定理

为了对采样系统进行定量研究，必须对信号的采样和复现过程用数学方法来描述。

一、采样过程

采样过程可以用一个周期性闭合的采样开关 S 来表示，如图 8-6 所示。采样开关闭合的周期为 T，每次闭合的时间为 τ。在实际应用中，采样持续时间 τ 远远小于采样周期 T，也远远小于采样器后面系统连续部分的最大时间常数。因此，在分析时可以近似认为 τ 趋近于零，可以用一个理想采样器代替。在这种条件下，当采样器的输入为连续信号 $e(t)$ 时，输出的采样信号 $e^*(t)$

是一串理想脉冲，在采样瞬时，$e^*(t)$的脉冲强度等于相应瞬时$e(t)$的幅值，如图 8-6 所示。

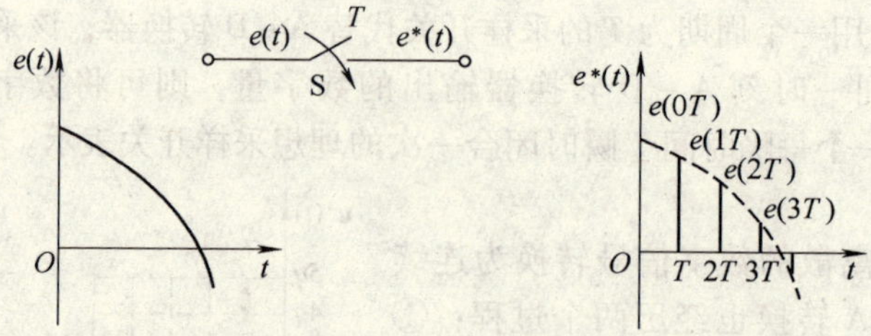

图 8-6　采样过程

可以将采样过程看成是一个幅值调制的过程，如图 8-7 所示，理想采样器好像是一个载波为$\delta_T(t)$的幅值调制器。$\delta_T(t)$是以T为周期的单位理想脉冲序列，脉冲的高度为 1，表示脉冲面积等于 1。对于宽度无限小、幅度无限大，而面积为 1 的单位理想脉冲，无法用几何图像表示，所以只好用高度来表示它的面积。理想采样器的输出信号$e^*(t)$，可以认为是输入连续信号$e(t)$调制在载波$\delta_T(t)$上的结果，而各脉冲强度（即面积）用其高度来表示，其值等于相应采样瞬时$t=nT$时刻$e(t)$的幅值。

$\delta_T(t)$的数字表达式为

$$\delta_T(t) = \sum_{n=-\infty}^{+\infty}\delta(t-nT) \tag{8-1}$$

式中，Σ的含义是集合，而不是积分意义上的求和。

当载波$\delta_T(t)$被输入连续信号$e(t)$调幅后，其输出信号为$e^*(t)$，这样的调制过程可以表示成

$$e^*(t) = e(t)\delta_T(t)$$

$$= e(t)\sum_{n=-\infty}^{+\infty}\delta(t-nT) \tag{8-2}$$

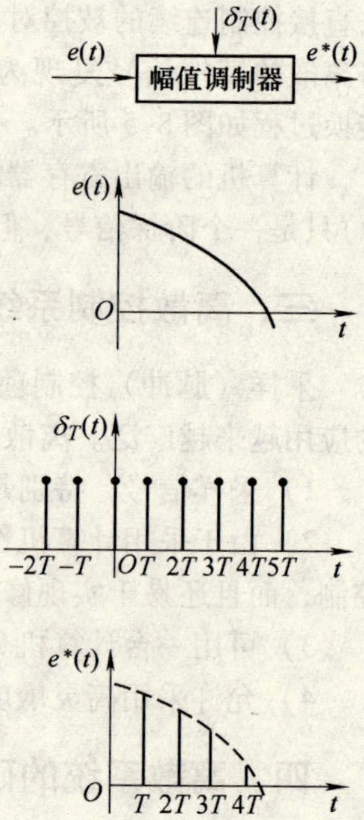

图 8-7　采样的脉冲调制过程

通常，在调制系统中，认为$t<0$时信号为零，即

$$e(t)=0 \quad (t<0)$$

且$e(t)$的数值仅在采样瞬时才有意义，因此

$$\begin{aligned} e^*(t) &= e(0)\delta(t) + e(t)\delta(t-T) + e(2T)\delta(t-2T) + \cdots + e(nT)\delta(t-nT) + \cdots \\ &= \sum_{n=0}^{\infty} e(nT)\delta(t-nT) \end{aligned} \tag{8-3}$$

二、采样过程的数学描述

1. 采样信号的拉氏变换

对采样信号$e^*(t)$进行拉氏变换，得

$$E^*(s) = L[e^*(t)] = L\Big[\sum_{n=0}^{\infty} e(nT)\delta(t-nT)\Big]$$

根据拉氏变换的实位移定理，有

$$L[\delta(t-nT)] = \mathrm{e}^{-nTs}\int_0^{\infty}\delta(t)\mathrm{e}^{-st}\mathrm{d}t = \mathrm{e}^{-nTs}$$

故

$$E^*(s) = \sum_{n=0}^{\infty} e(nT)\mathrm{e}^{-nTs} \tag{8-4}$$

式（8-4）将 $E^*(s)$ 与采样函数 $e(nT)$ 联系了起来，可以直接看出 $e^*(t)$ 的时间响应。但是，由于 $e^*(t)$ 只描述了 $e(t)$ 在采样瞬时的数值，所以 $E^*(s)$ 不能给出连续函数 $e(t)$ 在采样间隔之间的信息，这是要特别强调指出的。另外，注意式（8-4）与连续信号 $e(t)$ 的拉氏变换 $E(s)=\int_0^\infty e(t)\mathrm{e}^{-st}\mathrm{d}t$ 很类似。因此，如果 $e(t)$ 是一个有理函数，则无穷级数 $E^*(s)$ 也总是可以表示成 e^{Ts} 的有理函数形式。

在求解 $E^*(s)$ 的过程中，对于那些 $e(t)=0$（$t<0$）而在 $t=0$ 瞬时有跳跃的原函数 $e(t)$，由于 $e(0^-T)\neq e(0^+T)$，会导出不同的 $E^*(s)$，因此，初始值通常规定采用 $e(0^+T)$ 的值。

例 8-1 设 $e(t)=1(t)$，试求 $e^*(t)$ 的拉氏变换。

解：

$$E^*(s)=\sum_{n=0}^{\infty}e(nT)\mathrm{e}^{-nTs}=1+\mathrm{e}^{-Ts}+\mathrm{e}^{-2Ts}+\cdots$$

这是一个无穷等比级数，公比为 e^{-Ts}，求和后得闭合形式

$$E^*(s)=\frac{1}{1-\mathrm{e}^{-Ts}}=\frac{\mathrm{e}^{Ts}}{\mathrm{e}^{Ts}-1}\qquad |\mathrm{e}^{-Ts}|<1$$

显然，$E^*(s)$ 是 e^{Ts} 的有理函数。

例 8-2 设 $e(t)=\begin{cases}0 & t<0\\ \mathrm{e}^{-at} & t\geqslant 0\end{cases}$，其中 a 为常数，求 $e^*(t)$ 的拉氏变换。

解：

$$E^*(s)=\sum_{n=0}^{\infty}e(nT)\mathrm{e}^{-nTs}=\sum_{n=0}^{\infty}\mathrm{e}^{-anT}\mathrm{e}^{-nTs}=\sum_{n=0}^{\infty}\mathrm{e}^{-n(a+s)T}$$

$$=\frac{1}{1-\mathrm{e}^{-(s+a)T}}=\frac{\mathrm{e}^{Ts}}{\mathrm{e}^{Ts}-\mathrm{e}^{-aT}},\qquad |\mathrm{e}^{-(\sigma+a)T}|<1$$

式中，σ 为 s 的实部，上式也是 e^{Ts} 的有理函数。

例 8-3 设 $e(t)=\mathrm{e}^{-t}-\mathrm{e}^{-2t}$，$t\geqslant 0$，求 $E^*(s)$。

解： 对于给定的 $e(t)$，有

$$E(s)=\frac{1}{s+1}-\frac{1}{s+2}=\frac{1}{(s+1)(s+2)}$$

$$E^*(s)=\sum_{n=0}^{\infty}(\mathrm{e}^{-nT}-\mathrm{e}^{-2nT})\mathrm{e}^{-nTs}$$

$$=\sum_{n=0}^{\infty}\mathrm{e}^{-n(s+1)T}-\sum_{n=0}^{\infty}\mathrm{e}^{-n(s+2)T}$$

$$=\frac{1}{1-\mathrm{e}^{-(s+1)T}}-\frac{1}{1-\mathrm{e}^{-(s+2)T}}$$

$$=\frac{\mathrm{e}^{Ts}}{\mathrm{e}^{Ts}-\mathrm{e}^{-T}}-\frac{\mathrm{e}^{Ts}}{\mathrm{e}^{Ts}-\mathrm{e}^{-2T}}$$

$$=\frac{(\mathrm{e}^{-T}-\mathrm{e}^{-2T})\mathrm{e}^{Ts}}{(\mathrm{e}^{Ts}-\mathrm{e}^{-T})(\mathrm{e}^{Ts}-\mathrm{e}^{-2T})}$$

上述分析表明，只要 $E(s)$ 可以表示为 s 的有限次多项式之比时，总可以用 $E^*(s)=\sum_{n=0}^{\infty}e(nT)\mathrm{e}^{-nTs}$ 推导出 $E^*(s)$ 的闭合形式。然而，如果用拉氏变换法研究离散系统，尽管可以得到 e^{Ts} 的有理函数，但都是一个复变量 s 的超越函数，不便于进行分析和设计。为了克服这一困难，通常采用 z 变换法研究离散系统。通过 z 变换，可以把离散系统的 s 超越方程变换为变量 z 的代数方程。有关 z 变换的理论将在第三节介绍。

2. 采样信号的频谱

由于采样信号只包括连续信号在采样点上的信息，所以采样信号的频谱与连续信号的频谱相比有些不同。研究采样信号频谱的目的是找出 $E^*(s)$ 与 $E(s)$ 之间的相互联系。为了找出 $E^*(s)$ 与 $E(s)$ 之间的相互联系，就需要找到他们之间的解析关系。

理想单位脉冲序列 $\delta_T(t)$ 是一个周期函数，它可以展开成傅里叶级数，其复数形式为

$$\delta_T(t) = \sum_{n=-\infty}^{\infty} c_n e^{jn\omega_s t}$$

式中，$\omega_s = 2\pi/T$ 为采样角频率，c_n 是傅氏系数，其值为

$$c_n = \frac{1}{T}\int_{-T/2}^{T/2} \delta_T(t) e^{-jn\omega_s t} dt$$

由于在［$-T/2$，$T/2$］区间中，$\delta_T(t)$ 仅在 $t=0$ 时有值，且

$$e^{jn\omega_s t}\big|_{t=0} = 1$$

所以

$$c_n = \frac{1}{T}\int_{0^-}^{0^+} \delta(t)\,dt = \frac{1}{T}$$

故

$$\delta_T(t) = \frac{1}{T}\sum_{n=-\infty}^{\infty} e^{jn\omega_s t}$$

因为

$$e^*(t) = e(t)\delta_T(t)$$

所以

$$e^*(t) = \frac{1}{T}\sum_{n=-\infty}^{\infty} e(t) e^{jn\omega_s t}$$

对上式进行拉氏变换，由复位移定理，得

$$E^*(s) = \frac{1}{T}\sum_{n=-\infty}^{\infty} E\ (s - jn\omega_s)$$

显然，上式也可以表达为

$$E^*(s) = \frac{1}{T}\sum_{n=-\infty}^{\infty} E\ (s + jn\omega_s) \tag{8-5}$$

式（8-5）表达了采样信号 $e^*(t)$ 的拉氏变换 $E^*(s)$ 与连续信号 $e(t)$ 的拉氏变换 $E(s)$ 之间的关系，可以根据 $E(s)$ 的频率响应和零、极点分布直接找出 $e^*(t)$ 的频率响应或零、极点分布。上式还表明，采样信号拉氏变换式 $E^*(s)$ 是以 $j\omega_s$ 为周期的周期函数，即

$$E^*(s) = E^*(s + jm\omega_s)\ \ (m\text{ 为任意整数})$$

但是用式（8-5）不能把 $E^*(s)$ 写成闭合形式。

例如

$$e(t) = 1(t)$$

因

$$E(s) = 1/s$$

由式（8-5）得

$$E^*(s) = \frac{1}{T}\sum_{n=-\infty}^{\infty} E(s + jn\omega_s) = \frac{1}{T}\sum_{n=-\infty}^{\infty}\frac{1}{s + jn\omega_s}$$

为无穷级数，不能写成闭合形式。

以上讨论了如何用两种方法确定采样信号 $e^*(t)$ 的拉氏变换 $E^*(s)$，为使采样信号 $e^*(t)$ 复现成采样前的连续信号 $e(t)$，就应当首先从研究 $e^*(t)$ 的频谱着手。

通常 $E^*(s)$ 的极点都在 s 平面的左半平面，因此，可以用 $j\omega$ 代替式中的 s，得到采样信号 $e^*(t)$ 的傅氏变换为

$$E^*(j\omega) = \frac{1}{T}\sum_{n=-\infty}^{\infty} E\ [j\ (\omega + n\omega_s)] \tag{8-6}$$

E ($\mathrm{j}\omega$) 为$e(t)$的傅氏变换，一般来说，连续信号$e(t)$的频谱$|E(\mathrm{j}\omega)|$是一个单一的频谱，其最高频率（也称为上限频率）为ω_{max}，连续频谱表现为一个孤立的波峰，如图8-8a所示。如果对这个连续信号采样，并且信号$e^*(t)$的频谱为$|E^*(\mathrm{j}\omega)|$，当采样频率$\omega_s \geqslant 2\omega_{max}$时，根据式（8-6），采样信号的频谱将表现为以$\omega_s$为周期、与连续信号频谱变化规律相同的无穷多个孤立的波峰，如图8-8b所示。

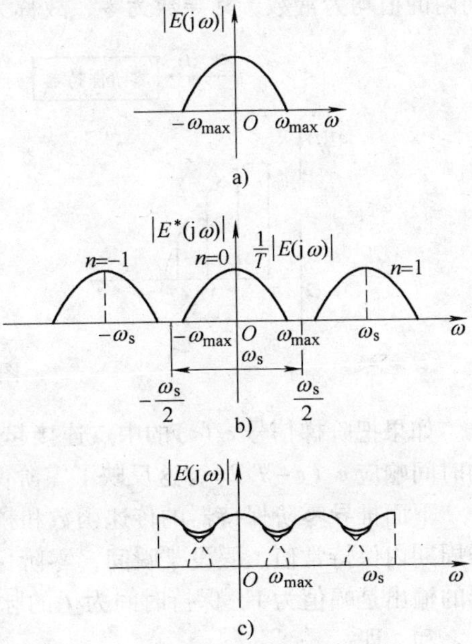

图8-8　频谱图

如果采样频率$\omega_s < 2\omega_{max}$，采样信号频谱中相邻波峰之间的频谱出现重叠现象，如图8-8c所示。

图8-8b所示的频谱中，$n=0$的频谱称为主频谱，它与连续信号的频谱成比例，比例系数为$1/T$。除主频谱外，$|E^*(\mathrm{j}\omega)|$还包含由于采样引进的附加高频频谱，即采样信号频谱中$n>0$对应的无穷多个波峰。如果把这个采样信号送到具有图8-9所示特征的理想滤波器中，附加的高频频谱将被全部滤掉，滤波器输出信号的频谱将与采样前的连续信号完全一致，这说明采样信号可以不失真地复现原来的连续信号。对于图8-8c所示的采样信号频谱，由于存在相邻波峰间频谱重叠的现象，即使采用理想滤波器也无法将主频谱分离出来，因而无法准确地复现原来的信号。

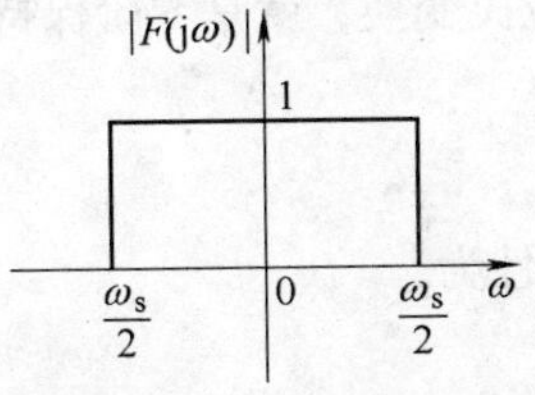

图8-9　理想滤波器频率特性

从上面的分析显然可以得到下面的结论：为了使采样信号能够不失真地复现采样前的连续信号，采样角频率ω_s必须满足以下条件：

$$\omega_s \geqslant 2\omega_{max}$$

这就是香农（Shannon）采样定理。

采样定理的物理意义是很明显的，采样频率越高，在同一时间内的采样点就越多，由采样造成的连续信号信息丢失就越少。因此，由采样信号复现连续信号的精度就越高。当采样频率增加到使采样信号能够包含连续信号的全部信息时，完全不失真地复现原来的连续信号才有可能。反之，采样信号频率越低，信息丢失就越多，由采样信号复现连续信号的精度就越低。

需要指出的是：对于实际的非周期连续信号，其频谱中的最高频率是无限的，只不过由于高频部分的频谱幅值较低，即使按最高频率为有限值的情况来处理，造成的信息损失也不会很大，一般可考虑取频谱幅值为5%最大值的频率作为ω_{max}。

三、信号保持

很明显，在满足香农采样定理的条件下，要想不失真地复现采样器的输入信号，理想滤波器的频率特性$|F(\mathrm{j}\omega)|$必须在等于$\omega_s/2$处突然截止，如图8-9所示。而这种理想滤波器实际上是不存在的。在工程上，通常只能采用接近理想滤波器性能的低通滤波器来近似代替，最简单、最常用的低通滤波器就是零阶保持器。

零阶保持器的作用是：使采样信号$e^*(t)$每一个采样瞬时的采样值$e(nT)$ ($n=0,1,2,\cdots$)一直保持到下一个采样瞬时，从而使采样信号$e^*(t)$变成阶梯信号$e_h(t)$。因为$e_h(t)$在每个采样区间内的值均为常数，其导数为零，故称为零阶保持器，如图 8-10 所示。

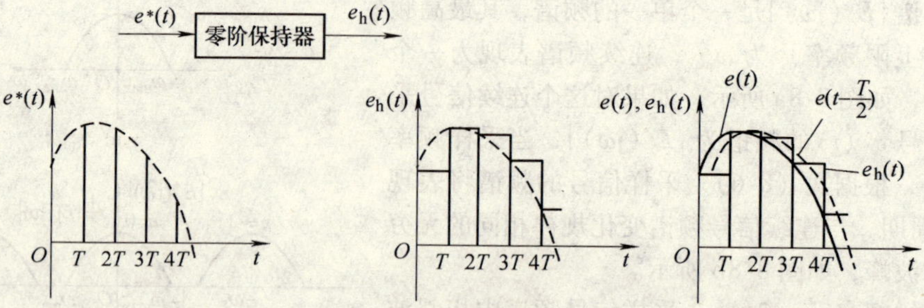

图 8-10　零阶保持器

如果把阶梯信号 $e_h(t)$ 的中点连接起来，则可以得到与 $e(t)$ 形状一致而在时间上落后了 $T/2$ 的时间响应 $e(t-T/2)$，这反映了零阶保持器具有相位滞后的特性。

下面推导零阶保持器的传递函数和频率特性。零阶保持器的作用是把一个脉冲输入在一个采样周期内保持常值。假设某瞬间，零阶保持器的输入为理想单位脉冲函数 $\delta(t)$，那么零阶保持器的输出是幅值为 1、保持时间为 T 的脉冲过渡函数 $g_h(t)$，该函数可以分解为两个单位阶跃函数之和，即

$$g_h(t)=1(t)-1(t-T)$$

$g_h(t)$ 的拉氏变换，就是零阶保持器的传递函数，有

$$G_h(s)=\frac{1}{s}-\frac{1}{s}e^{-Ts}=\frac{1-e^{-Ts}}{s}$$

其频率特性为

$$\begin{aligned}G_h(j\omega)&=\frac{1-e^{-j\omega T}}{j\omega}\\&=e^{-j\frac{\omega T}{2}}\frac{e^{j\frac{\omega T}{2}}-e^{-j\frac{\omega T}{2}}}{j\omega}\\&=\frac{T}{\omega T/2}e^{-j\frac{\omega T}{2}}\frac{e^{j\frac{\omega T}{2}}-e^{-j\frac{\omega T}{2}}}{2j}\\&=T\frac{\sin\omega T/2}{\omega T/2}e^{-j\frac{\omega T}{2}}\end{aligned}$$

其幅频特性为

$$|G_h(j\omega)|=T\frac{\sin\omega T/2}{\omega T/2}$$

相频特性为

$$\angle G_h(j\omega)=-\omega T/2$$

零阶保持器的频率特性曲线如图 8-11 所示。

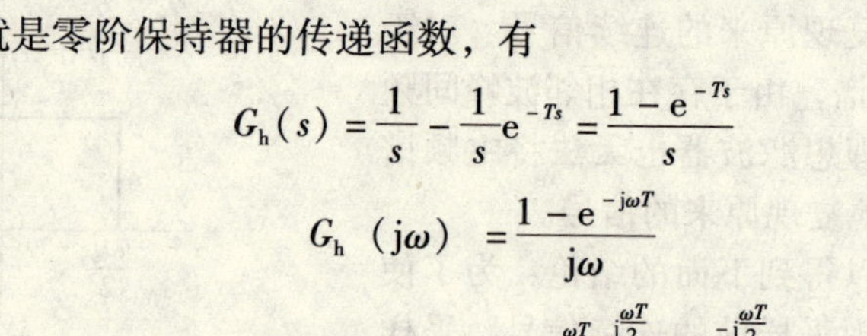

图 8-11　零阶保持器的频率特性曲线

由于幅频特性曲线的幅值随频率的增加而衰减，因此零阶保持器是一个低通滤波器，但不是一个理想滤波器。它除了允许 $e^*(t)$ 的主要频谱分量通过以外，还通过了一部分高频分

量。另外，从相频特性曲线来看，在 $\omega=\omega_s$ 处，滞后达 180°，且其输出比输入在时间上要滞后 $T/2$，相当于给系统增加了一个延时时间为 $T/2$ 延迟环节，系统的相位延迟增大，使系统的稳定性变差。

尽管零阶保持器的频率特性不尽如人意，但由于每个采样时刻的采样值只需保持一个采样周期，实现较容易，因而得到了广泛应用。步进电动机和数-模转换器就是零阶保持器的应用实例。

零阶保持器也可以近似用无源网络来实现。若将零阶保持器中的 e^{Ts} 展开成幂级数，即

$$G_h(s)=\frac{1-e^{-Ts}}{s}=\frac{1}{s}\left(1-\frac{1}{e^{Ts}}\right)=\frac{1}{s}\left(1-\frac{1}{1+Ts+\frac{1}{2}T^2s^2+\cdots}\right)$$

若取幂级数的前两项，可得

$$G_h(s)\approx\frac{1}{s}\left(1-\frac{1}{1+Ts}\right)=\frac{T}{1+Ts}$$

可见，这是个惯性环节，可以用 RC 串联电路来实现。

第三节　z 变换

z 变换的思想来源于连续系统。线性连续控制系统的动态及稳态性能可以应用拉氏变换的方法进行分析。与此类似，线性离散系统的性能可以采用 z 变换的方法来分析。z 变换是从拉氏变换直接引申出来的一种变换方法，它实际上是采样函数拉氏变换的变形，因此，z 变换又称为采样拉氏变换，它是研究线性离散系统的重要数学工具。

一、z 变换的定义

前面已经讨论过，若系统输入为连续信号，则其采样信号为 $e^*(t)=\sum\limits_{n=0}^{\infty}e(nT)\delta(t-nT)$，其拉氏变换为

$$L\left[e^*(t)\right]=E^*(s)=\sum_{n=0}^{\infty}e(nT)e^{-nTs}$$

在上式中，各项均含有因子 e^{sT}，故上式为 s 的超越函数，为了简化计算，需寻找一种新的数学工具，这个工具就是 z 变换理论。引入复数变量 z，令 $z=e^{sT}$，或 $s=\frac{1}{T}\ln z$，其中，s 是拉普拉斯算子，T 为采样周期，z 是用复数平面 z 平面来定义的一个复变量，通常称为 z 变换算子。于是有

$$E^*(s)\Big|_{s=\frac{1}{T}\ln z}=E(z)=\sum_{n=0}^{\infty}e(nT)z^{-n}\tag{8-7}$$

称 $E(z)$ 为 $e^*(t)$ 的 z 变换，记作 $Z\left[e^*(t)\right]$，有时为了书写方便，记作 $Z\left[e(t)\right]$ 或 $Z\left[E(s)\right]$，这都表示离散信号 $e^*(t)$ 的 z 变换。其中 $e(t)$ 表示理想开关的输入连续信号，但 $Z\left[e(t)\right]$ 的含义仍然是指采样信号 $e^*(t)$ 的 z 变换。

z 变换仅仅是一种取 $z=e^{sT}$ 的变量置换，通过这种置换可将 s 的超越函数转变为 z 的幂级数或 z 的有理分式。

二、z 变换的方法

求离散时间函数 z 变换的方法有多种，下面介绍两种常用的方法。

1. 级数求和法

该方法是根据 z 变换的定义式（8-7），即 $E(z)=\sum_{n=0}^{\infty}e(nT)z^{-n}$ 直接展开求取的。

例 8-4　求单位阶跃函数 $1(t)$ 的 z 变换。

解：由于 $e(t)=1(t)$ 在所有采样时刻上的采样值均为 1，故有

$$E(z)=e(0)+e(t)z^{-1}+e(2T)z^{-2}+\cdots+e(nT)z^{-n}+\cdots$$
$$=1+z^{-1}+z^{-2}+\cdots+z^{-n}+\cdots$$

若 $|z^{-1}|<1$，则上式以 z^{-1} 为等比的级数是收敛的，可以将上式写成闭合形式，即

$$E(z)=\frac{1}{1-z^{-1}}=\frac{z}{z-1}$$

例 8-5　设 $e(t)=\delta_T(t)=\sum_{n=0}^{\infty}\delta(t-nT)$，试求理想脉冲序列 $\delta_T(t)$ 的 z 变换。

解：因为 T 为采样周期，故

$$e^*(t)=\delta_T(t)=\sum_{n=0}^{\infty}\delta(t-nT)$$

由拉氏变换知

$$E^*(s)=\sum_{n=0}^{\infty}\mathrm{e}^{-nsT}$$

因此

$$E(z)=E^*(s)\Big|_{s=\frac{1}{T}\ln z}=\sum_{n=0}^{\infty}z^{-n}$$
$$=1+z^{-1}+z^{-2}+\cdots+z^{-n}+\cdots$$

将上式写成闭合形式，即

$$Z[\delta_T(t)]=E(z)=\frac{1}{1-z^{-1}}=\frac{z}{z-1}\qquad(|z^{-1}|<1)$$

从例 8-4、例 8-5 可见，相同的 $E(z)$ 对应于相同的采样函数 $e^*(t)$，但是不一定对应于相同的连续函数，这是利用 z 变换法分析离散系统时特别要注意的问题。

例 8-6　设 $e(t)=\delta(t)$，求 $Z[\delta(t)]$。

解：因 $e^*(t)=\delta(t)$　只在 $n=0$ 时有 $e(0T)=1$

故

$$E^*(s)=1$$
$$Z[\delta(t)]=E(z)=E^*(s)_{s=\frac{1}{T}\ln z}=1$$

例 8-7　设 $e(t)=\mathrm{e}^{-at}$，a 为实常数，求 $Z[\mathrm{e}^{-at}]$。

解：由式（8-3）知

$$e^*(t)=\sum_{n=0}^{\infty}e(nT)\delta(t-nT)$$

故

$$E^*(s)=\sum_{n=0}^{\infty}e(nT)\mathrm{e}^{-nsT}$$
$$=\sum_{n=0}^{\infty}\mathrm{e}^{-anT}\mathrm{e}^{-nsT}=\sum_{n=0}^{\infty}\mathrm{e}^{-n(a+s)T}$$
$$=\frac{1}{1-\mathrm{e}^{-(a+s)T}}\qquad(|\mathrm{e}^{-(\sigma+a)T}|<1\text{，其中 }\sigma\text{ 为 }s\text{ 的实部})。$$

令 $z=\mathrm{e}^{sT}$，则

$$Z[\mathrm{e}^{-at}]=E(z)=\frac{1}{1-\mathrm{e}^{-aT}z^{-1}}$$
$$=\frac{z}{z-\mathrm{e}^{-aT}}\qquad(|\mathrm{e}^{-aT}z^{-1}|<1)$$

例 8-8 已知 $e(t)=a^{t/T}$，a 为实常数，求 $Z[a^{t/T}]$。

解：由题知 $$e(nT)=a^n$$

所以
$$Z[a^{t/T}]=\sum_{n=0}^{\infty}e(nT)z^{-n}=\sum_{n=0}^{\infty}a^n z^{-n}$$
$$=1+az^{-1}+a^2z^{-2}+\cdots=\frac{1}{1-az^{-1}}$$
$$=\frac{z}{z-a}\qquad(|az^{-1}|<1)$$

2. 部分分式法

利用部分分式法求 z 变换时，先求出 $e(t)$ 的拉氏变换 $E(s)$，将 $E(s)$ 展开成部分分式之和的形式，使每一部分分式对应简单的时间函数，其相应的 z 变换是已知的，于是可方便地求出 $E(s)$ 对应的 $E(z)$。

例 8-9 已知 $E(s)=\dfrac{a}{s(s+a)}$，求 $E(z)$。

解：将 $E(s)$ 展开成如下部分分式：
$$E(s)=\frac{1}{s}-\frac{1}{s+a}$$

对上式进行拉氏反变换，得 $$e(t)=1-\mathrm{e}^{-at}$$

由前例可知 $$Z[1(t)]=\frac{z}{z-1}$$
$$Z(\mathrm{e}^{-at})=\frac{z}{z-\mathrm{e}^{-aT}}$$

所以
$$E(z)=Z[E(s)]$$
$$=\frac{z}{z-1}-\frac{z}{z-\mathrm{e}^{-aT}}$$
$$=\frac{z(1-\mathrm{e}^{-aT})}{z^2-(1+\mathrm{e}^{-aT})z+\mathrm{e}^{-aT}}$$

例 8-10 设 $e(t)=\sin\omega t$，求 $E(z)$。

解：对 $e(t)$ 进行拉氏变换，得
$$E(s)=\frac{\omega}{s^2+\omega^2}$$

将上式展开为部分分式，得 $$E(s)=\frac{1}{2\mathrm{j}}\left(\frac{1}{s-\mathrm{j}\omega}-\frac{1}{s+\mathrm{j}\omega}\right)$$

由于 $$Z(\mathrm{e}^{-at})=\frac{z}{z-\mathrm{e}^{-aT}}$$

所以
$$E(z)=\frac{1}{2\mathrm{j}}\left(\frac{z}{z-\mathrm{e}^{\mathrm{j}\omega T}}-\frac{z}{z-\mathrm{e}^{-\mathrm{j}\omega T}}\right)$$
$$=\frac{1}{2\mathrm{j}}\left[\frac{z(\mathrm{e}^{\mathrm{j}\omega T}-\mathrm{e}^{-\mathrm{j}\omega T})}{z^2-z(\mathrm{e}^{\mathrm{j}\omega T}+\mathrm{e}^{-\mathrm{j}\omega T})+1}\right]$$

考虑到 $$\sin\omega t=\left[\frac{(\mathrm{e}^{\mathrm{j}\omega T}-\mathrm{e}^{-\mathrm{j}\omega T})}{2\mathrm{j}}\right],\ \cos\omega t=\left[\frac{(\mathrm{e}^{\mathrm{j}\omega T}+\mathrm{e}^{-\mathrm{j}\omega T})}{2}\right]$$

上式化简后得
$$E(z)=\frac{z\sin\omega T}{z^2-2z\cos\omega T+1}$$

常用函数的 z 变换见表8-1。

表8-1 常用函数的 z 变换

序号	函数	z 变换	序号	函数	z 变换
1	$\delta(t)$	1	8	$a^{\frac{t}{T}}$	$\frac{z}{z-a}$
2	$\delta(t-nT)$	z^{-n}	9	$1-e^{-at}$	$\frac{z(1-e^{-aT})}{(z-1)(z-e^{-aT})}$
3	$1(t)$	$\frac{z}{z-1}$	10	$e^{-at}-e^{-bt}$	$\frac{z(e^{-aT}-e^{-bt})}{(z-e^{-aT})(z-e^{-bt})}$
4	t	$\frac{zT}{(z-1)^2}$	11	$\sin\omega t$	$\frac{z\sin\omega T}{z^2-2z\cos\omega T+1}$
5	$\frac{1}{2}t^2$	$\frac{z(z+1)T^2}{2(z-1)^3}$	12	$\cos\omega t$	$\frac{z^2-z\cos\omega T}{z^2-2z\cos\omega T+1}$
6	e^{-at}	$\frac{z}{z-e^{-aT}}$	13	$e^{-at}\sin\omega t$	$\frac{ze^{-aT}\sin\omega T}{z^2-2ze^{-aT}\cos\omega T+e^{-2aT}}$
7	te^{-at}	$\frac{zTe^{-aT}}{(z-e^{-aT})^2}$	14	$e^{-at}\cos\omega t$	$\frac{z^2-ze^{-aT}\cos\omega T}{z^2-2ze^{-aT}\cos\omega T+e^{-2aT}}$

三、z 变换的基本定理（z 变换的性质）

z 变换有一些基本定理，可以使 z 变换的应用变得简单和方便，其内容在很多方面与拉氏变换的基本定理有相似之处。

1. 线性定理

离散函数线性组合的 z 变换，等于它们 z 变换的线性组合，即

若
$$E_1(z)=Z[e_1(t)],\ E_2(z)=Z[e_2(t)]$$
a 为常数，则

$$Z[e_1(t)\pm e_2(t)]=E_1(z)\pm E_2(z) \tag{8-8}$$
$$Z[ae(t)]=aE(z) \tag{8-9}$$

其中
$$E(z)=Z[e(t)]$$

证：由 z 变换定义可知

$$\begin{aligned}Z[e_1(t)\pm e_2(t)] &= \sum_{n=0}^{\infty}[e_1(nT)\pm e_2(nT)]z^{-n}\\ &= \sum_{n=0}^{\infty}e_1(nT)z^{-n}\pm\sum_{n=0}^{\infty}e_2(nT)z^{-n}\\ &=E_1(z)\pm E_2(z)\end{aligned}$$

以及
$$Z[ae(t)]=a\sum_{n=0}^{\infty}e(nT)z^{-n}=aE(z)$$

式（8-8）和式（8-9）表明，z 变换是一种线性变换，其变换过程满足齐次性与叠加性。

2. 实位移定理（迟后定理和超前定理）

实位移是指整个采样序列在时间轴上左、右平移若干个采样周期，其中向左平移为超前，向右平移为滞后。实位移定理包括迟后定理和超前定理。

（1）迟后定理　设有一连续函数 $e(t)$，当 $t<0$ 时，$e(t)=0$，且其 z 变换为 $E(z)$，则对于延迟 n 个采样周期的函数 $e(t-nT)$，其 z 变换为

$$Z[e(t-nT)]=z^{-n}E(z) \tag{8-10}$$

证：根据 z 变换定义可知

$$Z[e(t-nT)] = \sum_{k=0}^{\infty} e(kT-nT)z^{-k} = z^{-n}\sum_{k=0}^{\infty} e(kT-nT)z^{-(k-n)}$$

因为 $t<0$ 时，$e(t)=0$

所以 $$Z[e(t-nT)] = z^{-n}\sum_{k=n}^{\infty} e(kT-nT)z^{-(k-n)}$$

令 $m=k-n$，则有

$$Z[e(t-nT)] = z^{-n}\sum_{m=0}^{\infty} e(mT)z^{-m} = z^{-n}E(z)$$

（2）超前定理

$$Z[e(t+nT)] = z^{n}\left[E(z)-\sum_{k=0}^{n-1} e(kT)z^{-k}\right] \tag{8-11}$$

证：
$$\begin{aligned}Z[e(t+nT)] &= \sum_{k=0}^{\infty} e(kT+nT)z^{-k}\\ &= z^{n}\sum_{k=0}^{\infty} e(kT+nT)z^{-(k+n)}\\ &= z^{n}\left[\sum_{n=0}^{\infty} e(nT)z^{-n}-\sum_{k=0}^{n-1} e(kT)z^{-k}\right]\\ &= z^{n}\left[E(z)-\sum_{k=0}^{n-1} e(kT)z^{-k}\right]\end{aligned}$$

当取 $n=1$ 时，有 $Z[e(t+T)] = zE(z)-ze(0)$

同理，取 $n=2$ 时，有 $Z[e(t+2T)] = z^2E(z)-z^2e(0)-ze(t)$

取 $n=m$ 时，有

$$Z[e(t+mT)] = z^mE(z)-z^me(0)-z^{m-1}e(t)-z^{m-2}e(2T)-\cdots-ze[(m-1)T]$$

实位移定理是一个重要定理，其作用相当于拉氏变换中的微分和积分定理，应用实位移定理可将描述离散系统的差分方程转换为 z 域的代数方程，因此，在求解差分方程中常常用到。

例 8-11　试用实位移定理计算延迟一个采样周期的单位阶跃函数的 z 变换。

解：由式（8-10），即 $Z[e(t-nT)] = z^{-n}E(z)$

知
$$Z[1(t-T)] = z^{-1}Z[1(t)] = z^{-1}\frac{z}{z-1} = \frac{1}{z-1}$$

例 8-12　用实位移定理计算延迟一个采样周期的指数函数 e^{-at} 的 z 变换。

解：根据式（8-10），有

$$Z[\mathrm{e}^{-a(t-T)}] = z^{-1}Z[\mathrm{e}^{-at}] = z^{-1}\frac{z}{z-\mathrm{e}^{-aT}} = \frac{1}{z-\mathrm{e}^{-aT}}$$

3. 复位移定理

设 $e(t)$ 的 z 变换为 $E(z)$，则 $Z[e(t)\mathrm{e}^{\mp at}] = E(z\mathrm{e}^{\pm aT})$

证：根据 z 变换定义可知

$$Z\left[\mathrm{e}(t)\mathrm{e}^{\mp at}\right] = \sum_{n=0}^{\infty} e(nT)\,\mathrm{e}^{\mp anT}z^{-n}$$
$$= \sum_{n=0}^{\infty} e(nT)(z\mathrm{e}^{\pm aT})^{-n}$$

令 $z_1 = z\mathrm{e}^{\pm aT}$，则上式变为

$$Z\left[e(t)\mathrm{e}^{\mp at}\right] = \sum_{n=0}^{\infty} e(nT)z_1^{-n}$$
$$= E(z_1)$$
$$= E(z\mathrm{e}^{\pm aT})$$

复位移定理是仿照拉氏变换的复位移定理导出的，其含意是函数 $e^*(t)$ 乘以指数序列 $\mathrm{e}^{\mp anT}$ 的 z 变换，就等于在 $e^*(t)$ 的 z 变换表达式中，以 $z\mathrm{e}^{\pm aT}$ 取代原算子 z。

例 8-13 试用复位移定理计算函数 $t\mathrm{e}^{-at}$ 的 z 变换。

解：令 $e(t)=t$，查表 8-1 知

$$E(z) = Z[t] = \frac{Tz}{(z-1)^2}$$

由复位移定理有

$$Z[t\mathrm{e}^{-at}] = E(z\mathrm{e}^{aT})$$
$$= \frac{Tz\mathrm{e}^{aT}}{(z\mathrm{e}^{aT}-1)^2} = \frac{Tz\mathrm{e}^{-aT}}{(z-\mathrm{e}^{-aT})^2}$$

4. 初值定理

设 $e(t)$ 的 z 变换为 $E(z)$，并存在极限 $\lim\limits_{z\to\infty}E(z)$，

则
$$\lim_{t\to 0} e^*(t) = \lim_{z\to\infty} E(z)$$

证：根据 z 变换定义

$$E(z) = \sum_{n=0}^{\infty} e(nT)z^{-n}$$
$$= e(0) + e(t)z^{-1} + e(2T)z^{-2} + \cdots$$

所以
$$\lim_{z\to\infty} E(z) = e(0) = \lim_{t\to 0} e^*(t)$$

5. 终值定理

设 $e(t)$ 的 z 变换为 $E(z)$，且 $e(nT)(n=0,1,2,\cdots)$ 均为有限值，则

$$e(\infty) = \lim_{z\to 1}\frac{z-1}{z}E(z)$$

证：采样函数为

$$e^*(t) = \sum_{n=0}^{\infty} e(nT)\delta(t-nT)$$

如果暂时先取到 $t=NT$ 项，则

$$e^*(t) = \sum_{n=0}^{N} e(nT)\delta(t-nT)$$

相应的 z 变换为

$$E_N(z) = \sum_{n=0}^{N} e(nT)z^{-n}$$
$$= e(0) + e(t)z^{-1} + e(2T)z^{-2} + \cdots + e[(N-1)T]z^{-(N-1)} + e(NT)z^{-N}$$

若将 $e_N^*(t)$ 后移一个采样周期，并在时间上仍取到 $t=NT$，根据实位移定理，则 $e_N^*(t-T)$ 的 z 变

换 $E_N{}'(z)$ 为

$$E_N{}'(z)=z^{-1}\sum_{n=0}^{N-1}e(nT)z^{-n}$$
$$=e(0)z^{-1}+e(t)z^{-2}+\cdots+e[(N-1)T]z^{-N}$$

取 $[E_N(z)-E_N{}'(z)]$，并令 $z\to1$，可得其差值只包含 $e(NT)$ 这一项，即

$$e(NT)=\left[\sum_{n=0}^{N}e(nT)z^{-n}-z^{-1}\sum_{n=0}^{N-1}e(nT)z^{-n}\right]_{z\to1}$$

当 $N\to\infty$ 时，等式右边的两个求和式都收敛于 $E(z)$，因此，可得

$$e(\infty)=\lim_{z\to1}(1-z^{-1})E(z)$$
$$=\lim_{z\to1}\frac{z-1}{z}E(z)$$

例 8-14　已知 $E(z)=\dfrac{1}{1-1.2z^{-1}+0.2z^{-2}}$，求 $e(\infty)$。

解：因为
$$E(z)=\frac{z^2}{(z-1)(z-0.2)}$$

所以
$$e(\infty)=\lim_{z\to1}\frac{z-1}{z}E(z)$$
$$=\lim_{z\to1}\frac{z}{z-0.2}=1.25$$

6. 复微分定理

若 $Z[e(t)]=E(z)$，则 $Z[te(t)]=-Tz\dfrac{\mathrm{d}}{\mathrm{d}z}E(z)$。

证：由 z 变换的定义可知

$$Z[e(t)]=\sum_{n=0}^{\infty}e(nT)z^{-n}=E(z)$$

两边对 z 求导，得
$$\frac{\mathrm{d}}{\mathrm{d}z}E(z)=\sum_{n=0}^{\infty}(-n)e(nT)z^{-n-1}$$
$$=-\frac{1}{T}z^{-1}\sum_{n=0}^{\infty}(nT)e(nT)z^{-n}$$
$$=-\frac{1}{Tz}Z[te(t)]$$

故
$$Z[te(t)]=-Tz\frac{\mathrm{d}}{\mathrm{d}z}E(z)$$

例 8-15　求 $Z[t]$。

解：
$$Z[t]=Z[t\cdot1(t)]=-Tz\frac{\mathrm{d}}{\mathrm{d}z}Z[1(t)]$$
$$=-Tz\frac{\mathrm{d}}{\mathrm{d}z}\left(\frac{z}{z-1}\right)$$
$$=\frac{Tz}{(z-1)^2}$$

例 8-16　求 $Z[t^2]$。

解：
$$Z[t^2]=Z[t\cdot t]=-Tz\frac{\mathrm{d}}{\mathrm{d}z}Z[t]$$

$$= -Tz\frac{\mathrm{d}}{\mathrm{d}z}\left[\frac{Tz}{(z-1)^2}\right]$$

$$= -Tz\frac{T(z-1)^2 - Tz\cdot 2(z-1)}{(z-1)^4}$$

$$= \frac{T^2 z(z+1)}{(z-1)^3}$$

四、z 反变换

在连续系统中应用拉氏变换的目的是：把描述系统的微分方程转换为 s 的代数方程，然后写出系统的传递函数，再用拉氏反变换法求出系统的时间响应，从而简化系统的研究。与此类似，在离散系统中应用 z 变换是为了把 s 的超越函数或者描述离散系统的差分方程转换为 z 的代数方程，然后写出离散系统的脉冲传递函数（z 传递函数），再用 z 反变换法求出系统的时间响应。

所谓 z 反变换，就是已知 z 变换的表达式 $E(z)$，求相应离散序列 $e(nT)$ 的过程，记为 $e(nT) = Z^{-1}[E(z)]$。

进行 z 反变换时，信号序列仍是单边的，即当 $n<0$ 时，$e(nT)=0$。

常用的 z 反变换法有如下几种。

1. 部分分式法

该方法与拉氏变换中的部分分式法类似，所不同的是，考虑到常用函数 z 变换式中，其分子普遍都有因子 z，所以应先将 $E(z)/z$ 展开为部分分式，然后再同乘以 z，从而保证展开后的各部分分式分子上都保留一个 z，便于从 z 变换表中找出相应的时间函数。

设已知的 z 变换函数无重极点，先求出 $E(z)$ 的极点 z_1、z_2、…、z_n，再将 $E(z)/z$ 展开成如下部分分式之和的形式：

$$\frac{E(z)}{z} = \sum_{i=1}^{n}\frac{A_i}{z-z_i} \tag{8-12}$$

其中，A_i 为 $E(z)/z$ 在极点 z_i 处的留数，再由式（8-12）写出 $E(z)$ 的部分分式之和，即

$$E(z) = \sum_{i=1}^{n}\frac{A_i z}{z-z_i}$$

然后逐项查 z 变换表，得到

$$e_i(nT) = Z^{-1}\left[\frac{A_i z}{z-z_i}\right],\qquad i=1,2,\cdots,n$$

最后写出已知 $E(z)$ 对应的采样函数

$$e^*(t) = \sum_{n=0}^{\infty}\sum_{i=1}^{n} e_i(nT)\delta(t-nT)$$

例 8-17　试求 $E(z)=\dfrac{0.5z}{(z-1)(z-0.5)}$ 的 z 反变换 $Z^{-1}[E(z)]$。

解：先将 $E(z)$ 除以 z，再展开成部分分式

$$\frac{E(z)}{z} = \frac{0.5}{(z-1)(z-0.5)}$$

$$= \frac{1}{z-1} - \frac{1}{z-0.5}$$

即

$$E(z) = \frac{z}{z-1} - \frac{z}{z-0.5}$$

查 z 变换表，得

$$Z^{-1}\left[\frac{z}{z-1}\right]=1,\qquad Z^{-1}\left[\frac{z}{z-0.5}\right]=0.5^{n}$$

因此，

$$\begin{aligned}Z^{-1}\ [E(z)]\ &=e^{*}(t)\\&=\sum_{i=0}^{n}\ (1-0.5^{n})\delta(t-nT)\\&=0.5\delta(t-T)+0.75\delta(t-2T)+0.875\delta(t-3T)+\cdots\end{aligned}$$

例 8-18 试求 $E(z)=\dfrac{(1-e^{-aT})z}{(z-1)(z-e^{-aT})}$的 z 反变换 $Z^{-1}\ [E(z)]$。

解：因
$$\frac{E(z)}{z}=\frac{1-e^{-aT}}{(z-1)(z-e^{-aT})}=\frac{1}{z-1}-\frac{1}{z-e^{-aT}}$$

所以
$$E(z)=\frac{z}{z-1}-\frac{z}{z-e^{-aT}}$$

查 z 变换表，得
$$e(t)=1(t)-e^{-at},\qquad e(nT)=1-e^{-anT}$$

故
$$Z^{-1}\ [E(z)]\ =e^{*}(t)=\sum_{n=0}^{\infty}\ (1-e^{-anT})\delta(t-nT)$$
$$=(1-e^{-aT})\delta(t-T)+(1-e^{-2aT})\delta(t-2T)+(1-e^{-3aT})\delta(t-3T)+\cdots$$

即
$$\begin{aligned}e\ (0)\ &=0\\e(T)&=1-e^{-aT}\\e(2T)&=1-e^{-2aT}\\&\vdots\end{aligned}$$

2. 幂级数法（综合除法）

z 变换函数的无穷项级数形式具有鲜明的物理意义。变量 z^{-n}的系数代表连续时间函数在 nT 时刻上的采样值。若 $E(z)$是一个有理分式，则可以直接通过综合除法得到一个无穷项幂级数的展开式。根据 z^{-n}的系数便可以得出时间序列 $e\ (nT)$ 的值。$E(z)$一般可写成

$$E(z)=\frac{b_0z^m+b_1z^{m-1}+\cdots+b_m}{a_0z^n+a_1z^{n-1}+\cdots+a_n}$$

在实际情况下，$n\geqslant m$，用分母除分子，并将商按 z^{-1}的升幂排列，得

$$\begin{aligned}E(z)&=c_0+c_1z^{-1}+c_2z^{-2}+\cdots+c_nz^{-n}+\cdots\\&=\sum_{n=0}^{\infty}c_nz^{-n}\end{aligned}$$

由 z 变换定义知道，z^{-n}的系数 $c_n(n=0,1,2,\cdots)$就是 $e(t)$在采样时刻 $t=nT$ 时的值 $e\ (nT)$。在实际工作中，常常只需计算有限几项就够了，因此，用此法求 $e^{*}(t)$最简便，但要从一组 $e\ (nT)$ 值中求出通项表达式，一般比较困难。

例 8-19 试用幂级数法求 $E(z)=\dfrac{0.5z}{(z-1)\ (z-0.5)}$的 z 反变换。

解：已知
$$E(z)=\frac{0.5z}{(z-1)(z-0.5)}=\frac{0.5z}{z^2-1.5z+0.5}$$

用综合除法得
$$E(z)=0.5z^{-1}+0.75z^{-2}+0.875z^{-3}+0.9375z^{-4}+\cdots$$

故
$$e^{*}(t)=0.5\delta(t-T)+0.75\delta(t-2T)+0.875\delta(t-3T)+0.9375\delta(t-4T)+\cdots$$

综合除法以序列的形式给出 $e(T)$、$e(2T)$、$e(3T)$、…的数值，但不容易得出 $e(nT)$ 的封闭表达形式。

3. 反演积分法（留数法）

反演积分法又称为留数法。采用反演积分法求取 z 反变换的原因是：在实际问题中遇到的 z 变换函数 $E(z)$，除了可能是有理分式外，也可能是超越函数，此时无法应用部分分式法及幂级数法求取 z 反变换，而只能用反演积分法。当然，反演积分法对 $E(z)$ 为有理分式的情况也是适用的。

由于 $E(z)$ 的幂级数展开式为

$$\begin{aligned} E(z) &= \sum_{n=0}^{\infty} e(nT)z^{-n} \\ &= e(0) + e(T)z^{-1} + e(2T)z^{-2} + \cdots + e(nT)z^{-n} + \cdots \end{aligned} \tag{8-13}$$

所以，函数 $E(z)$ 可以看成是 z 平面上的劳伦级数，级数的各系数为 $e(nT)\ (n=0,1,2\cdots)$，可以通过积分的方法求出。因为在求积分值时要用到柯西留数定理，故也称为留数法。

为了推导反演积分公式，用 z^{n-1} 乘以式（8-13）两端，得到

$$E(z)z^{n-1} = e(0)z^{n-1} + e(t)z^{n-2} + \cdots + e(nT)z^{-1} + \cdots \tag{8-14}$$

设 Γ 为 z 平面上包围 $E(z)z^{n-1}$ 全部极点的封闭曲线，且设沿 Γ 逆时针方向对式（8-14）的两端同时积分，可得

$$\oint_{\Gamma} E(z)z^{n-1}\mathrm{d}z = \oint_{\Gamma} e(0)z^{n-1}\mathrm{d}z + \oint_{\Gamma} e(T)z^{n-2}\mathrm{d}z + \cdots + \oint_{\Gamma} e(nT)z^{-1}\mathrm{d}z + \cdots \tag{8-15}$$

由复变函数可知，对于围绕原点的积分闭路 Γ，有如下关系式：

$$\oint_{\Gamma} z^{k-n-1}\mathrm{d}z = \begin{cases} 0，当\ k \neq n \\ 2\pi \mathrm{j}，\quad 当\ k = n \end{cases}$$

故在式（8-15）右端中，除 $\oint_{\Gamma} e(nT)z^{-1}\mathrm{d}z = 2\pi \mathrm{j} e(nT)$ 外，其余各项均为零。由此得到反演积分公式，即

$$e(nT) = \frac{1}{2\pi \mathrm{j}} \oint_{\Gamma} E(z)z^{n-1}\mathrm{d}z$$

根据柯西留数定理，设函数 $E(z)z^{n-1}$ 在封闭曲线 Γ 内部除有限个极点 z_1，z_2，…，z_k 外解析，则有

$$e(nT) = \frac{1}{2\pi j} \oint_{\Gamma} E(z)z^{n-1}\mathrm{d}z = \sum_{i=1}^{k} \mathrm{Res}[E(z)z^{n-1}]_{z \to z_i} \tag{8-16}$$

式中，$\mathrm{Res}\,[E(z)z^{n-1}]_{z \to z_i}$ 表示函数 $E(z)z^{n-1}$ 在极点 z_i 处的留数。

例 8-20 试用留数法求 $E(z) = \dfrac{0.5z}{(z-1)(z-0.5)}$ 的 z 反变换。

解：因为函数

$$E(z)z^{n-1} = \frac{0.5z^n}{(z-1)(z-0.5)}$$

有 $z=1$ 和 $z=0.5$ 两个极点，极点处的留数分别为

$$\mathrm{Res}\left[\frac{0.5z^n}{(z-1)(z-0.5)}\right]_{z \to 1} = \lim_{z \to 1}\left[\frac{0.5z^n(z-1)}{(z-1)(z-0.5)}\right] = 1$$

$$\mathrm{Res}\left[\frac{0.5z^n}{(z-1)(z-0.5)}\right]_{z \to 0.5} = \lim_{z \to 0.5}\left[\frac{0.5z^n(z-0.5)}{(z-1)(z-0.5)}\right] = -0.5^n$$

所以由式（8-16）得

$$e(nT)=1-0.5^n$$

相应的采样函数为

$$e^*(t)=\sum_{n=0}^{\infty}e(nT)\delta(t-nT)=\sum_{n=0}^{\infty}(1-0.5^n)\delta(t-nT)$$
$$=0.5\delta(t-T)+0.75\delta(t-2T)+\cdots$$

顺便指出，函数 $E(z)z^{n-1}$ 在极点处的留数计算方法如下：

若 $z_i(i=1,2,\cdots,k)$ 为单极点，则

$$\mathrm{Res}\,[E(z)z^{n-1}]_{z\to z_i}=\lim_{z\to z_i}[(z-z_i)E(z)z^{n-1}]$$

若 $E(z)z^{n-1}$ 有 n 重极点 z_i，则

$$\mathrm{Res}\,[E(z)z^{n-1}]_{z\to z_i}=\frac{1}{(n-1)!}\lim_{z\to z_i}\frac{\mathrm{d}^{n-1}[(z-z_i)^nE(z)z^{n-1}]}{\mathrm{d}z^{n-1}}$$

第四节　离散系统的数学模型

为了研究离散系统的性能，需要建立离散系统的数学模型。与连续系统的数学模型类似，线性离散系统的数学模型有差分方程、脉冲传递函数和离散状态空间表达式三种。本节主要介绍差分方程及其解法，脉冲传递函数的基本概念，以及求开环脉冲传递函数和闭环脉冲传递函数的方法。

一、差分方程及其解法

1. 差分方程的概念

连续系统中各点的物理量均为时间的连续函数，描述这些物理量相互关系的方程通常为微分方程，它是系统或环节输入与输出各阶导数之间的关系式。在采样控制系统中，由于存在离散的脉冲序列，即采样信号，这类信号对时间求导是毫无意义的，因而不可能采用微分方程来描述采样信号之间的内在联系。根据采样信号只在采样时刻出现这一特征，在研究采样系统时，必须采用差分方程来描述。差分方程描述了离散时间函数不同采样时刻采样值之间的运算规律，是离散控制系统理论的数学模型。

差分通常又分为前向差分和后向差分，分别用符号“Δ”和“∇”表示。

设连续函数为 $e(t)$，其采样函数为 $e(kT)$，为了书写方便，令

$$e(kT)=e(k)=e_k$$

kT 时刻的一阶前向差分定义为 $(k+1)T$ 时刻的采样值与 kT 时刻采样值之差，即

$$\Delta e(k)=e(k+1)-e(k)$$

kT 时刻的二阶前向差分定义为 $(k+1)T$ 时刻的一阶前向差分与 kT 时刻一阶前向差分之差，即

$$\Delta^2e(k)=\Delta e(k+1)-\Delta e(k)$$
$$=e(k+2)-2e(k+1)+e(k)$$

同理，kT 时刻的 n 阶前向差分定义为

$$\Delta^ne(k)=\Delta^{n-1}e(k+1)-\Delta^{n-1}e(k)$$

若把前向差分的定义向后移一个采样周期，就可以得到后向差分，即

$$\nabla e(k)=e(k)-e(k-1)$$

二阶后向差分为

$$\nabla^2 e(k) = \nabla e(k) - \nabla e(k-1) = e(k) - 2e(k-1) + e(k-2)$$

n 阶后向差分为

$$\nabla^n e(k) = \nabla^{n-1} e(k) - \nabla^{n-1} e(k-1)$$

由差分的定义不难看出，差分表达了离散函数相邻采样时刻采样值的增量，它与连续函数中的微分具有相似的物理及数学意义。若用差分除以采样周期 T，其结果称为差商，即

$$\frac{\Delta e(k)}{T} = \frac{e(k+1) - e(k)}{T}$$

显然，差商表达了相邻采样时刻采样值的平均增长率，与连续函数中的导数$\frac{\mathrm{d}f(t)}{\mathrm{d}t}$有着相似的物理和数学意义。

有了差分的概念，差分方程的定义可仿照微分方程的定义简单地叙述为：若在描述离散函数运算规律的方程中不仅含有未知的离散函数，而且还含有此函数的差分，此方程就称为差分方程。若差分方程中未知离散函数及其差分都是一次的，则称为线性差分方程。若差分方程中的系数均为常数，则称为线性常系数差分方程。

采用前向差分表示的 n 阶线性常系数差分方程的一般式为

$$\Delta^n x_c(kT) + c_1 \Delta^{n-1} x_c(kT) + \cdots + c_{n-1} \Delta x_c(kT) + c_n x_c(kT) = d_0 \Delta^m x_r(kT) + d_1 \Delta^{m-1} x_r(kT) + \cdots + d_{m-1} \Delta x_r(kT) + d_m x_r(kT)$$

若将上式中各阶差分用各采样时刻的采样值表示，则可得差分方程的另一种形式，即

$$x_c(kT+nT) + a_1 x_c(kT+nT-T) + \cdots + a_{n-1} x_c(kT+T) + a_n x_c(kT) = b_0 x_r(kT+mT) + b_1 x_r(kT+mT-T) + \cdots + b_{m-1} x_r(kT+T) + b_m x_r(kT)$$

或

$$x_c(k) + a_1 x_c(k-1) + \cdots + a_{n-1} x_c(k-n+1) + a_n x_c(k-n) = b_0 x_r(k+m-n) + b_1 x_r(k+m-n-1) + \cdots + b_{m-1} x_r(k-n+1) + b_m x_r(k-n) \tag{8-17}$$

式中 $m \leqslant n$，n 为差分方程的阶数，$x_c(k)$、$x_r(k)$ 分别为输入、输出采样序列，可将式（8-17）理解成 $t = kT$ 时刻的输出 $x_c(kT)$，它取决于 $x_c(k-1)$，…，$x_c(k-n+1)$，$x_c(k-n)$ 和 $x_r(k+m-n)$，…，$x_r(k-n)$。

2. 差分方程的解法

差分方程的基本解法有迭代法和 z 变换法。

（1）迭代法　若已知差分方程，并且给出输入序列及输出序列的初始值，则可以利用递推关系，在计算机上一步一步地算出输出序列，其结果为输出序列在各采样时刻的采样值。该方法的优点是便于计算机求解，但由于其解不是数学解析式，因而不利于数学分析。

例 8-21　已知差分方程 $c(k) = r(k) + 5c(k-1) - 6c(k-2)$ 的输入序列 $r(k) = 1$，初始条件为 $c(0) = 0$，$c(1) = 1$，试用迭代法求输出序列 $c(k)$，$k = 0, 1, 2, \cdots, 10$

解：根据初始条件及递推关系，得

$$c(0) = 0$$
$$c(1) = 1$$
$$c(2) = r(2) + 5c(1) - 6c(0) = 6$$
$$c(3) = r(3) + 5c(2) - 6c(1) = 25$$
$$c(4) = r(4) + 5c(3) - 6c(2) = 90$$
$$\vdots$$

$$c(10)=r(10)+5c(9)-6c(8)=86526$$

（2）z 变换法　用 z 变换法求解差分方程与用拉氏变换法求解微分方程相类似。具体做法是：先对差分方程两端进行 z 变换，并利用 z 变换的实位移定理得到复变量 z 的代数方程，解出未知序列的 z 变换 $C(z)$，最后通过对 $C(z)$ 求 z 反变换，得到未知输出序列 $c(k)$。

例 8-22　试用 z 变换法解下列二阶差分方程

$$c^*(t+2T)+3c^*(t+T)+2c^*(t)=0$$

或

$$c(k+2)+3c(k+1)+2c(k)=0$$

设初始条件为，$c(0)=0, c(1)=1$。

解：对差分方程的每一项进行 z 变换，根据实位移定理可知

$$Z[c(k+2)]=z^2C(z)-z^2c(0)-zc(1)$$

$$=z^2C(z)-z$$

$$Z[3c(k+1)]=3zC(z)-3zc(0)=3zC(z)$$

$$Z[2c(k)]=2C(z)$$

于是差分方程变为如下 z 代数方程

$$(z^2+3z+2)C(z)=z$$

解出

$$C(z)=\frac{z}{z^2+3z+2}$$

$$=\frac{z}{z+1}-\frac{z}{z+2}$$

下面求 z 反变换，用综合除法不难证明

$$\frac{z}{z+a}=\sum_{n=0}^{\infty}(-a)^n z^{-n}$$

所以

$$\frac{z}{z+1}=\sum_{n=0}^{\infty}(-1)^n z^{-n}$$

$$\frac{z}{z+2}=\sum_{n=0}^{\infty}(-2)^n z^{-n}$$

于是

$$C(z)=\frac{z}{z+1}-\frac{z}{z+2}$$

$$=\sum_{n=0}^{\infty}(-1)^n z^{-n}-\sum_{n=0}^{\infty}(-2)^n z^{-n}$$

$$=\sum_{n=0}^{\infty}\left[(-1)^n-(-2)^n\right]z^{-n}$$

得

$$c^*(t)=\sum_{n=0}^{\infty}\left[(-1)^n-(-2)^n\right]\delta(t-nT)$$

或写成

$$c(k)=(-1)^k-(-2)^k,\quad k=0,1,2,\cdots$$

因此，用 z 变换法解差分方程的实质是：将差分方程变成以 z 为变量的代数方程，然后用 z 反变换解出时间响应。

二、脉冲传递函数

差分方程的解可以提供线性定常离散系统在给定输入序列作用下的输出序列响应特性，但不便于研究系统参数变化对离散系统的影响。因此，需要研究线性定常离散系统的另一种数学模型，即脉冲传递函数。

1. 脉冲传递函数的定义

与线性连续系统传递函数的定义类似，在图8-12所示的开环采样系统中，如果系统的初始条件为零，输入信号为 $r(t)$，采样后 $r^*(t)$ 的 z 变换函数为 $R(z)$，并设系统连续部分的输出为 $c(t)$，采样后 $c^*(t)$ 的 z 变换函数为 $C(z)$，则脉冲传递函数的定义是

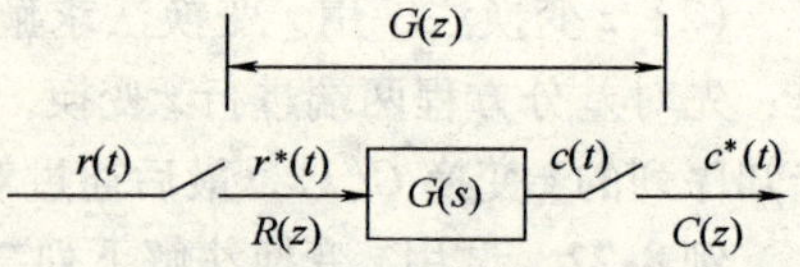

图8-12　开环采样系统

$$G(z)=\frac{C(z)}{R(z)}$$

可见，$G(z)$ 表示系统的输出采样信号的 z 变换与输入采样信号的 z 变换之比。所谓零初始条件，是指在 $t<0$ 时，输入脉冲序列各采样值 $r(-T)$、$r(-2T)$、…以及输出脉冲序列各采样值 $c(-T)$、$c(-2T)$、…均为零。

如果已知 $R(z)$ 和 $G(z)$，则在零初始条件下，采样系统的输出采样信号为

$$c^*(t)=Z^{-1}[C(z)]=Z^{-1}[G(z)R(z)]$$

因此，求解 $c^*(t)$ 的关键是怎样求出系统的脉冲传递函数 $G(z)$。

但是，对于大多数实际系统来说，其输出往往是连续信号 $c(t)$，而不是采样信号 $c^*(t)$，如图8-13所示。这时，可以在输出端虚设一个采样开关，使它与输入采样开关同步工作，而且有相同的采样周期 T。如果系统的实际输出 $c(t)$ 比较平滑，且采样频率较高，则可用 $c^*(t)$ 近似地描述 $c(t)$。必须指出，虚设的采样开关是不存在的，它只表明了脉冲传递函数中用到的是连续输出函数 $c(t)$ 在采样时刻的离散值 $c^*(t)$。

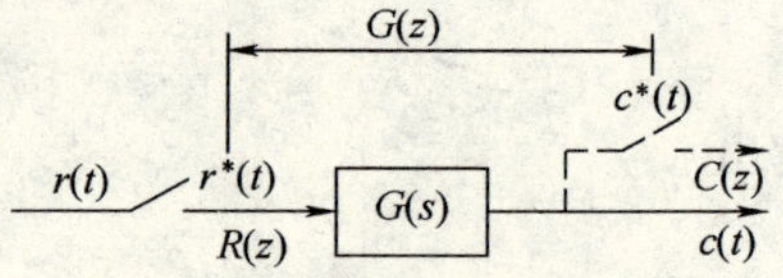

图8-13　实际的开环采样系统

下面分开环系统与闭环系统两种情况来进行讨论。

2. 开环系统（或环节）脉冲传递函数

（1）脉冲传递函数的意义　设开环采样系统的结构图如图8-13所示，推导开环脉冲传递函数 $G(z)$ 的思路是：先从 $r^*(t)$ 求出 $c(t)$，然后求出 $c^*(t)$ 的 z 变换函数 $C(z)$，最后求出 $G(z)=C(z)/R(z)$。

先讨论 $c(t)$ 与 $r^*(t)$ 的关系。设线性系统的输入为如下的脉冲序列，即

$$r^*(t)=\sum_{n=0}^{\infty}r(nT)\delta(t-nT)=r(0)\delta(t)+r(T)\delta(t-T)+r(2T)\delta(t-2T)+\cdots$$

对于线性连续部分传递函数 $G(s)$ 来说，当其输入为理想单位脉冲函数 $\delta(t)$ 时，其输出响应为脉冲过渡函数 $K(t)$，即

$$L^{-1}[G(s)]=K(t)$$

根据叠加原理，系统的输出为下列的脉冲响应之和：

$$c(t)=r(0)K(t)+r(T)K(t-T)+\cdots+r(nT)K(t-nT)+\cdots$$

任意采样时刻 $kT(k=0,1,2,\cdots)$ 的系统输出为

$$c(kT)=r(0)K(kT)+r(T)K[(k-1)T]+\cdots+r(nT)K[(k-n)T]+\cdots$$

等号两边分别乘以 e^{-kTs}，并求和，得

$$\sum_{k=0}^{\infty}c(kT)e^{-kTs}=\sum_{k=0}^{\infty}r(0)K(kT)e^{-kTs}+\sum_{k=0}^{\infty}r(T)K[(k-1)T]e^{-kTs}+\cdots$$
$$+\sum_{k=0}^{\infty}r(nT)K[(k-n)T]e^{-kTs}+\cdots$$

由于 $t<0$ 时，$K(t)=0$，故将上式整理后得

$$\sum_{k=0}^{\infty} c(kT)\mathrm{e}^{-kTs} = [r(0)+r(T)\mathrm{e}^{-Ts}+\cdots+r(2T)\mathrm{e}^{-2Ts}+\cdots][\sum_{k=0}^{\infty} K(kT)\mathrm{e}^{-kTs}]$$

或改写成

$$\sum_{n=0}^{\infty} c(nT)\mathrm{e}^{-nTs} = \sum_{n=0}^{\infty} r(nT)\mathrm{e}^{-nTs}\sum_{n=0}^{\infty} K(nT)\mathrm{e}^{-nTs} \tag{8-18}$$

式中，$K(nT)$ 为脉冲过渡函数 $K(t)$ 在 $t=nT$ 采样瞬时的值。

因为 $$L[K(t)]=G(s)$$

所以令 $$\sum_{n=0}^{\infty} K(nT)\mathrm{e}^{-nTs}=G^*(s)$$

则式（8-18）可写成 $$C^*(s)=R^*(s)G^*(s)$$

令 $$s=\frac{1}{T}\ln z$$

得 $$C(z)=R(z)G(z)$$

则 $G(z)=C(z)/R(z)$ 为开环脉冲传递函数。

若将 $z=\mathrm{e}^{sT}$ 代入式（8-18），可得

$$\sum_{n=0}^{\infty} c(nT)z^{-n} = \sum_{n=0}^{\infty} r(nT)z^{-n}\sum_{n=0}^{\infty} K(nT)z^{-n}$$

即 $$C(z)=R(z)G(z)$$

其中 $$G(z)=\sum_{n=0}^{\infty} K(nT)z^{-n} \tag{8-19}$$

故脉冲传递函数的含义是：系统脉冲过渡函数 $K(t)$ 经采样后 $k^*(t)$ 的 z 变换。

（2）脉冲传递函数 $G(z)$ 的求法　根据式（8-19）可知，由 $G(s)$ 求 $G(z)$ 的方法是：先求 $G(s)$ 的拉氏反变换，得到单位脉冲响应函数 $K(t)$，再将 $K(t)$ 离散化，得到脉冲响应序列 $k(nT)$，最后将 $k(nT)$ 进行 z 变换得到 $G(z)$。这一变换过程可表示为

$$G(s)\to L^{-1}G(s)=K(t)\to \text{离散化得 } k(nT)\to Z[k(nT)]=G(z)$$

上述过程表明，只要将 $G(s)$ 表示成 z 变换表中的标准形式，根据 z 变换表，可以直接从 $G(s)$ 得到 $G(z)$，而不必进行逐步推导。所以，习惯上把上述过程表示为 $G(z)=Z\,[G(s)]$，并称之为 $G(s)$ 的 z 变换。这一表示应理解为根据 $G(s)$ 按式（8-19）求出 $G(s)$ 所对应的 $G(z)$，而不能理解为 $G(z)$ 是对 $G(s)$ 直接进行 z 变换的结果。

例 8-23　设图 8-13 所示开环系统中的 $G(s)=\dfrac{1}{s(s+1)}$，其中 $T=1$。

（1）求系统的脉冲传递函数。

（2）写出系统的差分方程。

解：（1）因为 $$G(s)=\frac{1}{s}-\frac{1}{s+1}$$

所以查 z 变换表，得

$$G(z)=Z\,[G(s)]=\frac{z}{z-1}-\frac{z}{z-\mathrm{e}^{-T}}$$
$$=\frac{z(1-\mathrm{e}^{-T})}{(z-1)(z-\mathrm{e}^{-T})}=\frac{0.632z}{z^2-1.368z+0.368}$$

（2）根据 $G(z)=\dfrac{C(z)}{R(z)}=\dfrac{0.632z^{-1}}{1-1.368z^{-1}+0.368z^{-2}}$，有

$$(1-1.368z^{-1}+0.368z^{-2})C(z)=0.632z^{-1}R(z)$$

对上式两端求 z 反变换，可得系统的差分方程为

$$c(k)-1.368c(k-1)+0.368c(k-2)=0.632r(k-1)$$

（3）环节串联时的开环脉冲传递函数　这里有两种不同的情况，在图 8-14a 所示系统中，两个串联环节之间被理想开关隔开，而在图 8-14b 所示系统中，两个串联环节直接相连，区别这二者是特别重要的。

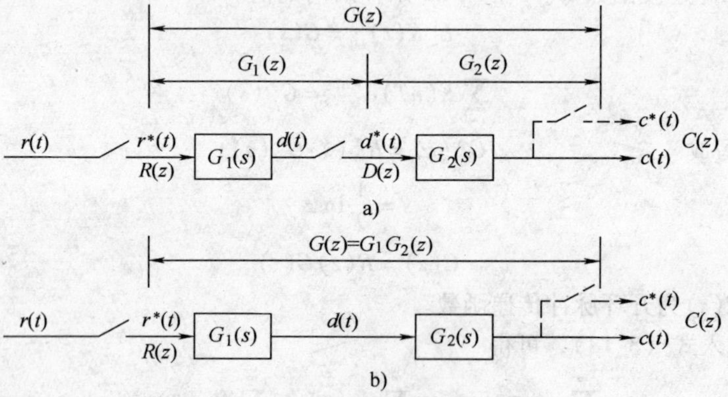

图 8-14　环节串联开环脉冲传递函数

对于图 8-14a 所示的系统，根据脉冲传递函数的定义，有

$$\begin{cases}D(z)=G_1(z)R(z)\\C(z)=G_2(z)D(z)\end{cases}$$

故

$$C(z)=G_1(z)G_2(z)R(z)$$

因此，开环系统脉冲传递函数为

$$G(z)=\frac{C(z)}{R(z)}=G_1(z)G_2(z) \tag{8-20}$$

式（8-20）表明，被理想开关隔开的两个线性系统串联时，其脉冲传递函数等于两个环节各自的脉冲传递函数的乘积。这个结论可以推广到 n 个环节串联且所有串联环节之间都有理想开关的情况。

对于图 8-14b 所示的系统，令　$G(s)=G_1(s)G_2(s)$

则开环系统的脉冲传递函数为

$$G(z)=\frac{C(z)}{R(z)}=Z\left[G_1(s)G_2(s)\right]=G_1G_2(z) \tag{8-21}$$

其中，$G_1G_2(z)$ 表示 $G_1(s)G_2(s)$ 乘积的相应 z 变换。

式（8-21）表明，当开环系统由两个线性环节串联且环节之间无理想开关隔开时，开环系统的脉冲传递函数等于两个环节传递函数乘积的 z 变换。显然，该结论可以推广到 n 个环节串联的情况。

需强调指出的是：$G_1G_2(z)\neq G_1(z)G_2(z)$。

例 8-24　设开环离散系统如图 8-14a 和 8-14b 所示。其中，$G_1(s)=\dfrac{b}{s}$，$G_2(s)=\dfrac{a}{s+a}$，输入信号 $r(t)=1(t)$，试求两种系统的脉冲传递函数 $G(z)$ 和输出的 z 变换 $C(z)$。

解：查 z 变换表，输入 $r(t)=1(t)$ 的 z 变换为

$$R(z)=\frac{z}{z-1}$$

对于图 8-14a 所示的系统，有

$$G_1(z)=Z\left[\frac{b}{s}\right]=\frac{bz}{z-1}$$

$$G_2(z)=Z\left[\frac{a}{s+a}\right]=\frac{az}{z-\mathrm{e}^{-aT}}$$

因此

$$G(z)=G_1(z)G_2(z)=\frac{abz^2}{(z-1)(z-\mathrm{e}^{-aT})}$$

$$C(z)=G(z)R(z)=\frac{abz^3}{(z-1)^2(z-\mathrm{e}^{-aT})}$$

对于图 8-14b 所示的系统，有

$$G_1(s)G_2(s)=\frac{ab}{s\ (s+a)}$$

$$G(z)=G_1G_2(z)=Z\left[\frac{ab}{s(s+a)}\right]=\frac{bz(1-\mathrm{e}^{-aT})}{(z-1)(z-\mathrm{e}^{-aT})}$$

$$C(z)=G(z)R(z)=\frac{bz^2(1-\mathrm{e}^{-aT})}{(z-1)^2(z-\mathrm{e}^{-aT})}$$

显然，在串联环节之间有、无同步采样开关隔离，其总的脉冲传递函数和输出 z 变换是不相同的。但不同之处仅表现在其开环零点不同，极点仍然一样。这也是离散系统特有的现象之一。

(4) 有零阶保持器的开环系统脉冲传递函数　设有零阶保持器的开环离散系统如图 8-15a 所示。图中 $G_h(s)$ 为零阶保持器传递函数，$G_p(s)$ 为连续部分传递函数，两个串联环节之间无同步采样开关隔离。由于 $G_h(s)$ 不是 s 的有理分式函数，因此不便于用式(8-21)求开环脉冲传递函数。如果将图 8-15a 变换为图 8-15b 所示的等效开环系统，则开环系统的脉冲传递函数的推导将比较简单。

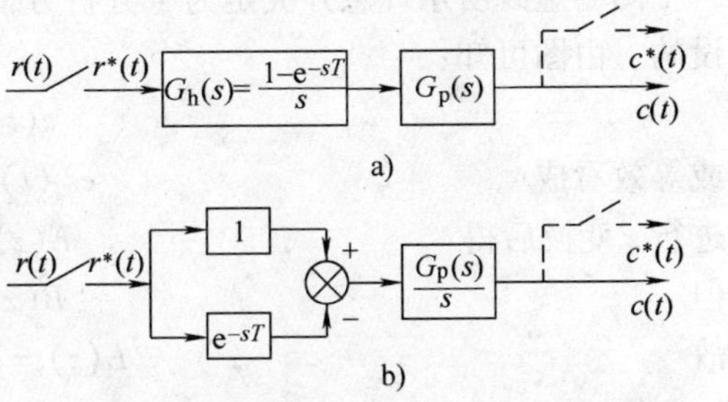

图 8-15　有零阶保持器的开环离散系统

由图 8-15b 可得

$$C(s)=\left[\frac{G_p(s)}{s}-\mathrm{e}^{-sT}\frac{G_p(s)}{s}\right]R^*(s)\tag{8-22}$$

因为 e^{-sT} 为延迟一个采样周期的延迟环节，所以 $\mathrm{e}^{-sT}G_p(s)/s$ 对应的采样输出比 $G_p(s)/s$ 对应的采样输出延迟一个采样周期。对式（8-22）进行 z 变换，根据实位移定理可得

$$C(z)=Z\left[\frac{G_p(s)}{s}\right]R(z)-z^{-1}Z\left[\frac{G_p(s)}{s}\right]R(z)$$

于是，有零阶保持器时，开环系统脉冲传递函数为

$$G(z)=\frac{C(z)}{R(z)}=(1-z^{-1})Z\left[\frac{G_p(s)}{s}\right]$$

例 8-25　设离散系统如图 8-15a 所示。已知，$G_p(s)=\dfrac{ab}{s\ (s+a)}$，试求系统的脉冲传递函数 $G(z)$。

解：因为

$$\frac{G_p(s)}{s}=\frac{ab}{s^2(s+a)}=\frac{b}{s^2}-\frac{b}{a}\left(\frac{1}{s}-\frac{1}{s+a}\right)$$

查 z 变换表，可得

$$Z\left[\frac{G_p(s)}{s}\right]=\frac{Tbz}{(z-1)^2}-\frac{b}{a}\left(\frac{z}{z-1}-\frac{z}{z-e^{-aT}}\right)$$

$$=\frac{\frac{b}{a}z\left[(e^{-aT}+aT-1)z+(1-aTe^{-aT}-e^{-aT})\right]}{(z-1)^2(z-e^{-aT})}$$

因此，有零阶保持器的开环系统脉冲传递函数为

$$G(z)=(1-z^{-1})Z\left[\frac{G_p(s)}{s}\right]$$

$$=\frac{\frac{b}{a}\left[(e^{-aT}+aT-1)z+(1-aTe^{-aT}-e^{-aT})\right]}{(z-1)(z-e^{-aT})}$$

把上述结果与例 8-24 所得结果作比较，可以看出，零阶保持器既不改变开环脉冲传递函数的阶数，也不影响开环脉冲传递函数的极点，只影响开环零点。

3. 闭环系统脉冲传递函数

由于采样器在闭环系统中可以有许多种配置可能性，因此，闭环采样系统没有唯一的结构图形式。比较常见的闭环采样系统结构图如图 8-16 所示。

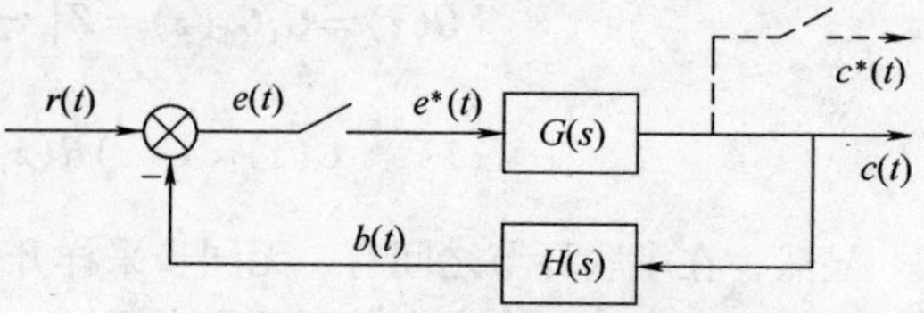

图 8-16　闭环采样系统结构图

图中虚线所示理想开关是为了分析方便而虚设的。由图可知：

$$e(t)=r(t)-b(t)$$

或等效看成

$$e^*(t)=r^*(t)-b^*(t)$$

进行 z 变换后得

$$E(z)=R(z)-B(z)$$

但

$$B(z)=GH(z)E(z)$$

故

$$E(z)=R(z)-GH(z)E(z)$$

即

$$E(z)=\frac{R(z)}{1+GH(z)}=\Phi_E(z)R(z)$$

其中

$$\Phi_E(z)=\frac{1}{1+GH(z)}=\frac{E(z)}{R(z)}$$

$\Phi_E(z)$称为闭环采样系统对于输入量的误差脉冲传递函数。

又因

$$C(z)=G(z)E(z)$$

所以

$$C(z)=\frac{G(z)R(z)}{1+GH(z)}=\Phi(z)R(z)$$

其中

$$\Phi(z)=\frac{G(z)}{1+GH(z)}=\frac{C(z)}{R(z)}$$

$\Phi(z)$ 称为闭环采样系统对于输入量的脉冲传递函数。

需要指出的是：闭环采样系统脉冲传递函数不能从 $\Phi(s)$和 $\Phi_E(s)$求 z 变换得来，即

$$\Phi(z)\neq Z\left[\Phi(s)\right],\ \Phi_E(z)\neq Z\left[\Phi_E(s)\right]$$

另外，当系统不存在 $r^*(t)$信号时，或者当误差信号 $e(t)$处没有采样开关时，输入采样信号 $r^*(t)$便不存在，此时不可能求出闭环系统对于输入的脉冲传递函数，而只能求出输出采样信号的 z 变换函数 $C(z)$。

例 8-26　设闭环采样系统结构图如图 8-17 所示，试证其输出采样信号的 z 变换为 $C(z)=\dfrac{RG(z)}{1+GH(z)}$。

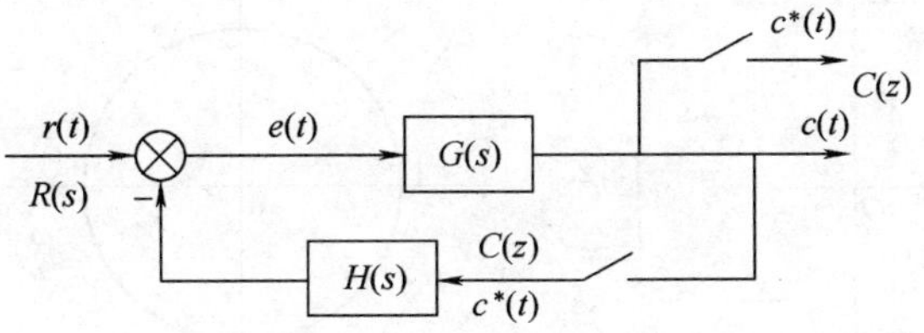

图 8-17　例 8-26 闭环采样系统结构图

证：由图 8-17 得
$$C(s)=G(s)E(s)$$
$$E(s)=R(s)-H(s)C^*(s)$$

所以
$$C(s)=G(s)R(s)-G(s)H(s)C^*(s)$$

对上式离散化，有
$$C^*(s)=GR^*(s)-GH^*(s)C^*(s)$$

解得
$$C^*(s)=\frac{GR^*(s)}{1+GH^*(s)}$$

对上式取 z 变换，得
$$C(z)=\frac{RG(z)}{1+GH(z)}$$

由于从上式解不出 $C(z)/R(z)$，因此不能求出闭环脉冲传递函数，但可求出 $C(z)$，进而确定闭环系统采样输出信号 $C^*(t)$。

用与上面类似的方法，可以推导出采样器为不同配置形式的闭环系统脉冲传递函数或闭环输出的 z 变换函数 $C(z)$。

第五节　离散系统的稳定性

在线性连续系统中，稳定性的判别是在 s 域中进行的。判别系统稳定性的判据都是从系统特征方程的根是否在 s 域左半平面出发的，若特征根都在虚轴之左，则系统稳定。由于采样系统的分析采用的是 z 平面，因此，弄清这两个复平面很重要。

一、s 域到 z 域的映射及 z 域稳定的充要条件

由 z 变换定义知，$z=e^{sT}$（T 为采样周期），这一关系式给出了 s 域到 z 域上的映射关系。首先来研究 s 域中的虚轴，即 $s=j\omega(\omega=-\infty\rightarrow+\infty)$ 映射到 z 域中的轨迹，该轨迹将由 $z=e^{j\omega T}$ 描述。而 $z=e^{j\omega T}$ 的模总等于 1，相角 $\theta=\omega T$。很明显，当 ω 从 $-\infty$ 变化到 $+\infty$ 时，$z=e^{j\omega T}$ 的轨迹在 z 域中是一个圆心在原点的单位圆，且沿着单位圆转过了无限多圈。这是因为：当 ω 从零增大到 $\omega_s/4$（其中，ω_s 为采样角频率，$\omega_s=2\pi/T$）时，θ 从零变化到 $\pi/2$，相应于 z 在第一象限内从 $z=1$ 沿单位圆变化到 $z=j$。

同理，ω 从 $\omega_s/4$ 增大到 $\omega_s/2$ 时，θ 从 $\pi/2$ 变化到 π。z 在第二象限内沿单位圆从 $z=j$ 变化到 $z=-1$。依次类推，如图 8-18 所示。

s 域中的任意点 $s=\sigma+j\omega$，映射到 z 域中为 $z=e^{(\sigma+j\omega)T}=e^{\sigma T}e^{j\omega T}$，其模为 $e^{\sigma T}$，相角为 ωT。而 s 域中左半平面的任意点，因 $\sigma<0$，故 $|z|=e^{\sigma T}<1$，映射到 z 域是在单位圆内；反之，s 域中右半平面的任意点，因 $\sigma>0$，故 $|z|=e^{\sigma T}>1$，映射到 z 域是在单位圆外。

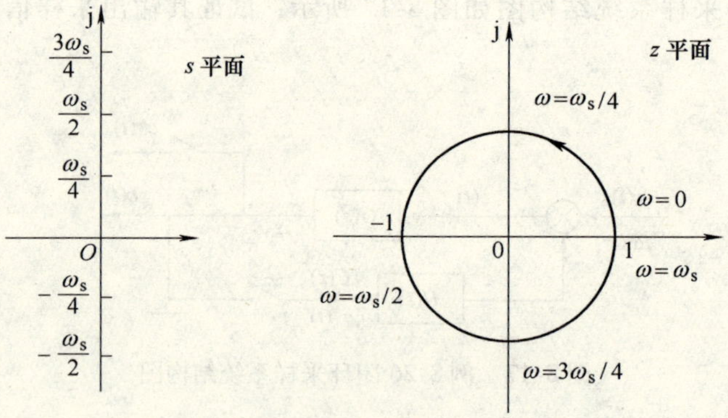

图 8-18　s 域的虚轴在 z 域上的映射

因此，采样系统稳定的充要条件是：采样系统特征方程的根都必须在 z 域中的单位圆内，哪怕只有一个根在 z 平面的单位圆外，系统就不稳定。当有一个根在 z 平面的单位圆上时，系统处于临界稳定。

正如分析连续系统的稳定性一样，用解特征方程根的方法来分析高阶采样系统的稳定性是很不方便的。为此，必须建立一些比较实用的分析采样系统稳定性的方法。在这里着重介绍劳斯稳定判据。

二、z 域到 w 域的映射及 w 域的稳定性判据

把应用于连续系统中的劳斯稳定判据直接搬到采样系统中是肯定不行的。这是因为劳斯稳定判据只能用来判别复变量（如 s）代数方程的根是否在虚轴的左面。如果把采样系统的特征方程从 z 域再复原到 s 域，则采样系统的特征方程又将变成 s 的超越方程。因此，必须寻找一种新的坐标变换来解决这个矛盾，这种新的坐标变换称为双线性变换，或称为 w 变换。

令
$$z=\frac{w+1}{w-1}$$

则有
$$w=\frac{z+1}{z-1} \tag{8-23}$$

其中，z 和 w 均为复变量，可写为
$$z=x+\mathrm{j}y$$
$$w=\mu+\mathrm{j}\nu$$

将上式代入式（8-23），整理后得
$$w=\mu+\mathrm{j}\nu=\frac{x^2+y^2-1}{(x-1)^2+y^2}-\mathrm{j}\frac{2y}{(x-1)^2+y^2}$$

w 平面中的虚轴对应于上式中的实部为零，即
$$x^2+y^2-1=0$$

这在 z 平面中就是单位圆，z 平面单位圆内的区域 $x^2+y^2<1$，对应 w 平面内是实部为负的左半平面，z 平面单位圆外的区域为 $x^2+y^2>1$，对应于 w 平面内是实部为正的右半平面。z 平面和 w 平面的这种对应关系如图 8-19 所示。

因此，如果在采样系统的特征方程 $D(z)=0$ 中代入 $z=\dfrac{w+1}{w-1}$，即可得以 w 为复变量的特征方程 $D(w)=0$，它是 w 的代数方程。这样，如果 $D(z)=0$ 的根都在 z 域中的单位圆内，则对应的

$D(w)=0$ 的根必定都在 w 域的左半平面。因此，经过 w 变换后，就可以将劳斯稳定判据用于采样系统了。

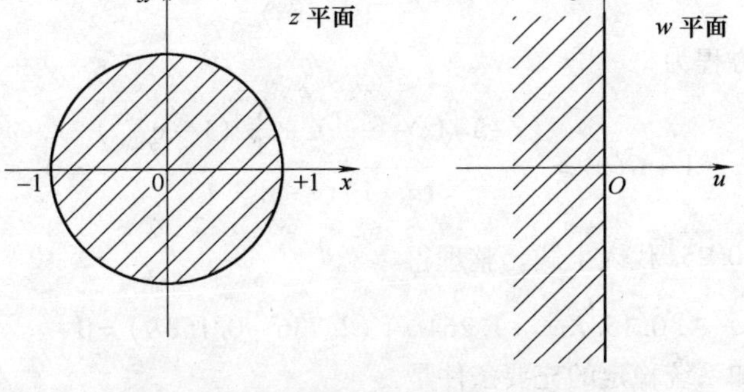

图 8-19　z 平面与 w 平面的对应关系

例 8-27　设闭环采样系统的特征方程为

$$D(z)=45z^3-117z^2+119z-39=0$$

试判断系统的稳定性。

解：令

$$z=\frac{w+1}{w-1}$$

代入系统的特征方程，得

$$45\times\left(\frac{w+1}{w-1}\right)^3-117\times\left(\frac{w+1}{w-1}\right)^2+119\times\frac{w+1}{w-1}-39=0$$

用 $(w-1)^3$ 乘等式两边，化简后得

$$D(w)=w^3+2w^2+2w+40=0$$

列劳斯阵列表：

w^3	1	2
w^2	2	40
w^1	−18	0
w^0	40	

因第 1 列有两次符号改变，所以有两个根在 w 平面的右半平面，或有两个根在 z 平面的单位圆之外，因此，系统不稳定。

还可以求使系统稳定的 K 值范围。

例 8-28　系统结构图如图 8-20 所示，其中采样周期 $T=0.25s$，试求系统稳定时的 K 值范围。

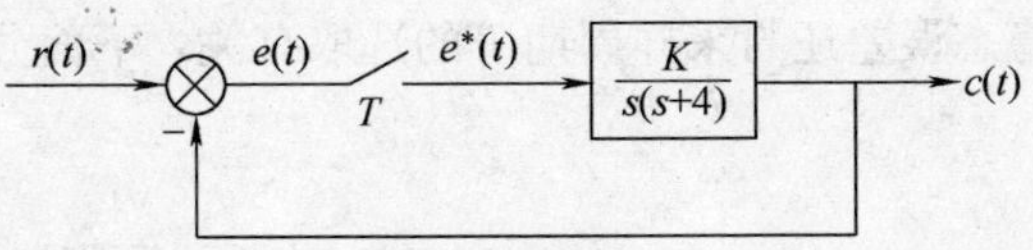

图 8-20　系统结构图

解：先求出 $G(s)$ 的 z 变换，即

$$G(z)=Z\left[\frac{K}{s(s+4)}\right]=Z\left[\frac{K}{4}\left(\frac{1}{s}-\frac{1}{s+4}\right)\right]$$

$$=\frac{K}{4}\frac{z(1-e^{-4T})}{(z-1)(z-e^{-4T})}$$

闭环脉冲传递函数为 $\Phi(z)=\dfrac{G(z)}{1+G(z)}$

因此，闭环特征方程为

$$1+G(z)=\frac{(z-1)(z-e^{-4T})+\dfrac{K}{4}z(1-e^{-4T})}{(z-1)(z-e^{-4T})}=0$$

令 $z=\dfrac{w+1}{w-1}$，并将 $T=0.25s$ 代入上式，整理得

$$0.158Kw^2+1.264w+(2.736-0.158K)=0$$

由劳斯稳定判据知系统稳定的充要条件是

$$\begin{cases}K>0\\2.736-0.158K>0\end{cases}$$

故 $0<K<17.3$

当采样周期 $T=0.1s$ 时，得 $0<K<40.73$

由此可见，对于离散系统而言，采样周期 T 和开环增益都对系统稳定性有影响。当采样周期一定时，加大开环增益会使离散系统的稳定性变差，甚至使系统变得不稳定；当开环增益一定时，采样周期越长，丢失的信息越多，对离散系统的稳定性及动态性能均不利。

第六节　离散系统的稳态误差

连续系统中计算稳态误差的一般方法和静态误差系数法，在一定条件下，也可以推广到离散系统中。与连续系统不同的是，离散系统的稳态误差是对采样点而言的。下面介绍利用 z 变换的终值定理求取离散系统在采样瞬时的稳态误差。

单位反馈离散系统如图 8-21 所示，图中 $e^*(t)$ 为系统采样误差信号，其 z 变换为

$$E(z)=R(z)-C(z)=\Phi_E(z)R(z)=\frac{1}{1+G(z)}R(z)$$

式中，$\Phi_E(z)$ 为系统误差脉冲传递函数。如果 $\Phi_E(z)$ 的全部极点全在 z 平面单位圆的内部，即离散系统是稳定的，则可用 z 变换的终值定理求出采样瞬时的稳态误差，即

$$e(\infty)=\lim_{t\to\infty}e^*(t)=\lim_{z\to1}\frac{z-1}{z}E(z)=\lim_{z\to1}\frac{z-1}{z}\frac{1}{1+G(z)}R(z) \tag{8-24}$$

式（8-24）表明，线性离散系统的稳态误差不但与系统本身的结构和参数有关，而且与输入序列的形式及幅值有关。另外，由于 $G(z)$ 还与采样周期 T 有关，参数的典型输入 $R(z)$ 也与 T 有关，因此，离散系统的稳态误差还与采样周期 T 的选取有关。下面分别讨论系统在三种典型输入信号作用下的稳态误差。

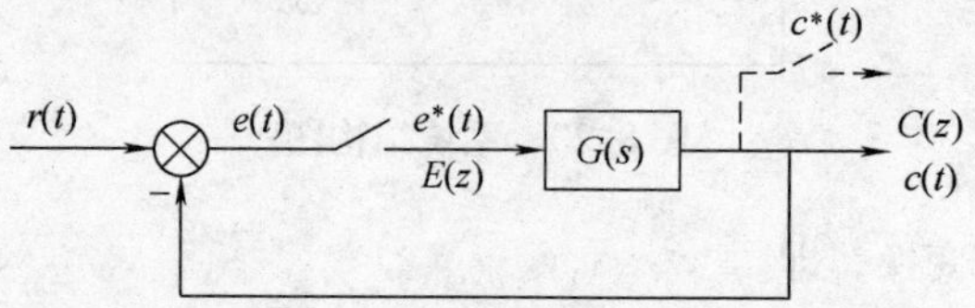

图 8-21　单位反馈离散系统

一、单位阶跃输入时的稳态误差

当系统输入为单位阶跃函数，即 $r(t)=1(t)$ 时，其 z 变换为

$$R(z)=\frac{z}{z-1}$$

由式（8-24）知，稳态误差为

$$e(\infty)=\lim_{z\to 1}\frac{1}{1+G(z)}=\frac{1}{\lim\limits_{z\to 1}[1+G(z)]}=\frac{1}{K_p} \tag{8-25}$$

式中，$K_p=\lim\limits_{z\to 1}[1+G(z)]$。$K_p$ 定义为静态位置误差系数，它与单位阶跃输入下的系统终值误差互为倒数。式（8-25）是系统的终值位置误差计算式。

当 $G(z)$ 具有一个或一个以上 $z=1$ 的极点时，$\lim\limits_{z\to 1}G(z)=\infty$，$K_p=\infty$，$e(\infty)=0$，这样的系统相应称为Ⅰ型或Ⅰ型以上的离散系统。因此，Ⅰ型或Ⅰ型以上的离散系统在采样瞬时没有位置误差。

二、单位斜坡输入时的稳态误差

当系统输入为单位斜坡函数，即 $r(t)=t$ 时，其 z 变换为

$$R(z)=\frac{Tz}{(z-1)^2}$$

其稳态误差为

$$\begin{aligned}e(\infty)&=\lim_{z\to 1}\frac{z-1}{z}\frac{1}{1+G(z)}\frac{Tz}{(z-1)^2}\\&=\lim_{z\to 1}\frac{T}{(z-1)[1+G(z)]}\\&=\lim_{z\to 1}\frac{T}{(z-1)G(z)}=\frac{T}{K_v}\end{aligned} \tag{8-26}$$

式（8-26）是离散系统在单位速度函数输入下采样瞬时的稳态位置误差，可以依照连续系统，称为速度误差。式中，$K_v=\lim\limits_{z\to 1}(z-1)G(z)$ 称为静态速度误差系数。

当 $G(z)$ 具有两个或两个以上 $z=1$ 的极点时，$\lim\limits_{z\to 1}(z-1)G(z)=\infty$，$K_v=\infty$，$e(\infty)=0$。因此，Ⅱ型或Ⅱ型以上的离散系统在单位斜坡输入下不存在稳态误差。

三、单位加速度输入时的稳态误差

当系统输入为单位加速度函数，即 $r(t)=t^2/2$ 时，其 z 变换为

$$R(z)=\frac{T^2z(z+1)}{2(z-1)^3}$$

其稳态误差为

$$\begin{aligned}e(\infty)&=\lim_{z\to 1}\frac{z-1}{z}\frac{1}{1+G(z)}\frac{T^2z(z+1)}{2(z-1)^3}\\&=\lim_{z\to 1}\frac{T^2(z+1)}{2(z-1)^2[1+G(z)]}\\&=\lim_{z\to 1}\frac{T^2}{(z-1)^2G(z)}=\frac{T^2}{K_a}\end{aligned} \tag{8-27}$$

式（8-27）也是系统的稳态位置误差，称为加速度误差。式中，$K_a=\lim\limits_{z\to 1}(z-1)^2G(z)$称为静态加速度误差系数。

当$G(z)$具有三个或三个以上$z=1$的极点时，$\lim\limits_{z\to 1}(z-1)^2G(z)=\infty$，$K_a=\infty$，$e(\infty)=0$。

因此，0 型及Ⅰ型离散系统不能承受加速度函数作用，Ⅱ型离散系统在单位加速度函数作用下存在加速度误差，只有Ⅲ型及Ⅲ型以上的离散系统在单位加速度函数作用下，才不存在采样瞬时的稳态位置误差。

归纳上述讨论结果，可以得出到计算典型输入下不同型别单位反馈离散系统的稳态误差的规律，见表 8-2。

表 8-2　单位反馈离散系统的稳态误差

系统型别	位置误差 $r(t)=1(t)$	速度误差 $r(t)=t$	加速度误差 $r(t)=t^2/2$
0 型	$1/K_p$	∞	∞
Ⅰ型	0	T/K_v	∞
Ⅱ型	0	0	T^2/K_a

可见，与连续系统相比较，离散系统的速度、加速度稳态误差不仅与K_v、K_a有关，而且还与采样周期T有关。

例 8-29　设离散系统如图 8-21 所示。其中$G(s)=1/[s(s+1)]$，$T=1\text{s}$，输入连续信号$r(t)$分别为$1(t)$、t和$t^2/2$，利用稳态误差系数法求该离散系统的K_p、K_v、K_a及稳态误差e_{ss}。

解：（1）输入$r(t)=1(t)$时

$$K_p=\lim_{z\to 1}[1+G(z)]=\lim_{z\to 1}\left[1+\frac{z(1-e^{-1})}{(z-1)(z-e^{-1})}\right]=\infty$$

$$e_{ss}=1/K_p=0$$

（2）　输入$r(t)=t$时

$$K_v=\lim_{z\to 1}(z-1)G(z)=\lim_{z\to 1}(z-1)\left[\frac{z(1-e^{-1})}{(z-1)(z-e^{-1})}\right]=1$$

$$e_{ss}=T/K_v=1$$

（3）　输入$r(t)=t^2/2$时

$$K_a=\lim_{z\to 1}(z-1)^2G(z)=\lim_{z\to 1}(z-1)^2\frac{z(1-e^{-1})}{(z-1)(z-e^{-1})}=0$$

$$e_{ss}=T^2/K_a=\infty$$

第七节　离散系统的动态性能分析

计算离散系统的动态性能，通常先求取离散系统的单位阶跃响应序列，再按动态性能指标定义来确定指标值。本节主要介绍离散系统闭环极点分布与其瞬态响应的关系，以及动态性能的分析、计算方法。

一、闭环极点分布与瞬态响应

在线性连续系统中，闭环极点在s平面上的位置与系统的瞬态响应有着密切的关系。同样，在线性离散系统中，闭环脉冲传递函数的极点在z平面上的位置对系统的动态响应具有重要的影响。明确它们之间的关系，对分析和设计离散系统具有指导意义。

设系统的闭环脉冲传递函数为

$$\Phi(z)=\frac{M(z)}{D(z)}=\frac{b_0z^m+b_1z^{m-1}+\cdots+b_m}{a_0z^n+a_1z^{n-1}+\cdots+a_n}=\frac{b_0\prod_{i=1}^{m}(z-z_i)}{a_0\prod_{j=1}^{n}(z-p_j)}\qquad(n\geqslant m)$$

式中，$z_i(i=1,2,\cdots,m)$表示$\Phi(z)$的零点；$p_j(j=1,2,\cdots,n)$表示$\Phi(z)$的极点。不失一般性，且为了便于讨论，假设$\Phi(z)$无重极点。

当$r(t)=1(t)$时，离散系统输出的z变换为

$$C(z)=\Phi(z)R(z)=\frac{M(z)}{D(z)}\frac{z}{z-1}$$

$$=A_0\frac{z}{z-1}+\sum_{j=1}^{n}\frac{A_jz}{z-p_j}\tag{8-28}$$

式中，$A_0=\left[\frac{M(z)}{D(z)}\right]_{z=1}=\frac{M(1)}{D(1)}$，$A_j=\left.\frac{(z-p_j)M(z)}{(z-1)D(z)}\right|_{z=p_j}$。

对式（8-28）进行z反变换，得

$$c(kT)=\frac{M(1)}{D(1)}+\sum_{j=1}^{n}A_jp_j^{\ k}\tag{8-29}$$

式中，$M(1)/D(1)$是$c^*(t)$的稳态分量，第二项为输出离散信号的瞬态分量，各分量的形式是由闭环极点p_j在z平面的位置决定的。下面分几种情况进行讨论。

1. 实数极点

当p_j位于实轴上时，对应的瞬态分量为

$$c_j(kT)=A_jp_j^{\ k}$$

1）若$0<p_j<1$，极点位于单位圆内的正实轴上，$p_j^{\ k}$总是正值，并随k增大而减小，故瞬态响应序列单调收敛。p_j越接近原点，其值越小，收敛越快。

2）若$p_j=1$，极点位于单位圆与正实轴的交点上，相应的瞬态响应是等幅脉冲序列。

3）若$p_j>1$，极点位于单位圆外的正实轴上，对应的瞬态响应为单调发散的脉冲序列。

4）若$-1<p_j<0$，极点位于单位圆内负实轴上，由于p_j是负值，所以对应的瞬态响应为正负交替的衰减脉冲序列。

5）若$p_j=-1$，极点位于单位圆与负实轴的交点上，对应的瞬态响应为正负交替的等幅脉冲序列，振荡的角频率为π/T。

6）若$p_j<-1$，极点位于单位圆外的负实轴上，对应的瞬态响应为正负交替的发散脉冲序列，振荡的角频率为π/T。

闭环实数极点分布与相应的瞬态响应形式如图8-22所示。

由图8-22可见：

若闭环实数极点位于右半z平面，则输出瞬态响应形式为单向正脉冲序列。实极点位于单位圆内，脉冲序列收敛，且实极点越接近原点，收敛越快；实极点位于单位圆上，脉冲序列等幅变化；实极点位于单位圆外，脉冲序列发散。

若闭环实数极点位于左半z平面，则输出瞬态响应形式为双向交替脉冲序列。实极点位于单位圆内，双向脉冲序列收敛；实极点位于单位圆上，双向脉冲序列等幅变化；实极点位于单位圆外，双向脉冲序列发散。

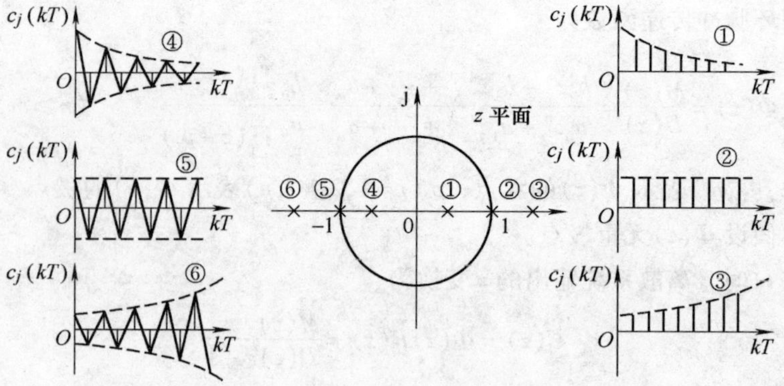

图 8-22 闭环实数极点分布与对应的瞬态响应

2. 共轭复数极点

由于闭环脉冲传递函数共轭复数极点 p_j、p_{j+1} 是成对出现的，即 $p_{j,j+1}=|p_j|\mathrm{e}^{\pm j\theta_j}$，它们所对应的系数 A_j、A_{j+1} 也必定是共轭的，即 $A_{j,j+1}=|A_j|\mathrm{e}^{\pm j\varphi_j}$。由式（8-29）可知，$p_j p_{j+1}$ 对应的瞬态响应分量为

$$
\begin{aligned}
c_{j,j+1}(kT) &= Z^{-1}\left[\frac{A_j z}{z-p_j}+\frac{A_{j+1}z}{z-p_{j+1}}\right]=A_j p_j^k + A_{j+1}p_{j+1}^k \\
&= |A_j|\mathrm{e}^{j\varphi_j}|p_j|^k\mathrm{e}^{jk\theta_j}+|A_j|\mathrm{e}^{-j\varphi_j}|p_j|^k\mathrm{e}^{-jk\theta_j} \\
&= |A_j||p_j|^k\left[\mathrm{e}^{j(k\theta_j+\varphi_j)}+\mathrm{e}^{-j(k\theta_j+\varphi_j)}\right] \\
&= 2|A_j||p_j|^k\cos(k\theta_j+\varphi_j)
\end{aligned}
$$

由此可见，共轭复数极点对应的瞬态响应是余弦振荡序列。

1）若 $|p_j|<1$，复数极点位于 z 平面上的单位圆内，相应的瞬态响应序列衰减振荡，振荡角频率为 θ_j/T。共轭复数极点越接近原点，瞬态响应衰减越快。

2）若 $|p_j|=1$，复数极点位于 z 平面上的单位圆上，相应的瞬态响应为等幅振荡脉冲序列。

3）若 $|p_j|>1$，复数极点位于 z 平面上的单位圆外，相应的瞬态响应为发散振荡脉冲序列。

闭环共轭复数极点分布与相应瞬态响应形式的关系如图 8-23 所示。由图可见，位于 z 平面上的单位圆内的共轭复数极点，对应输出瞬态响应的形式为振荡收敛脉冲序列，但复数极点位于左半单位圆内所对应的振荡频率，要高于右半单位圆内的情况。

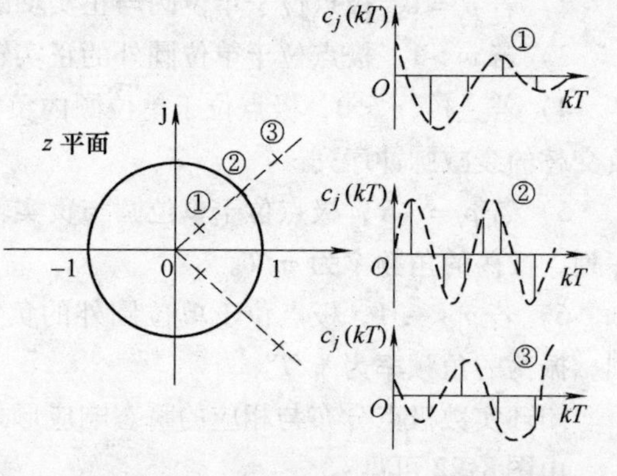

图 8-23 闭环共轭复数极点分布与对应的瞬态响应

综上所述，离散系统的动态特性与闭环极点的分布密切相关。当闭环实数极点位于 z 平面的左半单位圆内时，由于输出衰减脉冲交替变号，故动态过程质量很差；当闭环复数极点位于 z 平面的左半单位圆内时，由于输出衰减高频振荡脉冲，故系统动态过程性能欠佳。因此，在离散系统设计时，应把闭环极点安置在 z 平面的右半单位圆内，且尽量靠近原点。

二、动态性能分析

1. 离散系统的时间响应

设离散系统的闭环脉冲传递函数 $\Phi(z)=C(z)/R(z)$，则系统单位阶跃响应的 z 变换为

$$C(z)=\frac{z}{z-1}\Phi(z)$$

通过 z 反变换，可以求出输出信号的脉冲序列 $c^*(t)$，$c^*(t)$代表线性离散系统在单位阶跃输入作用下的响应过程。由于离散系统时域指标的定义与连续系统相同，故根据单位阶跃响应序列 $c^*(t)$，可以方便地确定离散系统的动态性能。

例 8-30　设有零阶保持器的离散系统如图 8-24 所示，其中，$r(t)=1(t)$，采样周期 $T=1\text{s}$，$K=1$。试分析系统的动态性能。

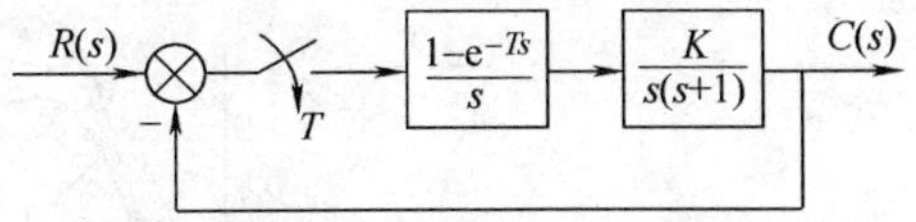

图 8-24　闭环离散系统结构图

解：先求开环脉冲传递函数 $G(z)$，即

$$G(z)=Z\left[\frac{1-\mathrm{e}^{-Ts}}{s^2(s+1)}\right]=(1-z^{-1})Z\left[\frac{1}{s^2(s+1)}\right]=\frac{0.368z+0.264}{(z-1)(z-0.368)}$$

再求闭环传递函数

$$\Phi(z)=\frac{G(z)}{1+G(z)}=\frac{0.368z+0.264}{z^2-z+0.632}$$

将 $R(z)=z/(z-1)$代入上式，求出单位阶跃响应序列的 z 变换，即

$$C(z)=\Phi(z)R(z)=\frac{0.368z^{-1}+0.264z^{-2}}{1-2z^{-1}+1.632z^{-2}-0.632z^{-3}}$$

通过综合除法，将 $C(z)$展开成无穷幂级数，即

$$C(z)=0.368z^{-1}+z^{-2}+1.4z^{-3}+1.4z^{-4}+1.147z^{-5}+0.895z^{-6}+0.802z^{-7}+0.868z^{-8}+\cdots$$

基于 z 变换的定义，由上式求得系统在单位阶跃外作用下的输出序列 $c(nT)$为

$c(0)=0$	$c(6T)=0.895$	$c(12T)=1.032$
$c(T)=0.368$	$c(7T)=0.802$	$c(13T)=0.981$
$c(2T)=1$	$c(8T)=0.868$	$c(14T)=0.961$
$c(3T)=1.4$	$c(9T)=0.993$	$c(15T)=0.973$
$c(4T)=1.4$	$c(10T)=1.077$	$c(16T)=0.997$
$c(5T)=1.147$	$c(11T)=1.081$	$c(17T)=1.015$

根据上述 $c(nT)(n=0,1,2,\cdots)$数值，可以绘出离散系统的单位阶跃响应 $c^*(t)$，如图 8-25 所示。由图可求得给定离散系统的近似性能指标：上升时间 $t_r=2\text{s}$，峰值时间 $t_p=4\text{s}$，调节时间 $t_s=12\text{s}$，超调量 $\sigma\%=40\%$。

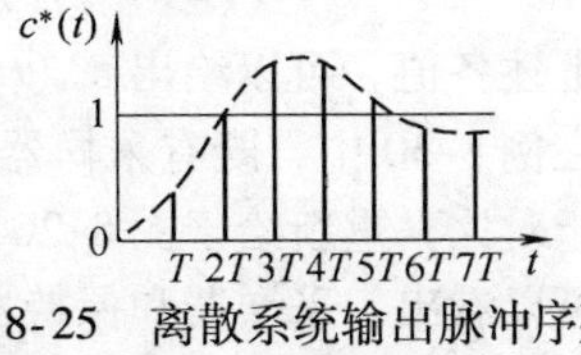

图 8-25　离散系统输出脉冲序列

应当指出，由于离散系统的时域性能指标只能按采样周期整数倍的采样值来计算，所以是近似的。

2. 采样器和保持器对动态性能的影响

采样器和保持器不影响开环脉冲传递函数的极点，仅影响开环脉冲传递函数的零点。但是，对闭环离散系统而言，开环脉冲传递函数零点的变化，必然引起闭环脉冲传递函数极点的改变，因此，采样器和保持器会影响闭环离散系统的动态性能。下面通过一个具体例子，定性说明这种影响。

在例 8-30 中，如果没有采样器和零阶保持器，则成为连续系统，其闭环传递函数为

$$\Phi(s)=\frac{1}{s^2+s+1}$$

显然，该系统的阻尼比 $\zeta=0.5$，自然频率 $\omega_n=1$，其单位阶跃响应应为

$$c(t)=1-\frac{1}{\sqrt{1-\zeta^2}}e^{-\zeta\omega_n t}\sin\left(\omega_n\sqrt{1-\zeta^2}t+\arccos\zeta\right)$$
$$=1-1.154e^{-0.5t}\sin(0.866t+60°)$$

相应的时间响应曲线如图 8-26 中曲线 1 所示。

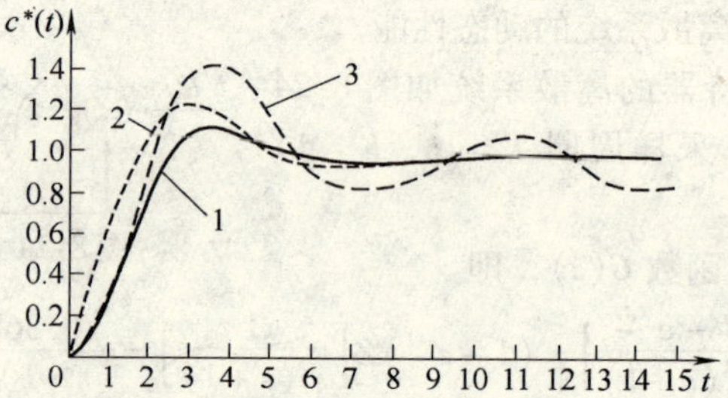

图 8-26　连续与离散系统的时间响应曲线

在例 8-30 中，如果只有采样器而没有保持器，则系统的开环脉冲传递函数为

$$G(z)=Z\left[\frac{1}{s(s+1)}\right]=\frac{0.632z}{(z-1)(z-0.368)}$$

相应的闭环脉冲传递函数

$$\Phi(z)=\frac{G(z)}{1+G(z)}=\frac{0.632z}{z^2-0.736z+0.368}$$

代入 $R(z)=z/(z-1)$，得系统输出 z 变换

$$C(z)=\frac{0.632z^2}{z^3-1.736z^2+1.104z-0.368}$$
$$=0.632z^{-1}+1.097z^{-2}+1.207z^{-3}+1.117z^{-4}+1.104z^{-5}+\cdots$$

基于 z 变换定义，求得 $c(t)$ 在各采样时刻上的值 $c(nT)(n=0,1,2,\cdots)$ 为

$c(0)=0$　　$c(5T)=1.014$　　$c(10T)=1.007$

$c(T)=0.632$　　$c(6T)=0.964$　　$c(11T)=1.003$

$c(2T)=1.097$　　$c(7T)=0.970$　　$c(12T)=1$

$c(3T)=1.207$　　$c(8T)=0.991$　　$c(13T)=1$

$c(4T)=1.117$　　$c(9T)=1.004$　　$c(14T)=1$

根据上述各值，可以绘出 $c^*(t)$ 曲线，如图 8-26 中曲线 2 所示。

在例 8-30 中，既有采样器又有零阶保持器的单位阶跃响应曲线 $c^*(t)$，已绘于图 8-25。为了便于对比，重新绘于图 8-26 中，见曲线 3。

可以看出，采样器和保持器对离散系统的动态性能有如下影响：①采样器可使系统的峰值时间和调节时间略有减小，但使超调量增大，故采样造成的信息损失会降低系统的稳定程度；②在相同条件下，由于采样损失了信息，与连续系统相比，离散系统的动态性能会有所降低。由于零阶保持器相当于延时半拍的延迟环节，所以相对于无零阶保持器的离散系统，零阶保持器使系统的峰值时间和调节时间都加长，超调量和振荡次数也增加，使系统的动态性能变差。零阶保持器的相位滞后也降低了系统的稳定程度。

第八节　离散系统的数字校正

线性离散系统的设计方法主要有模拟化设计和离散化设计两种。模拟化设计方法是把控制系统按模拟化进行分析，求出数字部分的等效连续环节，然后按连续系统理论设计校正装置，再将该校正装置数字化。离散化设计方法是把控制系统按离散化（数字化）进行分析，求出系统的脉冲传递函数，然后按离散系统理论设计数字控制器。离散化校正方法主要有 z 域中的根轨迹法、w 域中的频率法和直接数字设计法。由于直接数字设计法比较简便，可以实现比较复杂的控制规律，因此更具有一般性。本节主要介绍直接数字设计法。

一、数字控制器的脉冲传递函数

设离散系统如图 8-27 所示。图中，$D(z)$为数字控制器（数字校正装置）的脉冲传递函数，$G(s)$为保持器和被控对象的传递函数。

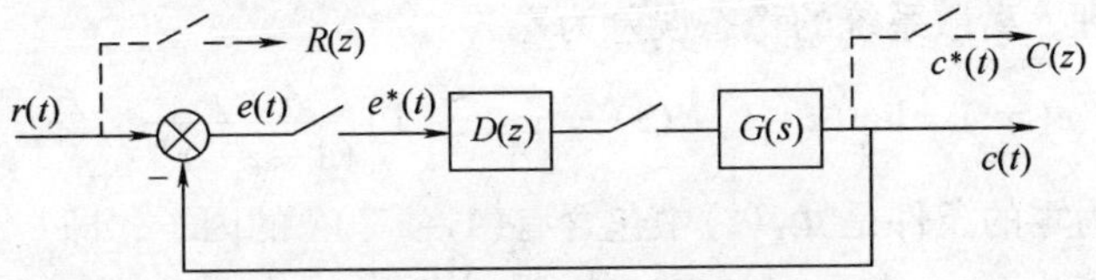

图 8-27　具有数字控制器的离散系统

设 $G(s)$的 z 变换为 $G(z)$，由图 8-27 可以求出系统的闭环脉冲传递函数以及误差脉冲传递函数，分别为

$$\Phi(z)=\frac{C(z)}{R(z)}=\frac{D(z)G(z)}{1+D(z)G(z)} \tag{8-30}$$

$$\Phi_E(z)=\frac{E(z)}{R(z)}=\frac{1}{1+D(z)G(z)} \tag{8-31}$$

由式（8-30）和式（8-31）可以分别求出数字控制器的脉冲传递函数

$$D(z)=\frac{\Phi(z)}{G(z)[1-\Phi(z)]} \tag{8-32}$$

或者

$$D(z)=\frac{1-\Phi_E(z)}{G(z)\Phi_E(z)}=\frac{\Phi(z)}{G(z)\Phi_E(z)} \tag{8-33}$$

显然

$$\Phi_E(z)=1-\Phi(z) \tag{8-34}$$

根据对离散系统性能指标的要求，确定闭环脉冲传递函数 $\Phi(z)$或误差脉冲传递函数 $\Phi_E(z)$，然后利用式（8-32）或式（8-33）就可确定数字控制器的脉冲传递函数 $D(z)$了。

二、最少拍系统设计

在采样过程中，称一个采样周期为一拍。所谓最少拍系统，是指在典型输入作用下，能以有限拍结束响应过程，且在采样时刻上无稳态误差的离散系统。

最少拍系统的设计原则是：设被控对象 $G(z)$无延迟且在 z 平面单位圆上及单位圆外无零、极点［点(1，j0)除外］，要求选择闭环传递函数 $\Phi(z)$，使系统在典型输入作用下，经最少采样周期后能使输出序列在各采样时刻的稳态误差为零，达到完全跟踪的目的，进一步由式(8-32)或式（8-33）确定数字控制器的脉冲传递函数 $D(z)$。

最少拍系统的设计是针对典型输入作用进行的。常见的典型输入有单位阶跃函数、单位斜坡函数和单位加速度函数，其 z 变换分别为

$$Z[1(t)]=\frac{z}{z-1}=\frac{1}{1-z^{-1}}$$

$$Z[t]=\frac{Tz}{(z-1)^2}=\frac{Tz^{-1}}{(1-z^{-1})^2}$$

$$Z\left[\frac{1}{2}t^2\right]=\frac{T^2z(z+1)}{2(z-1)^3}=\frac{\frac{1}{2}T^2z^{-1}(1+z^{-1})}{(1-z^{-1})^3}$$

因此，典型输入可表示为如下一般形式：

$$R(z)=\frac{A(z)}{(1-z^{-1})^m}$$

其中，$A(z)$是不含$(1-z^{-1})$因子的z^{-1}多项式。例如，$r(t)=1(t)$时，有$m=1$，$A(z)=1$；$r(t)=t$时，有$m=2$，$A(z)=Tz^{-1}$；$r(t)=t^2/2$时，有$m=3$，$A(z)=T^2z^{-1}(1+z^{-1})/2$。

根据最少拍系统的设计原则，首先应求误差信号$e(t)$的z变换，即

$$E(z)=\Phi_E(z)R(z)=\frac{\Phi_E(z)A(z)}{(1-z^{-1})^m} \tag{8-35}$$

根据z变换的终值定理，离散系统的稳态误差为

$$e(\infty)=\lim_{z\to 1}(z-1)E(z)=\lim_{z\to 1}(z-1)\frac{A(z)}{(1-z^{-1})^m}\Phi_E(z)$$

此式表明，使$e(\infty)$为零的条件是$\Phi_E(z)$中包含有$(1-z^{-1})^m$的因子，即

$$\Phi_E(z)=(1-z^{-1})^mF(z)$$

式中，$F(z)$为不含$(1-z^{-1})$因子的多项式。为了使求出的$D(z)$简单，阶数最低，可取$F(z)=1$，即

$$\Phi_E(z)=(1-z^{-1})^m \tag{8-36}$$

由式（8-34）可知

$$\Phi(z)=1-\Phi_E(z)=1-(1-z^{-1})^m=\frac{z^m-(z-1)^m}{z^m}$$

即$\Phi(z)$的全部极点均位于z平面的原点。

由z变换定义可知

$$E(z)=\sum_{n=0}^{\infty}e(nT)z^{-n}=e(0)+e(T)z^{-1}+e(2T)z^{-2}+\cdots$$

根据最少拍系统的设计原则可知，最少拍系统应该自某个时刻n开始，在$k\geqslant n$时，有$e(kT)=e[(k+1)T]=e[(k+2)T]=\cdots=0$，此时系统的动态过程在$t=kT$时结束，其调节时间$t_s=kT$。

下面分别讨论最少拍系统在不同典型输入作用下数字控制器脉冲传递函数$D(z)$的确定方法。

1. 单位阶跃输入

由于当$r(t)=1(t)$时，有$m=1$，$A(z)=1$，故由式（8-34）及式（8-36）可得

$$\Phi_E(z)=1-z^{-1},\qquad \Phi(z)=z^{-1}$$

于是，根据式（8-33）可得

$$D(z)=\frac{z^{-1}}{(1-z^{-1})G(z)}$$

又由式（8-35）可得　$E(z)=\dfrac{A(z)}{(1-z^{-1})^m}\Phi_E(z)=1$

上式表明，$e(0)=1$，$e(T)=e(2T)=\cdots=0$。可见，最少拍系统经过一拍便可完全跟踪输入$r(t)=1(t)$，如图8-28所示。这样的离散系统称为一拍系统，系统调节时间$t_s=T$。

图8-28　最少拍系统的单位阶跃响应序列

2. 单位斜坡输入

当$r(t)=t$时

$$R(z)=Z[t]=\frac{Tz}{(z-1)^2}=\frac{Tz^{-1}}{(1-z^{-1})^2}$$

此时有 $m=2$，$A(z)=Tz^{-1}$，故

$$\Phi_E(z)=(1-z^{-1})^2,\qquad \Phi(z)=1-\Phi_E(z)=2z^{-1}-z^{-2}$$

于是
$$D(z)=\frac{\Phi(z)}{G(z)\Phi_E(z)}=\frac{z^{-1}(2-z^{-1})}{(1-z^{-1})^2G(z)}$$

且有
$$E(z)=\frac{A(z)}{(1-z^{-1})^m}\Phi_E(z)=Tz^{-1}$$

即有：$e(0)=0$，$e(T)=T$，$e(2T)=e(3T)=\cdots=0$。可见，最少拍系统经过两拍便可完全跟踪输入 $r(t)=1(t)$，单位斜坡响应为

$$C(z)=\Phi(z)R(z)=(2z^{-1}-z^{-2})\frac{Tz^{-1}}{(1-z^{-1})^2}=2Tz^{-2}+3Tz^{-3}+\cdots+nTz^{-n}+\cdots$$

基于 z 变换定义，得到最少拍系统在单位斜坡作用下的输出序列 $c(nT)$ 为

$$c(0)=0,\ c(t)=0,\ c(2T)=2T,\ c(3T)=3T,\ \cdots c(nT)=nT,\ \cdots$$

响应过程如图 8-29 所示，系统调节时间 $t_s=2T$。

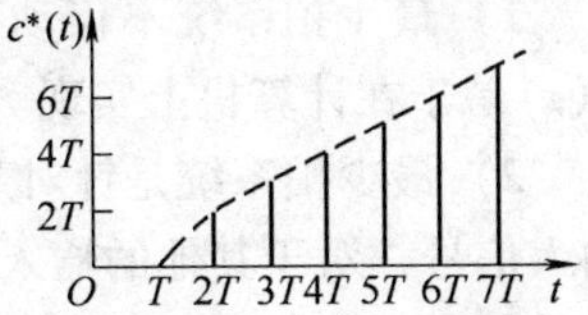

图 8-29　最少拍系统的单位阶跃斜坡响应序列

3. 单位加速度输入

由于当 $r(t)=t^2/2$ 时，有 $m=3$，$A(z)=T^2z^{-1}(1+z^{-1})/2$

故
$$\Phi_E(z)=(1-z^{-1})^3$$
$$\Phi(z)=1-\Phi_E(z)=3z^{-1}-3z^{-2}+z^{-3}$$

由式（8-33）可知，数字控制器脉冲传递函数

$$D(z)=\frac{z^{-1}(3-3z^{-1}+z^{-2})}{(1-z^{-1})^3G(z)}$$

误差脉冲序列及输出脉冲序列的 z 变换分别为

$$E(z)=A(z)=\frac{1}{2}T^2z^{-1}+\frac{1}{2}T^2z^{-2}$$

$$C(z)=\Phi(z)R(z)=\frac{3}{2}T^2z^{-2}+\frac{9}{2}T^2z^{-3}+\cdots+\frac{n^2}{2}T^2z^{-n}+\cdots$$

于是有

$$e(0)=0,\ e(T)=\frac{1}{2}T^2,\ e(2T)=\frac{1}{2}T^2,\ e(3T)=e(4T)=\cdots=0$$
$$c(0)=c(T)=0,\ c(2T)=1.5T^2,\ c(3T)=4.5T^2,\ \cdots$$

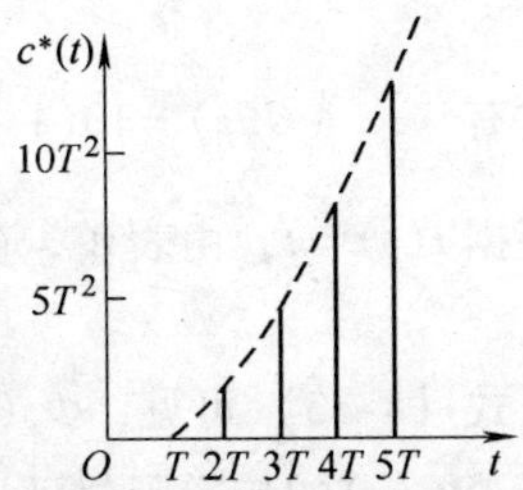

图 8-30　最少拍系统的单位加速度响应序列

可见，最少拍系统经过三拍便可完全跟踪输入 $r(t)=t^2/2$。根据 $c(nT)$ 的数值，可以绘出最少拍系统的单位加速度响应序列，如图 8-30 所示，系统调节时间 $t_s=3T$。

各种典型输入作用下最少拍系统的设计结果见表 8-3。

表 8-3　最少拍系统的设计结果

典型输入		闭环脉冲传递函数		数字控制器脉冲传递函数	调节时间
$r(t)$	$R(z)$	$\Phi_E(z)$	$\Phi(z)$	$D(z)$	t_s
$1(t)$	$\frac{1}{1-z^{-1}}$	$1-z^{-1}$	z^{-1}	$\frac{z^{-1}}{(1-z^{-1})G(z)}$	T

（续）

典型输入		闭环脉冲传递函数		数字控制器脉冲传递函数	调节时间
t	$\dfrac{Tz^{-1}}{(1-z^{-1})^2}$	$(1-z^{-1})^2$	$2z^{-1}-z^{-2}$	$\dfrac{z^{-1}(2-z^{-1})}{(1-z^{-1})^2G(z)}$	$2T$
$\dfrac{t^2}{2}$	$\dfrac{T^2z^{-1}(1+z^{-1})}{2(1-z^{-1})^3}$	$(1-z^{-1})^3$	$3z^{-1}-3z^{-2}+z^{-3}$	$\dfrac{z^{-1}(3-3z^{-1}+z^{-2})}{(1-z^{-1})^3G(z)}$	$3T$

应当指出，最少拍系统的调节时间只与所选择的闭环脉冲传递函数 $\Phi(z)$ 的形式有关，而与典型输入信号的形式无关。

基于上述的讨论，对最少拍系统做出如下评述：

1）最少拍系统不仅动态响应快，而且无稳态误差，其设计方法简单，所求的数字控制器 $D(z)$ 易于在计算机上实现。

2）最少拍系统是针对某一典型输入信号而设计的，因而所求的数字控制器 $D(z)$ 只适用于该输入信号，对于其他的输入信号，系统就不再具有最少拍系统的特性，因而这种设计方法对输入信号的适应性较差。

例 8-31　设单位反馈线性定常离散系统的连续部分和零阶保持器的传递函数分别为

$$G_{\mathrm{p}}(s)=\frac{10}{s\ (s+1)},\qquad G_{\mathrm{h}}(s)=\frac{1-\mathrm{e}^{-sT}}{s}$$

其中，采样周期 $T=1\mathrm{s}$。若要求系统在单位斜坡输入时实现最少拍控制，试求数字控制器脉冲传递函数 $D(z)$。

解：系统开环传递函数为

$$G(s)=G_{\mathrm{p}}(s)G_{\mathrm{h}}(s)=\frac{10(1-e^{-sT})}{s^2(s+1)}$$

由于

$$Z\left[\frac{1}{s^2(s+1)}\right]=\frac{Tz}{(z-1)^2}-\frac{(1-\mathrm{e}^{-T})z}{(z-1)(z-\mathrm{e}^{-T})}$$

故有

$$G(z)=10(1-z^{-1})\left[\frac{Tz}{(z-1)^2}-\frac{(1-\mathrm{e}^{-T})z}{(z-1)(z-\mathrm{e}^{-T})}\right]=\frac{3.68z^{-1}(1+0.717z^{-1})}{(1-z^{-1})(1-0.368z^{-1})}$$

根据 $r(t)=t$，由表 8-3 查出最少拍系统应具有的闭环脉冲传递函数和误差脉冲传递函数分别为

$$\Phi(z)=2z^{-1}-z^{-2},\qquad \Phi_E(z)=(1-z^{-1})^2$$

由式（8-33）可见，$\Phi_E(z)$ 的零点 $z=1$ 可以抵消 $G(z)$ 在单位圆上的极点 $z=1$；$\Phi(z)$ 的 z^{-1} 可以抵消 $G(z)$ 的传递函数延迟 z^{-1}。因此，上述 $\Phi(z)$ 和 $\Phi_E(z)$ 满足对消 $G(z)$ 中的传递延迟 z^{-1} 及补偿 $G(z)$ 在单位圆上极点 $z=1$ 的限制性要求。故按式（8-33）算出的 $D(z)$ 可以确保系统在 $r(t)=t$ 作用下成为最少拍系统。

根据给定的 $G(z)$ 和查出的 $\Phi(z)$ 和 $\Phi_E(z)$，求得

$$D(z)=\frac{\Phi(z)}{G(z)\Phi_E(z)}=\frac{0.543(1-0.368z^{-1})(1-0.5z^{-1})}{(1-z^{-1})(1+0.717z^{-1})}$$

习　题

8-1　试求下列函数的 z 变换。

(1) $e(t)=a^{\frac{t}{T}}$　　　　(2) $e(t)=t^2\mathrm{e}^{-3t}$

(3) $E(s)=\frac{s+1}{s^2}$　　(4) $E(s)=\frac{s+3}{s(s+1)(s+2)}$

8-2　求下列函数的 z 反变换。

(1) $E(z)=\frac{10z}{(z-1)(z-2)}$　　(2) $E(z)=\frac{z^2}{(z-0.8)(z-0.1)}$

8-3　确定下列函数的初值和终值。

(1) $E(z)=\frac{z^2(z^2+z+1)}{(z^2-0.8z+1)(z^2+z+0.8)}$　　(2) $E(z)=\frac{z^2}{(z-0.8)(z-0.1)}$

(3) $E(z)=\frac{1+0.3z^{-1}+0.1z^{-2}}{1-4.2z^{-1}+5.6z^{-2}-2.4z^{-3}}$

8-4　试用 z 变换法求解下列差分方程。

(1) $c(k+2)-6c(k+1)+8c(k)=r(k)$

$r(k)=1(k)$，$c(k)=0$　　$(k\leqslant 0)$

(2) $c(k+2)+2c(k+1)+c(k)=r(k)$

$c(0)=c(t)=0$ $r(n)=n$，$(n=0,1,2,\cdots)$

(3) $c(k+3)+6c(k+2)+11c(k+1)+6c(k)=0$

$c(0)=c(1)=1$，$c(2)=0$

(4) $c(k+2)+5c(k+1)+6c(k)=\cos(k\pi/2)$　　$c(0)=c(1)=0$

8-5　试求图 8-31 所示系统的闭环脉冲传递函数。

8-6　二阶离散系统如图 8-32 所示，试分析使系统稳定的 K 值范围。

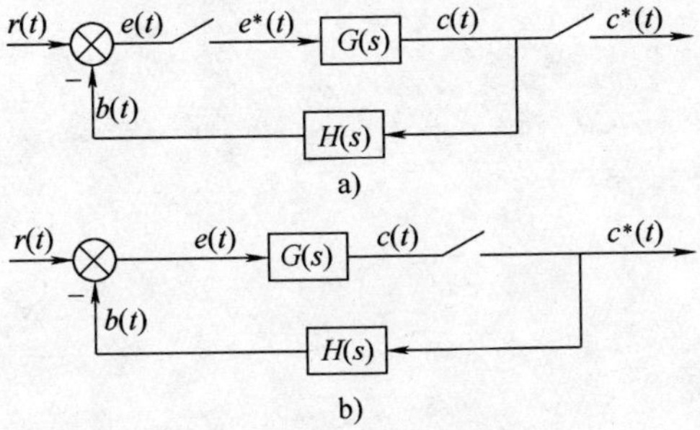

图 8-31　题 8-5 图

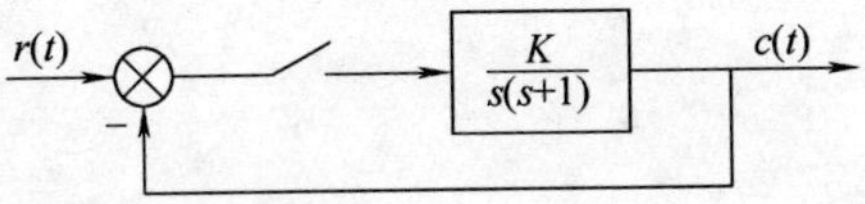

图 8-32　系统控制系统

8-7　已知系统结构图如图 8-33 所示，其中采样周期 $T=1\text{s}$，要求：

1) 写出系统的开环脉冲传递函数 $C(z)/E(z)$。

2) 写出系统的闭环脉冲传递函数 $C(z)/R(z)$。

3) 写出稳定时的 K 值范围。

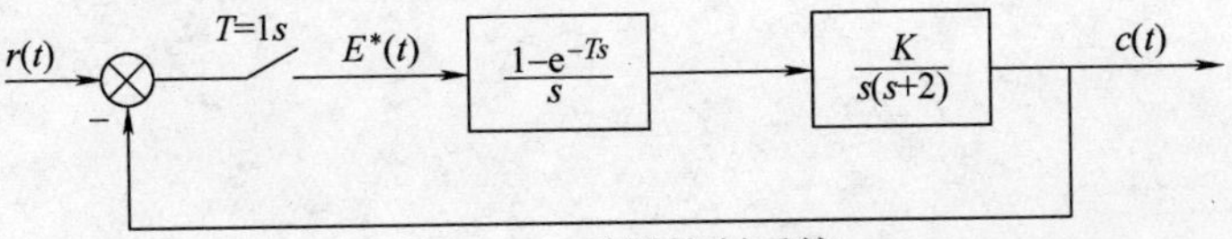

图 8-33　采样控制系统

8-8　设离散系统如图 8-34 所示，其中 $T=0.1\text{s}$，$K=1$，$r(t)=t$，试求静态误差系数 K_p、K_v 和 K_a，并求系统稳态误差 $e(\infty)$。

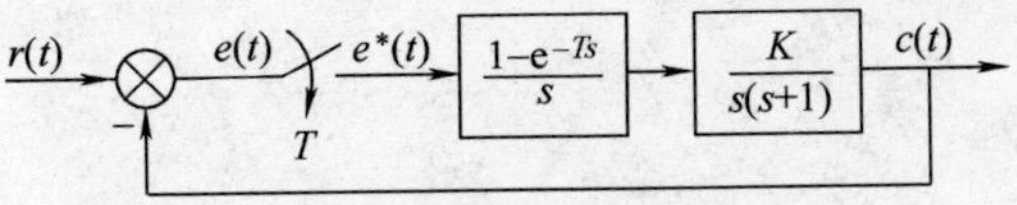

图 8-34　闭环离散系统

8-9　已知离散系统如图 8-35 所示，其中，采样周期 $T=1\text{s}$，连续部分传递函数为

$$G_0(s)=\frac{1}{s(s+1)}$$

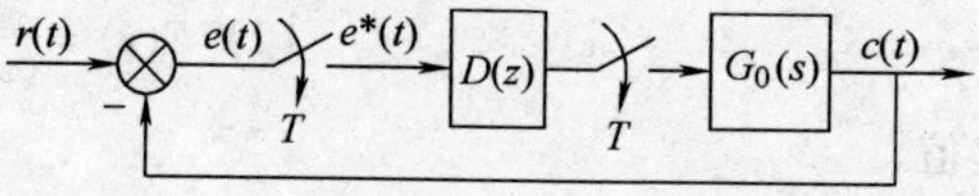

图 8-35　题 8-9 图

试求当 $r(t)=1(t)$时，系统无稳态误差，且过渡过程在最少拍内结束的数字控制器 $D(z)$。

参 考 文 献

[1] 李少康．控制工程基础［M］．西安：西北工业大学出版社，2005.
[2] 董明晓，李娟，杨红娟，等．机械控制工程基础［M］．北京：电子工业出版社，2010.
[3] 高钟毓．机电控制工程［M］．2 版．北京：清华大学出版社，2004.
[4] 邹伯敏．自动控制理论［M］．3 版．北京：机械工业出版社，2011.
[5] 卢京潮．自动控制原理［M］．2 版．西安：西北工业大学出版社，2009.
[6] 董景新，赵长德，郭美凤，等．控制工程基础［M］．3 版．北京：清华大学出版社，2009.
[7] 胡寿松．自动控制原理［M］．4 版．北京：科学出版社，2001.
[8] 夏德钤，翁贻方．自动控制理论［M］．3 版．北京：机械工业出版社，2011.
[9] 沈传文，肖国春，于敏，等．自动控制理论［M］．西安：西安交通大学出版社，2007.
[10] 吴麒，王诗宓．自动控制原理［M］．2 版．北京：清华大学出版社，2006.
[11] 王显正，莫锦秋，王昶永．控制理论基础［M］．2 版．北京：科学出版社，2010.
[12] 杨咸启，常宗瑜．机电控制工程基础［M］．北京：国防工业出版社，2005.